Strength of materials learning as history

역사로 배우는
재료역학

이승준 · 노인식 지음

GS인터비전

序 文

필자(SJ)의 전공은 유체역학이다. 그런데 1992년, 은사이신 서울대학교 조선공학과의 임상전 교수님 회갑 기념 세미나에서 '재료역학과 고체역학: 유체역학자의 관점에서'라는 제목의 글을 발표한 바 있다. 학생 때 대학교에서 임 교수님께 재료역학과 고체역학을 배우기 시작했던 이래로 가지고 있던 의문, 재료역학과 고체역학의 다른 점이 무엇인지에 대한 의문을 유체역학과 관련하여 기술하였던 것으로 기억한다.

'역사로 배우는' 시리즈로 이미 유체역학, 동역학, 공학수학 등, 세 권의 책이 세상에 나왔는데, 다음으로는 선박유체역학을 저술하는 것이 어떨까 생각하고 있었다. 그런데 실험실 제자들의 생각을 물어보니 의외에도 재료역학에 관한 책을 쓰는 것이 좋겠다는 답이 돌아왔고, 또한 송기수 사장님으로부터도 같은 부탁을 듣게 되었다. 학생들의 가장 큰 불만은 현재 대학에서 제일 많이 쓰이고 있는 Gere의 재료역학이 1,000 쪽이 넘을 정도로 너무 두껍다는 것이었다.

이에 갈릴레오(Galileo)로 시작되는 '역사로 배우는 재료역학'을 써보면 어떨까 하는 생각을 하게 되었는데, 아무래도 필자의 전공이 유체역학인 점이 염려되어 같은 과의 노인식 교수와 공저로 작업을 하는 것이 좋을 것 같았다. 노교수의 흔쾌한 승낙을 얻어 이 책의 집필이 시작되었다.

필자(SJ)는 재료역학이 갈릴레오의 'Discourses on two new sciences(1638, Two New Sciences)'로부터 시작되었다고 생각한다. 물론 갈릴레오는 위의 저술에서 많은 오류를 범하고 있으나, 동시에 최초로 재료역학과 관련하여 수많은 질문을 본격적으로 제기하였고, 또 바른 해들도 주었기 때문이다. 잘 알려진 바와 같이 'Two New Sciences'는 4 일 동안 세 사람, 저자를 대변하는 Salviati, 기존의 학설에 능통하지만 그에 만족하지 못하고 저자의 견해를 경청하는 Sagredo, 그리고 기존의 학설을 거의 맹신하는 그 당시의 학계를 대표하는 Simplicio의 대화를 정리한 형태로 되어 있는데, 처음 이틀은 재료역학, 나중 이틀은 동역학에 대해 논의하고 있다.

본문의 1장에서는 'Two New Sciences'의 내용 중, 둘째 날의 내용을 기본으로 하여 갈릴레오가 재료역학과 관련하여 제기했던 질문, 그리고 그에 대한 해답을 제공하는 과정에서 그가 아직 가지고 있지 못했던 개념들이 무엇인지에 대해 논의하고, 다음 장들에서는 그와 같은 개념들이 차후 어떤 사람들에 의해 정확한 방법으로 확립되어 오늘날 우리가 알고 있는 형태의 재료역학이 되었는지에 대해 기술하고자 한다.

통상 재료역학에서는 구조용 부재의 기능적 특성에 대해 몇 가지 근사적인 가정을 도입하여 문제를 간단히 하고, 실제 구조 설계에서 그 결과를 활용하는데 큰 문제가 없을 정도로 정확한 해를 얻고 있다. 한편 근자에는 유한요소법이 대부분의 구조 설계 분야에서 매우 광범위하게 사용되고 있어 재료역학에서 요구하는 근사적인 가정을 도입하지 않더라도 탄성론에 입각하여 그리 어렵지 않게 근사해를 구할 수 있는데, 여기서는 재료역학적 지식을 사용하여 얻어지는 해와 고체역학 또는 탄성론을 사용하여 얻어지는 해 사이에 어떠한 차이가 있는가를 최소한 한 문제에 대해 보이고자 하였다.

그와 같은 시도를 통해 재료역학과 고체역학이 어떤 관계에 있으며, 재료역학적 지식이 어떠한 한계 내에서 활용될 수 있는 지를 기술하고자 하였다. 또한 필자(SJ)로서는 학생 때부터 가지고 있던 의문인 재료역학과 고체역학의 관계에 대한 해답을 우리 학생들은 재료역학을 배우는 초기부터 확실히 이해하고, 차후 실제 문제에 그 지식을 활용할 수 있기를 바란다.

갈릴레오는 베네치아(Venezia)의 국립조선소였던 아르쎄날레(Arsenale)의 기술고문 역을 1593년부터 상당 기간 동안 수행하였다. 그는 이때의 경험이 재료역학에 대한 그의 질문을 성립시키는 기초가 되었다고 기술하고 있으며, 이제 시간과 장소는 다르지만 조선공학자들에 의한 재료역학 교재가 작성되어 학생들에게 전해짐에 있어 그의 science와 engineering에 대한 정신이 우리 학생들에게 제대로 전달될 수 있다면, 필자들로서는 그 이상 바랄 바가 없다.

책의 원고를 초기부터 읽고 보다 훌륭한 책이 될 수 있도록 여러 모로 도와준 기계연구원(KIMM)의 김재동 박사에게 깊은 고마움과 우정 어린 존경을 표한다. 원고의 준비와 관련하여 항상 도움을 아끼지 않은 우리 학과의 선박유체역학 및 선체구조역학 연구실의 대학원생들에게 심심한 사의를 표한다. 책을 쓰는 동안 가족과 함께하지 못한 시간을 이해해준 필자들의 가족들에게 깊은 사랑을 보낸다. 이 책에 포함된 오류에 대해 동도 제현의 기탄없는 지적을 기대하며, 이제 걱정 반, 기대 반의 마음으로 이 책을 세상에 내어 보낸다.

유성에서 이승준(SJ), 노인식. 2015년 8월

차례

재료역학의 기원

CHAPTER 1

갈릴레오
1564-1642
Italy

표 1.1 주요인물[1)]

이름	활동연대	연고지	관련 업적, 저술
피타고라스	BC570-495	Samos	직각 삼각형에 대한 정리
유클리드	BC325-270	Alexandria	'Elements'(기하원본), BC290경
아르키메데스	BC287-212	Syracuse	'On the Equilibrium of Planes', 지레의 원리
Recorde	1510-1558	UK	등호의 사용, 1557
Vieta	1540-1603	France	방정식에 숫자 대신 문자 사용, 1591
갈릴레오	1564-1642	Italy	'Two new sciences', 1638
데카르트	1596-1650	France	'La Geometrie', 좌표계의 개념, 1637
Hooke	1635-1703	UK	'스프링에 관하여', 1678
Mariotte	1620-1684	France	보의 처짐에 관한 이론, 1686
뉴턴	1642-1727	UK	미적분학의 공동 창안, 1687
라이프니츠	1646-1716	Germany	미적분학의 공동 창안, 1684
오일러	1707-1783	Switzerland	$f(x)$의 표기법 사용, 1735
Gibbs	1839-1903	USA	벡터 표기법 확립, 1884

재료역학의 역사를 아는 것이 재료역학을 배우는데 얼마나 도움이 될 것인지? 사실 재료역학에 대해서 뿐만 아니라 역학 전반에 대하여 이와 유사한 질문을 수없이 받는다. 그럼에도 불구하고 수십 년 동안 역사로 역학을 가르치고 배우는 작업을 계속해 온 이유는 역사를 이해하지 못하면 역학을 제대로 이해하고 십분 활용할 수 없다는 확신 때문이다. 모든 재료역학 교과서에 나오는 외팔보(cantilever beam)의 그림을 갈릴레오[2)](Galileo)의 책에서 보았을 때 받았던 충격은 아마도 저자에게만 일어날 수 있는 경험은 아닐 것이다.

갈릴레오가 알고 있었던 역학은 무엇이었고, 그러한 지식을 사용하여 그가 이룩한 것은 무엇인가? 또 그러한 업적 위에 쌓아 올려진 현재의 재료역학은 어떠한 과정을 거쳐 발전해 왔는지? 이와 같은 의문에 대한 해답을 구하지 않고, 수백 년에 걸쳐 얻어진 결과를 1900년 전후에 잘 정리하여 만들어진 형태로 배운 후, 그것도 암기 위주로 배운 후에 재료역학의 지식을 잘 활용한다는 것이 가능할 것인지가 오히려 더 의문스러워야 되는 것은 아닐까?

이 장에서는 갈릴레오가 알고 있었던 역학, 그리고 갈릴레오가 제기하였던 의문과 그의 수많은 오류를 포함한 해답, 그리고 그러한 오류들이 어떠한 과정을 통해 정정되었는지를 알아본다.

---

1) 사람들이 살았던 시대와 이름의 철자는 주로 Isaac Asimov의 Asimov's biographical encyclopedia of science and technology[2nd revised edition, Doubleday & Company, Inc., 1982]에 따랐다. 각 장과 관련된 주요 인물은 각 장의 첫 부분에 표로 정리하여 본문을 읽어나가는데 편리하도록 하였다. 또한 우리에게도 친숙하다고 여겨지는 학자들의 이름은 한글로 표기하였다.

2) 그의 이름은 고향인 Tuscany 지방의 전통을 따라 장남의 경우 성과 비슷하게 만든 first name으로 알려져 있으며, 여기서도 그 관습을 따르기로 한다.

1.1 갈릴레오 이전의 정역학 및 수학

오늘날 우리가 역학 및 수학에서 사용하는 대부분의 개념 및 표기법은 모두 과거의 어느 시점에 필요에 의해 도입되었다. 특히 과거에 제안된 많은 유사한 개념, 표기법들 중, 대단히 유용한 것만 살아남은 것이다. 이 책에서는 재료역학이 발전해 온 역사를 기술하고 또 오늘날 사용되고 있는 개념들을 설명하는데, 그와 같은 개념들이 아직 알려져 있지 않았을 때의 상황을 기술함으로써 그 개념들의 중요성을 강조하는 방법을 자주 사용할 것이다. 예를 들면 갈릴레오는 아직 탄성의 개념을 가지고 있지 않았는데, 이에 기인하여 그의 해가 어떤 오류를 가지고 있었는지 보임으로써, 재료역학의 발전 과정에서 탄성의 개념이 어떤 역할을 하였는지 보이고자 할 것이다.

1.1.1 갈릴레오 이전의 정역학

아르키메데스(Archimedes)는 기원전 3세기에 이미 여러 가지로 놀라울 만한 업적을 이루었지만, 그 중에서도 특히 지레의 원리(the principle of the lever)를 밝힌 것은 역학(mechanics)과 관련하여 아마도 가장 의미 있는 일일 것이다. 그는 '나에게 설 자리를 준다면, 지구도 지레로 움직일 것이다'3)라는 말을 한 것으로 알려져 있다(그림 1.1).

그림 1.1 아르키메데스의 지레의 원리를 보인 Mechanics Magazine(1824, London 발행)

3) 'Give me a place to stand on, and I shall move the Earth with a lever'.

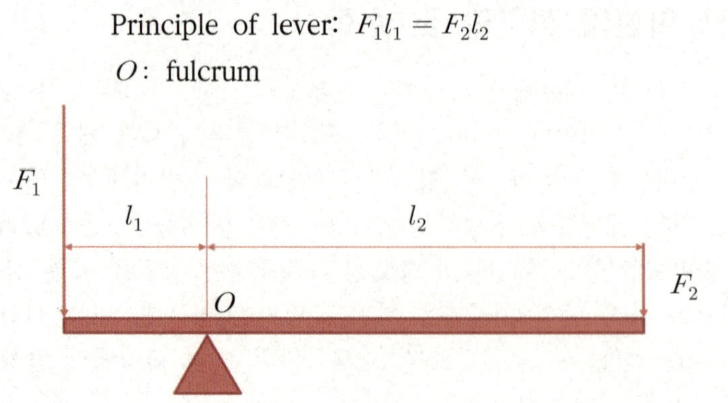

그림 1.2 지레의 원리

그림 1.2에 보인 바와 같이 '지레의 평형은 작용하는 힘의 크기뿐만 아니라 힘이 작용하는 위치가 받침점(fulcrum)으로부터 얼마나 떨어져 있는가에 따라서 결정된다'는 사실을 그는 밝혔다. '평면의 평형에 대하여'(On the Equilibrium of Planes)라는 저술에서 그는 '양(量)들은 그 무게에 반비례하는 거리에 있을 때 평형 상태에 있다'[4]고 기술하였다. 이를 식으로 나타내면 다음과 같고,

$$F_1 : F_2 = l_2 : l_1, \tag{1.1}$$

다시 말하면 다음이 성립할 때,

$$F_1 l_1 = F_2 l_2, \tag{1.2}$$

평형 상태에 있다는 결과를 얻는다.

아르키메데스는 지레의 원리를 밝히고, 또 지레의 원리를 이용하여 삼각형, 평행 사변형, 포물선으로 이루어지는 도형의 무게중심(center of gravity)을 구하였으며, 또한 도르래(pulley)를 설계, 제작하였다. 이와 같은 사실로부터 미루어 볼 때, 물론 그는 모멘트의 개념을 이해하고 있었을 가능성이 크지만, 오늘날 우리가 알고 있는 바와 같은 벡터로서의 모멘트의 개념은 20세기에 들어와서야 정립되었다. 다시 말하면 그의 지레의 원리는 차후 모멘트(moment)의 개념을 구체화하는데 결정적인 역할을 한 것은 사실이지만, 아르키메데

4) 'Magnitudes are in equilibrium at distances reciprocally proportional to their weights'.

스와 같은 시대의 사람들에게 벡터는 아직도 먼 훗날 생길 개념이었다.

아르키메데스의 지레의 원리는 오늘날은 대부분의 학생들이 정역학(statics)에서 물체에 대한 평형 조건의 일부로 배우고 있다. 즉 정역학에서 배운 바와 같이, 물체의 평형은 물체에 작용하는 힘의 합뿐만 아니라 모멘트의 합도 영일 때 성립한다.

이와 같은 모멘트 평형 조건을 위의 지레 문제에 적용하여 보자. 먼저 벡터와 스칼라를 구분하기 위해 벡터는 아래에 짧은 줄을 그어 나타내기로 하자. 힘 $\underline{F}_1$에 기인하는 점 O에 대한 모멘트를 $\underline{M}_1$, 힘 $\underline{F}_2$에 기인하는 점 O에 대한 모멘트를 $\underline{M}_2$라고 하면, 벡터와 벡터의 벡터곱(vector product 또는 cross product)을 이용하여 다음 식을 얻는다.

$$\sum_{i=1}^{2} \underline{M}_i = \underline{x}_1 \times \underline{F}_1 + \underline{x}_2 \times \underline{F}_2 = \underline{0}, \tag{1.3}$$

여기서 점 O에 원점을, 그리고 지레의 오른쪽 축 방향으로 x축을, 연직 상방으로 y축을, z축은 전체 좌표계가 우수계가 되도록 각각 잡는다. 또 $\hat{e}_1$, $\hat{e}_2$, $\hat{e}_3$은 각각 x축, y축, z축 방향의 단위 벡터라고 하면, $\underline{x}_1 = -l_1\hat{e}_1$, $\underline{x}_2 = l_2\hat{e}_1$로 쓸 수 있다. 따라서 $\hat{e}_1 \times \hat{e}_2 = \hat{e}_3$을 이용하여, 식 (1.3)으로부터 다음을 얻는다.

$$(-l_1\hat{e}_1)\times(-F_1\hat{e}_2)+(l_2\hat{e}_1)\times(-F_2\hat{e}_2) = (l_1F_1 - l_2F_2)\hat{e}_3 = \underline{0}, \tag{1.4}$$

따라서 결국 $l_1F_1 = l_2F_2$를 얻는다.

아르키메데스의 지레의 원리, 식 (1.1)과 평형 조건의 일부로 주어지는 모멘트에 관한 조건, 즉 모멘트 평형 조건인 식 (1.3)은 최종적으로는 그림 1.2에 보인 지레의 문제에 대해 같은 결과 $l_1F_1 = l_2F_2$를 주지만, 그 결과에 이르는 과정에 대해서는 반드시 주목해야 할 부분이 있다. 아르키메데스의 지레의 원리는 그야말로 지레로 간주할 수 있는 물체의 평형에 대해 적용하는 원리인 반면, 식 (1.3)으로 대표되는 모멘트 평형 조건은 지레뿐만이 아니고 모든 일반적인 물체에 적용되는 평형 조건의 일부이다. 특히 식 (1.3)에 포함된 벡터, 벡터와 벡터의 벡터곱과 같은 개념은 Gibbs(1884) 이후에야 광범위하게 사용되었고, 더구나 벡터곱과 같은 연산은 바로 모멘트와 같은 물리량을 나타내기 위해 만들어진 점에 주목하기 바란다. 지레의 원리로부터 모멘트의 벡터적 정의에 이르는데 무려 2,100 년 이상의 긴 시간이 소요되었으며, 그와 같은 과정이 결코 간단하게 이루어진 것이 아니라는 점을 강조하고 싶다.

아르키메데스 이후, 갈릴레오, 뉴턴(Newton), 오일러(Euler) 등에 이르기까지, 역학이 발전되는 대부분의 기간 동안 모멘트라는 개념은 평면 상의 문제에 대해 '힘과 거리의 곱'으로 얻어지는 양으로 이해되었다. 이러한 약간은 모호한 개념으로부터, 오늘날 우리가 알고 있는 벡터로서의 모멘트, 즉 3 차원 공간 상의 거리를 나타내는 벡터 $\underline{x}$와 힘 벡터 $\underline{F}$의 벡터곱으로 정의되는 양에 이르기까지의 과정은, 물리량과 관련하여 모호한 개념으로부터 간단명료한 수학적 정의에 이르는 과정이 얼마나 오랜 시간과 노력을 필요로 하는 것인지를 잘 보여주고 있다.

모멘트와 같은 양을 정의하여 씀으로써 얻어지는 장점, 즉 보다 일반적으로는 개념의 일반화에 의해 얻어진 물리량의 사용에 따른 장점과 관련하여 교육적으로 매우 힘든 문제가 있다. 그와 같은 양이 도입되어 사용하기 시작한 후, 시간이 조금 지나면 그와 같은 양의 도입이 너무나 당연하게 여겨지기 때문에 마치 예전부터 아주 오랜 기간 동안 그와 같은 양을 사용해 온 것처럼 착각하게 된다는 점이다. 일단 간단명료하게 정의되는 물리량이 도입되면 그와 같은 정의가 도입되기 전에 겪었던 많은 어려운 점이 거의 즉각적으로 잊혀지고, 역설적이지만 그와 같은 물리량의 진가가 제대로 평가받지 못한다는 점이다.

앞에서 지적한 바와 같은 여러 가지 차이점에도 불구하고, 정역학적 원리로서, 지레의 원리는 아르키메데스에 의해 이미 알려져 있었으므로, 평면 상의 정역학적 문제를 다루는 한, 갈릴레오 이전이나 지금이나 문제 해결을 위해 사용할 수 있는 원리는 본질적으로 같다고 할 수 있다.

[예제 1.1] 어떤 물체에 두 힘이 작용하는데 이 물체는 평형 상태에 있다고 할 때, 두 힘 사이의 관계를 구하시오.

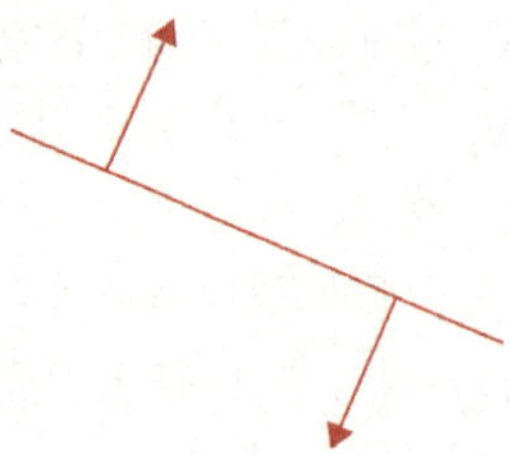

(a) 힘 평형 조건을 만족하는 두 힘

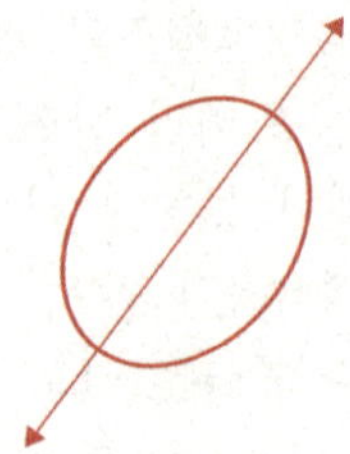

(b) 모멘트 평형 조건을 만족하는 두 힘

그림 예1.1

[답] 먼저 평형 상태에 있기 위해서 두 힘은 크기가 같고 방향이 반대여야 한다(그림 예1.1(a)). 또한 지레의 원리로부터 만약 두 힘 사이의 거리가 영이 아니라면 물체에 작용하는 모멘트가 발생하므로 두 힘은 두 힘의 방향과 같은 방향을 가지는 하나의 직선 위에 있어야 한다(그림 예1.1(b)).

1.1.2 갈릴레오 이전의 수학

한편, 고대 이집트 시대부터 수학은 크게 대수학과 기하학으로 구분되어 발전되어 왔다. 데카르트(Descartes, 1637)의 좌표계 도입 이전까지는 고대 그리스의 피타고라스(Pythagoras)에 의해 그 기틀이 만들어지기 시작한 기하학이 곧 수학을 뜻한다고 해도 좋았다[5].

기하학(geometry)은 '땅(geo=earth)의 측량(metry=measure)'이라는 지극히 구체적인 사건(events)들로부터 비롯되었다. 그러나 점(point), 다시 말하면 크기(magnitude)는 없고 위치(location)만 가진 지극히 추상적인 개념을 가장 근본적인 개념으로 도입하여 추상화에 따라 얻어지는 사고 체계로서의 수학을 인류에게 선사하게 되었다.

이와 같은 관점에서 다음 두 사항은 꼭 구분되어 이해되어야 한다.

1) 이집트 사람들이 기원전 2000년 경에 다음과 같은 사실을 알고 있었다는 점,

$$6^2 + 8^2 = 10^2, \tag{1.5}$$

2) 직각 삼각형의 직각을 낀 두 변의 길이를 각각 a, b, 빗변의 길이를 c라고 할 때, 피타고라스의 정리 $a^2 + b^2 = c^2$을 피타고라스가 증명할 수 있었다고 하는 점.

물론 숫자를 대입하여 피타고라스의 정리로부터 식 (1.5)를 얻을 수 있기 때문에 결국 같은 결과를 얻는 것 아니냐는 생각을 할 수도 있다. 하지만, 식 (1.5)는 단순한 숫자들 사이의 관계일 뿐이며, 피타고라스 정리는 점이라는 개념으로부터 출발하여 얻어진 직선, 그 직선들로부터 얻어진 직각 삼각형의 변의 길이들에 관한 매우 일반적인 관계라는 점을 인식해야 한다.

피타고라스의 수학, 즉 기하학은 고대 그리스의 철학자, 플라톤(Plato)을 통해 그 학문적 전통이 계승되었다. 기하학을 철학의 가장 근본적인 바탕에 놓는 전통은 유클리드(Euclid)에 이르러 그 꽃을 피운다. 유클리드의 저술, 'Elements'(기하원본)는 그 때까지 알려진 기

5) 수학의 초기 발전에 대해서는 [참고문헌 10]을 참조하기 바란다.

하학적 정리들을 가장 작은 수의 공리(axiom)를 받아들인 후에 그 공리 체계를 사용하여 증명하였다는 점에서 그 이전과 이후를 구분 짓는 역할을 하고 있다.

앞에서 논의하였던 아르키메데스는 이와 같이 당시 수학의 백미로 꼽히는 유클리드의 'Elements'에 대해 이집트의 Alexandria 유학 시에 배워 정통하고 있었다. 르네상스(Renaissance) 시대의 유럽의 지식인들 또한 'Elements'에 기반을 둔 기하학을 매우 중요한 기초 학문으로 생각하였다. 그러나 이와 같은 상황은 데카르트(La Geometrie, 1637)의 좌표계 개념이 도입되면서 극적인 변화를 맞이하게 되는데, 갈릴레오는 바로 이와 같은 변화를 보지 못했던 마지막 세대에 속한다.

오랜 역사를 자랑하는 서양 수학이지만, Recorde(1557)에 의해 방정식을 성립시키는 등호(=)가 도입되고, Vieta(1591)에 의해 방정식에 숫자를 대신하여 문자를 사용하는 방식이 도입되기 전까지는 방정식 자체의 성립이 어려웠다는 측면에서 대수학(algebra)의 내용은 정말 초라한 것이었다.

예를 들어 다리가 네 개인 동물과 두 개인 동물이 같이 있는데 다리의 총수와 동물의 총수를 안다고 하자. 이제 다리가 네 개인 동물의 수와 두 개인 동물의 수를 구해야 한다고 할 때, 등호가 도입되고 문자가 숫자를 대체하기 전에는 위와 같은 문제를 식으로 나타낼 수가 없으므로, 위에서와 같이 글로 표현할 수밖에 없다. 그러나 등호와 문자가 도입된 후에는, x, y는 각각 다리가 네 개, 두 개인 동물의 수이고, a, b는 각각 다리와 동물의 총수로 주어진 값이라고 하면, 당연히 다음과 같은 방정식으로 문제를 나타낼 수 있다.

$$4x + 2y = a,\ \ x + y = b. \tag{1.6}$$

이 두 방정식을 풀면 x, y를 쉽게 구할 수 있다.

내용상으로는 위의 글로 나타낸 문제와 식 (1.6)으로 나타낸 두 문제가 같은 문제라고 할 수도 있지만, 식으로 나타낸 문제의 간단명료성은 아무도 부정할 수 없을 것이다. 또한 글로 나타낸 문제는 만약 영어로 나타내었다고 하면, 영어를 모르는 사람은 아예 그 문제를 이해할 수가 없다. 그러나 식 (1.6)과 같은 식으로 나타냈을 경우에는 수학을 아는 사람이면, 사용하는 언어에 상관없이 누구나 같은 문제를 생각하게 된다는 점에 주목해야 한다. 다시 말하면 대수학에서 식을 사용하게 됨으로써 그 표현이 간단명료해졌음은 물론, 만국 공용의 표현 수단을 가지게 됨으로써 기하학과 마찬가지로 전 인류가 공통의 언어를 가지게 된 점을 간과할 수 없다.

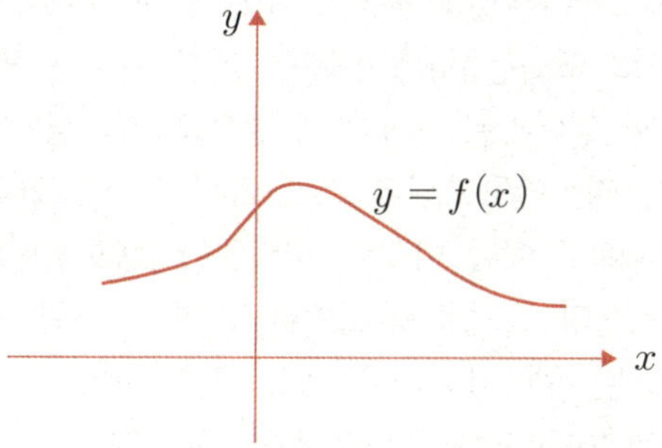

그림 1.3 직각 좌표계와 함수 $y = f(x)$

오늘날 대부분의 학생들이 $y = f(x)$와 같은 표현을 너무나도 당연하게 사용하지만, 이 식을 자연스럽게 이해할 수 있기 위해서는 다음과 같은 전제 조건이 성립되어야 한다.

1) Recorde(1557)에 의한 등호의 사용,
2) Vieta(1591)에 의해 도입된 숫자 대신 문자를 사용하는 방정식의 표현,
3) 데카르트(1637)의 좌표계, 다시 말하면 Cartesian 좌표계[6], 즉 직각 좌표계의 $(x,\ y)$ 평면 상에 곡선으로 표현되는 함수 관계에 대한 이해(그림 1.3 참조).
4) 라이프니츠(Leibniz, 1673)에 의해 도입된 함수라는 용어 및 개념,
5) 오일러(Euler, 1735)에 의해 처음 사용된 함수에 대한 $f(x)$의 표현 등이다.

이상에서 본 바와 같이 위의 전제 조건들이 모두 갈릴레오가 태어나기 직전, 또는 그의 사후에 충족되고 있으므로, 갈릴레오는 아직 $y = f(x)$와 같은 표현을 사용하여 곡선을 생각할 수 없었다.

현대 수학의 큰 주류를 이루고 있는 미적분학은 갈릴레오가 사망하던 해인 1642년에 태어난 뉴턴이 창안자 중의 한 사람이므로, 오늘날 고등학생들도 알고 있는 간단한 함수의 미분은 물론, 함수를 나타내는 곡선과 그 기울기, 그리고 곡선 아래의 면적 또는 곡선의 길이 등을 미적분의 개념을 사용하여 나타내는 것에 대해 1638년 갈릴레오는 아직 전혀 알고 있지 못한 상황이었음을 기억하면서 다음 절을 읽기 바란다.

[예제 1.2] 포물선(抛物線)을 문자 그대로 해석하면 '던져진 물체가 그리는 곡선', 즉 '투사체(projectile)의 곡선'이라는 뜻을 가지고 있으며, 이와 같은 사실은 갈릴레오(1638)

6) 데카르트(Descartes)는 라틴어로 된 논문 발표 시 Cartesius라는 이름을 사용하였으므로, 이와 같은 명칭이 사용되고 있으며, 이 책에서는 직각 좌표계(rectangular co-ordinate system)로 부르기로 한다.

에 의해 증명되었고, 대부분의 동역학 교과서에서 다루고 있다([참고문헌 11]).

한편 기하학적으로 포물선(parabola)은 직립 원추를 원추의 경사면과 평행한 평면으로 잘랐을 때 얻어지는 원추의 단면으로 정의될 수 있으며, 이와 같은 정의는 기원전 3세기 경, 아폴로니우스(Apollonius, BC262-190 경, 그리스)의 원추곡선에 관한 저술에서 이미 다루어진바 있다. 또한 포물선은 준선(directrix)이라고 불리는 한 직선과 초점(focus)이라고 불리는 한 점으로부터 거리가 동일한 점들의 집합 또는 궤적(locus)으로도 정의되며, 이 정의는 파푸스(Pappus, 290-350 경, 그리스)에 의해 320년 경에 주어졌다.

대부분의 학생들은 직각 좌표계 상에 $y = x^2$ 과 같은 2차 방정식을 나타낸 곡선과 관련하여 포물선을 기억하고 있을 것으로 생각하는데, 이는 데카르트(1637)의 좌표계 개념이 도입된 후에야 가능해진 생각이다.

갈릴레오가 살았던 시절, 대부분의 수학자들은 포물선이 또 다른 성질을 가지고 있음을 알고 있었다. 포물선을 그림 예1.2에 보인 바와 같이 평면에 나타낼 경우, 만약 포물선의 꼭지점을 기준점으로 잡고, 이 기준점으로부터 길이 1만큼 오른쪽으로 수평하게 떨어진 곳에서의 포물선 상의 점의 수직 위치를 길이 1이라고 할 때 다음이 성립함을 알았다.

기준점으로부터 오른쪽으로 길이가 1, 2, 3 …만큼 떨어진 곳에서의 포물선 상의 점의 수직 위치의 증가량은 1, 3, 5, …와 같이 증가하여, 증가량의 증가는 2로 항상 일정하다.

이를 $y = x^2$ 을 이용하여 일반적인 경우에 대해 증명하시오.

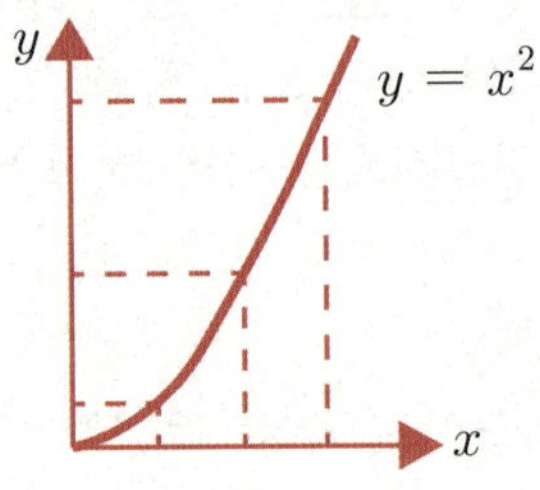

x	0	1	2	3	4	5
y	0	1	4	9	16	25
Δy	1	3	5	7	9	
$\Delta^2 y$		2	2	2	2	

그림 예1.2 포물선의 성질

[답] 기준점으로부터 오른쪽으로 양의 정수 n만큼 떨어진 곳, 즉 $x = n$에서의 포물선 상의 점의 수직 위치는 $y = n^2$이고, $x = n+1$인 곳에서의 포물선 상의 점의 수직 위치는 $y = (n+1)^2 = n^2 + 2n + 1$로 주어지며, 따라서 두 크기의 차이는 $2n+1$이므로, n이 0으로부터 1, 2, 3, …으로 증가할 때 수직 위치의 증가량은 1, 3, 5, …와 같이 증가한다. 즉 증가량의 증가는 2로 항상 일정함을 알 수 있다.

이와 같은 포물선의 성질은 [참고문헌 11]에 보인 바와 같이 갈릴레오에 의해 균일 가속도 운동을 다루는데 사용되었다. 즉 y를 변위로 x를 시간으로 보면 단위 시간 당 변위의 증가량은 속도에 상응하고, 그 증가량의 증가는 가속도에 상응하는데, 미분의 개념이 없었던 갈릴레오는 이와 같은 포물선의 성질을 이용하여 균일 가속도 운동을 다룰 수 있었다.

1.2 갈릴레오의 재료역학

갈릴레오는 기하학이 곧 수학을 뜻하던 시대에 대학의 수학 교수였으며, 아르키메데스에 의해 정리된 정역학의 기본 원리에 대해서도 정통하고 있었다. 그는 또한 29 세(1593년)부터 도시국가인 베네치아(Venezia, 영어로는 Venice)의 국립 조선소였던 아르쎄날레(Arsenale)[7)]의 기술고문을 맡았는데, 당시의 베네치아는 지중해의 상권을 쥐고 있던 해양강국이었으나 새롭게 등장하는 대서양의 해양세력인 포르투갈, 스페인, 영국, 네덜란드 등과 힘겨운 경쟁을 벌이고 있었다.

아르쎄날레의 고문으로서 그는

1) 선박, 즉 목선의 대형화,

2) 포탄의 탄도,

3) 노의 추진력

등과 관련된 매우 실질적인 문제들을 다루어야 했다.

7) 이 단어의 어원은 아랍어로 dar sinaah(house of handwork)이며, 차후 병기창을 뜻하는 영어 단어 arsenal의 어원이 되었다. 영국의 프로 축구팀 Arsenal은 초창기 선수들이 병기창의 직원들이었기 때문에 그와 같은 이름을 가지게 되었다.

1638년 출간된 그의 최후의 역작, 'Discourses and Mathematical Demonstrations Concerning Two New Sciences Pertaining to Mechanics and Local Motions'[8](그림 1.4)를 저술함에 있어 조선소와 관련하여 다루었던 세 문제 중, 앞의 두 문제들에 대해 그가 45 년에 걸쳐 얻은 해답들을 정리하였다. 첫째 문제는 재료역학, 둘째 문제는 동역학, 셋째 문제는 유체역학과 관련된 문제이며, 재료역학과 동역학은 따라서 갈릴레오에 의해 문이 열릴 수 있었고, 유체역학은 뉴턴에 이르러서야 그 문이 열릴 수 있었다.

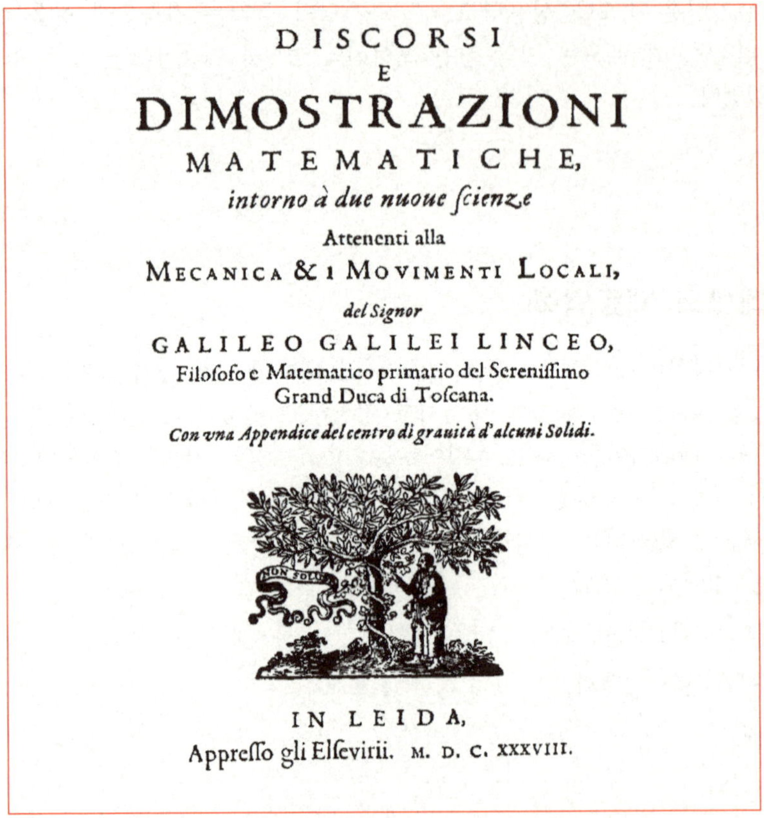
DISCORSI
E
DIMOSTRAZIONI
MATEMATICHE,
intorno à due nuoue ſcienze
Attenenti alla
MECANICA & I MOVIMENTI LOCALI,
del Signor
GALILEO GALILEI LINCEO,
Filoſofo e Matematico primario del Sereniſſimo
Grand Duca di Toſcana.
Con vna Appendice del centro di grauità d'alcuni Solidi.

IN LEIDA,
Appreſſo gli Elſevirii. M. D. C. XXXVIII.

그림 1.4 갈릴레오의 Two New Sciences(1638)

8) 이 책의 전반부는 그의 고향인 플로렌스(Firenze) 지방의 방언으로 쓰였으며, 후반부의 동역학에 관한 주요 내용은 라틴어로 쓰였고, 통상 줄여서 'Discourses' 또는 'Two New Sciences'로 부르는데 여기서는 'Two New Sciences'로 부르기로 한다. 이 저서의 국역판은 [참고문헌 1a]를, 이 저서를 통해 본 과학의 탄생과 조선공학에 관련된 보다 자세한 사항은 [참고문헌 1b]를 참조하기 바란다.

1.2.1 갈릴레오의 재료역학 문제

'Two New Sciences'는 다음 세 사람이 4 일 동안 나눈 대화를 정리한 형태로 되어 있다.

1) 저자를 대변하는 Salviati,

2) 기존의 학설에 능통하지만 그에 만족하지 못하고 저자의 견해를 경청하는 Sagredo,

3) 기존의 학설을 거의 맹신하는 그 당시의 학계를 대표하는 Simplicio.

제목의 'Two'는 정역학(위에서 소개한 긴 제목에서의 Mechanics)으로서의 재료역학과 동역학(위에서 소개한 긴 제목에서의 Local Motions)의 둘을 뜻하며, 처음 이틀은 재료역학에 대해, 나중 이틀은 동역학에 대해 기술하고 있다. 동역학에 대한 부분은 [참고문헌 11]로 미루기로 하고, 여기서는 재료역학에 대해서만 논하기로 한다.

지금이나 그 때나 배의 효율성은 그 크기가 클수록 증가한다. 배 한 척에 실을 수 있는 상품이나 화력이 커지면 커질수록 무역이나 해전에 유리하기 때문이다[9]. 베네치아는 지중해의 해상권을 장악하고 무역을 거의 독점하고 있던 나라였고, 배는 국익에 직결되는 요소였으므로, 조선소는 국영으로 운영되었으며, 15세기 중엽에 이미 약 3,000 척의 선박을 소유하고 있었다. 국영 조선소 아르쎄날레는 16세기에 16,000 명[10]의 기술자가 조립 및 일관생산 공정과 부품의 표준화를 도입하여 대량 생산의 길을 열었으며, 베네치아 국가 예산의 10%, 국토 면적의 15%를 사용하고 있을 정도로 막중한 국가 기관이었다. 여기서 일하고 있던 당시 조선 기술자들의 고민은 무역 및 해상 통제권을 위한 보다 큰 배에 대한 지속적인 요구였다. 배를 너무 크게 하면 자중을 이겨내지 못하고 배가 부셔지므로 그 한계를 아는 것이 중요한 문제였다. 여기서 질문의 핵심은 나무로 만드는 배, 즉 목선을 얼마나 크게 만들 수 있는가 하는 문제였다. 이 문제는 바로 기술고문이었던 갈릴레오의 문제가 되었고, 이 문제와 관련하여 오늘날의 재료역학이 탄생되었다고 해도 과언이 아니다.

그가 가장 먼저 생각한 문제는 구조 부재의 모양이 같을 때, 즉 기하학적으로 상사할 (geometrically similar) 때, 부재의 길이가 증가하면 그 부재가 부셔지기 전까지 어느 정도의 하중에 '저항(resistance)'할 수 있는가 하는 문제였다. 그림 1.5는 'Two new sciences'에 수록된 첫 번째 그림이다.

9) 해전사상 유명한 Lepanto(1571) 해전, Calais(1588) 해전은 갈릴레오의 청소년기에 일어났으며, Lepanto 해전의 주역은 바로 베네치아 해군이었다.

10) 2012년 현재 세계 최대의 조선사인 현대중공업의 정직원이 약 24,000 명으로 알려져 있다.

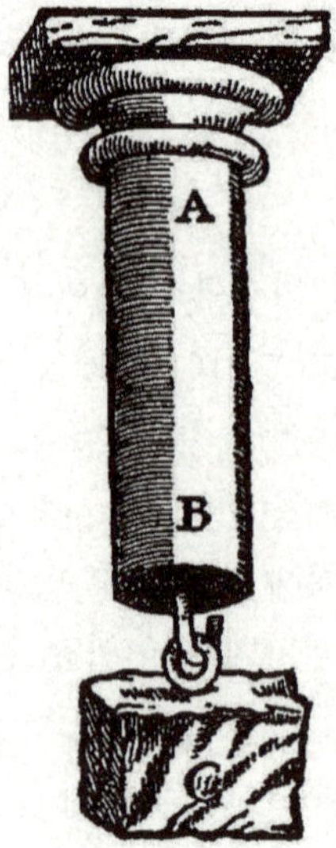

그림 1.5 갈릴레오의 축 하중 문제

그는 어떤 기준 되는 크기의 부재와 모양은 상사하지만 길이가 λ 배인 부재가 파괴되는 하중을 알고자 하였다. 기준 되는 부재가 파괴되는 하중의 λ 배에서 파괴된다면, 문제는 간단하지만 그렇지 않다는 점, 다시 말하면 기하학적 상사성과 역학적 상사성(mechanical similitude)이 일치하지 않는다는 점을 지적하고, 이에 대한 정확한 관계를 이해하는 것이 문제 해결의 핵심임을 갈파하였다. 그는 구조 부재가 받는 하중을 두 가지 경우로 구분하고 먼저 그림 1.5에 보인 바와 같이 부재의 길이 방향, 즉 축 방향으로 하중을 받는 경우를 생각하였다. 이와 같이 축 하중(axial loading)을 받는 봉(bar 또는 rod)[11]의 경우에는 매우 큰 하중에도 견딜 수 있으므로 덜 중요한 문제로 간주하여 다음과 같은 문제에 그의 관심을 집중하였다.

11) 이 책에서는 특별히 언급되지 않는 한, 단면이 균일한 부재들을 다루는 것으로 한다. 또 동일한 부재이지만 그 하중 상태에 따라 다르게 지칭하는 관례를 따라, 봉, 보(beam), 기둥(column)과 같이 부르기로 하며, 이들은 **단축 하중**(uniaxial loading) 상태에 있는 것으로 가정한다.

1.2.2 갈릴레오의 외팔보; L자형 지레

갈릴레오가 관심을 집중한 문제는 하중이 부재의 축에 직각 방향으로 작용하는 보(beam)의 문제인데, 그림 1.6에 보인 바와 같이 오늘날 거의 대부분의 재료역학 교재에서 다루고 있는 외팔보(cantilever) 문제를 생각하였다.

원래 처음에 그가 받았던 문제는 자중에 의해 파괴되는 부재 또는 배의 문제였으나, 그는 이 문제를 그림에 보인 것과 같은 횡하중(transverse loading)을 받는 보의 문제로 바꾸어 생각하였으며, 이와 같이 배를 보로 바꾸어 생각하는 방법은 놀랍지만 오늘날도 기본적으로 큰 변화 없이 사용되고 있다.

자중에 의한 파괴에 대한 답을 얻는 것이 문제의 핵심이었지만, 그는 그림 1.7에 보인 바와 같은 문제로 바꾸어 생각하였다. 즉 왼쪽의 고정단(fixed end)에 작용하는 모멘트만을 생각하면, 자중 W에 의한 모멘트는 $\frac{Wl}{2}$이므로, 자유단(free end)에 자중의 반인 $\frac{W}{2}$가 작용한다고 보기로 하였다. 나아가 그는 보는 무게는 없지만 하중에 저항하는 능력을 가진 이상적인 물체로 간주하였다.

그림 1.6 갈릴레오의 외팔보 문제

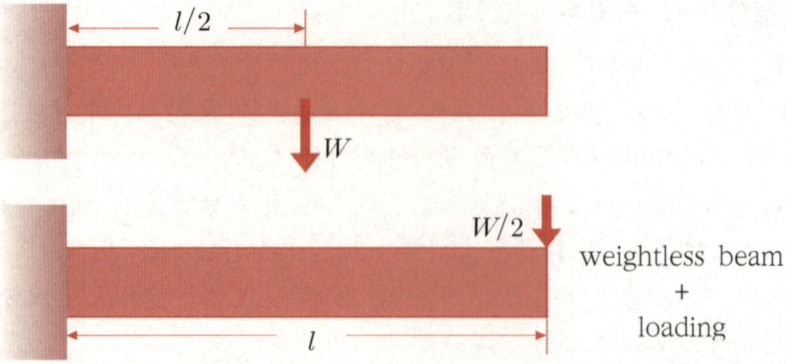

그림 1.7 자중을 하중으로 바꾸어 생각

이와 같은 이상화는 기하학에서 크기가 없는 점, 즉 현실적으로 존재할 수 없는 개념인 점(point)을 도입하여 얻어진 기하학적인 지식을, 건축, 토목 등의 실제 문제에서 나타나는 삼각형에 적용하는 것과 같은 종류의 것이다. 갈릴레오는 바로 이와 같은 이상화를 도입하여, 보 자체의 무게는 무시하고, 그 끝에 달린 물체의 무게로 부재에 가해지는 하중을 대체하였다. 뿐만 아니라 그 무게는 하나의 점에 작용하는 힘으로 간주할 수 있으므로, 지레의 원리를 이용함으로써, 아직 미적분이 알려지지 않은 시점에서, 정역학과 기하학적인 지식만을 활용하여 그가 알아낼 수 있는 최대한의 것을 얻고자 노력하였다.

횡하중을 받는 외팔보의 경우, 파괴는 그림 1.6 또는 1.8의 점 B에서 발생하는 것으로 갈릴레오는 생각하였다. 그는 점 B를 지레의 받침점으로 간주하고 그 점에 대한 모멘트를 주요 변수로 고려하였다. 또 파괴되는(rupture) 시점의 하중, 즉 파괴 하중 P_r에 상응하여 보의 고정단이 제공하는 저항(resistance) R은 고정단의 단면에 걸쳐 균일하게 작용한다고 가정하였다[12]. 따라서 그 단면에 작용하는 합력 R은 중심(center)에 작용하므로, 지레의 원리를 적용하면 그림 1.8에 보인 바와 같은 L자형 지레에 대해 갈릴레오는 다음 결과를 얻을 수 있었다.

$$R\frac{h}{2} = P_r\, l. \tag{1.7}$$

12) 이와 같은 가정은 1.3절에서 보게 될 바와 같이 명백한 오류이다.

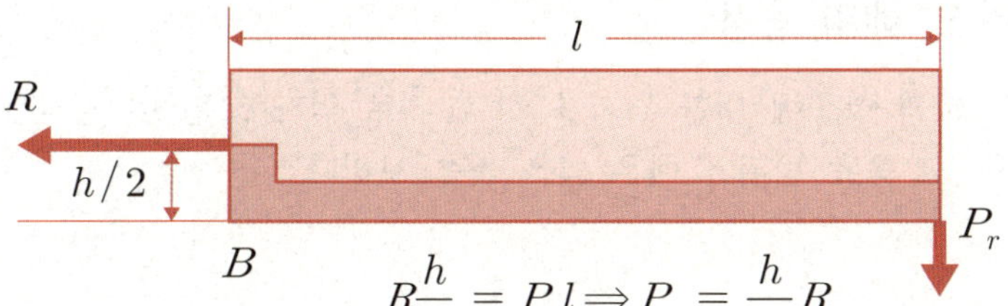

$$R\frac{h}{2} = P_r l \Rightarrow P_r = \frac{h}{2l}R$$

그림 1.8 외팔보를 L 자형 지레로 바꾸어 생각

여기서 h는 보의 높이이고, l은 보의 길이이다.

그는 또한 보가 제공하는 저항 R의 값으로는 그림 1.5에 보인 바와 같이 동일한 부재가 축 하중 상태에서 파괴될 때의 하중을 사용할 수 있다고 가정하였다. 따라서 축 하중을 받을 때보다 횡하중을 받는 보가 훨씬 작은 하중에서 파괴되는 현상을 설명할 수 있게 되었다.

예를 들어 l이 h의 10 배라고 하자. 식 (1.7)에 따르면, $P_r = \frac{h}{2l}R$이므로, 횡하중을 받는 보는 같은 부재가 봉으로 사용되어 축 하중에서 파괴될 때의 하중 R의 $\frac{1}{20}$에서 파괴될 것이라는 결과를 얻는다. 물론 그가 얻은 이 해답은 올바른 해답은 아니지만, 이후의 관련 연구를 가능하게 하였다는 점에서, 그의 연구는 재료역학의 문을 열었다고 볼 수 있는 획기적인 의미를 가진다.

갈릴레오의 위대함은 그가 제기한 모든 문제에 대해 올바른 해답을 얻었던 점에 있는 것이 아니고, 그가 알게 된 실질적인 문제를 그 당시까지 알려진 지식으로 다룰 수 있는 이론적, 즉 수학적 문제로 충실히 바꾸었다는 점에 있다. 'Two new sciences'를 읽다보면 많은 오답을 발견할 수 있지만, 보다 중요한 것은 위에서 본 바와 같이 기본적으로 가장 중요한 문제에 대해 본질적으로 정확한 질문을 수학적인 문제로 제기하고 있다는 점이다.

1.2.3 갈릴레오 해의 응용

일단 외팔보의 파괴 하중에 대한 결과를 식 (1.7)로 얻자 그는 이 결과를 다양한 문제들에 대해 적용하여 그 응용 범위가 매우 넓은 것을 보였다.

응용 1) 막대자

막대자(ruler)의 길이가 l, 폭이 b, 두께가 t 라고 하자. 그림 1.9의 위 그림과 같이 자를 세워서 횡하중을 가하는 경우와, 아래 그림과 같이 자를 눕혀서 횡하중을 가하는 경우를 생각하자. 앞 절의 식 (1.7)을 적용하면, 세워진 경우는 $h=b$이므로, 파괴 하중이 $\frac{b}{2l}R$, 눕혀진 경우는 $h=t$이므로 파괴 하중이 $\frac{t}{2l}R$이 된다. $b \gg t$이므로, 세운 경우에 훨씬 더 큰 하중에서 파괴되는 일상적인 경험과 일치하는 결과를 얻는다.

이 문제에 대한 현대적인 해석에 대해서는 5.2.2절의 [예제 5.4]를 참고하기 바란다.

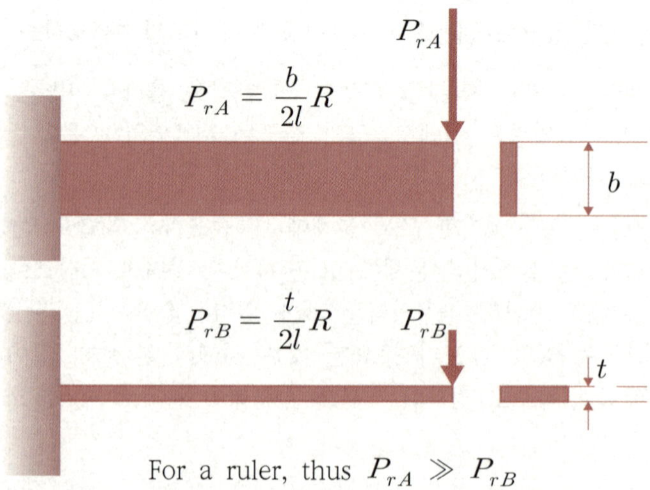

그림 1.9 막대자의 파괴 하중

응용 2) 기하학적으로 상사한 보의 파괴

그림 1.10의 위에 보인 보 1은 자중 W_1에서 파괴되지 않았으나, 기하학적 상사성을 유지한 채, 이 보의 크기를 λ 배 만큼 증가시킨 보 2에서 파괴가 발생하였다고 하자. 단 그림에서 γ는 보의 평균적인 비중량이며, l, b, h는 각각 보의 길이, 폭과 높이이다.

자중에 의한 하중 W는 보의 체적에 비례하므로 크기가 증가하면 λ^3에 비례하여 증가하고($W_2 = \lambda^3 W_1$), 보의 파괴 하중에 대한 저항 R은 고정단의 단면적과 보의 높이에 비례하고 그 길이에 반비례하므로 λ^2에 비례하여 증가한다($R_2 = \lambda^2 R_1$). 파괴되지 않은 보 1의 경우 자중에 의한 하중 W_1이 파괴 하중 P_{r1}보다 작아야 하므로, $0 < \alpha < 1$에 대해 $W_1 = \alpha P_{r1}$을 만족한다.

이제 부재의 크기를 늘려도 기하학적 상사성 때문에 $\dfrac{h}{l}$는 일정하게 유지되므로, 보 2의 파괴 하중 P_{r2}와 보 1의 파괴 하중 P_{r1} 사이의 관계식은 다음 식으로 주어진다.

$$P_{r2} = \frac{h_2}{2l_2} R_2 = \frac{h_1}{2l_1} R_1 \lambda^2 = \lambda^2 P_{r1}, \tag{1.8}$$

여기서 R_1, R_2는 각각 보 1, 2의 파괴 하중에 상응하는 저항이다.

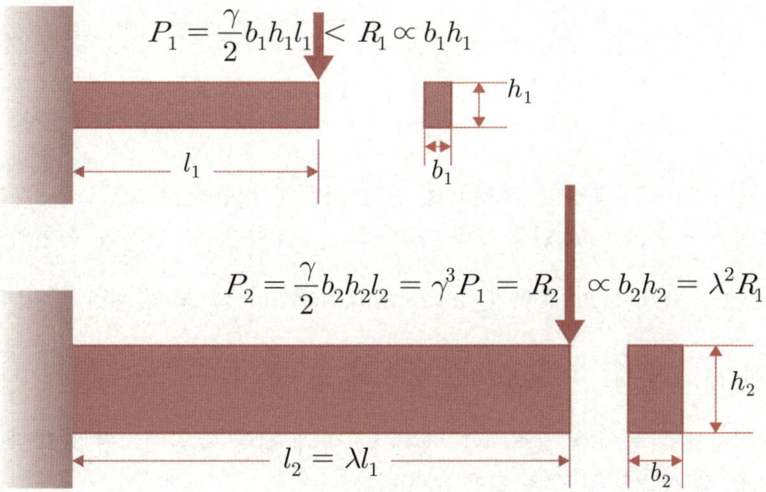

그림 1.10 기하학적으로 상사한 보의 파괴

파괴가 발생하는 자중 $W_2 = \lambda^3 W_1$에 대해서는 $W_1 = \alpha P_{r1}$과 위 식을 이용하여 다음을 얻는다.

$$W_2 = \lambda^3 W_1 = \lambda^3 \alpha P_{r1} = \lambda \alpha P_{r2}. \tag{1.9}$$

따라서 λ가 증가하여 $\lambda\alpha = 1$이 성립하면, $W_2 = P_{r2}$의 조건이 만족되어, 파괴가 발생함을 알 수 있다.

결국 기하학적으로 상사한 보의 경우, 그 크기가 충분히 작을 때는 자중에 의해 파괴가 발생하지 않지만, 그 크기를 증가시키다 보면 자중에 의한 파괴가 발생한다는 결론을 얻는다.

응용 3) 모든 단면이 동일 강도(equal strength)를 가지는 보의 높이 분포

외팔보의 파괴는 고정단에서 발생하며, 자유단 부근의 부재는 하중으로부터의 거리가 짧으므로 이들 단면에 작용하는 모멘트의 크기는 고정단에 비하여 상당히 작다. 균일 단면 보(prismatic beam)를 사용하는 경우, 따라서 자유단 부근에서는 필요 이상의 부재를 사용하는 것이 되므로, 단면의 높이를 상당히 감소시켜도 보의 파괴는 일어나지 않을 것으로 기대할 수 있다.

예를 들어 만약 그림 1.11에 보인 사각형 불균일 단면 보의 높이가 점 B에 꼭지점을 가지는 포물선 FNB처럼 변화한다고 하면 다음을 얻는다.

$$\frac{AB}{CB} = \frac{AF^2}{CN^2} \tag{1.10}$$

한편, 자유단에 가해진 하중에 기인하여 단면 AF에 작용하는 모멘트는 자유단으로부터의 거리 AB에 비례하고, 고정단의 단면이 제공하는 저항은 그 면적과 높이의 반의 곱, 즉 AF^2에 비례한다. 따라서 이 단면의 강도(strength)를 $\dfrac{AB}{AF^2}$로 정의하면, 단면 CN의 강도는 $\dfrac{CB}{CN^2}$이다. 그러므로 식 (1.10)으로부터 두 단면은 동일한 강도를 가진다. 단면 CN은 임의의 단면이므로 높이가 그림 1.11에 보인 바와 같이 포물선처럼 변화한다면, 따라서 보의 각 단면의 강도는 모두 같은 값을 가진다[13].

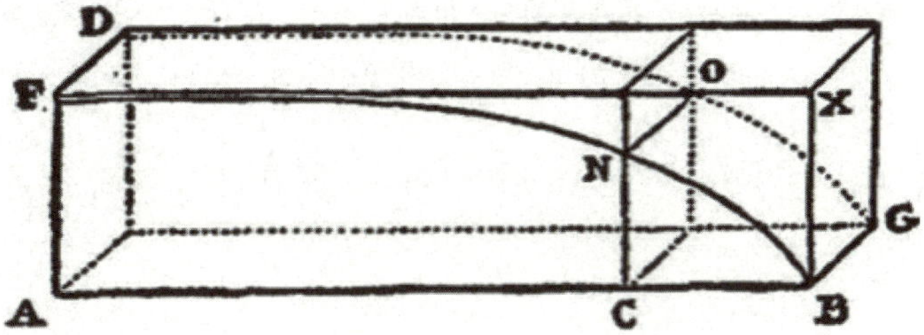

그림 1.11 동일 강도를 가지는 보의 높이

갈릴레오는 나아가 위와 같이 보의 높이를 포물선처럼 변화시키면, 원래 보의 무게의 $\frac{1}{3}$을 절약할 수 있음을 기하학적으로 보여, 아직 적분이 알려지지 않은 상황에서, 포물선 아래의 면적을 구하는 문제에 대해 정확한 해를 제공하기도 하였다([예제 1.4] 참조).

응용 4) 중공 보(hollow beam)와 중실 보(solid beam)

그림 1.12에 보인 바와 같이 같은 재료로 만들어진 두 보의 단면적과 길이가 같을 경우, 그는 먼저 피타고라스의 정리를 이용하여 중공 보의 바깥 직경 d_h와 안 직경 d_i가 주어졌을 때, 중실 보의 직경 d_s를 구하는 방법을 보였다. 이 경우 두 보는 같은 재료로 만들어졌고, 단면적의 크기도 같으므로, 축 방향의 하중을 받을 때 파괴가 일어나는 하중의 크기 R은 동일하다.

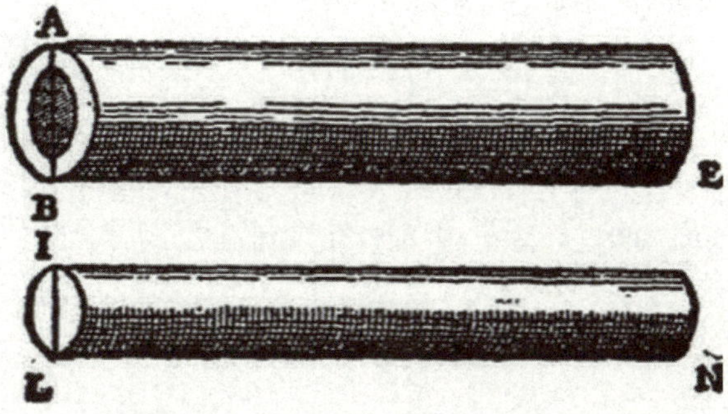

그림 1.12 동일한 체적과 길이를 가지는 중공 보와 중실 보

13) 동일 강도의 보의 형상과 관련된 정확한 해석에 대해서는 6.3.2절을 참고하기 바란다.

따라서 파괴가 일어나는 단면이 제공하는 모멘트, 즉 식 (1.7)의 좌변이 중공 보는 d_h, 중실 보는 d_s에 각각 비례하므로, 중공 보의 단면이 제공하는 모멘트가 중실 보에 비해 $\frac{d_h}{d_s}$ 배만큼 크며, 식 (1.7)에서 우변의 길이 l이 두 보가 같으므로, 결국 파괴 시의 하중 P는 중공 보가 $\frac{d_h}{d_s}$ 배만큼 더 크다는 결론을 얻었다[14].

그는 자연에서 관찰할 수 있는 새의 뼈나 갈대는 이와 같은 중공 보의 이로움을 활용하고 있는 것으로 이해하였으며, 창을 만들 때에도 이와 같은 원리를 이용하는 것으로 기술하였다.

외팔보의 파괴에 대한 갈릴레오의 성찰은 많은 점에서 근대적 재료역학이 발전할 수 있는 길을 열어 놓았지만, 오늘날 우리가 알고 있는 재료역학의 기본 개념들과는 아직 상당한 거리를 가지고 있었다. 먼저 그는 파괴에 대한 문제를 우선적으로 고려하고 있었기 때문에 재료가 힘을 받으면 변형한다는 사실을 직시하지 못 하였다. 파괴는 변형이 과도할 경우 발생한다는 사실을 그를 뒤따른 연구자들이 곧 알게 되었지만, 그는 파괴가 발생하기 전까지 부재가 변형한다는 점에 대해서는 일체 언급한 적이 없고, 오히려 부재는 무수히 많은, 변형되지 않는 올(fiber)로 이루어져 있다고 가정하였다.

'Two new sciences'에서 갈릴레오는 재료역학에 대해 많은 결과를 얻었다[15]. 차후 재료역학의 발전에 따라 그가 얻은 결과들에 대한 재평가가 이루어지는데, 오늘날 우리가 알고 있는 보와 관련된 재료역학적 지식을 5장에서 자세히 논의한 후, 그 지식에 근거하여 다시 한 번 그의 결과들에 대해 논의하기로 한다.

[예제 1.3] 길이 $100\,m$인 어떤 판옥선이 자중에 의해 파괴되었다고 하자. 갈릴레오의 결과에 따르면, 위 판옥선과 기하학적으로 상사하고 길이 $50\,m$인 판옥선의 파괴 하중은 자중에 의한 하중의 몇 배인지 구하시오.

14) 중공 보의 저항이 더 크다는 결론은 물론 맞지만, 그가 얻은 정량적인 결과는 오늘날 우리가 중공 보에 대해 알고 있는 것과는 차이가 있는 명백한 오류이다. 이에 대한 정확한 해석에 대해서는 5.2.3절의 [예제 5.7]을 참고하기 바란다.

15) 여기서 그 내용을 모두 소개하기에는 그 양이 너무 많아 결국 별도의 책으로 발간하기로 하였다([참고문헌 1a] 참조).

[답] 위의 식 (1.9)를 사용하기로 하면, $\lambda = 2$ 이므로 $\alpha = \frac{1}{\lambda} = \frac{1}{2}$ 이며, 따라서 길이 $50\,m$ 인 판옥선의 파괴 하중은 자중에 의한 하중의 2 배이다.

[예제 1.4] 그림 1.11에 보인 것과 같은 외팔보를 사용하면 균일한 단면의 경우에 비해 재료의 $\frac{1}{3}$ 을 절약할 수 있음을 적분을 사용하여 보이시오.

[답] 그림 예1.3에 보인 바와 같은 좌표 평면을 생각하고, 단면 변화를 나타내는 포물선의 방정식을 $y = \alpha x^2$ 이라고 하면, $x = b$, $y = l$ 을 만족하므로 $\alpha = \frac{l}{b^2}$ 을 얻으며, 단위 폭 당 절약되는 재료의 양 S는 다음과 같이 적분을 사용하여 구할 수 있다.

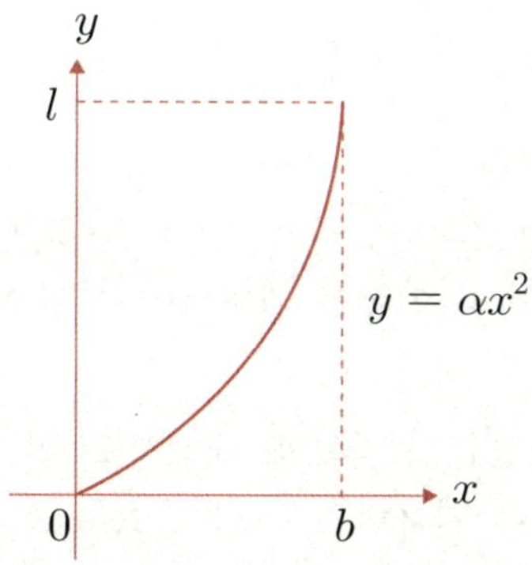

그림 예1.3 포물선의 방정식

$$S = \int_0^b \alpha x^2\, dx = \frac{\alpha}{3} b^3 = \frac{bl}{3}. \qquad \text{(예1.1)}$$

따라서 균일 단면 보의 재료량에 상응하는 bl의 $\frac{1}{3}$ 이 절약됨을 알 수 있다.

1.3 Hooke의 탄성론과 Mariotte의 보 이론

1.3.1 Hooke의 탄성론

Hooke(1635-1703, UK)는 'Two new sciences'가 발간된 지 40 년 되던 해인 1678년, '스프링에 대하여(Of spring)'라는 논문에서, 실용적인 시계(watch)의 발명과 관련하여 여러 가지 형태의 스프링에 대한 실험 결과를 발표하였다.

그는 스프링뿐만 아니라 대부분의 물체들에 대해 힘을 가하면, 그 때 늘어나는 길이는 항상 그 힘의 크기에 비례한다는 점을 지적하였다(그림 1.13 참조). 또한 이와 같은 성질을 이용하여 일정한 주기를 가지고 운동하는 장치를 만들거나, 무게를 재는 등 여러 가지 도구를 만들 수 있음을 밝혔다. 특히 그는 이와 같은 성질을 이용하여 만든 시계의 특허와 관련하여, 위에서 기술한 힘을 받는 물체의 변형(deformation)에 대한 성질을 18 년 동안이나 비밀에 부쳤다.

물체에 가해진 힘의 크기를 F, 늘어난 길이를 x, 그 비례 상수를 k라고 하면, 통상 Hooke의 법칙(Hooke's law)은 다음과 같은 식으로 주어진다.

$$F = kx. \tag{1.11}$$

이와 같이 관련된 물리량들을 비례식을 사용하여 나타내는 것은 그 당시 보편적으로 널리 사용되던 매우 전형적인 수학적 표현이었지만, 힘과 늘어난 길이, 즉 변위(displacement) 사이의 비례 관계는 물체의 변형 및 진동과 관련하여 차후 매우 중요한 결과들을 얻을 수 있게 하였다.

그는 또한 갈릴레오가 생각하였던 외팔보에 대해서도 언급하였는데, 외팔보의 자유단에 가해지는 하중의 크기에 비례하여 자유단의 처짐[16](deflection)이 발생하며, 이와 같이 보가 휘는(bending) 과정에서, 보의 위 부분은 원래보다 그 길이가 증가하며, 아래 부분은 감소하는 현상을 지적하였다(그림 1.14 참조).

16) 보와 관련하여 deflection은 일반적으로 처짐이라고 번역되고 있는데, 처짐은 아래로 변형하는 방향성을 지니고 있어 적절치 않은 경우도 있으나, 마땅한 대안이 없어 이 책에서도 그대로 따르기로 한다.

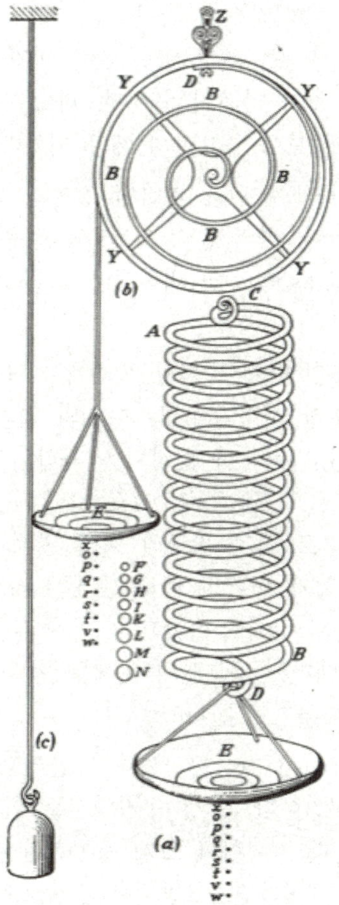

그림 1.13 Hooke의 스프링에 대한 실험

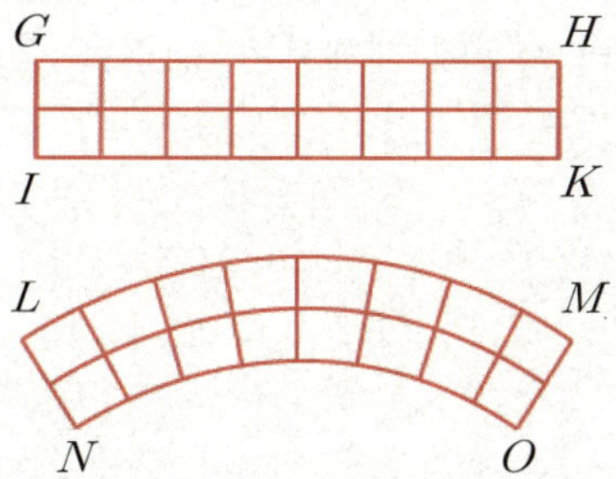

그림 1.14 Hooke(1678)의 보의 굽힘에 대한 개념도

갈릴레오가 얻었던 결론들이 수치적으로 약간 불합리한 결과를 주고 있었으므로, 그의 이와 같은 관찰은 보다 정확한 해답을 찾고 있던 많은 학자들에 의해 주목되었다. 이와 같은 연구들을 통해 자중에 의해 보가 파괴되는 문제보다도, 파괴에 이르는 과정으로써 보의 처짐 또는 변형에 대한 문제들이 보다 중요한 문제가 되었다.

오늘날은 탄성(elasticity)을 '물체에 힘을 가하면 길이가 변하였다가 힘을 제거하면 원래 상태로 돌아가는 성질'로 정의한다. 따라서 식 (1.11)과 같은 Hooke의 법칙은 탄성의 법칙이라기보다는 선형 탄성(linear elasticity)의 법칙이라고 불러야 하지만, 보통은 줄여서 탄성 법칙으로 부르고 있다.

Hooke가 지적한 대로 대부분의 물체는 평형 상태에서 약간의 힘을 받으면, 선형 탄성의 성질을 보인다. 그림 1.15에 '인장 시험'(tensile test)의 결과를 개략적으로 보였다[17]. 인장 시험에서는 시험기에 시편을 걸고 서서히 인장력을 가하면서 시편의 변형을 계측한다. 그림에 보인 바와 같이 시험 결과는 크게 OA, AB, BC의 세 구간으로 나누어 설명될 수 있다. OA 구간에서는 대체적으로 힘과 변형의 비례 관계가 성립한다. 단 가해지는 힘의 크기가 어느 한계를 넘어가면 힘과 변위의 비례 관계는 더 이상 성립하지 않기는 하지만, 힘을 제거하면 물체는 원래의 평형 상태로 돌아간다. 이와 같은 성질은 비선형 탄성(nonlinear elasticity)이라고 부르며, 이 책에서는 대부분의 문제를 선형 탄성 한계(linear elastic limit) 내에서 변형하는 부재에 대해 다루기로 한다.

그림에서 AB 구간은 소성(plasticity) 구간이라고 불리고, 또 BC 구간은 시편의 폭이 줄어들면서 파괴에 도달하는 구간이다. 소성 구간에서는 힘의 크기에 거의 변화가 없다는 특징이 있고, BC 구간에서는 힘과 변형이 크게 증가한다는 특징이 있다. 또 AC 구간에 속하는 점에서는 도중에 힘을 제거하면, 그림에서 점선으로 보인 바와 같이 OA와 거의 평행한 직선을 따라 변형이 감소하지만, 결국 변형이 없는 원래 상태로 돌아가지는 않는다. 이와 같이 힘을 제거한 후에도 영구적인 변형이 남는 성질을 소성이라고 부른다. 소성을 포함하여 보다 일반적인 재료의 성질에 대해서는 8.1절을 참고하기 바란다.

17) 인장 시험을 포함한 재료의 시험에 대해서는 8.1절을 참고하기 바란다.

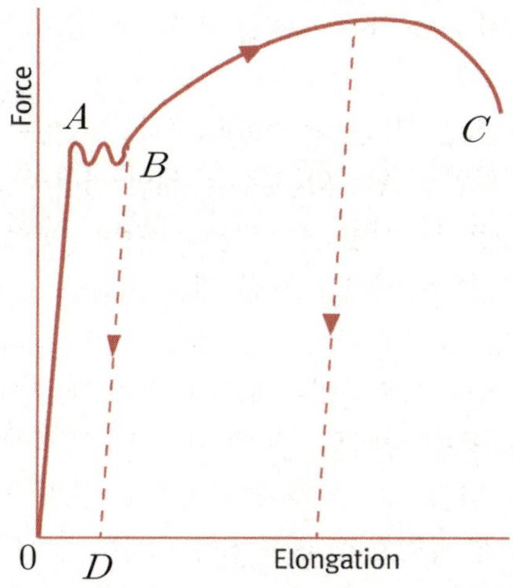

그림 1.15 하중을 받는 물체의 변형 특성

[예제 1.5] 지금도 한약방 등에서 사용하는 천칭은 지레의 원리를 이용하여 물체의 무게를 재는 저울이며, 몸무게를 재는데 사용하는 스프링 저울은 스프링의 탄성을 이용한 것이다. 무게를 재는 위치가 달라지면, 예를 들어 서울과 제주도에서 잴 때, 물체의 질량을 재는데 어느 쪽이 정확한 값을 줄 것인지에 대해 설명하시오.

[답] 천칭은 기준 되는 물체의 무게 또는 질량과 비교하여 재고자 하는 물체의 무게 또는 질량을 재는 도구이므로 장소에 따라 중력가속도가 달라지는데 따른 영향을 받지 않는다. 한편 스프링 저울은 스프링의 변형이 물체가 가하는 힘에 비례하는 성질을 이용하므로, 위치가 달라지면 중력가속도의 변화에 따라 동일한 물체도 무게가 달라질 수 있어, 무게를 질량으로 환산하는 과정에서 오차가 발생할 수 있다. 물론 대부분의 경우 오차는 매우 작지만, 정밀한 계측을 요구하는 경우에는 천칭이 더욱 정확한 질량을 줄 것이며, 이와 같은 이유로 대부분의 실험실에서는 아직도 천칭을 사용하고 있다.

[예제 1.6] 탄성을 가진 물체를 이용하여 시계를 만들 수 있는 원리를 설명하시오.

[답] 시계는 주기적으로 변화하는 기전(mechanism)과 그 횟수를 세는 카운터(counter)로 구성된다. 주기적으로 변화하는 현상의 횟수를 세면 시간의 흐름을 잴 수 있으므로 시계로 사용할 수 있으며, 따라서 사람들이 가지고 다닐 수 있는 시계를 만들기 위해서는 정확하게 주기적으로 변화하는 기전을 가진 계를 작은 크기로 만들 수 있어야 한다.

탄성을 가진 물체를 평형 상태로부터 약간 변형시켰다가 놓는 경우, 변형된 물체는 탄성 때문에 원래의 평형 상태로 되돌아가려고 할 것이다. 한편 평형 상태에 도달하는 순간 물체는 관성 때문에 평형 상태를 지나쳐서 반대 방향으로 변형하게 되고, 반대 방향으로 변형되는 물체는 탄성 때문에 처음의 변형보다 더 크게 변형될 수 없으므로, 처음과 같은 크기만큼 반대 방향으로 변형한 뒤, 다시 탄성 때문에 원래의 평형 상태로 되돌아가려고 할 것이다. 이와 같이 탄성은 물체를 항상 원래의 평형 상태로 돌려놓으려는 힘을 물체에 가하기 때문에 복원력(restoring force)의 제공자가 되며, 이 탄성에 의한 복원력과 물체의 운동에 기인하는 관성력의 상호 작용에 의해 물체는 주기적인 진동을 하게 된다.

탄성을 가진 물체를 질량과 스프링으로 이루어진 계로 이상화하여 보면, 질량은 관성을, 스프링은 탄성을 이상화하여 나타내는 것으로 볼 수 있으며, 따라서 탄성을 가진 물체는 질량-스프링 계처럼 주기적인 진동을 하게 되며, 이와 같은 성질은 시계를 만드는데 기본적인 기전으로 사용될 수 있다.

1.3.2 Mariotte의 보 이론

앞 절에서 설명한 바와 같이 갈릴레오에 의해 제기되었던 외팔보의 파괴 문제는 Hooke에 의해 탄성을 가진 외팔보의 변형 문제로 바뀌게 되었는데, 이 문제의 해와 관련하여 Mariotte(1620-1684, France)는 매우 중요한 결과를 얻었다.

파리 근교에 있는 베르사이이(Versailles) 궁전의 수도관 설계와 관련하여 그는 외팔보의 굽힘(bending) 문제를 다루게 되었는데, 그의 사후 1686년 편집된 논문에서 그 당시로서는 매우 정교한 논리를 전개하였다[18].

18) 라이프니츠의 미적분에 관한 논문이 1684년, 뉴턴의 주요 저서, 'Principia'가 1687년 발간되었으므로, Mariotte는 아직 미적분을 알고 있지 못하였다.

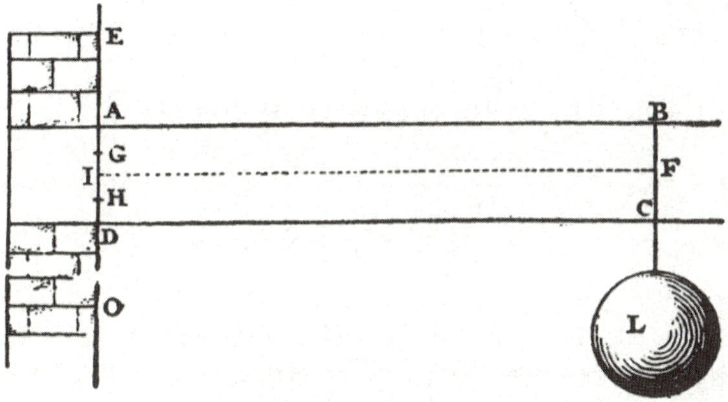

그림 1.16 Mariotte의 보의 처짐에 대한 이론

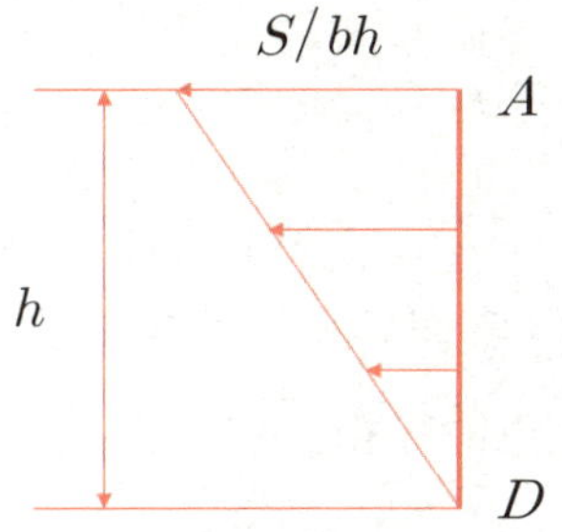

Moment about D;

$$M = \frac{S}{2}\frac{2h}{3} = \frac{Sh}{3}$$

그림 1.17 Mariotte의 고정단 단면 상의 힘의 분포에 대한 가정-1

그림 1.16에 보인 바와 같은 균일 단면의 외팔보가 고정단의 단면에서 파괴될 때, 그 단면은 점 D를 중심으로 회전하므로, Hooke의 법칙에 의해 단면 상의 각 점에 위치하는 올(fiber)은 점 D로부터의 거리에 비례하는 크기의 힘을 받는다(그림 1.17 참조).

직사각형 단면의 경우, 점 D로부터 가장 먼 거리에 있는 점 A에 위치하는 올에 작용하는 힘이, 보가 축 하중 상태에서 파괴될 때 각각의 올에 작용하는 힘과 같아지면 파괴가 일어난다고 볼 수 있다. 같은 단면을 가지는 보가 축 하중 상태에서 파괴될 때의 하중을 절대강도(absolute strength)라고 정의하면, 이 단면에 작용하는 힘은 그림 1.17에 보인 바와 같이 삼각형의 면적에 상당하므로, 절대강도 S의 반에 해당한다.

또한 이와 같이 점 D로부터의 거리에 비례하는 크기의 힘을 받는 경우, 이들 힘에 의한 점 D에 대한 모멘트는 삼각형의 도심(centroid)[19]이 밑변으로부터 높이 h의 $\frac{1}{3}$, 즉 점 D로부터 $\frac{2h}{3}$인 곳에 있다는 사실을 이용하여 다음과 같이 얻는다.

$$M = \frac{S}{2}\frac{2h}{3} = \frac{Sh}{3}. \tag{1.12}$$

이와 같이 얻어진 모멘트는 보의 길이를 l이라고 하면 자유단에 작용하는 하중 P에 의해 고정단에 작용하는 모멘트 $M = Pl$과 같아야 하므로, 파괴 하중 P_r에 대해 다음 결과를 얻는다.

$$P_r = \frac{Sh}{3l}. \tag{1.13}$$

갈릴레오가 보를 대체하여 얻은 지레에 대해 절대강도의 개념을 적용하면, 그림 1.6의 고정단의 각 올에 작용하는 힘이 S에 상응할 때 파괴가 일어난다고 볼 수 있으며, 이 힘은 그림 1.6의 점 A에 작용하므로 다음 결과를 얻는다.

$$M = \frac{Sh}{2}, \quad \therefore P_r = \frac{M}{l} = \frac{Sh}{2l}. \tag{1.14}$$

따라서 Mariotte의 결과인 식 (1.13)은 위 식으로 주어지는 갈릴레오의 결과의 $\frac{2}{3}$에 해당하며, 이 결과는 당시 많은 연구자들이 실험에서 얻을 수 있는 값과 보다 가까운 값이었으므로, 차후의 보에 대한 연구는 Mariotte 이론의 연장선 상에서 이루어지게 되었다.

Mariotte는 한 걸음 더 나아가, Hooke가 지적한 바와 같이 보가 휠 때, 그림 1.16에서 고정단의 중점 I를 중심으로 위쪽은 인장, 아래쪽은 압축 상태에 있으므로, 고정단의 단면에는 그림 1.18에 보인 것과 같은 힘이 분포된다고 가정하였다. 이와 같은 분포에 대한 모멘트를 점 D에 대해 취하면, 압축되는 부분과 인장되는 부분에 대한 모멘트의 부호가 달라 상쇄되므로, 따라서 이 경우에는 중점 I에 대한 모멘트를 고려해야 하며, 그 값은 그림

19) 도심에 대해서는 부록 B.1을 참조하기 바란다.

에 보인 바와 같이 식 (1.12)에서 얻은 양의 반을 얻게 된다. 그러나 Mariotte는 이 부분에서 그림 1.18과 같은 힘의 분포에 의한 모멘트도 식 (1.12)와 같이 주어진다고 간주하는 실수를 범하였다.

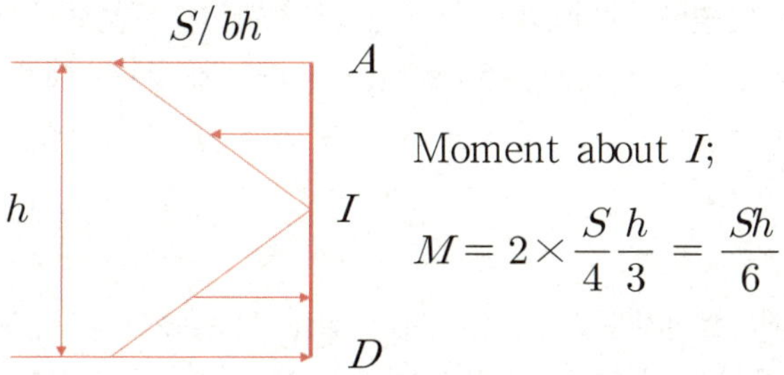

그림 1.18 Mariotte의 고정단 단면 상의 힘의 분포에 대한 가정-2

또한 그는 길이 4 in, 직경 1/4 in인 원형 단면의 봉에 대한 실험을 수행하여, 다음 결과를 얻었다.

$$S = 330\ lb,\ \ P_r = 6\ lb. \tag{1.15}$$

갈릴레오가 얻은 식 (1.14)로부터는 다음을 얻고,

$$\frac{S}{P_r} = \frac{2l}{h} = 32, \tag{1.16}$$

또 그가 얻은 식 (1.13)으로부터는 다음을 얻으므로,

$$\frac{S}{P_r} = \frac{3l}{h} = 48, \tag{1.17}$$

실험 결과, 즉 $\frac{S}{P_r} = 55$에 그의 식이 보다 근접한 결과를 준다고 주장하였다.

이상의 논의와 관련하여 두 가지 점을 지적할 수 있다.

첫째는 앞에서도 기술한 바와 같이 이제는 연구자들의 관심이 보의 자중에 의한 파괴보다는 보의 처짐 또는 변형에 대한 문제로 바뀌게 되었다는 점이다. 특히 Hooke의 법칙을 사용하여 변형하는 물체에 작용하는 힘을 생각하는 것이 가능해졌다는 점이다.

둘째는 Mariotte의 결과는 아직도 많은 문제점을 포함하고 있었다. 직사각형 단면에 대해 얻은 결과를 원형 단면에 대해 적용한 것은 차치하고, 무엇보다 파괴를 전제하고 있으면서도, 물체의 재료적 성질(material property)이 파괴에 이를 때까지 탄성적이라고 간주한다는 점이다. 이와 같은 오류는 물체의 재료적 성질에 대한 이해가 보다 개선되기까지 지속되었으며, 이와 관련하여서는 그림 1.15에 보인 바와 같은 실험적 연구의 중요성이 강조되어야만 한다.

한편 위에서 사용된 절대강도(absolute strength)라는 용어는 바로 재료강도학(strength of materials)이라는 단어의 출처를 제공한 것으로 Mariotte에 의해 처음 사용된 것으로 보인다. 차후 재료강도학 또는 재료역학의 발전이 프랑스 학자들에 의해 주도되면서 위에서 고려한 문제들과 관련된 분야의 학문 명칭이 재료강도학으로 정해지는데 위의 용어는 결정적인 영향을 끼쳤다.

Mariotte의 사후, 뉴턴(1687)과 라이프니츠(1684)에 의해 미적분이 창안되어 사람들에게 알려지자, 재료역학은 다시 한 번 큰 변화를 겪게 된다. 미적분이 알려짐에 따라, 곡선의 호의 길이(arc length), 곡률 반경(radius of curvature), 기울기(slope) 등의 양을 훨씬 더 자유롭게 나타내고, 또 사용할 수 있게 된 학자들이 나타났다. 이들은 새로운 지식을 다음 장에서 논의할 탄성곡선, 5, 6장에서 논의할 보의 굽힘, 그리고 7장에서 논의할 좌굴 등의 문제들에 적용하기 시작함으로써 재료역학은 보다 오늘날의 재료역학에 가까운 모습을 가지게 되었다.

한편 기하학적 상사성을 유지하면서 실험을 수행하여 얻어진 결과를 일괄적으로 비교하기 위해서는, 예를 들어 외팔보의 끝에 가해지는 하중보다는 구조 부재의 한 단면에 작용하는 단위 면적 당 힘, 즉 응력(stress)을 고려해야 한다. 이와 같은 개념에 도달하기까지는 아직도 많은 여러 가지 기초적인 문제들을 해결해야만 했다.

특히 구조 부재(structural member)가 외력(external force)을 받을 때, 부재의 한 부분은 접촉하고 있는 다른 부분으로부터도 힘을 받게 된다. 내력(internal force)이라고 불리는 이와 같은 힘을 충분히 잘 이해하기 전에는 부재의 임의의 부분에 대한 올바른 평형 방정식을 얻을 수 없다. 따라서 다음 2장, 3장에서는 이와 관련하여 가장 기본적인 문제인 인장(tension)과 비틀림(torsion)에 기인하는 내력에 대해 먼저 알아보기로 한다.

[예제 1.7] Mariotte이 그의 식 (1.12)를 얻은 것과 같은 방법으로 원형 단면 보에 대한 해석을 수행하여 식 (1.16)에서 보인 것과 같이 $\frac{S}{P_r}$ 을 구하시오.

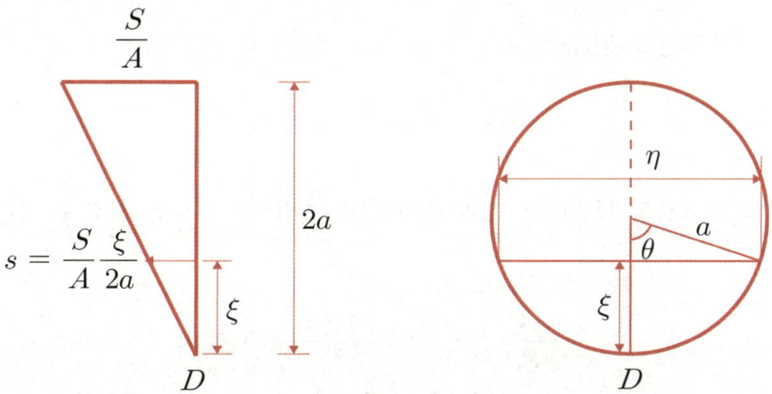

그림 예1.4 원형 단면 보에 대한 해석

[답] 그림 예1.4에 보인 바와 같이 점 D로부터의 거리 ξ에 비례하는 크기의 힘을 받는다고 하면 원의 중심을 지나는 수직선 상에서의 힘의 크기 s는 다음과 같이 주어진다.

$$s = \frac{S}{A}\frac{\xi}{2a}. \tag{예1.2}$$

여기서 S는 앞에서와 같이 축 하중 상태에서 파괴될 때의 하중, 즉 절대강도, A는 원의 면적, a는 원의 반경을 각각 뜻한다.
이 힘들에 의해 작용하는 점 D에 대한 모멘트 M은 다음과 같이 주어진다.

$$M = \int_0^{2a} \xi s \eta \, d\xi. \tag{예1.3}$$

여기서 η는 $\xi = const.$인 곳에서의 원의 폭을 나타내며, 위 식의 ξ, η는 그림에 보인 각 θ를 사용하여 다음과 같이 나타낼 수 있으므로,

$$\xi = a(1-\cos\theta),\ \eta = 2a\sin\theta, \tag{예1.4}$$

모멘트 M에 대해 다음 결과를 얻는다.

$$M = \frac{S}{A}\int_0^{2a} \xi^2 \sin\theta \, d\xi = \frac{S}{A}a^3 \int_0^{\pi} (1-\cos\theta)^2 \sin^2\theta \, d\theta \quad (예1.5)$$

[연습문제 1.16]에 보인 바와 같이 위 식의 적분에 대해서는 $\frac{5\pi}{8}$ 를 얻고 또 $A = \pi a^2$ 이므로 결국 다음을 얻는다.

$$M = \frac{S}{A}a^3 \frac{5\pi}{8} = S\frac{5a}{8} \quad (예1.6)$$

따라서 식 (1.14)를 활용하고 그의 원형 단면 봉에 대한 실험 자료를 대입하면 다음을 얻으며,

$$\frac{S}{P_r} = \frac{8l}{5a} = \frac{64 \times 4}{5} = 51.2 \quad (예1.7)$$

즉, 사각형 단면에 대한 결과를 쓸 때보다 실험치인 55에 더욱 가까운 결과를 얻는다.

연습문제

1. 그림 1.1과 관련하여, 지구의 중심이 받침점으로부터 지구 반경의 1,000분의 1 되는 곳에 있고, 체중 60 kg인 사람이 자신의 체중으로 지구를 들려고 한다면 사람이 받침점으로부터 최소한 얼마나 멀리 떨어져 있어야 하는지 구하시오.

2. 벡터의 벡터곱(vector product)에 대한 정의를 정리하고, 물리량에 대한 관계 중 벡터곱을 사용하는 식을 3 개 이상 열거하시오.

3. 벡터의 스칼라곱(scalar product)에 대한 정의를 정리하고, 물리량에 대한 관계 중 스칼라곱을 사용하는 식을 3 개 이상 열거하시오.

4. 점(point)의 정의를 정리하고 물리에서 사용되는 점의 예를 3 개 이상 열거하시오.

5. 피타고라스의 정리, 즉 직각 삼각형의 세 변 a, b, c에 대해 $a^2+b^2=c^2$의 꼴로 주어지는 정리를 먼저 그림을 그려 증명해 보고, 또 다음과 같은 식을 사용하여 증명하시오.

$$a^2+b^2=(a+b)^2-2ab=c^2. \qquad \text{(연1.1)}$$

단 a, b는 직각을 낀 두 변의 길이이고, c는 빗변의 길이이다.

6. 함수의 정의를 정리하고, 종류가 같지 않다고 생각되는 함수를 20 개 이상 열거하시오.

7. [예제 1.2]에서 설명한 포물선과 관련하여 원추의 단면으로 정의되는 포물선과 파푸스의 포물선에 대한 정의가 동일한 결과를 주는 것을 보이시오.

8. 그림 1.5와 관련하여, 길이 $10\,m$, 단면적 $1\,m^2$인 봉이 $10\,kN$의 축 하중에서 파괴되었다고 하자. 길이가 반으로 준 기하학적으로 상사한 봉의 파괴 하중을 어떻게 구할 것인지에 대해 논하시오.

9. 그림 1.6과 관련하여, 길이 $10\,m$, 단면적 $1\,m^2$인 외팔보가 $10\,kN$의 하중에서 파괴되었다고 하자. 길이가 배로 늘어난 기하학적으로 상사한 외팔보의 파괴 하중을 어떻게 구할 것인지에 대해 논하시오.

10. 1.2.3절의 응용1)과 관련하여, 나무로 된 막대자를 구하여 실험에 의해 자를 세운 경우와 눕힌 경우의 파괴 하중의 비를 구하고, 얻은 결과에 대해 논하시오.

11. 1.2.3절의 응용4)와 관련하여, 적절한 재료로 된 단면적과 길이가 같은 중공 보와 중실 보를 구하여 실험에 의해 파괴 하중의 비를 구하고, 얻은 결과에 대해 논하시오.

12. 식 (1.11)과 관련하여, 고무줄을 사용하여 실험에 의해 그림 1.15에 보인 바와 같은 힘-변위 관계를 얻고, 얻은 결과에 대해 논하시오.

13. 부록 B.1을 참조하여 밑변 b, 높이 h인 직각 삼각형의 도심을 구하시오.

14. 직사각형의 도심에 대한 정리를 이용하여 식 (1.14)를 구하시오.

15. 그림 1.18에 보인 힘의 분포에 대해 점 I에 대한 모멘트를 구하시오.

16. 식 (예1.5)의 적분에 대해 다음 결과를 보이시오.

$$I = \int_0^{\pi} (1 - \cos\theta)^2 \sin^2\theta \, d\theta = \frac{5\pi}{8}. \tag{연1.2}$$

[힌트: $\cos^2\theta = \frac{1}{2}(1 + \cos 2\theta)$, $\sin^2\theta = \frac{1}{2}(1 - \cos 2\theta)$을 이용하고, 또 삼각함수에 대한 덧셈공식 $\cos n\theta \cos m\theta = \frac{1}{2}\{\cos(n+m)\theta + \cos(n-m)\theta\}$을 이용한 뒤, 양의 자연수 n에 대해 $\int_0^{\pi} \cos n\theta \, d\theta = 0$이 성립함을 이용하시오.]

인장과 탄성곡선

CHAPTER 2

Hooke
1635-1703
UK

표 2.1 주요인물

이름	활동연대	연고지	관련 업적, 저술
Stevinus	1548-1620	Netherlands	부분의 격리, 1586
갈릴레오	1564-1642	Italy	'Two new sciences', 1638
Mariotte	1620-1684	France	보의 굽힘에 관한 이론, 1686
Hooke	1635-1703	UK	'스프링에 관하여', 1678
뉴턴	1642-1727	UK	'Method of fluxions', 1671 미적분학의 공동 창안, 1687
라이프니츠	1646-1716	Germany	미적분학의 공동 창안, 1684
베르누이(James)[1]	1654-1705	Switzerland	미소 부분의 격리, 중립울, 1695 응력-변형도 관계, 탄성곡선, 1705
오일러	1707-1783	Switzerland	탄성곡선 및 임계 하중, 1744 정확한 탄성계수의 정의, 1778
Young	1773-1829	UK	탄성계수, 프와송 비, 전단 응력, 편심 하중, 1807
프와송(Poisson)	1781-1840	France	프와송 비, 1829
Navier	1785-1836	France	보의 굽힘 이론 정정, 1826
Rayleigh	1842-1919	UK	Young의 재발견, 1892

이 장에서는 먼저 축 하중을 받는 봉의 인장(tension)과 관련하여 응력과 변형도의 개념에 대해 설명하고, Hooke의 법칙을 새로운 형태로 다시 정의한다. 다음에는 이와 같은 개념들의 유용성과, 뉴턴(1687)과 라이프니츠(1684)에 의해 도입된 미적분이 역학 문제에서 어떻게 활용되었는지를 보여주는 문제를 생각한다. 먼저 2.2절에서는 단면이 불연속적으로 변화하는 봉과 연속적으로 변화하는 봉의 변형(deformation)에 대해 고찰하여 적분의 응용 예를 보인다. 2.3절에서는 탄성체로 된 보가 하중을 받아 변형되었을 때의 처짐 곡선을 탄성곡선(elastica)이라고 하는데, 이와 관련하여 미분을 활용한 베르누이(Bernoulli)의 연구(1705)에 대해 알아본다.

1) 라이프니츠의 제자인 그는 영어식으로는 James, 원어를 따르면 Jacob(또는 Jakob, Jacques)으로 불린다. 그의 막내 동생이자 제자인 John(또는 Johann, 1667-1748) 또한 저명한 과학자이며, 유체역학에서 배우는 베르누이 방정식의 베르누이는 John의 아들이자 제자인 Daniel(1700-1782)을 뜻한다. John은 또한 오일러의 스승이기도 한데, 라이프니츠로부터 오일러에 이르는 4 대 5 명의 과학자들이 역학사의 초기에 이룬 성과는 참으로 대단하여 그와 비슷한 예를 찾아보기 힘들다.

2.1 봉의 인장; 응력과 변형도

앞 장에서 보와 같은 부재의 강도를 논의할 때 재료의 성질이 매우 중요한 인자임을 보았다. Hooke의 탄성 법칙으로 불리는 식 (1.11), $F = kx$는 힘-변위 관계를 비례 관계로 나타낸다. 예를 들어 그림 1.5에 보인 바와 같은 봉에 대한 실험 결과를 식 (1.11)에 따라 정리한다고 하면, 봉의 단면적, 길이와 같은 기하학적 성질(geometrical property)과 재료적 성질(material property)이 모두 비례 상수에 함께 포함되어 있다. 따라서 같은 재료의 부재라고 하더라도 그 기하학적 특성이 달라질 때마다 수많은 실험을 수행해야 하는 매우 곤란한 상황에 직면하게 된다.

오늘날 우리가 재료의 성질을 논할 때는 Hooke의 탄성 법칙을 식 (1.11)에서와 같이 물체에 가해진 힘과 그 변위에 대한 관계로 고려하는 것이 아니고, 단위 면적 당 작용하는 힘과 그에 대한 단위 길이 당 변위에 대한 관계로 고려한다.

예를 들어 그림 1.5와 같이 봉이 축 하중을 받는 경우, 축 방향에 수직인 모든 단면에 외력인 하중 P와 같은 크기의 내력이 작용하므로, 단면 상의 임의의 점에 작용하는 단위 면적 당 힘은 자유단에 작용하는 하중 P를 봉의 단면적 A로 나누어 다음과 같이 정의한다.

$$\sigma = \frac{P}{A}. \tag{2.1}$$

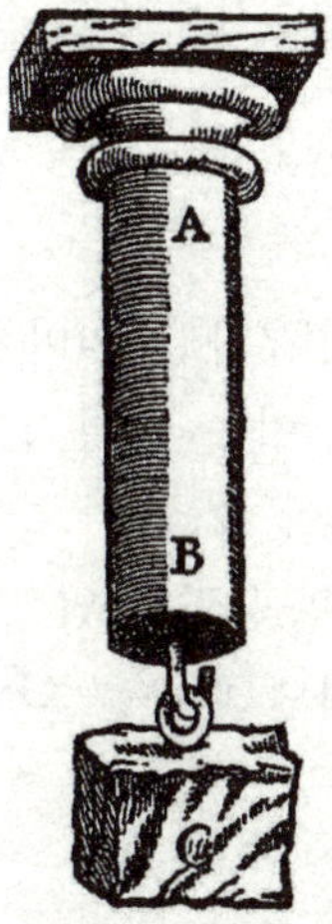

그림 1.5 갈릴레오의 축 하중 문제

여기서 σ는 응력(stress)이라고 부르며, 그림에 보인 경우에는 보의 길이가 늘어나는 방향으로 하중이 가해지고 있으므로 인장 응력(tensile stress), 반대의 경우에는 압축 응력(compressive stress)이라고 부른다.

식 (2.1)로 주어지는 응력이 단면 상의 모든 점에 작용한다고 보는 것은 봉 내부의 모든 점에 같은 크기의 응력이 작용한다고 보는 것인데, 이와 같은 가정은 명백히 하중이 가해지는 자유단이나 또는 고정단 부근에서는 잘 맞지 않을 것이므로 축 하중을 받는 문제에 대해 식 (2.1)은 오직 근사적인 가정일 뿐임을 지적해 둔다.

한편, 단위 길이 당 변위는 그림에 보인 보의 평형 상태에서의 길이를 l, 하중이 가해진 후 늘어난 길이를 δ라고 하면 다음과 같이 정의한다.

$$\epsilon = \frac{\delta}{l}. \tag{2.2}$$

여기서 ϵ은 변형도[2](strain)라고 부르며, 그 차원은 길이를 길이로 나누어 얻어지므로 무차원이다. 일반적으로 구조용 강의 경우 전형적인 ϵ의 범위는 $10^{-3} \sim 10^{-5}$이다.

위와 같이 정의된 응력과 변형도를 사용하여 Hooke의 탄성 법칙, 식 (1.11)을 다시 쓰면 다음과 같다.

$$\sigma = E\epsilon. \tag{2.3}$$

여기서 E는 탄성계수(modulus of elasticity) 또는 Young의 계수(Young's modulus)로 불리고, 응력과 같은 차원을 가진다.

식 (2.3)은 ϵ이 어떤 값보다 작을 경우에만 의미를 가지고 그 값에 상응하는 응력은 항복 응력(yield stress)이라고 불리는데, 이는 그림 1.15에서 점 A에 대응된다. 구조용 강(steel)의 경우, E는 200 GPa이며, 식 (2.3)을 적용할 수 있는 ϵ의 한계, 즉 항복 변형도(yield strain)는 10^{-3} 정도이고, 항복 응력은 약 250 MPa이다.

식 (2.3)에 식 (2.1)과 (2.2)를 대입하면 다음을 얻으며,

2) 책에 따라서는 변형율이라고 번역하고도 있으나, 변형율은 strain rate의 번역어로 유체역학에서 사용되고 있으므로, 변형도로 번역하는 것이 타당한 것으로 생각된다.

$$\frac{P}{A} = E\frac{\delta}{l}, \tag{2.4}$$

이 식을 식 (1.11)과 같은 형태로 바꾸면 다음과 같이 쓸 수 있다.

$$P = \frac{EA}{l}\delta = k\delta,\ \ k = \frac{EA}{l}. \tag{2.5}$$

이제 식 (2.1)과 (2.2)의 응력과 변형도의 정의에 대해 다시 살펴보기로 하자. 위의 식 (2.5)를 보면 식 (1.11)의 비례 상수 k는 봉의 기하학적 특성인 A, l과 재료적 특성인 E를 모두 포함하고 있음에 반해, 식 (2.3)의 비례 상수는 그야말로 재료적 특성인 E만을 포함하고 있다. 따라서 만약 봉에 축 하중을 가해 얻은 인장 시험 결과를 식 (2.3)을 사용하여 정리하면 봉의 기하학적 형상과는 관계없이 재료적 성질만을 나타내는 결과를 얻는다. 그러므로 재료의 탄성에 대한 정보를 얻기 위해서는 식 (1.11)보다는 식 (2.3)과 같은 응력-변형도 관계를 사용해야 하는데, 오일러는 7장에서 다룰 기둥의 좌굴과 관련된 1778년의 연구에서 선형적인 응력-변형도 관계의 중요성에 대해 처음으로 지적하였다. 이와 같은 관점에서 식 (2.1), (2.2), (2.3)에서 정의된 응력, 변형도에 대한 이해가 이루어져야 함을 다시 한 번 강조한다.

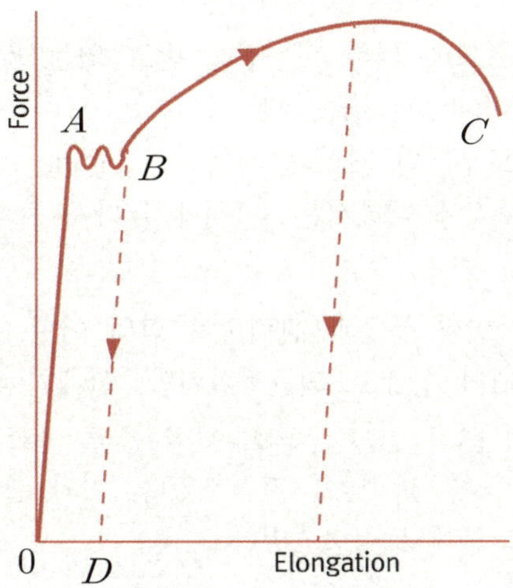

그림 1.15 하중을 받는 물체의 변형 특성

명백히 식 (2.3)은 봉을 구성하고 있는 재료의 모든 점에서 만족되어야 위에서의 논의가 의미를 가질 것이다. 이 책에서는 우리가 고려하는 구조 재료가 균질 등방성(homogeneous isotropic) 재료임을 가정하기로 한다. 균질하다는 것은 모든 점에서의 재료적 성질이 동일하다는 것이며, 등방성이라는 것은 한 점에서 모든 방향으로 성질이 동일하다는 뜻이다.

재료의 성질을 식 (2.3)과 같이 응력-변형도 관계(stress-strain relation)로 나타내는 방식은 베르누이(James, 1705)에 의해 처음 제안되었으나 그는 부재의 파괴와 관련된 재료의 성질에 대한 연구를 진행하고 있었으므로, 식 (2.3)과 같이 비례 관계가 아닌 보다 일반적인 함수 관계를 가정하였다. 현재 사용되고 있는 탄성계수의 정확한 정의는 위에서 언급한 바와 같이 오일러(1778)에 기인하며, 식 (2.3)의 비례 상수 E가 Young의 이름을 따라 불리고 있는 것은 과학사에서 무수히 볼 수 있는 명칭과 관련된 오류의 하나이다. Young(1807)이 정의한 비례 상수는 오늘날 우리가 사용하는 탄성계수와는 정량적으로 차이가 있는 양이며, 단 비례 상수를 설정하였다는 점에서는 베르누이의 정의보다는 오늘날의 정의에 가깝다고 볼 수 있다.

Young은 탄성계수와 관련하여서는 잘못 이해되고 있지만, 재료역학과 관련하여 중요한 몇 가지 문제에 대해 고찰하였으며, 여러 면에서 시대를 앞선 과학자였다.

첫째는 축 하중을 받는 보의 경우, 길이가 늘어남과 동시에 그 단면적이 줄어드는 현상이 발생함을 지적하였다. 이와 같은 현상은 물체의 재료적 성질과 관련하여 차후, 프와송비(Poisson's ratio)라고 불리는 양으로 정량화되었다.

둘째는 하단에 작용하는 토크에 의해 비틀림을 받고 있는 원형 단면 봉의 경우, 토크는 횡단면에 작용하는 전단 응력(shear stress)에 기인하는 모멘트와 평형을 이루며, 또 전단 응력의 크기는 봉의 중심으로부터의 거리와 비틀림 각(angle of twist)에 비례한다는 사실을 지적하였다. 이와 같은 주장에 대해서는 3.1절에서 다시 보다 자세하게 논의하게 될 것이다.

셋째는 힘을 받는 물체의 변형 특성과 관련하여 힘의 어떤 한계치까지는 탄성적인 반응을 보여 힘을 제거하면 원래의 상태로 되돌아가지만, 한계치 이상의 힘을 물체에 가하면 하중을 제거하더라도 그림 1.15의 $\overline{BD}$ 부분이 보여 주는 바와 같이, 비탄성적(inelastic)인 즉 영구적(permanent)인 변형이 일어남을 지적하였다. 이와 같은 성질은 소성으로 정의되어 차후 새로운 학문 분야의 주제로 정립되었다.

마지막으로 그는 7.2절에서 다룰 기둥에 작용하는 편심 하중, 좌굴과 관련된 연구를 최초로 수행하였다. 그 외에도 보의 굽힘, 충격, 선박의 종강도 등과 관련하여 그 당시로서는 매우 새로운 결과들을 다수 얻고 있었으나, 재료역학 분야의 다른 연구자들에게 미친 영향은 거의 없었다. 이는 그의 연구 결과가 대부분 강의록(lecture note)의 형태로 정리되었고, 또 이해하기에 쉽지 않은 형태로 기술되었던 때문이며, 그의 강의록에 실린 내용은 85 년이 지난 1892년이 되어서야 그의 후임자였던 Rayleigh에 의해 주로 세상에 알려졌다.

[예제 2.1] 길이 l, 반지름 r인 원형 강봉의 끝 부분에 중량 W의 물체가 그림 예2.1에 보인 바와 같이 매달려 있을 때, 봉의 각 부분에 작용하는 인장 응력을 구하시오. 단 강의 비중량은 γ로 한다.

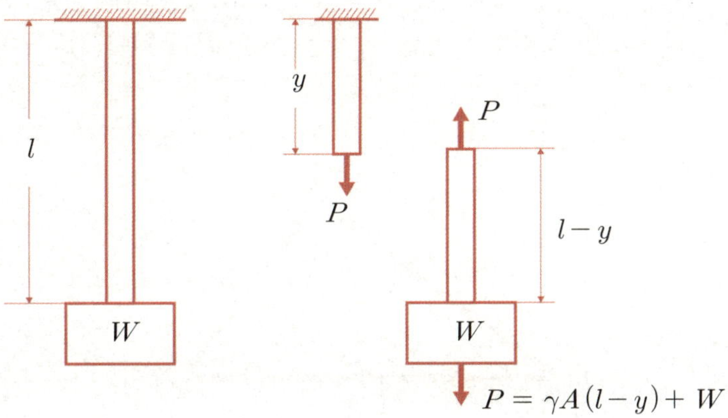

(a) (b) 자유물체도

그림 예2.1

[답] 정역학에서 배운 바와 같이 우선 자유물체도(free body diagram)를 그림 예2.1(b)와 같이 그리는데, 상단으로부터 y 만큼 떨어진 단면에 작용하는 하중을 구하면, 그 아래 부분의 봉의 무게와 중량물의 무게를 고려하여 다음과 같이 주어진다.

$$P = \gamma A(l-y) + W = \gamma \pi r^2 (l-y) + W. \tag{예2.1}$$

따라서 봉의 각 부분에 작용하는 인장 응력 $\sigma(y)$는 다음과 같이 얻고,

$$\sigma(y) = \frac{P}{A} = \gamma(l - y) + \frac{W}{\pi r^2}, \tag{예2.2}$$

따라서 봉의 상단에 다음과 같은 최대 응력 σ_{max} 가 작용한다.

$$\sigma_{max} = \sigma(0) = \gamma l + \frac{W}{\pi r^2}. \tag{예2.3}$$

[예제 2.2] 그림 예2.2에 보인 트러스(truss)의 각 부재의 단면은 직경 $10\,mm$인 원이다. 재료가 허용할 수 있는 최대 인장 응력이 $100\,MPa$, 최대 압축 응력이 $80\,MPa$이라고 할 때, 이 트러스가 견딜 수 있는 하중 P의 최대값을 구하시오.

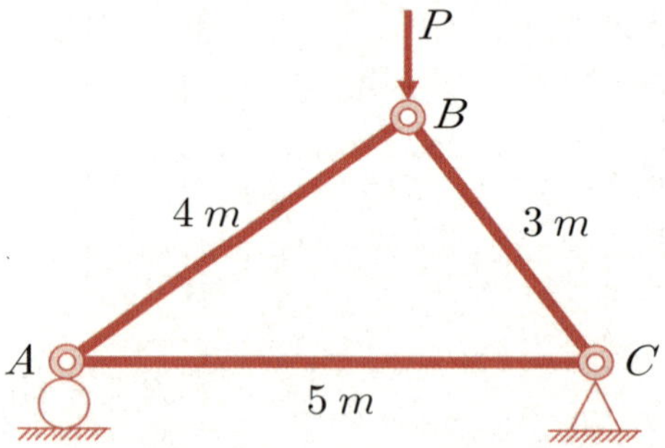

그림 예2.2

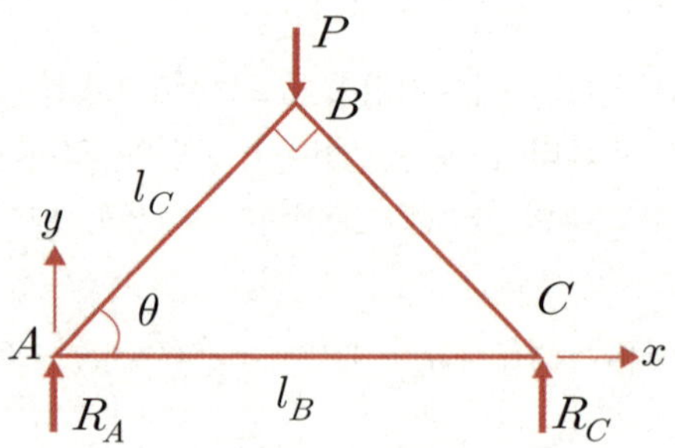

그림 예2.3 자유물체도

[답] 자유물체도를 그림 예2.3에 보인 바와 같이 그리고, 트러스 전체에 대한 평형 조건으로부터 반력을 계산한다. 먼저 직각 삼각형 ABC에 대해 각 변의 길이를 마주 보는 각의 기호를 써서 나타내기로 하면 수평 방향인 변 B의 길이는 l_B로 쓸 수 있다. 또 $\angle CAB$를 θ라고 하면 $\cos\theta = \frac{l_C}{l_B} = \frac{4}{5}$이며, 물체에 작용하는 y 방향 힘과 점 A에 대한 모멘트 평형 조건으로부터 다음을 얻는다.

$$\sum F_y = R_A + R_C - P = 0\,, \qquad (예2.4)$$

$$\sum_A M = -\,l_c \cos\theta P + l_B R_C = 0\,. \qquad (예2.5)$$

점 A는 롤러 지지, 점 C는 핀 지지이므로, 점 A에서의 반력은 y 방향이지만, 점 C에서의 반력은 x 방향 성분을 가질 수도 있음에 유의한다.
위의 식 (예2.5)로부터 다음을 얻고,

$$R_C = \frac{l_c}{l_B}\cos\theta P = P\cos^2\theta\,, \qquad (예2.6)$$

이를 식 (예2.4)에 대입하여 다음을 얻는다.

$$R_A = P - R_C = P(1-\cos^2\theta) = P\sin^2\theta. \qquad (예2.7)$$

또 물체에 작용하는 x 방향 힘에 대한 평형 조건으로부터 점 C에서의 x 방향 반력은 영임을 얻는다.
각 부재가 어떤 하중 상태에 있는가를 알기 위해서는, 핀으로 연결된 트러스의 경우에는 연결된 점에서 모멘트가 전달될 수 없으므로, 부재 방향의 힘만 생각하면 된다는 점을 고려하고, 변 C에 놓인 부재(부재 C로 부르기로 한다)에 작용하는 내력을 F_C 등으로 나타내기로 하면, 먼저 점 A에서의 힘에 대한 평형 조건으로부터 다음을 얻는다 (그림 예2.4 참조).

$$\sum F_y = R_A + F_C \sin\theta = 0\,,\;\; \therefore F_C = -\frac{R_A}{\sin\theta} = -P\sin\theta, \qquad \text{(예2.8)}$$

$$\sum F_x = F_B + F_C \cos\theta = 0\,,\;\; \therefore F_B = -F_C\cos\theta = P\sin\theta\cos\theta\,. \qquad \text{(예2.9)}$$

같은 방법으로 점 C에서의 힘에 대한 y 방향 평형 조건으로부터 다음을 얻는다(그림 예2.5 참조).

$$\sum F_y = R_C + F_A \cos\theta = 0\,.\;\; \therefore F_A = -\frac{R_C}{\cos\theta} = -P\cos\theta. \qquad \text{(예2.10)}$$

여기서 $\angle BCA$는 $\frac{\pi}{2} - \theta$이므로 $\cos\left(\frac{\pi}{2} - \theta\right) = \sin\theta = \frac{3}{5}$임에 유의한다.

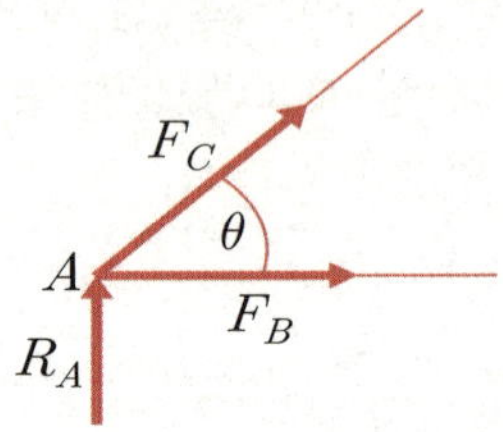

그림 예2.4 점 A에 작용하는 힘들

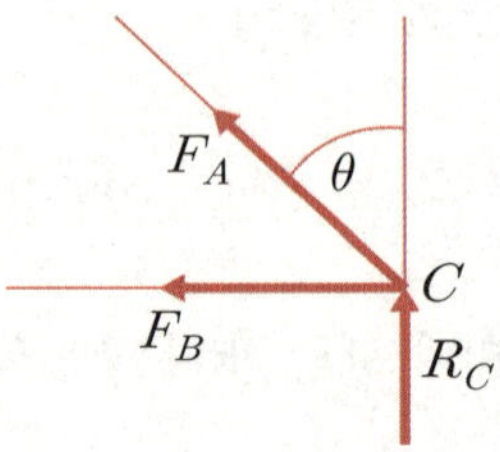

그림 예2.5 점 C에 작용하는 힘들

각 부재에 작용하는 힘, F_A, F_B, F_C로부터 부재 C와 A는 압축 상태, 부재 B는 인장 상태에 있음을 알 수 있다. 식 (예2.9)와 (예2.10)으로부터 $|F_A| > F_B$, 또 식 (예2.8)로부터 $|F_A| > |F_C|$를 얻으므로, 결국 트러스에 작용하는 최대 하중을 구하기 위해서는 부재 A의 상태를 고려해야 함을 알 수 있다. 이 부재에 작용하는 응력 σ_A는 다음과 같이 주어지는데,

$$\sigma_A = \frac{F_A}{A} = -\frac{P}{A}\cos\theta, \qquad \text{(예2.11)}$$

여기서 분모의 A는 부재의 단면적임에 유의한다. 따라서 $|\sigma_A| \le 80\ MPa = \sigma_{mc}$의 조건으로부터 최대 하중 P_{max}에 대해 다음 결과를 얻는다.

$$P_{max} = \frac{A}{\cos\theta}\sigma_{mc} = \frac{5\pi}{16\times 10^4}\times 80\times 10^6 = 7.85\ kN. \qquad \text{(예2.12)}$$

위의 답을 얻는 과정에서 마지막까지 식으로 유도하여 최종 단계에서야 숫자를 대입하여 계산하였음에 유의한다. 예를 들어 식 (예2.11)은 θ가 응력 σ_A에 미치는 영향을 간명하게 보여주고 있으며, 또 식 (예2.11)의 양변의 차원을 보면 이 식을 유도하는 과정에서 최소한 차원적으로는 문제가 없었음을 확인할 수 있는데, 처음부터 식에 숫자를 대입하여 풀었을 경우에는 이와 같은 변수들 사이의 관계, 정성적 변화, 차원 상의 문제 등에 관한 이점을 얻을 수 없음에 주목하기 바란다.

[예제 2.3] 그림 예2.6에 보인 봉에 작용하는 최대 인장 응력을 구하시오. 단 봉의 단면적 $A = 500\ mm^2$이다.

[답] 먼저 그림 예2.7에 보인 것과 같이 전체 봉에 대한 자유물체도를 작성하고 힘에 대한 평형 조건으로부터 반력을 구한다.

$$\Sigma F_x = -R_A + F_B - F_C + F_D = 0,\ \therefore R_A = F_B - F_C + F_D = 20 - 30 + 50 = 40\ kN. \qquad \text{(예2.13)}$$

반력을 구한 후에는 힘이 작용하는 위치에 따라 AB, BC, CD 구간으로 나누어 각 구간에 작용하는 내력을 구해야 하며, 이를 위해 그림 예2.8에 보인 바와 같이 내력을 포함한 자유물체도를 각 구간의 임의 단면에서 절단한 부분에 대해 그리고, 힘에 대한 평형 조건으로부터 다음을 얻는다.

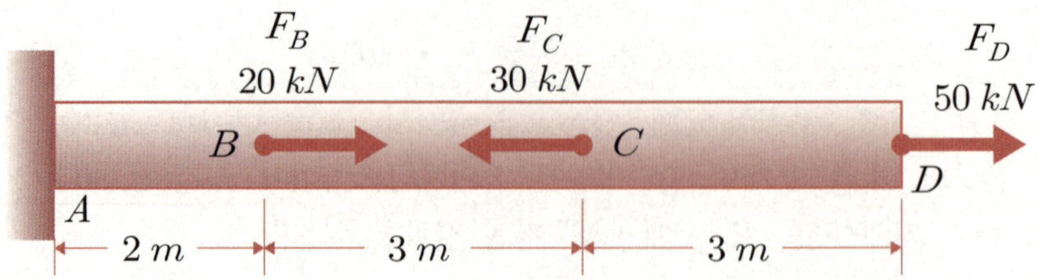

그림 예2.6

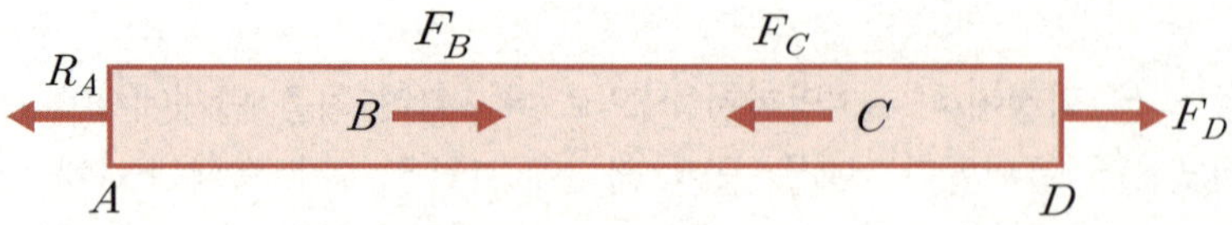

그림 예2.7 자유물체도

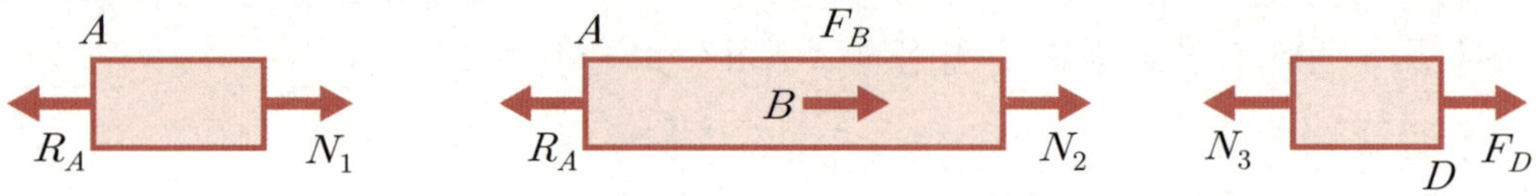

그림 예2.8 절단면의 내력을 포함한 자유물체도

i) 구간 AB에 대해 다음을 얻으며,

$$\Sigma F_x = - R_A + N_1 = 0, \quad \therefore N_1 = R_A = 40\,kN, \tag{예2.14}$$

ii) 구간 BC에 대해 다음을 얻고,

$$\Sigma F_x = - R_A + F_B + N_2 = 0, \quad \therefore N_2 = R_A - F_B = 20\,kN, \tag{예2.15}$$

iii) 구간 CD에 대해서는 절단면의 오른쪽 부분에 대해 고려하여 다음을 얻는다.

$$\Sigma F_x = - N_3 + F_D = 0, \quad \therefore N_3 = F_D = 50\,kN. \tag{예2.16}$$

구간 CD에 작용하는 내력 N_3가 가장 크므로, 인장 응력의 최대값 σ_m은 이 구간에서 발생하며 다음과 같이 얻어진다.

$$\sigma_m = \frac{N_3}{A} = \frac{50 \times 10^3}{500 \times 10^{-6}} = 100\ MPa. \qquad (예2.17)$$

2.2 축 하중을 받는 부재

뉴턴과 라이프니츠에 의해 미적분이 창안, 도입된 후 물리학 전반에 걸쳐 수학, 특히 미적분학의 사용이 보편화된다. 2.2.2절에서는 단면이 연속적으로 변화하는 경우에 대해 적분을 적용하여 생각하기로 한다.

2.2.1 불연속 단면 봉

그림 2.1에 보인 바와 같이 단면이 불연속적으로 변화하는 봉에 대해 생각한다. 먼저 식 (2.4)로부터 다음 식을 얻는다.

$$\delta = \frac{P}{EA} l. \qquad (2.6)$$

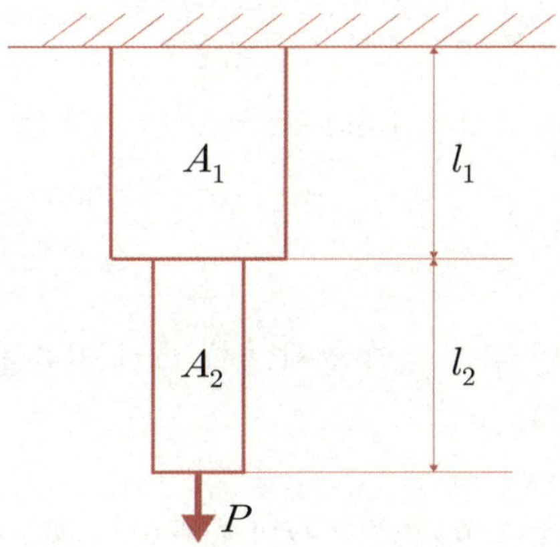

그림 2.1 축 하중을 받는 불연속 단면 봉

위 부분(아래첨자 1을 사용)이나 아래 부분(아래첨자 2를 사용)의 임의의 곳에서 봉을 자르고, 그 아래 부분에 대해 축 방향의 힘 평형(force equilibrium)을 생각하면, 아래 부분의 상단 단면에 작용하는 내력은 외력과 동일한 P임을 얻는다. 따라서 모든 단면에 하중 P가 작용하는 인장 문제와 같은 문제로 생각할 수 있으므로, 식 (2.6)을 균일 단면 1과 균일 단면 2의 각 부분에 적용하고 더하여 다음 결과를 얻는다.

$$\delta = \delta_1 + \delta_2 = \frac{P}{EA_1} l_1 + \frac{P}{EA_2} l_2 = \frac{P}{E}\left(\frac{l_1}{A_1} + \frac{l_2}{A_2}\right). \qquad (2.7)$$

물론 단면의 형상이 변화하는 지점 부근에서는 한 단면의 모든 점에 동일한 응력이 작용한다는 원래의 가정, 식 (2.1)이 잘 맞지 않을 것이므로, 위의 결과는 근사적으로만 성립하며, 보다 정확한 해를 원한다면 탄성론의 기초에 입각하여 해석을 수행해야 한다.

[예제 2.4] 그림 예2.9에 보인 봉은 청동(bronze), 알루미늄(aluminum) 및 강(steel)으로 구성되어 있다. 하중 $P = 2\,kN$일 때 각 부재에 작용하는 응력을 구하시오.

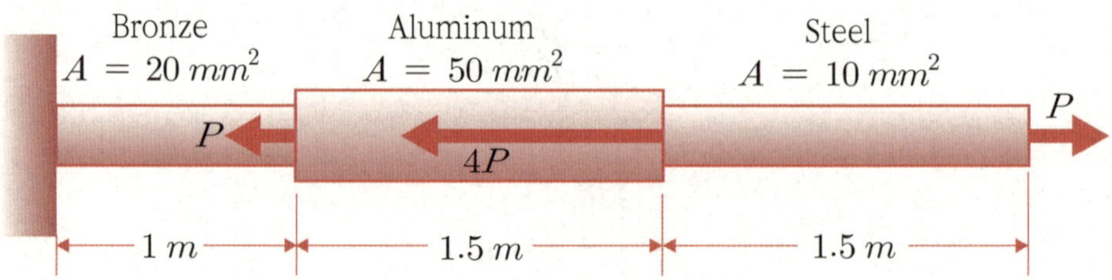

그림 예2.9

[답] 먼저 그림 예2.10에 보인 바와 같이 전체 봉에 대한 자유물체도를 작성하고 힘에 대한 평형 조건으로부터 반력을 구한다.

$$\sum F_x = -R_A - P - 4P + P = 0\,, \quad \therefore R_A = -4P. \qquad (예2.18)$$

그림 예2.10 자유물체도

반력을 구한 후에는 힘이 작용하는 위치에 따라 AB, BC, CD 구간으로 나누어 각 구간에 작용하는 내력을 구해야 하며, 이를 위해 그림 예2.11에 보인 바와 같이 내력을 포함한 자유물체도를 각 구간의 임의 단면에서 절단한 부분에 대해 그리고, 힘에 대한 평형 조건으로부터 내력을 얻고, 각 부재에 작용하는 응력은 내력을 각 부재의 단면적으로 나누어 다음과 같이 얻는다.

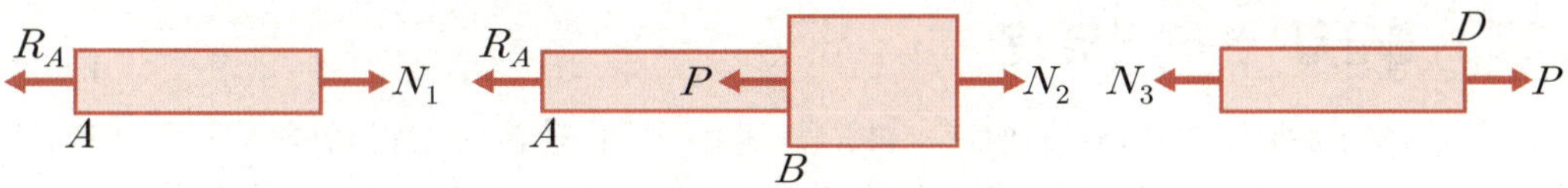

그림 예2.11 내력을 포함한 자유물체도

i) 구간 AB에 대해 다음을 얻으며,

$$\sum F_x = -R_A + N_1 = 0, \quad \therefore N_1 = R_A = -4P = -8\ kN, \tag{예2.19}$$

$$\sigma_1 = \frac{N_1}{A_1} = -\frac{8\times10^3}{20\times10^{-6}} = -400\ MPa \tag{예2.20}$$

ii) 구간 BC에 대해 다음을 얻고,

$$\sum F_x = -R_A - P + N_2 = 0, \quad \therefore N_2 = R_A + P = -3P = -6\ kN, \tag{예2.21}$$

$$\sigma_2 = \frac{N_2}{A_2} = -\frac{6\times10^3}{50\times10^{-6}} = -120\ MPa \tag{예2.22}$$

iii) 구간 CD에 대해서는 절단면의 오른쪽 부분에 대해 고려하여 다음을 얻는다.

$$\Sigma F_x = -N_3 + P = 0\,, \quad \therefore N_3 = P = 2\,kN. \tag{예2.23}$$

$$\sigma_3 = \frac{N_3}{A_3} = \frac{2 \times 10^3}{10 \times 10^{-6}} = 200\ MPa \tag{예2.24}$$

위의 결과로부터 구간 AB와 BC, 즉 청동과 알루미늄 부분은 압축 응력을 받으며, 구간 CD, 즉 강 부분은 인장 응력을 받는다는 것과, 최대 응력은 구간 AB에 작용하는 압축 응력임을 알 수 있다.

2.2.2 불균일 연속 단면 봉

한편 그림 2.2에 보인 바와 같이 축 하중을 받는 봉의 단면 형상이 연속적으로 변화하는 경우에는 앞 절에서와 같은 접근이 원천적으로 불가능하며, 적분의 개념을 사용해야만 한다.

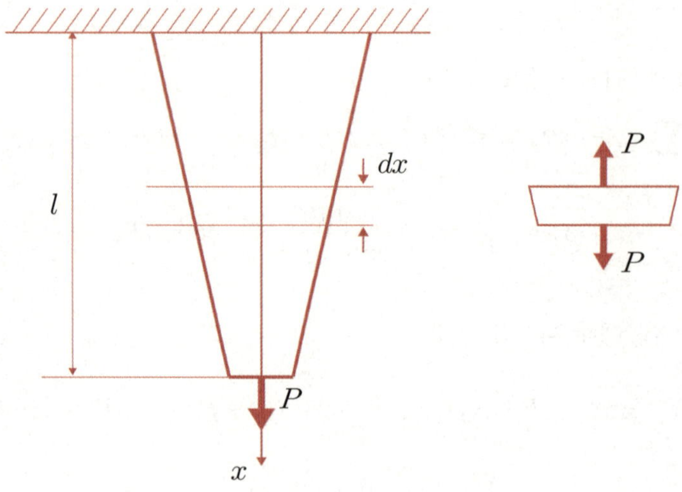

그림 2.2 축 하중을 받는 불균일 연속 단면 봉

x축을 그림에 보인 바와 같이 잡고, 봉 전체에 x 방향의 힘 평형 조건을 적용하면, 상단에 작용하는 반력(reaction)의 크기는 하중과 같아야 함을 얻는다. 또한 어느 단면에서 봉을 잘라도 그 단면에는 하중 P와 같은 크기의 내력이 생각하는 부분을 인장하는 방향으로 작용해야 한다. 이제 봉에서 원래의 길이가 dx인 미소 부분을 떼어 내면, 미소 부분의 상면, 하면에 작용하는 내력은 미소 요소를 인장하는 방향으로 작용하고 또 그 크기는 하중 P와 같아야 한다. 따라서 미소 요소 dx의 변형 $d\delta$에 대해 식 (2.6)을 사용하여 다음을 얻는다.

$$d\delta = \frac{P}{EA}dx\,. \tag{2.8}$$

봉 전체의 늘어난 길이, 신장량 δ는 이 식을 봉의 전체 길이에 대해 적분하여 다음과 같이 얻는다.

$$\delta = \frac{P}{E}\int_0^l \frac{dx}{A}\,. \tag{2.9}$$

봉의 단면의 반경이 다음과 같이 선형적으로 변화하는 원이라고 가정하자.

$$r(x) = r_0 - \alpha x, \tag{2.10}$$

여기서 $r_0 = r(0)$로 고정단에서의 반경이며 α는 주어진 상수로 반경의 축 방향 변화율이다.

먼저 단면적 $A(x) = \pi r^2$을 식 (2.9) 우변의 적분에 대입하여 다음을 얻고,

$$\int_0^l \frac{dx}{A} = \frac{1}{\pi}\int_0^l \frac{dx}{(r_0 - \alpha x)^2} = \frac{1}{\pi\alpha}\left[\frac{1}{r_0 - \alpha x}\right]_0^l = \frac{1}{\pi\alpha}\left(\frac{1}{r_0 - \alpha l} - \frac{1}{r_0}\right) = \frac{l}{\pi r_0 (r_0 - \alpha l)}, \tag{2.11}$$

이 결과를 식 (2.9)에 대입하여 봉의 신장량 δ를 다음과 같이 얻는다.

$$\delta = \frac{P}{E} \frac{l}{\pi r_0 (r_0 - \alpha l)}. \tag{2.12}$$

위 식을 식 (2.6)과 비교하면, 반경이 $\sqrt{r_0(r_0-\alpha l)} = r_c$인 원형 균일 단면의 봉과 같은 양만큼 길이가 변화하며, $r_0 - \alpha l$은 자유단에서의 반경 $r(l)$인 점을 고려하면, r_c는 고정단과 자유단에서의 반경의 기하 평균(geometrical mean)임을 얻는다. 물론 $\alpha = 0$인 균일 단면 봉의 경우, 식 (2.12)는 식 (2.6)과 같은 결과를 줌을 확인할 수 있다.

위의 식 (2.12)에서 $r(l) = 0$인 원추형의 봉에 대해 $\delta \rightarrow \infty$인 결과를 얻는데, 이는 단면적이 영인 경우 그 단면에는 무한대의 응력이 작용하는 것에 따른 것이며, 우리가 위에서 사용한 근사적인 방법의 한계를 보여주는 것이다.

위의 문제를 푸는데 사용한 과정을 다시 한 번 생각해 보자. 먼저 봉의 미소 부분을 떼어 내어 미소 부분의 평형을 고려하고, 그에 따른 미소 부분의 길이 변화를 구하였으며, 이 길이 변화를 봉의 전체 길이에 대해 더해 줌으로써, 즉 적분함으로써 봉 전체의 길이 변화를 구하였다.

생각하는 문제의 일부분을 떼어 내어, 즉 부분 격리(solidification)의 방법을 사용하고, 그 부분의 평형을 생각함으로써 전체 문제의 해를 얻고자 하는 방법은 Stevinus(1586)에 의해 시도된 바 있다. 그러나 그는 아직 미적분을 모르고 있었으므로, 위와 같이 미소 부분, 또는 미소 요소(infinitesimal element)를 떼어 내어 생각하고 적분을 적용하는 방법은 뉴턴과 라이프니츠에 의해 미적분이 도입된 후, 베르누이(James, 1705)에 이르러서 일반화된 방법으로 볼 수 있다.

특히 미소 요소의 평형을 생각함에 있어서는 외부에서 가해지는 힘, 즉 외력뿐만 아니라 부재의 일부가 다른 부분에 작용하는 물체의 내부끼리 가하는 힘, 즉 내력(internal force)을 고려해야 한다. 축 하중을 받는 봉은 내력의 가장 간단한 예인 인장 또는 압축 응력을 고려해야 하는 문제로, 내력의 개념은 바로 축 하중을 받는 봉과 같은 문제의 해결을 통하여 가장 먼저 친숙해졌다.

[예제 2.5] 그림 예2.12에 보인 바와 같이 원형 강봉의 직경이 $50\ mm$로부터 $100\ mm$까지 선형적으로 변화한다. $200\ kN$의 축 하중에 의한 봉의 신장량을 구하시오. 단 강의 탄성계수 $E = 200\ GPa$이다.

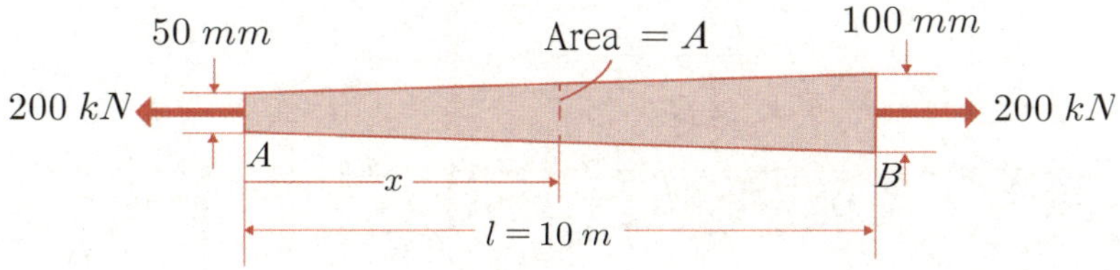

그림 예2.12

[답] 그림 예2.12에 보인 봉의 우단이 그림 2.2의 상부 고정단에 해당하는 것으로 볼 수 있으므로, 주어진 자료로부터 $r_0 = 0.05\,m$, $\alpha = 0.0025$라고 하면 반경의 변화를 다음과 같이 쓸 수 있음을 고려하여

$$r(x) = r_0 - \alpha x, \tag{예2.25}$$

식 (2.12)를 사용하면 신장량 δ를 다음과 같이 얻는다.

$$\delta = \frac{P}{E}\frac{l}{\pi r_0(r_0 - \alpha l)} = \frac{200\times 10^3}{200\times 10^9}\frac{10}{\pi\times 0.05\times(0.05 - 0.0025\times 10)} = 2.55\times 10^{-3}\,m. \tag{예2.26}$$

2.3 베르누이의 탄성곡선(elastica)

이 절에서는 미분의 사용과 관련하여 베르누이(James)의 탄성곡선에 대해 알아보기로 한다. 베르누이는 1705년 발간된 그의 논문집에서 사각형 균일 단면 보의 처짐과 관련하여 매우 중요한 사실을 밝혔다. 앞에서 논의한 갈릴레오(1638), Mariotte(1686)가 보의 파괴에 대해 고찰한 반면, 그는 탄성체인 보가 하중을 받을 때 어떻게 변형하는가에 대해 고찰하였다. 라이프니츠의 제자였던 그는 그 시대의 몇 안 되었던, 미적분에 매우 정통한 사람 중의 하나였다.

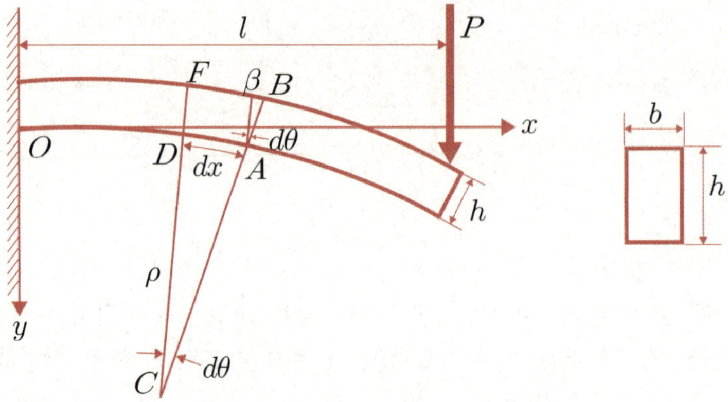

그림 2.3 베르누이의 탄성곡선 해석

베르누이는 그림 2.3에 보인 바와 같이 외팔보의 자유단에 하중 P가 작용하는 문제를 생각하였다. l은 보의 길이, b, h는 각각 단면의 폭과 높이이며, E는 재료의 탄성계수라고 하자. 그는 보의 미소 부분 $ABFD$의 변형에 대해 고려하여, 단면 AB가 단면 DF에 대해 상대적으로 약간 더 회전하는 것에 착안하였다. 이 회전에 기인하여 단면 AB 상의 올들은 점 A로부터의 거리에 비례하여 길이가 증가하므로, Hooke의 법칙에 따라 점 A로부터의 거리에 비례하는 인장력을 받아야 한다.

그는 또 Mariotte을 따라 단면 AB가 점 A를 중심으로 회전한다고 간주하였으므로, DA의 길이는 원래의 길이 dx와 같다고 가정하였다. $A\beta$가 DF와 평행하고, βB의 길이를 $\epsilon_0 dx$라고 하면, 단면 AB의 점 B에 작용하는 응력은 식 (2.3)에 의해 $E\epsilon_0$이고, 점 A에 작용하는 응력은 영이다. 그러므로 단면 AB에 작용하는 응력의 합력은 밑변의 길이가 $E\epsilon_0$, 높이가 h인 삼각형의 면적과 같다. 따라서 보의 굽힘에 기인하여 단면 AB에 작용하는 인장력 N은 삼각형의 면적에 대한 공식을 사용하여 다음과 같이 얻는다.

$$N = \frac{bh}{2} E\epsilon_0. \tag{2.13}$$

삼각형의 도심(centroid)은 밑변으로부터 높이의 1/3 되는 곳에 위치하므로, 이를 이용하여 힘 N의 점 A에 대한 모멘트 M은 다음과 같이 얻었다.

$$M = N\frac{2h}{3} = \frac{bh^2}{3}E\epsilon_0. \tag{2.14}$$

한편, 길이 dx 인 보의 미소 부분을 내접원(osculating circle)의 호로 근사하여 생각하고, 내접원의 반경, 즉 곡률 반경(radius of curvature) ρ를 사용하면, 각 $\angle FCB = \angle \beta AB = d\theta$를 이용하여 다음 관계를 얻으므로,

$$d\theta = \frac{dx}{\rho} = \frac{\epsilon_0 dx}{h}, \tag{2.15}$$

이 식으로부터 $\epsilon_0 = \frac{h}{\rho}$ 를 얻고, 이 결과를 위의 식 (2.14)에 대입하여 다음을 얻는다.

$$M = \frac{bh^3}{3}\frac{E}{\rho} = \frac{EI_0}{\rho},\ \ I_0 = \frac{bh^3}{3}. \tag{2.16}$$

이 식은 보의 한 단면에 작용하는 모멘트 M과 보의 재료적 특성인 E, 단면의 기하학적 특성인 I_0, 그리고 처짐 곡선의 기하학적 특성인 ρ 사이의 관계를 나타내고 있으며, 그 단면에 작용하는 내력을 고려하여 얻었음에 유의하기 바란다.

단면 AB 오른쪽의 보에 대해 모멘트 평형 조건을 적용하면 단면 AB에 작용하는 모멘트는 하중 P에 의한 모멘트와 같아야 하므로, 결국 다음을 얻는다.

$$M(x) = \frac{EI_0}{\rho} = P(l - x). \tag{2.17}$$

Mariotte와는 달리 미적분에 능통하였던 베르누이는 위 식의 곡률 반경을 처짐 곡선(curve of deflection)을 나타내는 식 $v(x)$의 도함수들로 표현함으로써 처짐 곡선과 모멘트의 관계식을 얻었다. 곡률 반경은 뉴턴에 의해 이미 1671년 그의 저서인 'Method of fluxions'에서 극좌표와 관련하여 미분으로 표현된 바 있었으며, 베르누이에게는 매우 익숙한 개념이었다.

보의 처짐 곡선, 즉 탄성곡선(elastica)을 $v(x)$라고 할 때, 이 곡선의 곡률 반경은 다음과 같이 구할 수 있다. 그림 2.4에서 미소 요소의 길이 ds는 $\rho d\theta$와 같고 또 다음과 같이 주어지는데,

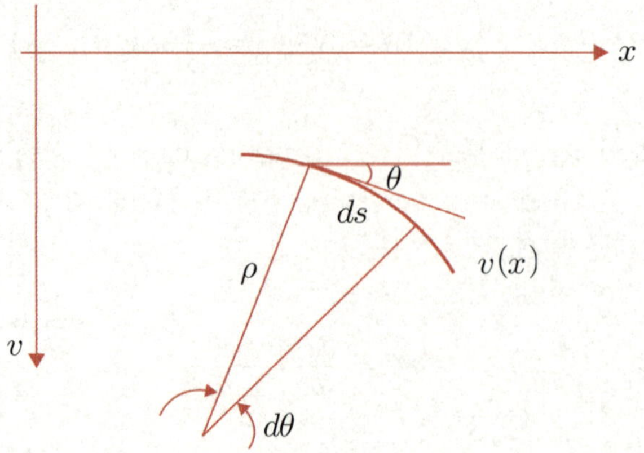

그림 2.4 곡률 반경

$$\rho d\theta = ds = \sqrt{dx^2 + dv^2} = \sqrt{1+\left(\frac{dv}{dx}\right)^2}\,dx, \tag{2.18}$$

여기서 곡선의 기울기 $\dfrac{dv}{dx}$는 다음과 같이 쓸 수 있고,

$$\frac{dv}{dx} = \tan\theta, \tag{2.19}$$

또 $\sec^2\theta$에 대한 삼각함수의 공식으로부터 다음을 얻는다.

$$1 + \tan^2\theta = \sec^2\theta. \tag{2.20}$$

이 식들로부터 곡률 반경의 역수, 즉 곡률(curvature) $\kappa = \dfrac{1}{\rho} = \dfrac{d\theta}{ds}$에 대해 다음을 얻는다.

$$\kappa = \frac{1}{\rho} = \frac{d\theta}{ds} = \frac{\dfrac{d\theta}{dx}}{\dfrac{ds}{dx}} = \frac{\dfrac{d\theta}{dx}}{\sqrt{1+\left(\dfrac{dv}{dx}\right)^2}}, \tag{2.21}$$

여기서 $\dfrac{ds}{dx}$ 는 식 (2.18)로부터 얻었다.

식 (2.21)의 우변을 $v(x)$에 대한 식으로 바꾸기 위해, 즉 $\dfrac{d\theta}{dx}$ 를 소거하기 위해, 다음을 생각한다. 식 (2.19)로 주어진 곡선의 기울기 $\dfrac{dv}{dx}$ 를 x에 대해 한 번 더 미분하고, 식 (2.20)을 사용하여 다음을 얻는다.

$$\frac{d^2v}{dx^2} = \sec^2\theta \frac{d\theta}{dx} = \left\{1 + \left(\frac{dv}{dx}\right)^2\right\}\frac{d\theta}{dx}, \tag{2.22}$$

여기서 $\tan\theta$에 대해서는 식 (2.19)를 사용하였다.

이제 식 (2.22)를 $\dfrac{d\theta}{dx}$ 에 대해 정리하여 식 (2.21)에 대입하여 곡률 κ와 $v(x)$의 관계식을 다음과 같이 얻는다.

$$\kappa = \frac{1}{\rho} = \frac{d^2v}{dx^2}\left[1 + \left(\frac{dv}{dx}\right)^2\right]^{-3/2}, \tag{2.23}$$

이 결과는 표기법만 다를 뿐, 뉴턴이 1671년 얻은 결과와 전적으로 동일하다. 곡선을 함수를 사용하여 나타내고, 또 그 곡선의 기하학적 특성인 곡률, 즉 휜 정도를 미분을 사용하여 나타낸 점에 주목하기 바란다.

식 (2.23)을 식 (2.16)에 대입하여 베르누이는 탄성곡선을 그 해로 하는 다음과 같은 2계 미분 방정식을 얻었다.

$$\frac{d^2v}{dx^2} = \left[1 + \left(\frac{dv}{dx}\right)^2\right]^{3/2}\frac{M(x)}{EI_0}. \tag{2.24}$$

위의 식은 물론 비선형 미분 방정식이므로 쉽게 풀 수 없지만, 보의 처짐과 같은 문제를 생각할 때는 처짐 자체가 대단히 작은 양임을 이용하여 근사적인 결과를 얻을 수 있다. 식 (2.23) 우변의 $(dv/dx)^2$ 항이 무시할 수 있을 만큼 작으면, 곡선의 곡률은 2계 미분과 같은 양으로 근사할 수 있으며, 따라서 식 (2.24)로부터 다음과 같이 직접 적분이 가능한 선형 미분 방정식을 얻는다.

$$EI_0 \frac{d^2 v}{dx^2} = M(x). \tag{2.25}$$

탄성곡선을 비롯하여 보의 처짐에 대한 논의는 일단 5.2절로 미루기로 하고, 여기서는 식 (2.16)을 약간 바꾸어 쓴 다음 식에 대해 논의하기로 한다.

$$\kappa = \frac{1}{\rho} = \frac{M}{EI_0}. \tag{2.26}$$

균일 단면 보의 경우, EI_0는 일정한 값을 가진다. 위 식은 보의 처짐 곡선의 곡률이 그 단면에 작용하는 모멘트에 비례한다는 사실을 나타내고 있으며, 이와 같은 관계는 **베르누이-오일러 공식**[3](Bernoulli-Euler formula)이라고 불린다. 이 식은 5장에서 보의 처짐, 7장에서 기둥의 좌굴에 대한 오일러 이론 등에서 가장 기본적인 방정식으로 사용된다.

물론 베르누이(James)는 갈릴레오, Mariotte의 전통을 따라 그림 2.3에서 단면 AB가 점 A를 중심으로 회전한다고 가정하였는데, 이는 이미 Hooke에 의해 밝혀진 바와 같이 보의 상부는 인장, 하부는 압축 상태 하에 있으므로, 명백히 오류이며, 이와 같은 오류는 차후, Navier(1826)에 의해 정정되었다. 그러나 이와 같은 오류의 정정에 따라 얻어지는 결과는 5.2.2절에서 보이는 바와 같이 식 (2.16)에서 $I_0 = \dfrac{bh^3}{3}$이 $I = \dfrac{bh^3}{12}$으로 대체되는 것뿐이다. 그러므로 보 내부의 응력 분포를 고려하지 않고, 다만 보의 처짐 곡선만을 고려하면 본질적으로 달라지는 것은 없다고 할 수 있다.

베르누이는 보의 굽힘과 관련하여 중립올(neutral fiber, 1695)이라는 명칭을 최초로 명시적으로 사용하였음에도 불구하고, 중립축의 설정과 관련하여서는 정확한 결과를 얻지 못하였다. 이는 그의 시대에는 아직 정역학의 평형 조건이 역학의 기본 원리로 확립되기 이전이기 때문이었으며, 오히려 위와 같은 연구를 통하여 정역학은 그 토대를 잡아나갔다.

여러 가지 미비한 점을 포함하고 있었음에도 불구하고, 베르누이는 미적분이 알려진지

---

3) 여기서 베르누이는 James와 Daniel을 통칭하고 있으며, James의 사후(1705), Daniel과 오일러는 식 (2.26)을 재료역학 및 진동학 연구의 다양한 문제와 관련하여 사용하여 기본적으로 중요한 결과들을 얻었다.

채 20 년이 안된 시점에 이미 미적분을 활용하여 탄성곡선에 대한 미분 방정식을 얻고 있었다. 또한 이와 같이 얻어진 미분 방정식의 해를 통해 실제 문제에 대해 유용한 정보를 제공할 수 있었다. 그의 이러한 노력은 차후 오일러 등에 의해 물리학의 전반으로 확장되며, 이러한 확장의 결과가 오늘날 우리가 대하고 있는 각종 역학의 기본적인 내용을 이루고 있음을 꼭 이해하기 바란다.

오늘날 대부분의 공과대학 학생들이 미적분학을 배우는 이유는 수학으로서 미적분학을 공부하기 위함이 아니라, 공과대학에서 다루는 역학 문제의 근본 성질들이 미적분을 사용하여 설명되고 있기 때문이다. 정의부터 시작하여 미적분의 본질적인 부분에 대해 잘 이해하지 못하면 결국 역학의 기본을 이해할 수 없게 되므로, 많은 학생들이 역학이 어렵다고 생각하는 것으로 보인다. 역학이 어렵다고 생각하는 학생에게는 미적분의 고개를 먼저 넘는 것이 필수임을 꼭 말해주고 싶다.

[예제 2.6] 식 (2.26)의 베르누이-오일러 공식에 따르면 처짐 곡선의 곡률과 모멘트는 비례하므로, 만약 균일 단면 보의 전 길이에 걸쳐 모멘트가 일정하다면 처짐 곡선은 곡률이 일정한 곡선, 즉 원의 일부가 되어야 한다.
다음과 같이 중심이 $(x,v)=(0,a)$에 있고, 반경 a인 원의 방정식에 대해 식 (2.23)의 곡률에 대한 식을 적용하여 원이 일정한 곡률을 가짐을 보이시오.

$$v(x)=a-\sqrt{a^2-x^2} \tag{예2.27}$$

[답] 먼저 표기의 편의를 위해 $d(x)=\sqrt{a^2-x^2}$ 로 나타내기로 하면, 위에 주어진 원의 방정식을 두 번 미분하여 다음 결과를 얻고,

$$\frac{dv}{dx}=\frac{x}{\sqrt{a^2-x^2}}=\frac{x}{d}, \tag{예2.28}$$

$$\frac{d^2v}{dx^2}=\frac{1}{\sqrt{a^2-x^2}}+\frac{x^2}{(a^2-x^2)^{3/2}}=\frac{1}{d}+\frac{x^2}{d^3}=\frac{1}{d}\left(1+\frac{x^2}{d^2}\right)=\frac{a^2}{d^3}, \tag{예2.29}$$

위의 결과를 식 (2.23)에 대입하여 다음을 얻는다.

$$\kappa = \frac{1}{\rho} = \frac{d^2v}{dx^2}\left[1+\left(\frac{dv}{dx}\right)^2\right]^{-3/2} = \frac{a^2}{d^3}\left(1+\frac{x^2}{d^2}\right)^{-3/2} = \frac{a^2}{d^3}\left(\frac{a^2}{d^2}\right)^{-3/2} = \frac{a^2}{d^3}\frac{d^3}{a^3} = \frac{1}{a}. \tag{예2.30}$$

당연한 결과이지만 반경 a인 원의 곡률 $\kappa = a^{-1}$로 일정함을 증명하였다.

연습문제

1. 기압은 공기의 압력, 수압은 물의 압력을 뜻하는데 압력의 차원은 응력의 차원과 같음을 보이시오. 또 압력은 공기 또는 물, 즉 유체의 내부에 작용하는 내력의 일종으로, 생각하는 점에서 모든 방향으로 그 크기가 같은 압축 응력이라는 주장의 정당성에 대해 논의하시오.

2. 그림 1.5와 관련하여, 같은 하중을 받을 때 봉의 단면적과 길이가 모두 두 배 증가하면, 봉의 신장량은 같음을 보이시오. 단 하중은 탄성 한계 내에서 작용한다고 가정한다.

3. 그림 1.5와 관련하여 허용 변형도를 0.5×10^{-3}으로 하였을 때, 가할 수 있는 최대 하중을 구하시오. 단 봉은 강으로 만들어졌고, 단면적은 $1\ m^2$라고 한다.

4. 식 (2.3)의 탄성계수와 관련하여 알루미늄, 구리(copper), 청동(bronze), 황동(brass), 주철(cast iron), 단철(wrought iron), 텅스텐(tungsten), 타이타늄(titanium), 다이아몬드(diamond), 목재, 고무 등의 재료에 대해 조사하여 정리하시오.

5. 축 하중을 받는 균일 단면의 봉에 대해, 기하학적 형상이 동일할 경우, 같은 하중에 대해 처짐은 탄성계수에 비례함을 이용하여 알루미늄, 청동, 강으로 된 봉의 처짐에 대해 비교, 논의하시오. 단 하중은 탄성 한계 내에서 작용한다고 가정한다.

6. 길이 $l = 2\,m$, 직경 $d = 2\,mm$ 인 원형 단면의 강봉을 $10\,mm$ 늘어날 때까지 인장력을 가하였다. 변형 후의 봉의 직경과 길이를 구하고 길이 방향 및 폭 방향 변형도를 각각 계산하시오. 재료의 탄성계수는 200 GPa, 프와송 비는 0.3이다.

7. 길이 $l = 1\,m$, 직경 $d = 20\,mm$ 인 원형 단면 알루미늄 합금 봉에 인장력을 가하여 단면적이 $0.001\,mm^2$ 줄어들었다. 이때, 인장 응력의 크기와 봉의 늘어난 길이를 구하시오. 재료의 탄성계수는 70 GPa, 프와송 비는 0.25이다.

8. 길이 $l = 200\,mm$, 직경 $d = 10\,mm$ 인 원형 단면 강봉이 $0.1\,mm$ 늘어날 때까지 인장력을 가하였다. 이때, 인장 응력의 크기와 봉의 줄어든 단면적 크기를 구하시오. 재료의 탄성계수는 200 GPa, 프와송 비는 0.3이다.

9. 그림 연2.1에 보인 바와 같이 강봉에 알루미늄 슬리브(sleeve)가 끼워져 있는 봉의 양단에 P의 인장 하중이 작용하고 있다. 강봉의 각 부위에 작용하는 응력과 봉의 신장량을 구하시오. 단 $c = 2b = 1\,m$, $d_2 = 2d_1 = 20\,mm$, 강과 알루미늄의 탄성계수는 각각 $200\,GPa$, $70\,GPa$, $P = 10\,kN$이다.

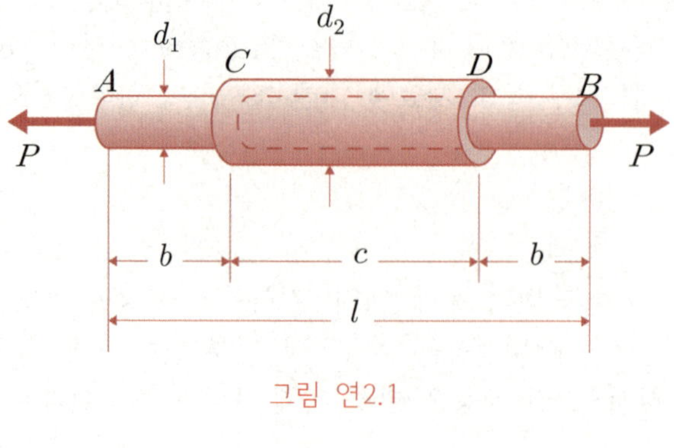

그림 연2.1

10. 그림 연2.2에 보인 것처럼 두 가닥의 줄에 중량 W가 매달려 있다. 줄의 단면은 직경 $5\,mm$인 원이고, 줄의 재료가 탄성 영역 내에 존재하게 되는 최대 허용 인장 응력은 $200\,MPa$이다.

    1) 이 줄이 견딜 수 있는 하중 W의 최대값을 구하시오.

    2) 최대 하중이 가해질 때, 줄의 각 부분의 신장량을 구하시오.

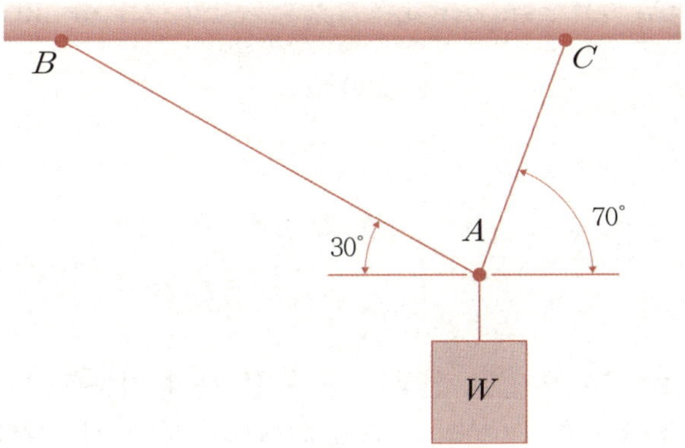

그림 연2.2

11. 그림 연2.3에 보인 바와 같은 프레임의 끝에 하중 P가 수직 방향으로 작용하고 있다. 부재 AB를 강체로 간주하고 부재 CD가 견딜 수 있는 최대 하중 P를 구하시오. 부재 CD의 단면은 단면적 $200\,mm^2$의 직사각형이며 재료의 탄성계수는 $200\,GPa$, 최대 허용 응력은 $200\,MPa$이다.

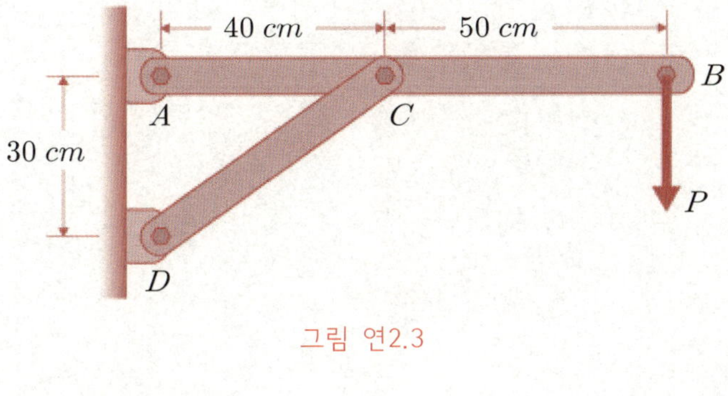

그림 연2.3

12. 그림 연2.4에 보인 바와 같이 원형 단면 알루미늄 봉의 지름이 $20\,mm$에서 $40\,mm$까지 선형적으로 변화한다. $40\,kN$의 축 하중에 의한 봉의 신장량을 구하시오. 단 알루미늄의 탄성계수 $E = 70\ GPa$이다.

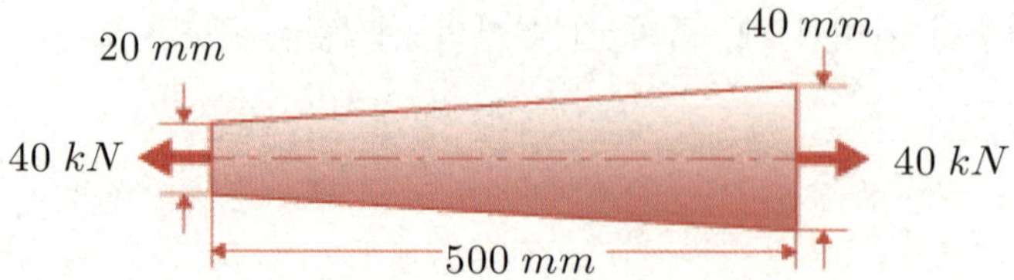

그림 연2.4

13. 그림 연2.5에 보인 바와 같은 원형 단면 나무 봉의 지름은 $20\,mm$로부터 $10\,mm$까지 선형적으로 감소한다. 봉의 자중에 의해 각 위치에서 발생되는 응력 및 변형도를 구하고 줄어든 전체 길이를 구하시오. $l = 5\,m$, 나무의 비중은 0.7, 탄성계수 $E = 10\ GPa$, 그리고 중력가속도는 $9.8\ m/\mathrm{sec}^2$으로 한다.

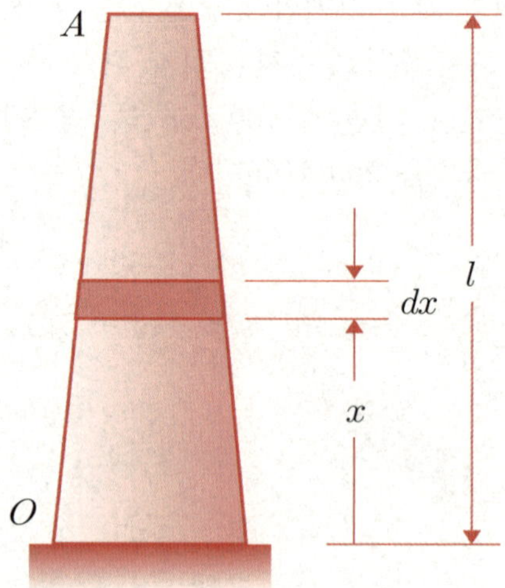

그림 연2.5

14. 그림 연2.6에 보인 바와 같은 원형 단면의 강봉에 하중 P가 작용한다고 할 때, 봉의 신장량을 구하시오. 또 허용 응력을 항복 응력의 반으로 취할 때, 이에 상응하는 하중을 구하시오. 단 봉의 자중은 무시한다.

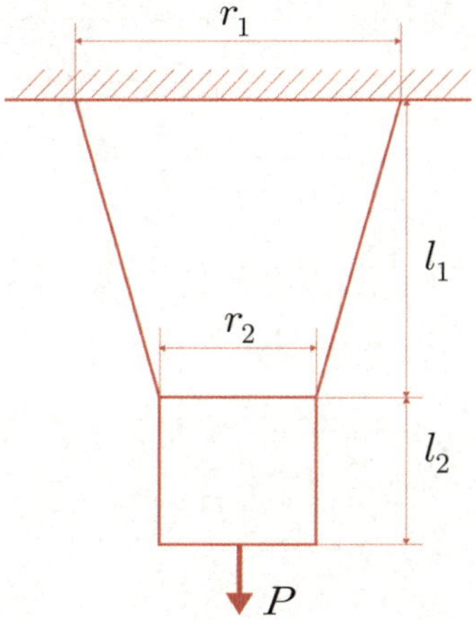

그림 연2.6

15. 그림 연2.7에 보인 바와 같은 강봉에 하중 P가 작용한다고 할 때, 봉의 신장량을 구하시오. 또 허용 변형도를 항복 변형도의 반으로 취할 때, 이에 상응하는 하중을 구하시오. 단 봉의 자중은 무시한다.

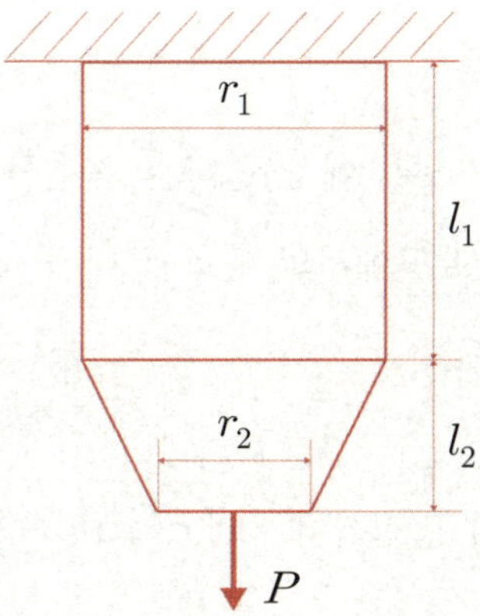

그림 연2.7

16. 그림 연2.8에 보인 바와 같은 강봉에 하중 P가 작용한다고 할 때, 봉의 신장량을 구하시오. 또 허용 신장량을 $1\,mm$로 취할 때, 이에 상응하는 하중을 구하시오. 단 봉의 자중은 무시한다.

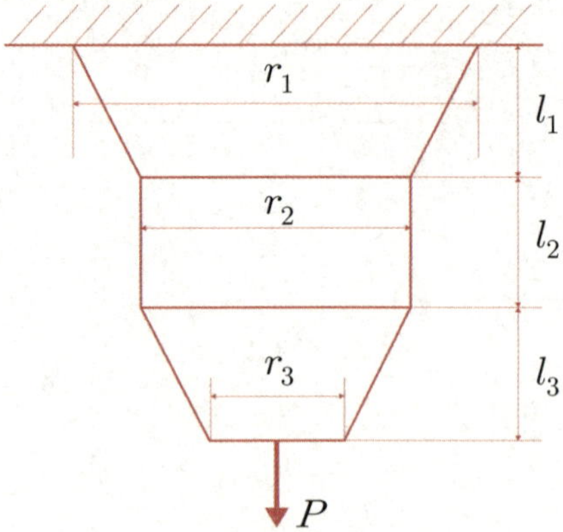

그림 연2.8

17. $v(x) = x^2$과 $v(x) = x^4$에 상응하는 곡선의 $x=0$에서의 곡률을 구하고 얻어진 결과에 대해 곡선의 형상과 관련하여 고찰하시오.

18. $v_1(x) = \dfrac{x^2}{2}$과 $v_2(x) = 1 - \cos x$에 상응하는 곡선들의 $x=0$에서의 곡률이 같음을 보이고, 두 곡선의 $x=0$ 부근에서의 변화에 대해 고찰하시오.

19. 식 (예2.27)로 주어진 원의 방정식이 $|x| << a$일 때, 다음과 같은 포물선으로 근사될 수 있음을 보이시오.

$$v(x) = \frac{1}{2a}x^2 \tag{연2.1}$$

이 포물선의 2계 미분은 a^{-1}로 일정하며, 만약 곡률을 2계 미분으로 근사하면 따라서 포물선의 곡률은 일정하다는 결과를 얻는다. 이 사실을 [예제 2.6]의 결과와 관련하여 논의하시오.

비틀림과 응력 텐서

CHAPTER 3

쿨롱
1736–1806
France

표 3.1 주요인물

이름	활동연대	연고지	관련 업적, 저술
Hooke	1635-1703	UK	'스프링에 관하여', 1678
테일러	1685-1731	UK	테일러 급수 및 근사, 1715
쿨롱	1736-1806	France	봉의 비틀림, 1784
Young	1773-1829	UK	전단 응력, 1807
Navier	1785-1836	France	탄성론의 지배 방정식 유도, 1821
코쉬	1789-1857	France	응력 텐서, 변형도 텐서를 도입한 응력-변형도 관계의 일반화, 1822

2장에서는 인장과 관련하여 응력과 변형도에 대해 고찰하였으나, 이 장에서는 먼저 쿨롱(Coulomb, 1784)에 의해 알려진 바 있는 봉의 비틀림(torsion)과 관련하여 전단 응력과 전단 변형도에 대해 생각하며, 또한 역학 전반에 걸쳐 매우 유용하게 쓰이는 테일러 근사(Taylor approximation, 1715)에 대해 간단하게 기술한다.

이렇게 얻어진 인장 응력과 전단 응력의 개념을 종합하여 3.2절에서는 코쉬(Cauchy, 1822)에 의해 창안된 응력 텐서(stress tensor)의 개념을 도입할 것이며, 텐서에 대한 일반적 이론은 공학 수학에 맡기기로 하고([참고문헌 10] 참조), 여기서는 행렬(matrix)을 사용하여 단순히 그 기능적인 측면만 다룬다.

3.1 봉의 비틀림; 전단 응력과 전단 변형도

쿨롱은 원래 토목공학자로 출발하였으나, 45 세(1781) 이후에는 전자기학에 관심을 가지기 시작하였으며, 매우 미세한 전류나 자기를 측정하기 위해 철사의 비틀림(twist)을 이용한 장치를 제작하였고, 이와 관련하여 1784년 원형 균일 단면 봉의 비틀림에 대한 연구를 수행하였다.

3.1.1 봉의 비틀림; 쿨롱의 문제

그림 3.1에 보인 바와 같이 철사의 하단에 추를 매달고 그 상단을 천정에 고정시킨 후, 추를 오른쪽으로 약간 돌렸다가 정지 상태에서 놓아 주었다고 하자. 명백히 추는 상당 기간 동안 좌우로 회전 진동하는 반응을 보일 것이다. 이와 같은 진동은 스프링-질량 계의 진동과 매우 흡사하여 철사의 재질과 단면의 직경 d 및 길이 l이 일정하고 초기 각변위가 충분히 작은 경우, 그 진동수는 초기 각변위의 크기에 상관없이 일정하게 결정되는 것을 실험적으로 보일 수 있다.

쿨롱은 스프링-질량 계의 조화 진동(harmonic vibration)에 대한 지식을 이용하여 철사에 의해 추에 가해지는 복원 모멘트(restoring moment) M은 각변위 ϕ에 비례한다고 가정, 즉 C를 상수라고 할 때 $M = C\phi$로 가정하여, 그 진동수는 다음 식으로 주어짐을 활용하였다[1).]

$$\omega = \sqrt{\frac{C}{I}}\,. \qquad (3.1)$$

여기서 I는 추의 중심을 지나는 회전축에 대한 질량 관성 모멘트(mass moment of inertia)로 회전 운동에 대한 추의 관성을 나타낸다.

그는 철사의 재질, d, l을 변화시키며 주기를 측정하는 실험을 반복한 끝에 다음 관계를 얻었다.

---

1) [참고문헌 11] 참조; 질량 m, 스프링 상수 k인 스프링-질량 계의 경우, 고유 진동수 ω_n은 $\sqrt{\dfrac{k}{m}}$로 주어진다.

$$M = C\phi = \frac{cd^4}{l}\phi, \tag{3.2}$$

여기서 c는 봉의 재질과 관련된 상수이다.

물론 그의 측정 장치를 제작하기 위해서는 실험에서 얻은 식 (3.2)를 사용하면 충분하였지만, 식 (3.2)로 주어지는 복원 모멘트가 철사 내부에서 일어나는 어떤 상황에 의해 제공되는지에 대한 질문은 오히려 보다 본질적인 질문을 제기하였다. 이 문제와 관련하여 2.1절에서 논의한 것처럼 Young(1807)은 횡단면에 작용하는 전단 응력의 성질에 대해 매우 정확하게 기술한 바 있다.

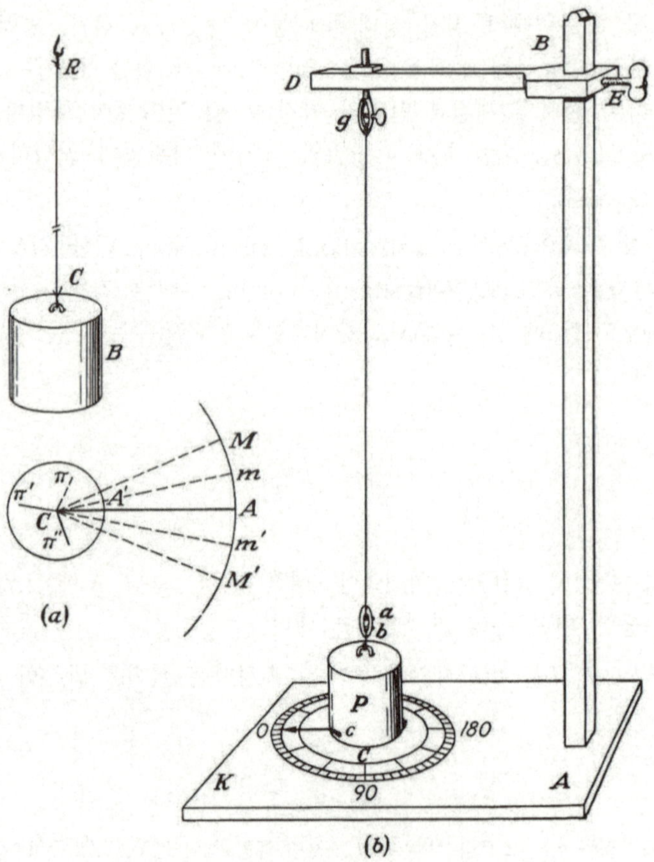

그림 3.1 철사 끝에 매달려 조화 진동하는 추

2장까지 우리가 다룬 문제에서는 어떤 경우든지 생각하는 부재의 단면에 수직한(perpendicular) 또는 법선(normal) 방향으로 작용하는 응력, 즉 인장 또는 압축 응력, 통칭하여 법선 응력(normal stress)을 생각하면 충분하였다. 그러나 위에서 생각한 것과 같은 철사 또는 보다 일반적으로 봉의 비틀림 문제에 있어서는 그 상하단에 토크만이 작용하고 있다. 예를 들어 그림 3.1의 철사의 경우, 횡단면에 법선 방향으로 작용하는 응력은 명백히 없을 것이며, 횡단면에 평행한(parallel) 또는 접선(tangential)[2] 방향의 응력, 즉 접선 응력(tangential stress)을 고려해야 할 것이다. 이와 같은 접선 응력은 전단 응력(shear stress)이라고 부르는데, 전단(剪斷)은 가위로 물건을 자른다는 뜻이며, 단면에 작용하는 접선 방향의 응력은 단면과 단면 사이에 미끄러짐을 발생시키려고 하며, 이는 가위로 물건을 자를 때 가위의 양날이 어긋나는 것과 같은 현상이므로 이와 같이 부른다.

3.1.2 봉의 비틀림; 전단 응력과 전단 변형도

보다 구체적인 사항을 알아보기 위해 그림 3.2에 보인 바와 같이 원형 균일 단면 봉의 상단에 토크 M_t가 작용하는 정역학적인 경우를 생각해 보자. 먼저 단면 1과 단면 2 사이

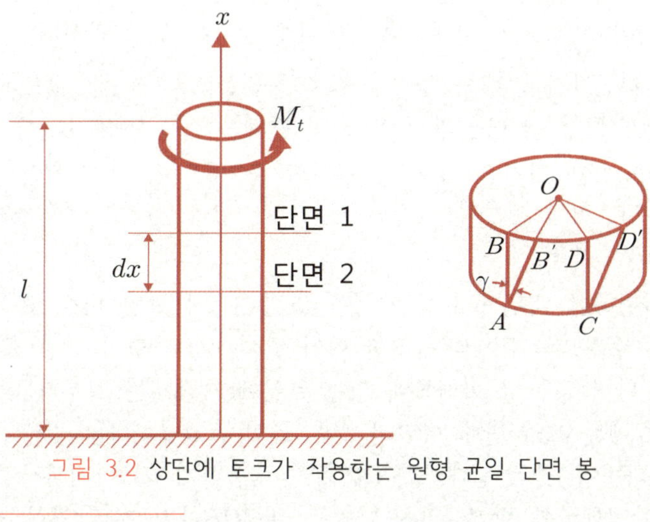

그림 3.2 상단에 토크가 작용하는 원형 균일 단면 봉

2) 응력의 방향과 관련하여 법선 방향과 접선 방향은 하나의 세트로 사용되는데 반해, 수직과 평행은 개별적으로 사용되는 일반적인 용어이므로, 이 책에서는 응력의 방향과 관련하여서는 법선 방향과 접선 방향의 용어를 사용하기로 한다.

의 길이 dx 인 미소 부분을 고려하고, 단면 2를 기준으로 잡아 단면 1의 상대 변위를 생각하면, 봉의 바깥 면에 있는 직사각형 $ACDB$는 변형 후에 평행 사변형 $ACD'B'$으로 될 것이다. 법선 응력을 받는 경우, 주로 부재의 길이가 변화하는 것과는 달리, 접선 응력을 받는 경우에는 각의 변화에 따른 형상 변화가 발생함에 유의한다.

인장 응력을 받는 경우, Hooke의 법칙에 따라 응력-변형도 관계는 식 (2.3)과 같이 선형적으로 주어진다. 전단 응력을 받는 경우에 대해서도, 이와 유사한 관계를 가정할 수 있다. 그림 3.2에서 보인 미소 요소 $ACDB$와 $ACD'B'$를 비교하면 직각이었던 $\angle BAC$가 예각인 $\angle B'AC$로 변화하였다. 여기서 두 각의 차이인 각변형(angular deformation) $\angle BAB' = \gamma$라고 하면, 선분 BD 상에 작용하는 전단 응력 τ와 γ는 비례하는 것으로 볼 수 있으며, 다음 관계를 가정할 수 있다.

$$\tau = G\gamma. \tag{3.3}$$

여기서 G는 전단 탄성계수(shear modulus of elasticity)라고 불리며 재료의 성질을 나타내는 상수이다. 이 식 또한 보다 일반적인 Hooke의 법칙의 일부로 간주된다.

한편 γ는 위에서 각변형으로 도입되었는데, 각도의 차원을 가지므로 변형도와 마찬가지로 무차원량이며, 보통 전단 변형도(shear strain)라고도 불린다. 그러므로 식 (3.3)에 따르면, 전단 응력은 전단 변형도에 비례하며, 그 비례 상수는 전단 탄성계수 G이다.

탄성계수 E와 마찬가지로 G는 응력과 같은 차원을 가지며, 그 값은 구조용 강의 경우, 대략 78 GPa이다. 또한 식 (3.3)과 같은 선형 관계는 γ가 어떤 값, 즉 항복 전단 변형도(yield shear strain)보다 커지면 더 이상 적용할 수 없으며, 그 한계는 대개 1.25×10^{-3} 정도로 알려져 있다. 이에 상응하는 전단 응력, 즉 항복 전단 응력(yield shear stress)은 따라서 약 100 MPa이다.

전단 응력과 관련하여 매우 중요한 사항을 그림 3.3에 보인 미소 요소 $ACDB$의 평형을 고려하여 얻을 수 있다. 위에서 생각한 바와 같이 직사각형의 상변 BD에 전단 응력이 작용한다는 것은, 단면 2가 그 아래쪽에 있는 부분에 대해서는 상부가 되므로 작용-반작용에 의해 하변 AC에는 그와 반대 방향의 전단 응력이 작용한다는 것을 뜻한다. 그런데 이와 같이 상변과 하변에 서로 반대 방향의 힘이 작용하게 되면 직사각형 $ACDB$는 영이 아닌 시계 방향의 모멘트를 받게 된다. 따라서 $ACDB$가 모멘트 평형 조건을 만족시키기 위해서는 좌변과 우변, AB와 CD에도 전단 응력이 작용해야 하며, 이들 응력에 의해서는

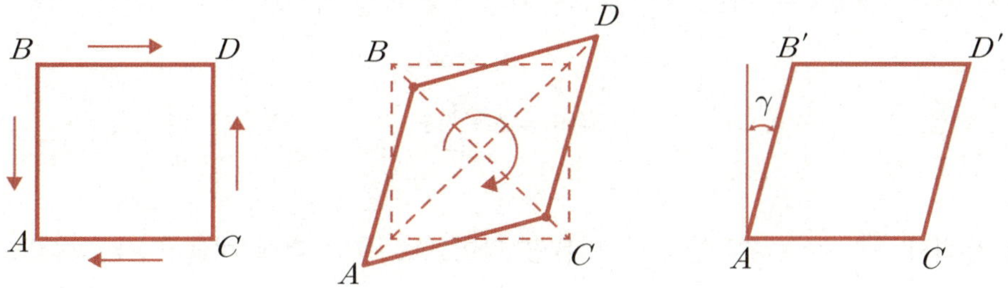

그림 3.3 전단 응력의 특성과 순수 전단

반시계 방향 모멘트가 만들어져야 한다. 그림 3.3에 보인 바와 같이 좌변 AB에서는 하향, 우변 CD에서는 상향이며, 상변과 하변에 작용하는 전단 응력과 같은 크기를 가지는 전단 응력이 작용해야 한다.

결론적으로, 전단 응력은 직사각형 미소 요소의 네 변에 세트로 작용하며, 그 크기는 모두 같고, 방향은 생각하는 미소 요소가 회전 운동을 하지 않고, 서로 마주 보는 면에서 반대 방향이 되도록 결정되어야 한다. 미소 요소의 네 변에 모두 전단 응력만 작용하는 경우에는 순수 전단(pure shear) 상태 하에 있다고 한다.

3.1.3 봉의 비틀림; 비틀림 공식과 테일러 근사

다시 그림 3.2에서 생각했던 문제로 돌아가서 봉에 가해진 토크 M_t와 비틀림 각(angle of twist) ϕ 사이의 관계를 유도해 보자. 단면 1의 선분 OB 위에 있던 점들은 변형 후에 선분 OB' 위에 있는 것을 실험적으로 확인할 수 있다. 따라서 예를 들어 그림 3.4에 보인 점 E가 변형 후 점 E'으로 이동하였다면 EE'은 미소 각변위 $d\phi$, 각변형 γ를 사용하여 다음과 같이 나타낼 수 있다.

$$EE' = r\,d\phi = \gamma\,dx = \frac{\tau}{G}\,dx. \tag{3.4}$$

여기서 r은 단면의 중심 O로부터 점 E까지의 거리이다.

따라서 전단 응력 τ와 미소 각변위 $d\phi$ 사이의 관계를 다음과 같이 얻는다.

$$\tau(r) = G\frac{d\phi}{dx}r, \tag{3.5}$$

여기서 우변의 $\frac{d\phi}{dx}$는 단위 길이 당 비틀림 각이므로 봉의 전체 비틀림 각을 ϕ라고 하면 $\frac{\phi}{l}$와 같은 값을 가지며, 상수이므로, 결국 전단 응력은 r에 비례한다. 따라서 균일한 비틀림 모멘트를 받는 원형 단면의 봉에 작용하는 전단 응력은 다음과 같으며,

$$\tau(r) = G\frac{\phi}{l}r. \tag{3.6}$$

이 결과는 Young(1807)이 지적한 바, 즉 전단 응력은 중심으로부터의 거리 r과 비틀림 각 ϕ에 비례한다는 것과 정확히 일치한다.

또한 전단 변형도는 식 (3.6)을 식 (3.3)에 대입하여 다음과 같이 얻는다.

$$\gamma(r) = \frac{\phi}{l}r, \tag{3.7}$$

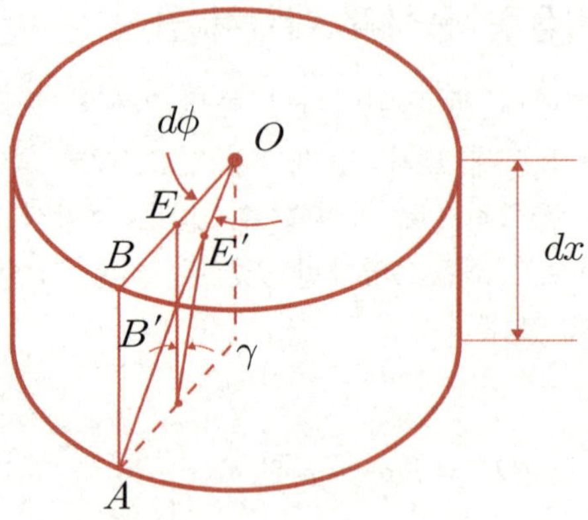

그림 3.4 상단에 토크가 작용하는 원형 균일 단면 봉의 미소 부분

단면 1보다 위에 위치한 봉의 부분에 대해 모멘트 평형 조건을 적용하면, 식 (3.6)에서 얻은 전단 응력의 원의 중심 O에 대한 모멘트는 봉에 가해진 토크 M_t와 같아야 하므로 결국 다음 식을 얻는다.

$$M_t = G\frac{\phi}{l}\int_A r^2 dA = G\frac{\phi}{l}I_p, \; I_p = \int_A r^2 dA, \tag{3.8}$$

여기서 I_p는 극2차 모멘트(polar second moment)라고 불리며, R을 반경이라고 하면 다음과 같이 얻을 수 있다.

$$I_p = \int_A r^2 dA = 2\pi\int_0^R r^3 dr = \frac{\pi}{2}R^4 = \frac{\pi}{32}d^4, \tag{3.9}$$

이를 식 (3.8)에 대입하여 다음을 얻는다.

$$M_t = G\frac{\phi}{l}\frac{\pi}{32}d^4 = \frac{cd^4}{l}\phi, \; c = \frac{\pi G}{32}. \tag{3.10}$$

이 식은 쿨롱이 얻었던 식 (3.2)와 동일한 형태이며, 상수 c가 전단 탄성계수에 상수를 곱한 양으로 주어지므로 원형 균일 단면 봉에 있어서는 재료의 성질에만 의존하는 양임을 확인할 수 있다. 물론 쿨롱이 다른 단면을 가지는 봉에 대해 실험을 수행하였다면 동일한 재료에 대해 다른 값의 c를 얻었을 것이며, 따라서 c가 전적으로 재료의 성질에 따라 결정되는 값이 아닌 것을 확인할 수 있었을 것이다.

식 (3.8)을 비틀림 각 ϕ에 대해 정리하면 다음을 얻는다.

$$\phi = \frac{M_t l}{GI_p}, \tag{3.11}$$

이 식은 토크, 또는 비틀림 모멘트를 받는 봉의 기하학적 특성과 재료적 특성이 비틀림 각을 결정하는데 어떤 영향을 미치는지 보여 주고 있으며, 원형 단면 봉이 아니더라도 위의 관계는 본질적으로 크게 변화하지 않는다.

한편, 식 (3.6)에 식 (3.11)을 대입하면 전단 응력에 대한 다음 관계를 얻는데,

$$\tau(r) = G\frac{\phi}{l}r = \frac{Gr}{l}\frac{M_t l}{GI_p} = \frac{M_t}{I_p}r, \tag{3.12}$$

이 식은 비틀림 공식(torsion formula)이라고 불린다.

비틀림 공식을 사용하면 한 단면에 작용하는 토크가 주어진 경우, 원형 단면 상의 전단 응력 분포를 구할 수 있다. 이 식에 따르면 전단 응력의 최대값 $\tau_{\max}$는 봉의 표면에서 발생하며, 그 크기는 식 (3.9)를 이용하여 다음과 같이 얻는다.

$$\tau_{\max} = \frac{M_t}{I_p}\frac{d}{2} = M_t\frac{32}{\pi d^4}\frac{d}{2} = \frac{16}{\pi}\frac{M_t}{d^3}. \tag{3.13}$$

또한 식 (3.12)에 따르면 전단 응력은 재료의 성질과 관계없이 봉의 기하학적 특성에 따라 전적으로 결정됨을 확인할 수 있다. 재질이 다른 두 봉의 경우, 형상이 같고, 작용하는 토크가 같으면, 봉의 단면에 가해지는 전단 응력은 동일하며, 그에 따라 발생하는 전단 변형도는 식 (3.3)에 의해 다르게 결정된다.

단면이 두 개의 동심원으로 이루어진 중공 봉의 경우에도 식 (3.12)는 그대로 적용할 수 있다([예제 3.1] 참조). 이 식에 따르면, 전단 응력은 단면의 극2차 모멘트에 반비례하므로, 동일한 중량의 재료를 사용하는 경우, 전단 응력을 감소시키기 위해서는 가능하면 부재를 중심으로부터 먼 곳에 배치하는, 예를 들면 중실 봉보다는 중공 봉을 사용하는 것이 바람직하다는 결론을 얻는다.

한편 비틀림을 받는 봉의 경우, 봉의 표면에 위치한 축 방향 올(fiber)을 생각하면, 위에서 고려한 전단 변형 때문에 올의 길이가 늘어나야 한다. 축 방향으로 단위 길이의 부분에 대해 생각하면, 그림 3.5에 보인 바와 같이 변형 후의 올의 길이는 피타고라스의 법칙에 의해 $\sqrt{1+\gamma^2}$이 되며, $\gamma \ll 1$이므로 다음과 같은 테일러 근사를 적용하면,

$$\sqrt{1+\gamma^2} \approx 1 + \frac{\gamma^2}{2}, \tag{3.14}$$

결국 인장에 의한 변형도는 $\frac{\gamma^2}{2}$임을 얻는다(테일러 근사에 대해서는 이 절의 끝 부분 참조).

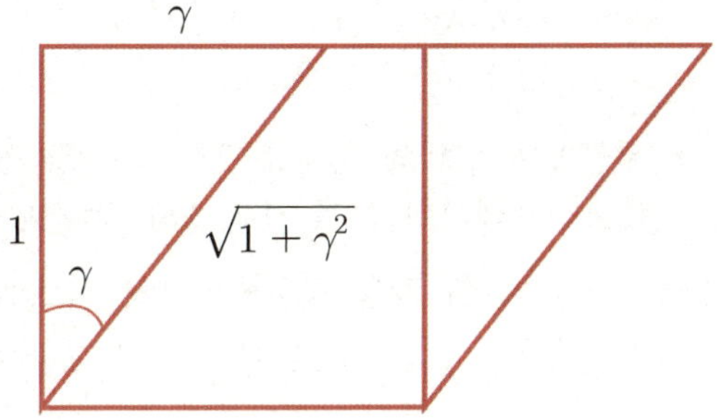

그림 3.5 비틀림에 의한 봉 표면의 인장

강으로 된 봉의 전단 변형도가 그 한계치인 항복 전단 변형도의 값, 1.25×10^{-3}을 가진다면, 식 (3.14)에 의한 인장 변형도는 다음과 같다.

$$\frac{\gamma^2}{2} = 1.25^2 \times 10^{-6} \times \frac{1}{2} \simeq 0.78 \times 10^{-6}. \tag{3.15}$$

이 값은 인장 시의 항복 변형도 10^{-3}의 약 $\frac{1}{1000}$이다. 대부분의 경우, 이는 무시할 만큼 작은 양이므로, 비틀림에 기인하는 폭 방향 올의 인장 효과는 보통 무시한다.

지금까지 봉의 비틀림과 관련하여 논의한 전단 응력은, 봉의 인장과 관련하여 논의한 인장 응력과 마찬가지로 봉 내부에 발생하는 내력의 일종이며, 또한 응력의 일종이기도 하다. 인장 응력은 우리가 고려한 단면에 법선 방향으로 작용하고, 전단 응력은 접선 방향으로 작용하는데, 지금까지는 이들 응력이 따로 따로 발생하는 경우만을 생각하였다. 다음 절에서는 인장 응력과 전단 응력의 개념을 통합, 일반화하여 보다 광범위한 문제에 적용할 수 있는 일반적인 의미의 응력에 대해 논의하기로 한다.

식 (3.14)에 보인 바와 같은 근사는 앞으로 자주 사용할 것이므로 여기서 잠깐 생각해 두기로 한다. 이와 같은 근사는 테일러(Taylor, 1715)에 의해 처음 체계적으로 설명되었으며, 보통 테일러 근사, 또는 테일러 급수(Taylor series)의 응용이라고 부른다. 테일러 근사는 함수 $f(x)$에 대해 다음과 같이 주어질 수 있는데,

$$f(x) \simeq f(0) + f'(0)x + \frac{f''(0)}{2}x^2, \tag{3.16}$$

이 식에 따르면 점 $x = 0$ 부근에서 임의의 함수를 2차 함수로 근사할 수 있다. 물론 그와 같은 근사를 할 수 있으려면 $x = 0$ 에서의 함수 값과 1계, 2계 도함수 값을 알아야 한다.

위의 식을 사용함에 있어 x 가 대단히 작은 경우에는 1차 식으로 근사하여도 충분할 것이다. 예를 들어 식 (3.14)에서는 $f(x) = \sqrt{1+x}$ 로 보면, 1계 도함수에 대해 다음을 얻는다.

$$f'(x) = \frac{1}{2\sqrt{1+x}}, \tag{3.17}$$

따라서 $f'(0) = \frac{1}{2}$ 을 얻으며, 이를 식 (3.16)에 대입하여 다음을 얻는다.

$$\sqrt{1+x} = f(x) \simeq f(0) + f'(0)x = 1 + \frac{x}{2}. \tag{3.18}$$

$x = \gamma^2$ 을 위 식에 대입하여 식 (3.14)를 얻는다.

예를 들어 $f(x) = \sin x$ 인 경우에는 $f'(x) = \cos x$, $f'(0) = 1$ 이므로 다음을 얻으며,

$$\sin x = f(x) \simeq f(0) + f'(0)x = x, \tag{3.19}$$

또 $f(x) = \tan x$ 인 경우에는 $f'(x) = \sec^2 x$, $f'(0) = 1$ 이므로 다음을 얻는다.

$$\tan x = f(x) \simeq f(0) + f'(0)x = x. \tag{3.20}$$

[예제 3.1] $20\ kNm$ 의 토크를 전달하는 강재 중공 프로펠러 축의 최대 전단 응력이 $50\ MPa$ 을 초과하지 않아야 하고, 비틀림 각 ϕ 는 $1.0°$ 를 넘어서면 안 된다. 중공 축의 바깥쪽 반경 R_o 는 안쪽 반경 R_i 의 1.5 배이며, 길이 $l = 20R_o$ 라고 할 때, 이 축의 R_o 의 최소값을 구하시오. 단 강의 전단 탄성계수 $G = 80\ GPa$ 로 한다.

[답] 먼저 중공 축의 극2차 모멘트는 바깥쪽 원의 극2차 모멘트로부터 안쪽 원의 극2차 모멘트를 빼어 주면 되므로 식 (3.9)로부터 다음과 같이 얻는다.

$$I_p = \frac{\pi}{2}\left[R_o^4 - \left(\frac{2}{3}R_o\right)^4\right] = \frac{65\pi}{162}R_o^4 = \alpha R_o^4,\ \alpha = \frac{65\pi}{162}, \qquad (\text{예}3.1)$$

여기서 α는 상수이고 무차원임에 유의한다.
축에 작용하는 최대 전단 응력은 식 (3.13)으로부터 다음과 같이 얻을 수 있으므로,

$$\tau_{\max} = \frac{M_t}{I_p}R_o = \frac{M_t}{\alpha R_o^3}, \qquad (\text{예}3.2)$$

전단 응력의 관점에서 얻어지는 R_o의 최소값 $R_{o\tau}$는 다음과 같다.

$$R_{o\tau} = \left(\frac{M_t}{\alpha\tau_{\max}}\right)^{1/3} = \left(\frac{162\times 20\times 10^3}{65\pi\times 50\times 10^6}\right)^{1/3} = \frac{0.317^{1/3}}{10} = 0.0682\,m. \qquad (\text{예}3.3)$$

또한 비틀림 각은 식 (3.11)에 식 (예3.1)을 대입하여 다음과 같이 얻어지므로,

$$\phi = \frac{M_t l}{GI_p} = \frac{20R_oM_t}{G\alpha R_o^4} = \frac{20M_t}{G\alpha R_o^3}, \qquad (\text{예}3.4)$$

비틀림 각의 관점에서 얻어지는 R_o의 최소값 $R_{o\phi}$는, $1^\circ = \frac{\pi}{180}\,rad$임을 이용하여 다음과 같이 얻는다.

$$R_{o\phi} = \left(\frac{20M_t}{G\alpha\phi_{\max}}\right)^{1/3} = \left(\frac{162\times 20\times 20\times 10^3\times 180}{65\pi\times 80\times 10^9\times\pi}\right)^{1/3} = \frac{0.227^{1/3}}{10} = 0.0610\,m. \qquad (\text{예}3.5)$$

위에서 얻은 결과, 식 (예3.3)과 식 (예3.5)로부터 R_o의 최소값은 $68.2\,mm$임을 얻는다. 또한 위의 식 (예3.2), (예3.3), (예3.4), (예3.5)에서 첫째 등호의 좌변과 우변이 같은 차원을 가지는 것을 쉽게 확인할 수 있음에 유의한다.

[예제 3.2] 그림 예3.1에 보인 바와 같은 강재 원형 중실 축이 토크 T를 전달하고 있다. 이 축에 대한 허용 전단 응력이 100 MPa이고, 자유단의 비틀림 각이 3 ° 로 제한될 경우, 최대 허용 토크 T의 크기를 구하시오. 강의 전단 탄성계수 $G = 80\ GPa$로 한다.

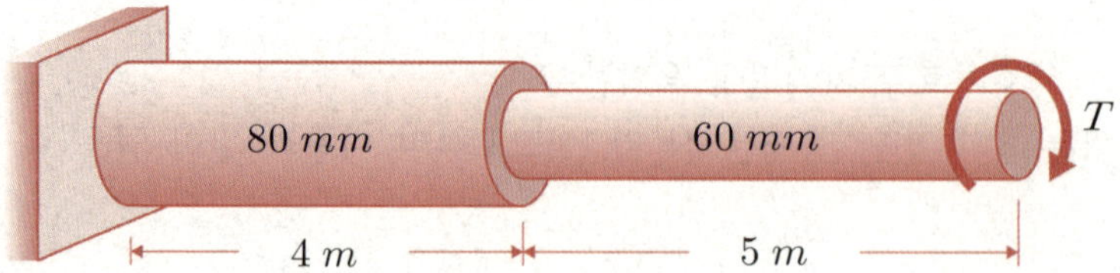

그림 예3.1

[답] 이 축은 전 길이에 걸쳐 균일한 토크가 작용하므로 비틀림 각은 두 부분의 비틀림 각을 더하여 다음과 같이 얻어지며,

$$\phi = \phi_1 + \phi_2 = \frac{Tl_1}{GI_{p1}} + \frac{Tl_2}{GI_{p2}} = \frac{T}{G}\left(\frac{l_1}{I_{p1}} + \frac{l_2}{I_{p2}}\right), \qquad (예3.6)$$

극2차 모멘트에 대해서는 식 (3.9)를 사용하면 위 식으로부터 다음을 얻는다.

$$\phi = \frac{T}{G}\frac{32}{\pi}\left(\frac{l_1}{d_1^4} + \frac{l_2}{d_2^4}\right). \qquad (예3.7)$$

따라서 위 식에 비틀림 각에 대한 제한 조건과 주어진 자료를 대입하여 최대 허용 토크 $T_{\max\phi}$를 다음과 같이 얻는다.

$$T_{\max\phi} = \frac{\phi_{\max} G\pi}{32}\left(\frac{l_1}{d_1^4} + \frac{l_2}{d_2^4}\right)^{-1} = \frac{3\pi \times 80 \times 10^9 \times \pi}{180 \times 32}\left(\frac{4}{0.08^4} + \frac{5}{0.06^4}\right)^{-1} = 0.85\ kNm. \qquad (예3.8)$$

또한 축에 작용하는 최대 전단 응력은 식 (3.13)으로부터 $\frac{1}{d^3}$에 비례하므로 직경이 작은 구간에서 발생하며, 허용 전단 응력에 대한 조건으로부터 최대 허용 토크 $T_{\max\tau}$를 다음과 같이 얻는다.

$$T_{\max\tau} = \frac{\pi d_2^3 \tau_{\max}}{16} = \frac{\pi \times 0.06^3 \times 100 \times 10^6}{16} = 4.241\ kNm. \qquad (예3.9)$$

결국 식 (예3.8)과 식 (예3.9)로부터, 축에 대한 최대 허용 토크는 $0.85\ kNm$임을 얻는다.

[예제 3.3] 그림 예3.2에 보인 바와 같이 직경이 선형적으로 감소하는 강재 중실 축의 끝에 토크 $T = 20\ Nm$가 작용한다. 축의 비틀림 각을 구하시오. 단 $l = 3\ m$, $d_0 = 50\ mm$, $d_1 = 20\ mm$, 강의 전단 탄성계수 $G = 80\ GPa$로 한다.

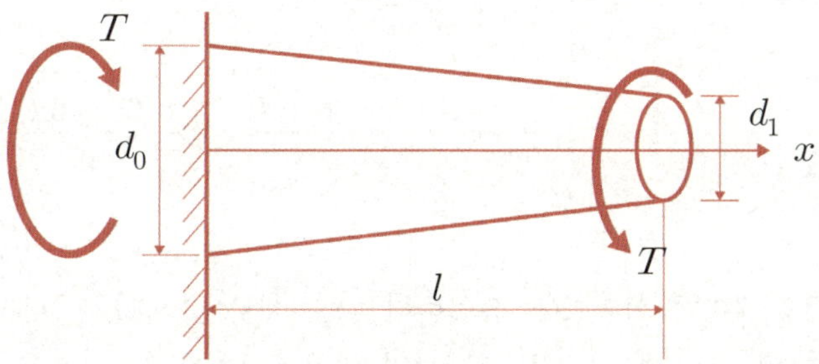

그림 예3.2

[답] 그림 예3.2에 보인 바와 같이 x 축을 잡으면 전단 응력에 대한 식 (3.5)는 임의의 횡단면에 대해서 성립하므로 모멘트 평형에 의해 다음 식을 얻는다(그림 예3.3 참조).

$$T = \int_A \tau r dA = G\frac{d\phi}{dx}\int_A r^2 dA = G\frac{d\phi}{dx} I_p(x). \qquad (예3.10)$$

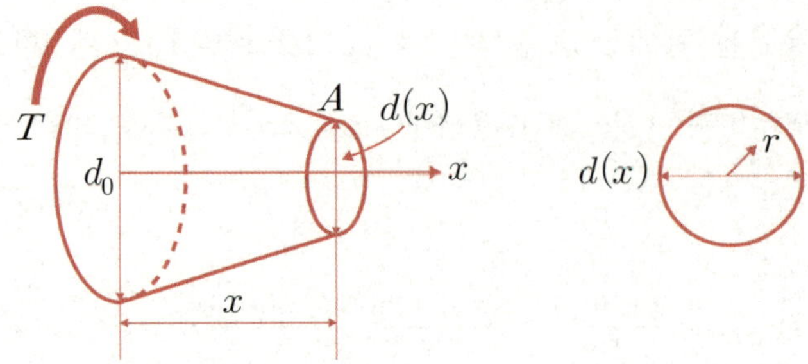

그림 예3.3

축의 길이를 l이라고 하면 식 (예3.10)을 $\frac{d\phi}{dx}$에 대해 정리한 후 x에 대해 적분하여 다음 결과를 얻는다.

$$\phi(l) = \int_0^l \frac{d\phi}{dx} dx = \frac{T}{G}\int_0^l \frac{dx}{I_p(x)}. \qquad (\text{예}3.10)$$

여기서 고정단에서의 직경을 d_0, 자유단에서의 직경을 d_1이라고 하면 선형적으로 변화하는 직경 $d(x)$는 다음과 같이 쓸 수 있으며

$$d(x) = d_0 - \frac{d_0 - d_1}{l}x = d_0 - \alpha x,\ \alpha = \frac{d_0 - d_1}{l} = \frac{0.05 - 0.02}{3} = 10^{-2}, \qquad (\text{예}3.11)$$

여기서 α는 상수이고 무차원임에 유의한다. 식 (예3.10)의 $I_p(x)$에 대해서는 식 (3.9)를 쓸 수 있으므로, 식 (예3.11)을 대입하여 다음을 얻는다.

$$\phi(l) = \frac{T}{G}\frac{32}{\pi}\int_0^l \frac{dx}{(d_0 - \alpha x)^4} = \frac{T}{G}\frac{32}{\pi}\left[\frac{1}{3\alpha(d_0 - \alpha x)^3}\right]_0^l = \frac{T}{G}\frac{32}{3\alpha\pi}\left(\frac{1}{d_1^3} - \frac{1}{d_0^3}\right). \qquad (\text{예}3.12)$$

주어진 자료를 대입하여 그림 예3.2에 주어진 바와 같이 직경이 선형적으로 변화하는 중실 축에 대해 비틀림 각을 다음과 같이 얻는다.

$$\phi(l) = \frac{20}{80 \times 10^9} \frac{32}{3\pi \times 10^{-2}} \left(\frac{1}{0.02^3} - \frac{1}{0.05^3} \right) = 0.00993\, rad = 0.57^\circ .$$

(예3.13)

3.2 응력 텐서

2장에서는 인장 응력을, 그리고 3.1절에서는 전단 응력을 생각하였다. 이들은 물체 내부의 보다 일반적인 내력 상태를 나타내기 위해 코쉬(1822)에 의해 도입된 응력 텐서를 구성하는 기초 개념이 되었으며, 내력을 일반적인 방법으로 나타낼 수 있게 되면서 연속체에 대한 역학적 해석이 가능하게 되었다.

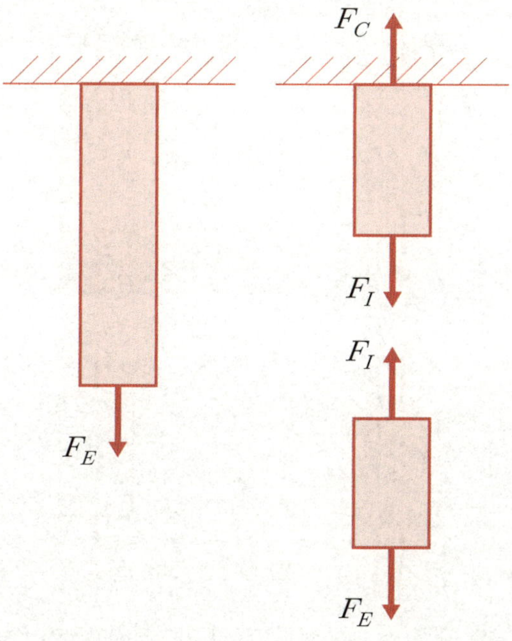

그림 3.6 축 방향의 외력을 받는 봉의 내력과 구속력

3.2.1 내력으로서의 응력

응력의 일반적 상태를 알기 위해 2장에서 논의했던 축 하중을 받는 봉에 대해 다시 생각하기로 한다. 그림 3.6에 보인 바와 같이 봉을 임의의 횡단면으로 잘라 얻어진 두 부분에 대해 각각 축 방향의 힘 평형 조건을 적용하면 아래 부분에 대해서는 $F_I = F_E$를 얻고, 위 부분에 대해서는 $F_I = F_C$를 얻는다. 여기서 F_E는 외력, F_I는 내력, F_C는 구속력(constraint force)임을 각각 나타낸다. 구속력은 보통 반력(reaction)이라고도 부르는데, 실제로는 부재의 경계에서 부재의 변형을 어떻게 구속하느냐(constrain)에 따라 경계가 부재에 대해 가하는, 즉 반작용(reactive) 힘 또는 반작용 모멘트의 크기가 결정된다.

봉의 단면을 대표하는 길이에 비해 봉의 축 방향 길이가 매우 큰 경우에는 대부분의 횡단면에 대해 인장 응력이 일정하게 작용하는 것으로 가정할 수 있으므로, 축 방향에 수직한 횡단면을 고려하는 경우에는 인장 응력만 고려하면 된다.

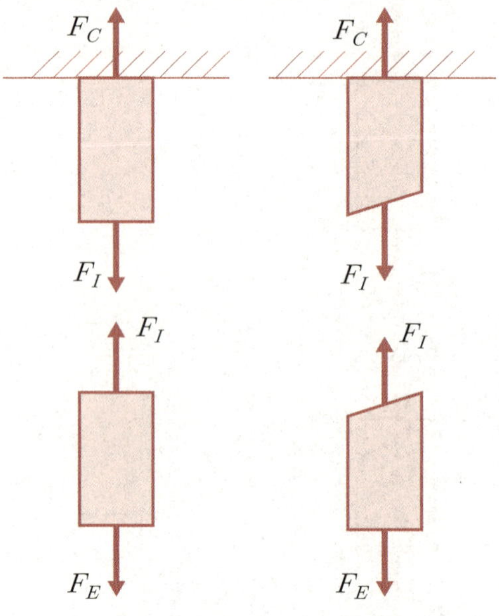

그림 3.7 경사면 상의 내력

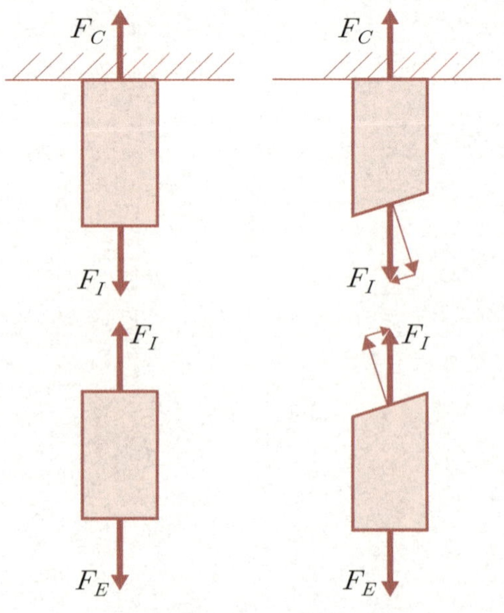

그림 3.8 경사면에 작용하는 내력의 성분 분해

이번에는 축 방향에 수직 방향이 아닌 경사면으로 봉을 잘랐다고 하자. 그림 3.7에 보인 바와 같이 경사면에 작용하는 힘의 방향은 여전히 축 방향이어야 하므로, 우리가 고려하는 면, 즉 경사면에 대해서는 더 이상 법선 방향이 아니다. 이 경사면 상에 작용하는 내력을 경사면에 대해 법선 방향 성분, 즉 법선 응력과 접선 방향 성분, 즉 접선 응력으로 분해하면 그림 3.8에 보인 바와 같이 각각의 성분을 얻을 수 있으며, 이 성분을 경사면의 면적으로 나누어 경사면에 작용하는 인장 응력과 전단 응력을 얻는다. 이와 같은 결과를 예를 들어 중심축 상의 한 점에 대해 적용하면, 다음과 같은 두 가지 결론을 얻는다.

1) 응력은 한 점에서도 우리가 생각하는 면(plane)에 따라 그 값이 달라진다.
2) 인장 응력과 전단 응력은 한 점에서의 일반적인 응력 상태를 나타내기 위해서는 반드시 고려해야 하는 양들이다.

코쉬(1822)는 응력의 위와 같은 성질을 고려하여 연속체(continuum)의 내부에 작용하는 내력에 대해 일반적으로 적용할 수 있는 응력 텐서의 개념을 제안하였다. 그의 이론은 연속체 역학, 또는 탄성론의 가장 기본적인 부분을 형성하고 있으며 대학원 과정에 속하는 수학을 사용해야 하므로, 여기서는 가능한 한 간단하게 소개하고 넘어가기로 한다.[3)]

예를 들어 외력에 의해 변형이 생겼을 경우, 각 점에 발생한 변위는 벡터량이며, 그 위치가 주어지면 결정되는 양이므로 보통 점함수(point function)라고 부른다. 그러나 응력은 위의 성질 1)에 따라 점의 위치가 주어지더라도 생각하는 면에 따라 그 값이 달라지므로 점함수로 보기 곤란하다. 생각하는 면을 그 면에 법선 방향인 단위 벡터 $\hat{n}$으로 나타내기로 하면, 한 점에서의 응력 $\underline{T}$는 점과 단위 벡터 $\hat{n}$의 함수로 볼 수 있으며, 또한 생각하는 면이 주어지면 얻어지는 응력 $\underline{t}$는 위의 성질 2)에 의해 결국 벡터량이 되어야 하므로, 다음과 같이 나타낼 수 있다.

$$\underline{T}(\underline{x}, \hat{n}) = \underline{t}(\underline{x}). \tag{3.21}$$

여기서 좌변의 $\underline{T}$는 연산자(operator), 우변의 $\underline{t}$는 벡터량이다.

코쉬는 사면체(tetrahedron)의 미소 요소를 선택하고 여기에 선운동량 원리[4)](principle of

3) 재료역학을 처음 배우는 학생은 이 절에서 나오는 여러 새로운 개념에 대해 너무 걱정하지 말고 그냥 넘어가기 바란다. 단지 응력은 텐서라는 양으로 나타낼 수 있고, 텐서는 3×3 행렬의 다른 이름이라는 정도로 이해해 두면 충분하다.

4) 선운동량 원리와 아래의 각운동량 원리에 대해서는 [참고문헌 11]을 참조하기 바란다.

linear momentum)를 적용하여 연산자 $\underline{T}$가 다음과 같이 $\hat{n}$의 선형 함수(linear function)가 되어야 함을 보였다.

$$\underline{T}(\underline{x},\hat{n}) = \underline{\sigma}\hat{n} = \underline{t}\,. \tag{3.22}$$

여기서 첫 번째 등호의 우변은 $\underline{\sigma} = \underline{\sigma}(\underline{x})$가 선형 변환(linear transform) 또는 텐서(tensor)라고 불리는 양임을 나타내고 있다[5]. 이 식은 $\hat{n}$이라는 벡터를 $\underline{\sigma}$에 입력하면 응력 벡터(stress vector 또는 traction vector) $\underline{t}$가 출력으로 얻어짐을 나타낸다. 이와 같이 벡터를 입력으로 하고 또 그 출력도 벡터인 양을 텐서라고 부르며, 따라서 $\underline{\sigma}$는 응력 텐서(stress tensor)라고 불리고, 이 식은 코쉬 공식(Cauchy formula)이라고 불린다.

3.2.2 응력 텐서와 행렬

앞 절에서 얻은 코쉬 공식을 보다 쉽게 표현하면, 3 차원 문제에 대해 고려하는 경우, $\hat{n}$은 열벡터(column vector), 즉 3×1 행렬(matrix)로 나타낼 수 있고, $\underline{\sigma}$는 3×3 정방 행렬(square matrix)로 나타낼 수 있으므로, 보통 응력 텐서 $\underline{\sigma}$는 3×3 행렬로 생각해도 무방하다.

나아가 코쉬는 직육면체의 미소 요소에 대해 각운동량 원리(principle of angular momentum)를 적용하여 응력 텐서 $\underline{\sigma}$는 대칭 텐서(symmetric tensor)이어야 함을 보였다. 따라서 일반적인 직각 좌표계를 사용하는 경우, 응력 텐서 $\underline{\sigma}$는 3×3 대칭 행렬(symmetric matrix)로 나타낼 수 있으며, 6 개의 독립적인 요소를 가지는 행렬이다. $\underline{\sigma}$를 나타내는 행렬의 i 번째 행, j 번째 열에 위치한 요소를 σ_{ij}라고 하면, $\sigma_{ij} = \sigma_{ji}$를 만족한다. 응력 텐서가 대칭인 점은 본질적으로는 앞 절에서 보인 바와 같이 직각인 방향에 대해 짝으로 나타나는 전단 응력이 항상 크기가 같다는 점에 기인한다.

한편, 응력 텐서를 나타내는 행렬의 주대각선 상의 요소는 좌표계의 각 축 방향에 대해 인장 응력, 비대각 요소(off-diagonal elements)는 전단 응력을 나타낸다. 예를 들어 $\underline{\sigma}$를 다음과 같은 대칭 행렬로 나타냈다고 하자.

---

5) 선형대수학의 텐서, 행렬과 관련된 부분은 [참고문헌 10]을 참조하기 바란다.

$$\underline{\sigma} = \begin{pmatrix} \sigma_{11} & \sigma_{12} & \sigma_{13} \\ \sigma_{12} & \sigma_{22} & \sigma_{23} \\ \sigma_{13} & \sigma_{23} & \sigma_{33} \end{pmatrix}, \tag{3.23}$$

그러면 x 축에 수직인 평면 상에 작용하는 응력 벡터 $\underline{t}$ 는 다음과 같다.

$$\underline{t} = \underline{\sigma}\hat{n} = \begin{pmatrix} \sigma_{11} & \sigma_{12} & \sigma_{13} \\ \sigma_{12} & \sigma_{22} & \sigma_{23} \\ \sigma_{13} & \sigma_{23} & \sigma_{33} \end{pmatrix} \begin{pmatrix} 1 \\ 0 \\ 0 \end{pmatrix} = \begin{pmatrix} \sigma_{11} \\ \sigma_{12} \\ \sigma_{13} \end{pmatrix}. \tag{3.24}$$

그러므로 주대각선 상의 요소 σ_{11} 은 응력 벡터의 x 성분, 즉 법선 방향 성분이므로 인장(또는 압축) 응력이며, 비대각 요소인 σ_{12}, σ_{13} 는 각각 응력 벡터의 y 성분, z 성분이므로 접선 방향 성분, 즉 전단 응력임을 확인할 수 있다. 같은 방법으로 다른 요소들에 대해서도 비슷한 결과를 얻을 수 있으며, 이와 같은 연산을 통해 응력 텐서를 나타내는 행렬의 요소 σ_{ij} 는 $(x,y,z)=(x_1,x_2,x_3)$ 라고 할 때, x_i 축에 수직인 평면에 작용하는 x_j 방향의 응력 성분이다.

또한, 선형대수학의 대칭 텐서에 대한 주기저 정리(principal basis theorem, [참고문헌 10] 참조)에 따르면, 대칭 텐서인 응력 텐서는 항상 주대각선 상에만 일반적으로 영이 아닌 요소가 위치하는 대각 행렬(diagonal matrix)로 나타낼 수 있는 직각 좌표계가 존재한다. 이와 같은 직각 좌표계의 각 축은 주축(principal axis)이라고 불리며, 주대각선 상의 값들은 각 주축 방향의 응력, 즉 주응력(principal stress)이라고 불린다.

위에서 논의한 바와 같이 주대각선 상의 요소는 좌표계의 각 축 방향에 대해 인장 응력을 나타내므로, 주응력은 주축 방향의 인장 응력이며, 주축에 대해서는 전단 응력이 모두 영의 값을 가진다.

이상으로 간단하게 코쉬의 응력 텐서의 성질에 대해 논의하였는데, 응력 텐서의 개념에 도달하는 데는 동역학의 선운동량, 각운동량 원리가 사용되었다. 또 일단 응력 텐서가 대칭 텐서인 것을 증명하면, 선형대수학에서 배우는 대칭 텐서에 대한 정리들을 사용하여 응력 텐서에 대해 많은 점을 알 수 있다. 따라서 기본적인 역학과 수학이 응력 텐서의 개념과 관련하여 매우 중요한 역할을 하고 있음에 유의하기 바란다.

Navier(1821)는 탄성론의 기본적인 방정식인 지배 방정식[6](governing equation)을 최초

6) 좁은 의미에서, 지배 방정식은 시간에 따른 변화를 생각하는 문제에서는 운동 방정식, 그렇지 않은 문제에서는 평형 방정식을 뜻하며, 두 경우를 모두 포괄적으로 나타내는 용어이다.

로 유도하였는데, 그는 분자 사이의 힘을 모형화 하는데 있어 합리적이라고 보기 힘든 가정을 도입하였으므로, 방정식의 형태는 문제가 없었지만 그 유도 과정상의 문제점이 있었다. 위에서 보인 바와 같이 코쉬는 물체 내부에 작용하는 내력을 모형화 함에 있어 명시적은 아니지만 물체를 연속체로 가정하였으므로, 분자 사이의 힘을 모형화 할 필요가 전혀 없었다. 따라서 차후 지배 방정식의 명칭에는 Navier의 이름을 사용하고, 한편 응력 텐서의 개념을 이용한 내력의 정량화와 관련된 식은 코쉬의 이름을 사용하여 부르게 되었다.

위에서 논의한 것보다 자세한 사항은 탄성론(theory of elasticity), 또는 고체역학(solid mechanics) 교재로 미루기로 하고, 다음 장에서는 보다 간단한, 2 차원 문제인 평면 응력(plane stress) 문제와 관련하여 응력, 변형도에 대한 논의를 진행하기로 한다. 평면 응력은 고려해야 할 응력이 하나의 평면, 예를 들어 x_1x_2 평면 내에 있는 경우이며, 식 (3.24)에서 σ_{13}, σ_{23}, σ_{33}가 모두 영인 경우이다.

[예제 3.4] 탄성체 내부의 한 점에서 응력 텐서가 다음과 같이 주어졌다.

$$\underline{\sigma} = \begin{pmatrix} 1 & 2 & 3 \\ 2 & 2 & 1 \\ 3 & 1 & 1 \end{pmatrix}. \qquad (예3.14)$$

이 점을 지나고 단위 벡터 $\hat{n} = \frac{1}{\sqrt{3}}(1,1,1)$에 수직한 평면에 작용하는 법선 응력과 접선 응력을 구하시오.

[답] 식 (3.22)로부터 생각하는 평면에 작용하는 응력 벡터 $\underline{t}$를 다음과 같이 얻으며,

$$\underline{t} = \underline{\sigma}\hat{n} = \frac{1}{\sqrt{3}}\begin{pmatrix} 1 & 2 & 3 \\ 2 & 2 & 1 \\ 3 & 1 & 1 \end{pmatrix}\begin{pmatrix} 1 \\ 1 \\ 1 \end{pmatrix} = \frac{1}{\sqrt{3}}\begin{pmatrix} 6 \\ 5 \\ 5 \end{pmatrix}, \qquad (예3.15)$$

따라서 법선 응력 $\underline{N}$은 다음과 같이 주어지고,

$$\underline{N} = (\underline{t} \cdot \hat{n})\hat{n} = \frac{16}{3}\hat{n}, \qquad (예3.16)$$

또한 접선 응력 $\underline{T}$는 다음 식으로 주어진다.

$$\underline{T} = \underline{t} - \underline{N} = \frac{1}{3\sqrt{3}}\begin{pmatrix} 2 \\ -1 \\ -1 \end{pmatrix}. \qquad (\text{예}3.17)$$

위의 접선 응력과 법선 방향의 단위 벡터 $\hat{n}$의 스칼라곱(scalar product)은 영임을 쉽게 확인할 수 있으므로 두 벡터는 직교함을 알 수 있다.

[예제 3.5] 어떤 탄성체에 대해 응력 텐서 $\underline{\sigma}$가 x_3의 함수가 아니고, 또 다음과 같이 주어졌다고 할 때,

$$\underline{\sigma} = \begin{pmatrix} \sigma_{11} & \sigma_{12} & 0 \\ \sigma_{12} & \sigma_{22} & 0 \\ 0 & 0 & 0 \end{pmatrix}, \qquad (\text{예}3.18)$$

응력 벡터를 구하고 그 특성에 대해 논하시오.

[답] 응력 벡터 $\underline{t}$는 식 (3.22)로부터 다음과 같이 얻으며,

$$\underline{t} = \underline{\sigma}\hat{n} = \begin{pmatrix} \sigma_{11} & \sigma_{12} & 0 \\ \sigma_{12} & \sigma_{22} & 0 \\ 0 & 0 & 0 \end{pmatrix}\begin{pmatrix} n_1 \\ n_2 \\ n_3 \end{pmatrix} = \begin{pmatrix} \sigma_{11}n_1 + \sigma_{12}n_2 \\ \sigma_{12}n_1 + \sigma_{22}n_2 \\ 0 \end{pmatrix}. \qquad (\text{예}3.19)$$

따라서 물체 내부의 어느 점에서도 x_3 방향의 응력 성분을 가지지 않음을 알 수 있다. 또한 $\underline{\sigma}$는 x_3의 함수가 아니므로, 응력 벡터 역시 x_3의 함수가 아니며, 결국 x_3에 수직한 평면에서의 응력 벡터는 그 평면 안에 있고, 또 x_3에 수직한 모든 평면에서 동일함을 알 수 있다. 위와 같은 응력을 받는 물체는 평면 응력 상태에 있다고 한다.

연습문제

1. 정지 상태에 있는 유체 중에서 물체가 움직일 때 물체가 받는 저항의 일부는 마찰 저항에 기인한다. 마찰 저항의 원인이 되는 전단 응력과 3.1절에서 고려한 전단 응력 사이의 유사점과 상이점에 대해 논의하시오.

2. 식 (3.3)의 전단 탄성계수와 관련하여 알루미늄, 구리(copper), 청동(bronze), 황동(brass), 주철(cast iron), 단철(wrought iron), 텅스텐(tungsten), 타이타늄(titanium), 다이아몬드(diamond), 목재, 고무 등의 재료에 대해 조사하여 정리하시오.

3. 폭 b, 높이 h인 직사각형의 중심에 대한 극2차 모멘트를 구하시오. 얻은 결과를 이용하여 정사각형의 중심에 대한 극2차 모멘트 $I_p = \dfrac{b^4}{12}$임을 보이시오.

4. 식 (3.2), (3.10)과 관련하여 만약 쿨롱이 정사각형 단면의 강봉을 비틀림 실험에 사용하였다면 그가 얻었을 c의 예측치를 구하시오.

5. 길이 $l = 10\,m$, 직경 $d = 50\,mm$인 균일 원형 단면의 강재 중실 축이 토크 T를 전달하고 있다. 이 축에 대한 허용 전단 응력이 $100\,MPa$이고, 자유단의 비틀림 각이

$3°$로 제한될 경우, 최대 허용 토크 T의 크기를 구하시오. 강의 전단 탄성계수 $G = 80\ GPa$로 한다.

6. 원형 단면의 청동 중실 축에 비틀림 모멘트 $T = 500\ Nm$가 작용하고 있다. 청동의 허용 전단 응력이 $50\ MPa$이라고 할 때 이 축의 최소 직경을 구하시오.

7. 강으로 제작된 길이 $l = 1\ m$인 원형 단면 중실 축의 허용 비틀림 각은 $3°$이다. 강의 전단 탄성계수 $G = 100\ GPa$, 허용 전단 응력이 $100\ MPa$이라고 할 때, 이 축의 최소 직경을 구하시오.

8. 식 (3.19)와 식 (3.20)을 사용하여 얻은 $\sin x$와 $\tan x$의 값을 수표에서 얻은 값과 비교하시오. 단 x는 $1°$부터 $10°$까지 $1°$ 씩 증가시키며 계산하고, x는 rad값을 사용하며, $1° = \frac{\pi}{180}\ rad$임에 유의하시오.

9. $\cos x$에 대한 다음 근사식을 유도하고, 위의 문제 [8]에서와 같은 계산을 수행하여 얻어진 결과의 정확성에 대해 논의하시오.

$$\cos x \simeq 1 - \frac{x^2}{2} \qquad (연3.1)$$

10. $|x| \ll 1$이라고 할 때, 다음과 같은 테일러 근사를 구하시오.

$$1)\ \frac{1}{1-x} \simeq 1+x,\ 2)\ e^{x} \simeq 1+x,\ 3)\ \ln(1+x) \simeq x-\frac{x^2}{2}.$$

11. 오일러 공식(Euler formula), $e^{ix} = \cos x + i\sin x$ 에 테일러 근사를 적용하여 $x \ll 1$ 인 경우에 대해 $\cos x \simeq 1-\frac{x^2}{2}$, $\sin x \simeq x$ 임을 보이시오.

12. 3×3 대칭 행렬이 6 개의 독립적인 요소를 가짐을 보이시오.

13. 식 (3.23)과 관련하여 σ_{ij} 가 x_i축에 수직인 평면에 작용하는 x_j 방향의 응력 성분임을 보이시오.

14. 주기저 정리는 다음과 같이 쓸 수 있다([참고문헌 10] 참조).

    n 차원 실수 유클리드 공간 R_n 상에 정의된 대칭 텐서 $\underline{A}$ 는 n 개의 서로 직교하는 고유벡터를 가지며, 이들을 정규화하여 직교 정규 기저로 사용할 수 있고, 이 기저는 주기저라고 불린다.

이 정리에 나오는 용어들, n 차원 실수 유클리드 공간, 대칭 텐서, 서로 직교, 고유벡터, 정규화, 직교 정규 기저에 대해 설명하고, 정리의 내용을 보다 자세히 설명하시오.

15. 주축을 구하기 위해 고유값 문제(eigenvalue problem)를 풀어야 하는 이유에 대해 설명하시오([참고문헌 10] 참조).

16. 탄성체 내부의 한 점에서 응력 텐서가 다음과 같이 주어졌다.

$$\underline{\sigma} = \begin{pmatrix} 2 & 0 & 0 \\ 0 & 2 & 1 \\ 0 & 1 & 2 \end{pmatrix}. \qquad (연3.2)$$

이 점을 지나고 단위 벡터 $\hat{n} = \frac{1}{\sqrt{2}}(1,0,1)$에 수직한 평면에 작용하는 법선 응력과 접선 응력을 구하시오.

17. 탄성체 내부의 한 점에서 응력 텐서가 다음과 같이 주어졌다.

$$\underline{\sigma} = \begin{pmatrix} 2 & 1 & 0 \\ 1 & 3 & 1 \\ 0 & 1 & 3 \end{pmatrix}. \qquad (연3.3)$$

이 점을 지나고 단위 벡터 $\hat{n} = \frac{1}{\sqrt{2}}(0,1,1)$에 수직한 평면에 작용하는 법선 응력과 접선 응력을 구하시오.

18. [예제 3.5]에서 보인 바와 같이 평면 응력 문제를 다룰 경우에는 응력 텐서를 다음과 같이 2×2 대칭 행렬로 나타낼 수 있다.

$$\underline{\sigma} = \begin{pmatrix} \sigma_{11} & \sigma_{12} \\ \sigma_{12} & \sigma_{22} \end{pmatrix}. \qquad (연3.3)$$

또한 x_1x_2 평면 또는 xy 평면 상의 단위 벡터 $\hat{n} = (n_1, n_2)$로 쓸 수 있으므로, 평면 응력 문제에 대해서는 x_1축에 수직인 평면에 작용하는 응력은 $(\sigma_{11}, \sigma_{12})$, x_2축에 수직인 평면에 작용하는 응력은 $(\sigma_{12}, \sigma_{22})$로 주어짐을 보이시오.

19. 평면 응력 상태에 있는 탄성체 내부의 한 점에서 응력 텐서가 다음과 같이 주어졌다.

$$\underline{\sigma} = \begin{pmatrix} 2 & 1 \\ 1 & 2 \end{pmatrix}. \tag{연3.4}$$

이 점을 지나고 단위 벡터 $\hat{n} = \frac{1}{\sqrt{2}}(1,1)$에 수직한 평면에 작용하는 법선 응력과 접선 응력을 구하시오.

20. 식 (연3.4)로 주어진 텐서에 대해 주축을 구하시오([참고문헌 10] 참조).

응력과 변형도의 일반화

CHAPTER 4

코쉬
1789-1857
France

표 4.1 주요인물

이름	활동연대	연고지	관련 업적, 저술
Hooke	1635-1703	UK	'스프링에 관하여', 1678
베르누이(James)	1654-1705	Switzerland	미소 부분의 격리, 중립올, 1695 응력-변형도 관계, 탄성곡선, 1705
쿨롱	1736-1806	France	봉의 비틀림, 1784
Young	1773-1829	UK	프와송 비, 1807
프와송(Poisson)	1781-1840	France	프와송 비, 1829
Navier	1785-1836	France	탄성론의 지배 방정식 유도, 1821
코쉬	1789-1857	France	응력 텐서, 변형도 텐서를 도입한 응력-변형도 관계의 일반화, 1822
Saint-Venant	1797-1886	France	Saint-Venant 원리, 1855
Maxwell	1831-1879	UK	역 정리, 1864
Mohr	1835-1918	Germany	Mohr 원, 1882
Castigliano	1847-1884	Italy	Castigliano 정리, 1873
Den Hartog	1901-1989	USA	[참고문헌 6], 1949
Housner	1910-2008	USA	[참고문헌 8], 1965

이 장에서는 일반적인 3 차원 문제의 특수한 경우로 2 차원 문제인 평면 응력 문제를 다룬다. 3 차원 문제는 매우 복잡하여 다루기 어려우며, 또 실제로 다루는 많은 문제들을 2 차원 문제로 근사할 수 있고, 2 차원 문제에 대해 익숙해지면 3 차원 문제로의 확장 또한 비교적 쉽게 이루어질 수 있기 때문이다.

3장에서 고찰한 응력 텐서가 어떤 점에서 알려져 있다고 하더라도, 주축의 방향을 구하기 위해서는 약간 복잡한 수학적 계산을 수행해야 하며, 또 그 점에서의 전반적인 응력 상태를 한 눈에 알기는 쉽지 않으므로, 만약 도형을 사용하여 보다 쉽게 이와 같은 문제들이 해결될 수 있다면 매우 유익할 것이며, 이와 같은 용도로 쓰이고 있는 Mohr 원에 대해 생각한다.

응력과 마찬가지로 변형도 또한 법선 및 접선 방향의 변형도를 고려하여 변형도 텐서로 일반화할 수 있으며, 4.2절에서는 평면 응력 문제에 대한 응력-변형도 관계, 즉 Hooke의 법칙을 얻을 것이다. 또한 선형 탄성 재료의 독립적인 재료 상수에 대한 고찰을 수행한다.

4.3절에서는 재료역학과 고체역학의 관계에 대해 먼저 생각해 보고, 고체역학에서 알려진 기본 원리 중, 재료역학에 유익하다고 여겨지는 몇 가지 원리/정리들을 소개한다.

4.1 Mohr 원(Mohr's circle)

먼저 3.2.1절에서 생각했던 축의 인장 문제에 대해 부재 내부의 임의의 점에서의 응력 상태를 도형으로 나타낼 수 있는 방법에 대해 생각하고, 이와 같은 도형적인 방법을 일반적인 평면 응력의 문제에 대해서도 적용하여 Mohr 원의 개념을 소개하기로 한다.

평면 응력 문제인 경우에는 구조 부재에 작용하는 하중과 하중에 의한 내력의 분포는 하나의 평면 내에서 다룰 수 있으므로, 좌표계는 $(x, y) = (x_1, x_2)$를 생각하면 된다([예제 3.5], [연습문제 3.18] 참조).

4.1.1 응력 상태의 도시

예를 들어 3.2.1절의 그림 3.7에서 생각했던 축 하중 P를 받는 봉을 임의의 절단면으로 잘라낸 경우, 아래 부분을 생각하여 절단면을 평면 B, 절단면의 중심을 점 O라고 하자. 좌표계를 그림 4.1에 보인 것과 같이 잡으면, 점 O에 작용하는 응력은 x 방향이다. 횡단면으로 잘랐을 경우에는, 횡단면의 면적을 A라고 하면 법선 응력의 크기는 $P/A = \sigma_0$이다.

한편, 임의의 절단면인 평면 B에 수직한 단위 벡터를 $\hat{n}$이라고 하고, $\hat{n}$과 x축 사이의 각도를 θ라고 하자. 점 O에서 평면 B에 대해 작용하는 응력 벡터의 법선 방향 성분 σ와 접선 방향 성분 τ는 평면 B의 면적이 $A/\cos\theta$임을 고려하여 각각 다음과 같이 얻는다.

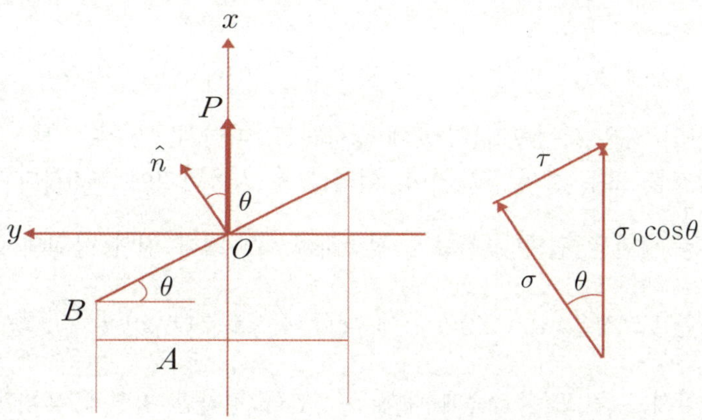

그림 4.1 축 하중을 받는 봉을 임의의 경사면으로 잘랐을 때, 아래 부분의 경사면에 작용하는 내력의 성분

$$\sigma = \frac{P}{A/\cos\theta}\cos\theta = \sigma_0\cos^2\theta = \frac{\sigma_0}{2}(1+\cos 2\theta), \tag{4.1}$$

$$\tau = \frac{P}{A/\cos\theta}\sin\theta = \sigma_0\sin\theta\cos\theta = \frac{\sigma_0}{2}\sin 2\theta. \tag{4.2}$$

여기서 τ의 부호에 대해서는 음의 y축이 반시계 방향으로 θ만큼 회전했을 때의 방향을 τ의 양의 방향으로 잡기로 한다. 이와 같이 잡는 경우 접선 방향과 법선 방향은 우수계를 이룸에 유의한다.

식 (4.1), (4.2)와 같은 응력 상태를 나타내기 위해 σ를 수평축, τ를 수직축으로 잡은 좌표 평면을 생각하고 식 (4.1)을 다시 쓰면 다음을 얻는다.

$$\sigma - \frac{\sigma_0}{2} = \frac{\sigma_0}{2}\cos 2\theta, \tag{4.3}$$

이 식과 식 (4.2)의 양변을 제곱하여 더하면 다음 결과를 얻는다.

$$\left(\sigma - \frac{\sigma_0}{2}\right)^2 + \tau^2 = \left(\frac{\sigma_0}{2}\right)^2. \tag{4.4}$$

이 식은 그림 4.2에 보인 바와 같이 중심이 $\left(\frac{\sigma_0}{2}, 0\right)$에 있고, 반경이 $\frac{\sigma_0}{2}$인 원을 나타낸다. 이 원주 상의 점은 특정한 값의 θ에 상응하고, 따라서 이 원은 점 O에서 θ의 변화에 따른 응력 상태를 모두 보여주고 있어, 여러 모로 사용하기에 편리하다. 예를 들어 최대 전단 응력을 받는 평면은 원의 상하단에 상응하며, 또 최대 전단 응력의 크기는 $\frac{\sigma_0}{2}$임을 쉽게 얻는다. 또한 그 점은 식 (4.2)의 τ에 대한 식으로부터 $2\theta = \frac{\pi}{2}$, 즉 $\theta = \frac{\pi}{4}$인 경우에 상응하며, 따라서 y축 또는 x축에 대해 $\frac{\pi}{4}$ 만큼 경사한 평면에 작용한다.

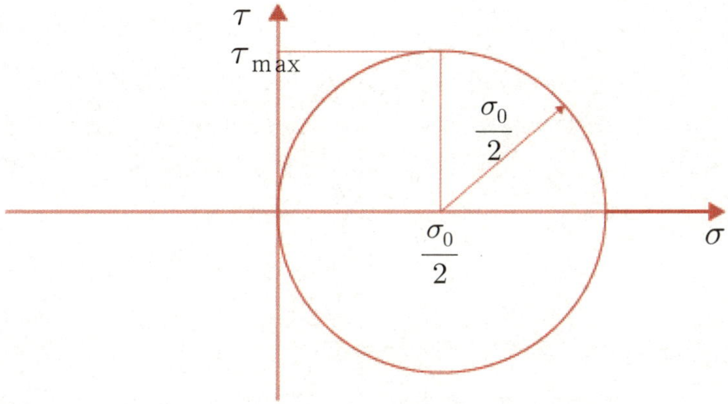

그림 4.2 점 O에서의 응력 상태를 나타내는 원

4.1.2 평면 응력 상태의 도시; Mohr 원

만약 4.1.1절에서 얻은 것과 같은 정보를 일반적인 응력 텐서에 대해서도 얻을 수 있다면 한 점에서의 응력 상태를 이해하는데 큰 도움이 될 것이며, Mohr는 1882년 바로 이 점에 착안하여 다음과 같은 문제에 대해 생각하였다. 한 점에서의 응력 상태가 알려져 있는 경우, 즉 응력 텐서가 다음과 같은 2×2 대칭 행렬로 주어진다고 하자.

$$\underline{\sigma} = \begin{pmatrix} \sigma_{11} & \sigma_{12} \\ \sigma_{12} & \sigma_{22} \end{pmatrix}, \tag{4.5}$$

임의의 평면에 대해 법선 방향의 단위 벡터를 $\hat{n}$이라고 하고, $\hat{n}$과 x축 사이의 각도를 θ라고 하면, $\hat{n} = (\cos\theta, \sin\theta)$이므로, 그 평면에 작용하는 응력 벡터 $\underline{t}$는 식 (3.22)의 코쉬 공식에 의해 다음과 같이 주어진다.

$$\underline{t} = \underline{\sigma}\hat{n} = \begin{pmatrix} \sigma_{11} & \sigma_{12} \\ \sigma_{12} & \sigma_{22} \end{pmatrix}\begin{pmatrix} \cos\theta \\ \sin\theta \end{pmatrix} = \begin{pmatrix} \sigma_{11}\cos\theta + \sigma_{12}\sin\theta \\ \sigma_{12}\cos\theta + \sigma_{22}\sin\theta \end{pmatrix} = \begin{pmatrix} t_1 \\ t_2 \end{pmatrix}. \tag{4.6}$$

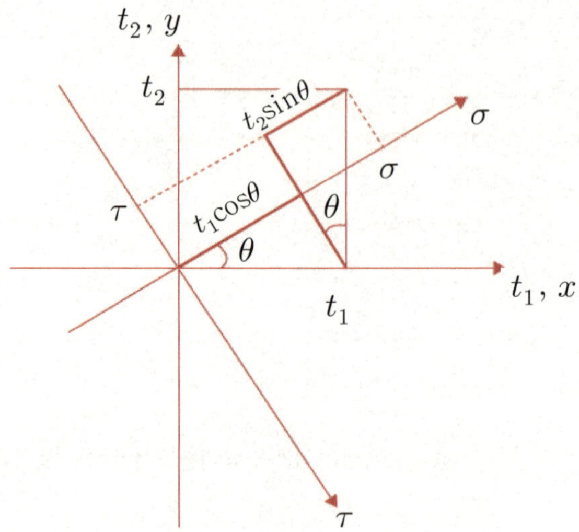

그림 4.3 t_1, t_2와 σ, τ 사이의 관계

위의 식을 사용하면 응력 벡터 $\underline{t}$의 x 성분 t_1과 y 성분 t_2는 쉽게 알 수 있지만, 법선 방향 성분 σ와 접선 방향 성분 τ는 알기 쉽지 않다. 그림 4.3에 보인 바와 같이 t_1, t_2와 σ, τ 사이의 관계식을 구하면 다음과 같다.

$$\sigma = t_1\cos\theta + t_2\sin\theta\,,\ \tau = t_1\sin\theta - t_2\cos\theta\,, \tag{4.7}$$

이 식에 식 (4.6)으로 주어지는 t_1, t_2를 대입하고 정리하면 다음을 얻는다.

$$\begin{aligned}\sigma &= (\sigma_{11}\cos\theta + \sigma_{12}\sin\theta)\cos\theta + (\sigma_{12}\cos\theta + \sigma_{22}\sin\theta)\sin\theta \\ &= \sigma_{11}\cos^2\theta + 2\sigma_{12}\sin\theta\cos\theta + \sigma_{22}\sin^2\theta = \sigma_{11}\frac{1+\cos2\theta}{2} + \sigma_{12}\sin2\theta + \sigma_{22}\frac{1-\cos2\theta}{2}, \\ &= \frac{\sigma_{11}+\sigma_{22}}{2} + \frac{\sigma_{11}-\sigma_{22}}{2}\cos2\theta + \sigma_{12}\sin2\theta\ ,\end{aligned} \tag{4.8}$$

$$\begin{aligned}\tau &= (\sigma_{11}\cos\theta + \sigma_{12}\sin\theta)\sin\theta - (\sigma_{12}\cos\theta + \sigma_{22}\sin\theta)\cos\theta \\ &= (\sigma_{11}-\sigma_{22})\cos\theta\sin\theta - \sigma_{12}(\cos^2\theta - \sin^2\theta) = \frac{\sigma_{11}-\sigma_{22}}{2}\sin2\theta - \sigma_{12}\cos2\theta\,,\end{aligned} \tag{4.9}$$

위 식을 보다 간단히 나타내기 위해 σ_m과 σ_d, α를 다음과 같이 정의한다.

$$\sigma_m = \frac{\sigma_{11}+\sigma_{22}}{2}, \ \sigma_d = \frac{\sigma_{11}-\sigma_{22}}{2}, \ \alpha = 2\theta . \tag{4.10}$$

여기서 σ_m은 법선 응력 σ_{11}과 σ_{22}의 평균치, σ_d는 그들의 차의 반임에 유의한다.

이들을 사용하여 위의 식 (4.8), (4.9)를 다시 쓰면 다음을 얻고,

$$\sigma - \sigma_m = \sigma_d \cos\alpha + \sigma_{12} \sin\alpha, \ \tau = \sigma_d \sin\alpha - \sigma_{12} \cos\alpha , \tag{4.11}$$

이들 식의 양변을 제곱하여 더하면 결국 다음을 얻는다.

$$(\sigma - \sigma_m)^2 + \tau^2 = \sigma_d^2 + \sigma_{12}^2 \equiv \tau_0^2, \ \tau_0 = \sqrt{\sigma_d^2 + \sigma_{12}^2} . \tag{4.12}$$

위의 식은 그림 4.4에 보인 바와 같이 σ를 수평축, τ를 수직축으로 잡은 평면에서 중심이 점 $C;(\sigma_m, 0)$에 있고, 반경이 τ_0인 원을 나타내며, 이 원은 보통 Mohr 원(Mohr's circle)이라고 불린다.

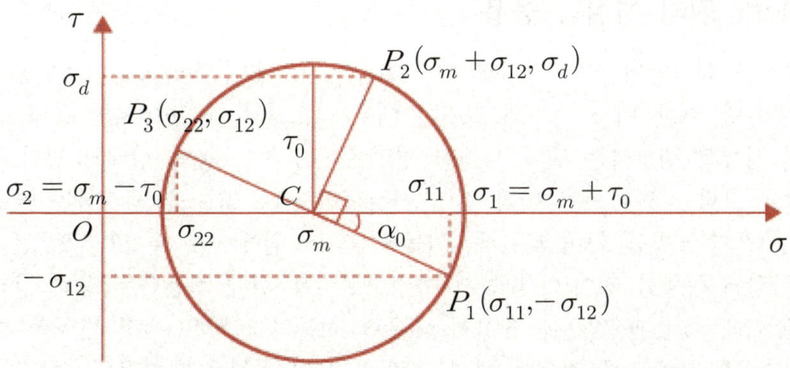

그림 4.4 주어진 응력 텐서에 상응하는 응력 상태를 나타내는 Mohr 원

Mohr 원의 원주 상의 점들이 실제 어떤 평면에 작용하는 응력에 상응하는지를 알아보기 위해 다음을 생각하자.

1) $\theta = 0$ 즉 $\alpha = 0$ 이면 식 (4.11)로부터 $\sigma = \sigma_m + \sigma_d = \sigma_{11}$, $\tau = t_2 = -\sigma_{12}$ 이므로, 그림 4.4에 보인 원주 상에서 이에 상응하는 점 P_1을 얻는다. 여기서 σ_{12} 앞의 음 부호는 그림 4.3에서 (τ, σ)를 우수계가 되도록 잡은데 기인하는 것에 유의한다.
2) $\theta = \pi/4$ 즉 $\alpha = \pi/2$ 이면 식 (4.11)로부터 $\sigma - \sigma_m = \sigma_{12}$, $\tau = \sigma_d$ 이므로, 이에 상응하는 점 P_2를 얻는다.
3) $\theta = \pi/2$ 즉 $\alpha = \pi$ 이면 식 (4.11)로부터 $\sigma = \sigma_m - \sigma_d = \sigma_{22}$, $\tau = \sigma_{12}$ 이므로, 이에 상응하는 점 P_3를 얻는다.

점 P_1에서 $\sigma - \sigma_m = \sigma_d$이므로, 선분 $CP_1;(\sigma_d, -\sigma_{12})$과 $CP_2;(\sigma_{12}, \sigma_d)$는 직교하며, 따라서 점 P_2는 CP_1을 점 C를 중심으로 반시계 방향으로 $\pi/2 = \alpha$ 만큼 회전하여 얻어지는 점이다. 또한 P_3는 CP_1을 반시계 방향으로 $\pi = \alpha$ 만큼 회전하여 얻어지는 점이다. 이들을 종합하면, 결국 일반적인 값의 θ에 대응하는 평면 상에 작용하는 응력 상태는 CP_1을 점 C를 중심으로 반시계 방향, 즉 θ의 방향과 같은 방향으로 $\alpha = 2\theta$ 만큼 회전하여 얻는 점으로부터 구할 수 있다.

4.1.3 Mohr 원의 성질과 응용

다양한 문제를 해석함에 있어 사각형 미소 요소의 각 변에 작용하는 응력 상태를 알아야 할 경우가 많은데, 이때 미소 요소의 크기는 매우 작으므로 각 변에서의 응력 상태는 사각형의 중심인 점에서 생각하는 변과 평행한 평면에 작용하는 응력 상태와 같다고 볼 수 있다. 예를 들어 그림 4.5에 보인 바와 같이 사각형의 미소 요소를 생각하는 경우, 마주 보고 있는 변은 θ가 π만큼 차이 나는데, 이들은 Mohr 원에서 $\alpha = 2\theta = 2\pi$인 경우이므로 명백히 원주 상의 동일한 점이며, 따라서 마주 보는 두 변에 작용하는 응력 상태는 동일해야 한다. 단 이때, 상변과 하변에 작용하는 응력 성분의 방향은 접선 방향과 법선 방향이 일관되게 우수계를 만들도록 취해야 하며, 좌변과 우변에 작용하는 응력 성분의 방향은 반대로 좌수계가 되도록 취해야 한다. 이와 같은 상황은 그림 4.4의 Mohr 원에서 점 P_1이 $(\sigma_{11}, -\sigma_{12})$로 주어지며, 그림 4.5에 보인 사각형 요소의 우변에서 τ의 양의 방향은 연직 상방이지만, 그림 4.3에서 (τ, σ)를 우수계가 되도록 잡은 것과 일관된 결과로 볼 수 있다.

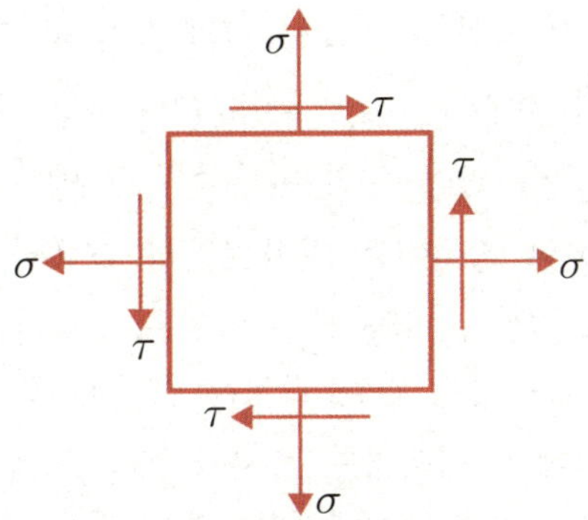

그림 4.5 사각형 미소 요소 상에서의 응력 성분의 방향

Mohr 원에 대해 고찰함으로써 다음과 같은 매우 유용한 결과를 얻는다.

1) $(\sigma_m + \tau_0, 0)$, $(\sigma_m - \tau_0, 0)$인 두 점에서는 전단 응력이 영이며, 따라서 주응력은 각각 $\sigma_1 = \sigma_m + \tau_0$, $\sigma_2 = \sigma_m - \tau_0$이다. 또한 선분 CP_1과 σ축 사이의 각을 α_0라고 하면, 최대 주응력 σ_1의 방향은 x축과 $\theta_0 = \alpha_0/2$의 각을 가지는 방향이며, 최소 주응력 σ_2의 방향은 당연히 최대 주응력의 방향과 직교함을 확인할 수 있다(그림 4.6 참조).

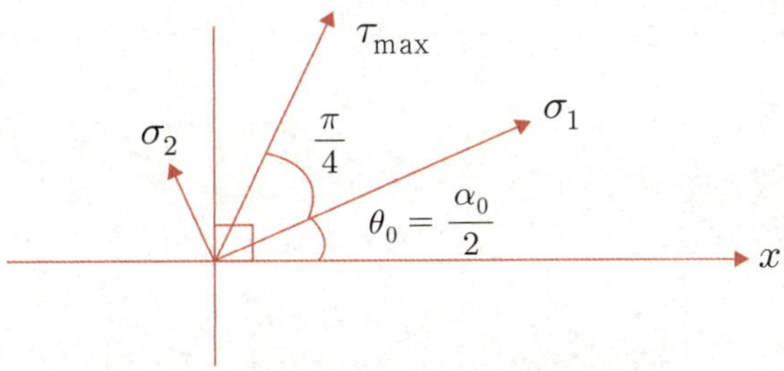

그림 4.6 주축 방향과 최대 전단 응력의 방향

2) $(\sigma_m, \pm\tau_0)$인 점에서는 응력의 접선 방향 성분 τ, 즉 전단 응력의 크기가 최대이며, 그 값은 $\tau_0 = \sqrt{\sigma_d^2 + \sigma_{12}^2}$이다. 또한 최대 전단 응력이 작용하는 평면과 주응력이 작용하는 평면의 기울기는 $\pi/4$ 차이를 가진다.

3) $\sigma_{12} = 0$인 경우에는 주대각선 상의 값들이 그대로 주응력이므로, $\alpha_0 = 0$이며, 원의 반경 $\tau_0 = |\sigma_d|$가 되고, 전단 응력의 최대값 또한 $|\sigma_d|$임을 얻는다.

4) $\sigma_{11} > 0$, $\sigma_{22} = \sigma_{12} = 0$인 경우에는 원이 원점에 접하고, 순수 인장(pure tension) 상태

에 상응하며, 그림 4.2에서 확인할 수 있는 바와 같이 축 하중을 받는 봉은 그 예이다.

5) $\sigma_{11} = -\sigma_{22}$, $\sigma_{12} \neq 0$인 경우에는 $\sigma_m = 0$이므로 원의 중심이 원점이 되고, 순수 전단 상태에 상응하며, 토크를 받는 봉의 비틀림은 그 예이다.

6) $\sigma_{11} = \sigma_{22} < 0$, $\sigma_{12} = 0$인 경우에는 원이 한 점 $H;(\sigma_{11}, 0)$로 변화하며, 수정역학적(hydrostatic) 상태에 상응한다. 이와 같은 명칭은 수정역학에서 한 점에서의 압력, 즉 압축 응력은 모든 방향으로 같은 값을 가지는 것과의 유사성에 기인한다.

Mohr는 나아가 3 차원 문제에 대해서도 유사한 해석을 수행하여 매우 간편하게 쓰일 수 있는 도식적인 방법(graphic method)을 제안하였으며, 그는 위에서 논의한 방법을 포함하여 다양한 구조 부재의 설계 문제에 대한 해법을 제시하였다.

[예제 4.1] 평면 응력 상태 하에 있는 물체 내부의 어떤 점에 대해 응력 텐서가 다음과 같이 주어졌다. Mohr 원을 그리고 주응력의 크기와 방향, 또 최대 전단 응력의 크기와 방향을 구하시오. 단 응력의 단위는 MPa로 한다.

$$\underline{\sigma} = \begin{pmatrix} 3 & \sqrt{3} \\ \sqrt{3} & 1 \end{pmatrix}. \tag{예4.1}$$

[답] 먼저 Mohr의 원을 그리기 위해 식 (4.10)으로부터 σ_m, σ_d를 계산하여 다음을 얻으므로,

$$\sigma_m = \frac{\sigma_{11} + \sigma_{22}}{2} = 2,\ \sigma_d = \frac{\sigma_{11} - \sigma_{22}}{2} = 1, \tag{예4.2}$$

Mohr 원의 방정식은 식 (4.12)로부터 다음과 같이 주어진다.

$$(\sigma - 2)^2 + \tau^2 = 1^2 + 3 = 2^2 = \tau_0^2,\ \tau_0 = 2 \tag{예4.3}$$

따라서 주어진 문제에 대한 Mohr 원으로 그림 예4.1에 보인 바와 같이 그 중심은 (2,0)에 있고, 반경은 2인 원을 얻는다. 또 식 (4.11)로부터 $\theta = 0$, 즉 x축에 수직한 평면에 작용하는 응력은 $(\sigma, \tau) = (\sigma_{11}, -\sigma_{12}) = (3, -\sqrt{3})$이므로, Mohr 원으로부터

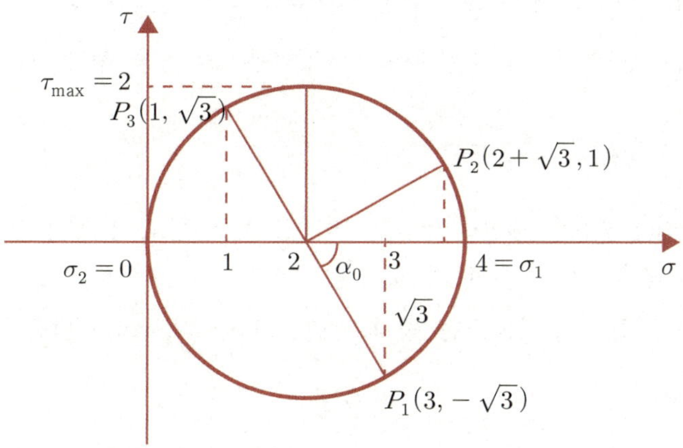

그림 예4.1 Mohr 원

$\alpha_0 = \dfrac{\pi}{3}$, 즉 $\theta_0 = \dfrac{\pi}{6}$를 얻고, 주응력 $\sigma_1 = 4\,MPa$, $\sigma_2 = 0$을 얻으며, 그 방향은 x축으로부터 각각 $\dfrac{\pi}{6}\,rad$, $\dfrac{2\pi}{3}\,rad$ 반시계 방향으로 회전한 방향이다. 또한 식 (예4.3)에서 얻은 바와 같이 최대 전단 응력의 크기 $\tau_0 = 2\,MPa$이며, 그 방향은 x축으로부터 각각 $\dfrac{5\pi}{12}\,rad$, $\dfrac{11\pi}{12}\,rad$ 반시계 방향으로 회전한 방향임을 얻는다.

4.2 변형도 텐서, 그리고 응력 텐서와의 관계

지금까지는 주로 응력 텐서에 대해 논의하였다. Hooke의 법칙은 기본적으로 응력과 변형도 사이의 관계이므로, 응력이 텐서량인 경우, 변형도(strain) 또한 텐서량이 되어야 함을 추측할 수 있다. 변형도 텐서에 대한 일반적 이론은 재료역학보다는 탄성론 또는 고체역학에 속하는 분야이므로, 여기서는 변형도가 매우 작은(infinitesimal) 경우, 평면 응력 문제에 한정하여, 매우 간단한 경우이지만 변형도의 기본적인 성질을 잘 나타내는 몇 경우에 대해서만 고려하기로 한다. 이하의 논의는 코쉬(1822)가 베르누이(1705), 쿨롱(1784), Navier(1821)의 업적을 종합하여 코쉬 공식을 창안했을 때 고려했던 방법과 본질적으로 같다.

먼저 지금까지 생각했던 응력-변형도 관계를 정리하면 다음과 같다.

1) 축 하중을 받는 봉의 인장과 관련하여 식 (2.3)에서 다음을 생각한다.

$$\sigma = E\epsilon, \ \epsilon = \frac{\Delta l}{l}. \tag{4.13}$$

이 식은 오일러(1778)가 제안한 바와 같이 응력, 변형도 사이의 관계를 선형적으로 간주하여 봉의 변형 상태를 나타낸 것이다.

2) 비틀림을 받는 원형 단면 봉 또는 축과 관련하여 식 (3.3)에서 다음을 고려한다.

$$\tau = G\gamma, \tag{4.14}$$

여기서 γ는 직각이었던 각이 예각으로 되었을 때, 그 각의 변화량으로 정의되었다. 이 식은 쿨롱의 실험 결과를 확인하면서 얻어졌다.

4.2.1 법선 방향의 응력-변형도

식 (4.13)에서 변형도를 정의하는데 사용된 Δl은 봉 전체의 변형인데, 봉의 상단인 고정단으로부터 거리 x만큼 떨어진 곳에서의 변형도는 어떻게 결정할 수 있는지에 대해 생각해 보자. 그림 4.7에 보인 바와 같이 좌표계를 잡고 x가 일정한 단면에서의 변형도는 동일하다고 가정하자. 하중에 의해 봉이 변형(deform)될 때, $x = 0$인 고정단에서의 변위(displacement)는 명백히 영이며, $x = l$인 하단에서의 변위는 Δl이고, 또 각 단면에서의 변위는 고정단으로부터의 거리 x에 비례한다고 볼 수 있으므로, 임의의 단면 위에 있는 점들에 대해 그 변위 $u(x)$는 다음과 같이 쓸 수 있다.

$$u(x) = \frac{\Delta l}{l} x = \epsilon x\,. \tag{4.15}$$

위 식에 따르면 변형도 ϵ은 변위의 기울기를 나타내는 것으로 볼 수 있으므로, 축 내부의 모든 점에 대해 x 방향 변형도 ϵ은 다음과 같이 쓸 수 있다.

$$\epsilon = \frac{du}{dx}. \tag{4.16}$$

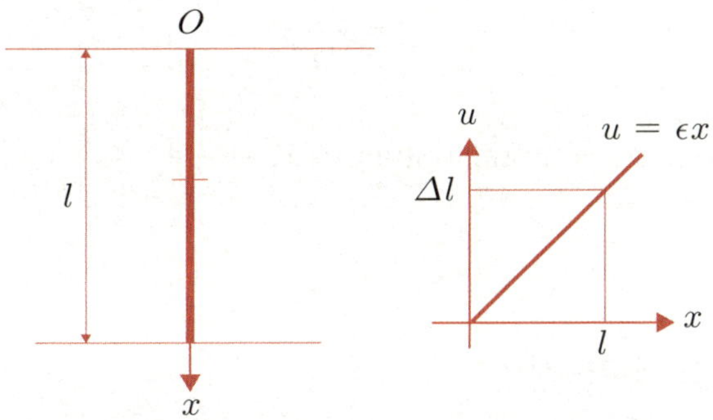

그림 4.7 축 하중을 받는 균일 단면 봉; 순수 인장

식 (4.13)에 보인 변형도는 축 전체에 대한 값이었지만, 위 식으로 정의되는 변형도는 축 상의 모든 점에 대해 적용할 수 있는 식임에 유의한다.

식 (4.16)은 순수 인장 상태의 축에 대한 고려를 통해 얻은 식인데, 만약 봉의 상하단에 매우 가까운 영역에 대해 고려한다고 하자. 이 경우에는 한 단면에 있는 모든 점들이 동일한 변형도를 가진다고 보기는 힘들 것이며, 따라서 각 점에서의 x 방향 변위는 x, y의 함수, 즉 $u(x,y)$로 간주해야 하므로, 이때는 x 방향 변형도 ϵ_x를 다음과 같이 정의할 수 있다.

$$\epsilon_x = \frac{\partial u}{\partial x}. \tag{4.17}$$

이 식은 물론 변위가 x만의 함수로 쓸 수 있는 경우에는 식 (4.16)으로 환원된다.

변위를 충분히 부드러운(smooth) 함수로 나타낼 수 있고, 또 미소 요소의 크기 Δx가 충분히 작으면, 미소 요소 상의 점들에 대한 상대적인 변위는 항상 식 (4.15)와 같은 1차 식으로 근사할 수 있는 것을 상기하면, 식 (4.17)로 한 점에서의 x 방향 변형도를 정의할 수 있는 것을 이해하는데 큰 어려움이 없을 것이다. 다시 말하면 일반적인 변위를 고려하는 경우에도, 미소 요소가 마치 순수 인장 상태 하에 있는 것과 같이 생각함으로써 x 방향 변형도를 구할 수 있다.

y 방향 변형도 ϵ_y는, $v(x,y)$를 y 방향 변위라고 할 때, ϵ_x의 정의인 식 (4.17)과 유사한 방법으로 다음과 같이 정의할 수 있으며,

$$\epsilon_y = \frac{\partial v}{\partial y}, \tag{4.18}$$

ϵ_x, ϵ_y는 통칭하여 **법선 변형도**(normal strain)라고 부른다.

4.2.2 접선 방향의 응력-변형도

다음으로 비틀림을 받는 원형 단면 봉에 대해 고려하자. 그림 4.8에 보인 미소 요소는 그림 3.2에 보인 미소 요소와 동일한데, 전단 변형도 γ를 변위를 사용하여 나타내기 위해 다음을 생각하자. 좌표계를 그림에 보인 바와 같이 잡고, 변형 전에 선분 AB 상에 있는 점들의 x 방향 변위 u를 고려하면 다음과 같이 쓸 수 있다[1].

$$u(x,y) = \gamma y. \tag{4.19}$$

물론 u는 일반적으로는 x, y의 함수이지만, 위 식에서는 y만의 함수로 주어졌으며, 따라서 전단 변형도 γ는 다음과 같이 나타낼 수 있다.

$$\gamma = \frac{du}{dy}. \tag{4.20}$$

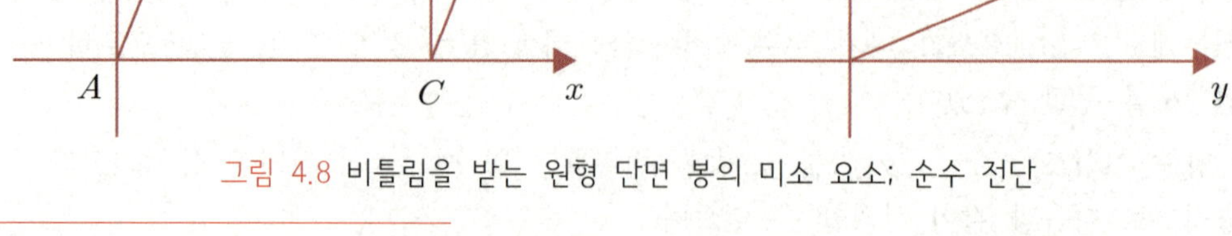

그림 4.8 비틀림을 받는 원형 단면 봉의 미소 요소; 순수 전단

1) 정확하게는 $u(y) = (\tan\gamma)y$이지만, $\gamma \ll 1$이므로 식 (3.20) $\tan\gamma \approx \gamma$를 사용하였다.

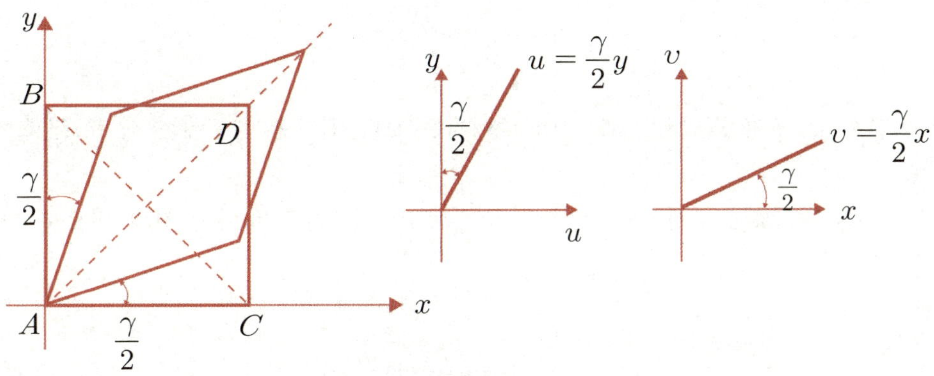

그림 4.9 순수 전단 상태 하의 미소 요소

한편, 그림 3.3과 관련해 설명한 바와 같이 전단 응력은 사각형 미소 요소의 네 변에 모두 작용하므로, 일반적으로 사각형 미소 요소는 그림 4.9에 보인 바와 같은 평행 사변형으로 변형된다. 따라서 원래 직각이었던 $\angle BAC$의 감소량은 좌변 AB의 변형뿐만 아니라 하변 AC의 변형도 고려하여 구해야 한다. 변형 전에 선분 AB 상에 있는 점들의 x 방향 변위 u와, 선분 AC 상에 있는 점들의 y 방향 변위 v에 대해 각각 다음을 얻는다.

$$u(x,y) = \frac{\gamma}{2}y,\ v(x,y) = \frac{\gamma}{2}x. \tag{4.21}$$

두 직선의 기울기는 전단 응력의 크기가 같으므로 같아야 하는 점에 유의한다.

이들의 영향을 동시에 고려하여 전단 변형도를 나타내면 다음을 얻고,

$$\frac{\gamma}{2} = \frac{du}{dy} = \frac{dv}{dx}, \tag{4.22}$$

따라서 결국 다음을 얻는다.

$$\gamma = \frac{du}{dy} + \frac{dv}{dx}. \tag{4.23}$$

보다 일반적인 경우를 포함하기 위해서는 위 식을 다음과 같이 바꾸어 쓸 수 있다.

$$\gamma = \frac{\partial u}{\partial y} + \frac{\partial v}{\partial x}, \tag{4.24}$$

이 식은 물론 u, v가 식 (4.21)과 같이 주어지는 보다 간단한 경우에는 식 (4.23)으로 환원된다.

변형도 텐서의 성분으로서 전단 변형도 ϵ_{xy}는 식 (4.24)로 주어진 값의 반으로 다음과 같이 정의된다[2)].

$$\epsilon_{xy} = \frac{\gamma}{2} = \frac{1}{2}\left(\frac{\partial u}{\partial y} + \frac{\partial v}{\partial x}\right). \tag{4.25}$$

위 식은 순수 전단 상태 하에 있는 미소 요소를 고려하여 얻었으나, 변위를 충분히 부드러운 함수로 나타낼 수 있고, 또 미소 요소의 크기 Δx, Δy가 충분히 작으면, 미소 요소 상의 점들에 대한 상대적인 변위는 항상 식 (4.21)과 같은 1차 식으로 근사할 수 있는 것을 상기하면, 식 (4.25)로 한 점에서의 전단 변형도를 정의할 수 있는 것을 이해하는데 큰 어려움이 없을 것이다. 다시 말하면 일반적인 변위를 고려하는 경우에도, 미소 요소가 마치 순수 전단 상태 하에 있는 것과 같이 생각함으로써 전단 변형도를 구할 수 있다.

4.2.3 평면 응력에 대한 응력-변형도 관계

응력 텐서의 경우, 2 차원 문제에 대해 2×2 행렬로 나타낼 수 있으므로, 대칭성을 고려하면 세 개의 독립적인 성분을 가진다. 변형도 텐서 또한 대칭 텐서이므로, 세 개의 독립적인 성분을 가지는데, 이는 x 방향 변형도 ϵ_x, y 방향 변형도 ϵ_y, 전단 변형도 ϵ_{xy}이며, 변위 $\underline{d}(\underline{x}) = (u(x,y),\, v(x,y))$를 알면, 식 (4.17), (4.18), (4.25)를 사용하여 변형도 텐서의 모든 성분을 얻을 수 있다.

2 차원 평면 응력 문제에 대한 변형도 텐서는 다음과 같은 2×2 대칭 행렬로 나타낼 수 있으므로,

2) 반을 곱한 값을 사용하는 것은 전단 변형도를 법선 변형도와 묶어서 하나의 양인 텐서의 성분으로 쓰기 위한 것이다. 식 (4.14)와 같이 전단 응력과 전단 변형도만의 관계에서는 전단 변형도 γ가 사용되고, 변형도 텐서의 성분으로는 ϵ_{xy}를 사용함에 유의한다.

$$\underline{\epsilon} = \begin{pmatrix} \epsilon_x & \epsilon_{xy} \\ \epsilon_{xy} & \epsilon_y \end{pmatrix} = \begin{pmatrix} \dfrac{\partial u}{\partial x} & \dfrac{1}{2}\left(\dfrac{\partial u}{\partial y} + \dfrac{\partial v}{\partial x}\right) \\ \dfrac{1}{2}\left(\dfrac{\partial u}{\partial y} + \dfrac{\partial v}{\partial x}\right) & \dfrac{\partial v}{\partial y} \end{pmatrix}, \tag{4.26}$$

응력 텐서에 대해 논의했던 많은 성질, 즉 주변형도(principal strain), Mohr 원 등에 대한 결과를 그대로 적용할 수 있다.

이제 응력-변형도 관계를 생각할 수 있는데, 이하에서는 응력 텐서의 성분에 대해 편의상 $\sigma_{11} = \sigma_x$, $\sigma_{22} = \sigma_y$, $\sigma_{12} = \tau_{xy}$로 쓰기로 한다. 식 (4.13), (4.14)에서는 순수 인장, 순수 전단인 경우에 대해 고려하였으므로, 같은 방향의 응력과 변형도가 비례 관계를 만족하였다. 그러나 여기서는 2 차원 문제인 평면 응력 문제를 생각하고 있으므로, 예를 들어 2.1절에서 Young과 관련하여 논의한 바와 같이 축 하중을 받는 보의 경우, 길이가 늘어남과 동시에 그 단면적이 줄어드는 현상이 발생, 즉 프와송 비 ν로 대표되는 현상이 발생한다. 프와송 비는 하중을 받는 방향에 대해 수직인 평면에서의 변형도 ϵ_t와 그 방향의 변형도 ϵ_l의 비로 다음과 같이 정의된다.

$$\nu = -\frac{\epsilon_t}{\epsilon_l}. \tag{4.27}$$

여기서 ϵ_l과 ϵ_t의 부호는 서로 반대임에 유의한다.

이하에서는 먼저 응력을 변형도의 함수로 생각하기보다, 변형도를 응력의 함수로 생각하기로 한다. x 방향 법선 응력 σ_x에 의해 발생하는 x 방향 변형도는 $\frac{\sigma_x}{E}$, 또 y 방향 법선 응력 σ_y에 의해 발생하는 x 방향 변형도는 $-\frac{\nu\sigma_y}{E}$이므로, 다음을 얻는다.

$$\epsilon_x = \frac{\sigma_x}{E} - \frac{\nu\sigma_y}{E}, \tag{4.28}$$

마찬가지 방법으로 ϵ_y를 다음과 같이 얻는다.

$$\epsilon_y = \frac{\sigma_y}{E} - \frac{\nu\sigma_x}{E}, \tag{4.29}$$

전단 변형도에 대해서는 평면 응력 문제의 경우, 전단 응력 τ_{xy} 외에 다른 영향을 받는 것이 없으므로, 식 (4.14), (4.25)를 고려하여 다음을 얻는다.

$$\epsilon_{xy} = \frac{\tau_{xy}}{2G}. \tag{4.30}$$

위의 식 (4.28), (4.29), (4.30)은 평면 응력 문제에 대한 변형도-응력 관계를 준다.

위의 식 (4.28), (4.29)로부터 응력-변형도 관계를 얻기 위해, 이들을 다시 쓰면 다음과 같다.

$$\sigma_x - \nu\sigma_y = E\epsilon_x, \ \sigma_y - \nu\sigma_x = E\epsilon_y, \tag{4.31}$$

두 번째 식을 사용하여 첫 번째 식의 σ_y를 소거하면 다음을 얻으며,

$$\sigma_x - \nu(\nu\sigma_x + E\epsilon_y) = E\epsilon_x, \tag{4.32}$$

이 식을 정리하여 결국 다음을 얻는다.

$$\sigma_x = \frac{E}{1-\nu^2}(\epsilon_x + \nu\epsilon_y). \tag{4.33}$$

같은 방법으로 σ_y를 변형도의 함수로 얻으면 다음과 같고,

$$\sigma_y = \frac{E}{1-\nu^2}(\epsilon_y + \nu\epsilon_x), \tag{4.34}$$

식 (4.30)을 다시 정리하여 τ_{xy}는 다음과 같이 쓸 수 있다.

$$\tau_{xy} = 2G\epsilon_{xy}\,. \tag{4.35}$$

위의 식 (4.33), (4.34), (4.35)는 평면 응력 문제에 대한 응력-변형도 관계를 주며, 이들은 평면 응력 문제에 대한 Hooke의 법칙으로 불린다.

2 차원 문제로 볼 수 있는 문제에는 위에서 생각한 평면 응력 문제와 평면 변형도(plane strain)문제가 있다. 평면 응력 문제에서는 응력이 2 차원적으로 작용하므로, 생각하는 평면에 법선 방향의 응력은 영이지만, 법선 변형도는 영이 아니며; 평면 변형도 문제에서는 변형도가 2 차원 양이므로, 생각하는 평면에 법선 방향의 변형도는 영이지만, 그 방향의 법선 응력은 영이 아니라는 점에 차이가 있다.

평면 변형도 문제에 대해서는 ϵ_z를, 식 (4.28)에서 ϵ_x을 얻을 때와 같은 방식으로, 다음과 같이 쓸 수 있으므로,

$$\epsilon_z = \frac{\sigma_z}{E} - \frac{\nu}{E}(\sigma_x + \sigma_y), \tag{4.36}$$

ϵ_z가 영이 되기 위한 조건으로부터 다음을 얻는다.

$$\sigma_z = \nu(\sigma_x + \sigma_y). \tag{4.37}$$

또한 식 (4.28), (4.29)에서 σ_z가 영이 아니므로 그 영향을 나타내는 항이 추가되어야 하며, 식 (4.37)을 이용하여 σ_z를 소거하면, 응력-변형도 관계를 얻을 수 있고, 그 결과는 식 (4.33), (4.34)보다 약간 복잡한 모양을 가진다([예제 4.2] 참조).

[예제 4.2] 평면 변형도 문제에 대한 응력-변형도 관계를 구하시오.

[답] 생각하는 평면에 법선 방향 변형도인 ϵ_z는 영이지만 법선 응력인 σ_z는 영이 아니므로 이를 고려하여 식 (4.28), (4.29)와 유사한 다음 결과를 얻으며

$$\epsilon_x = \frac{\sigma_x}{E} - \frac{\nu(\sigma_y + \sigma_z)}{E}, \tag{예4.4}$$

$$\epsilon_y = \frac{\sigma_y}{E} - \frac{\nu(\sigma_z + \sigma_x)}{E}, \tag{예4.5}$$

위 결과에 $\epsilon_z = 0$의 조건으로부터 얻은 식 (4.37)을 대입하여 다음 결과를 얻는다.

$$\frac{E}{1+\nu}\epsilon_x = (1-\nu)\sigma_x - \nu\sigma_y, \tag{예4.6}$$

$$\frac{E}{1+\nu}\epsilon_y = (1-\nu)\sigma_y - \nu\sigma_x. \tag{예4.7}$$

위 식으로부터 σ_y를 소거한 후 σ_x에 대해 정리하면 다음을 얻고,

$$\sigma_x = \frac{E}{(1+\nu)(1-2\nu)}\{(1-\nu)\epsilon_x + \nu\epsilon_y\} = \frac{E}{(1+\nu)}\left\{\epsilon_x + \frac{\nu}{1-2\nu}(\epsilon_x + \epsilon_y)\right\}, \tag{예4.8}$$

이 결과를 식 (예4.7)에 대입하여 σ_x를 소거하고 정리하면 다음을 얻는다.

$$\sigma_y = \frac{E}{(1+\nu)(1-2\nu)}\{(1-\nu)\epsilon_y + \nu\epsilon_x\} = \frac{E}{(1+\nu)}\left\{\epsilon_y + \frac{\nu}{1-2\nu}(\epsilon_x + \epsilon_y)\right\}. \tag{예4.9}$$

전단 응력에 대해서는 식 (4.35)를 그대로 사용할 수 있으며, 위의 식 (예4.8), (예4.9), (4.35)는 따라서 **평면 변형도 문제에 관한 응력-변형도 관계 또는 Hooke의 법칙**이다.

[예제 4.3] 평면 변형도 상태 하에 있는 물체 내부의 어떤 점에 대해 변형도 텐서가 다음과 같이 주어졌다. Mohr 원을 그리고 주변형도의 크기와 방향, 또 최대 전단 변형도의 크기와 방향을 구하시오. 단 변형도는 주어진 값에 10^{-5}을 곱한 값으로 한다.

$$\underline{\epsilon} = \begin{pmatrix} 3+\sqrt{2} & \sqrt{2} \\ \sqrt{2} & 3-\sqrt{2} \end{pmatrix}. \qquad \text{(예4.10)}$$

[답] 먼저 Mohr의 원을 그리기 위해 식 (4.10)으로부터 ϵ_m, ϵ_d를 계산하여 다음을 얻으므로,

$$\epsilon_m = \frac{\epsilon_{11}+\epsilon_{22}}{2} = 3,\ \epsilon_d = \frac{\epsilon_{11}-\epsilon_{22}}{2} = \sqrt{2}, \qquad \text{(예4.11)}$$

Mohr 원의 방정식은 식 (4.12)로부터 다음과 같이 주어진다.

$$(\epsilon-3)^2 + \Gamma^2 = 2+2 = 2^2 = \Gamma_0^2,\ \Gamma_0 = 2,\ \Gamma = \gamma/2. \qquad \text{(예4.12)}$$

따라서 주어진 문제에 대한 Mohr 원으로 그림 예4.2에 보인 바와 같이 그 중심은 (3,0)에 있고, 반경은 2인 원을 얻는다. x축에 수직인 방향으로의 변형도는 $(\epsilon, \Gamma) =$

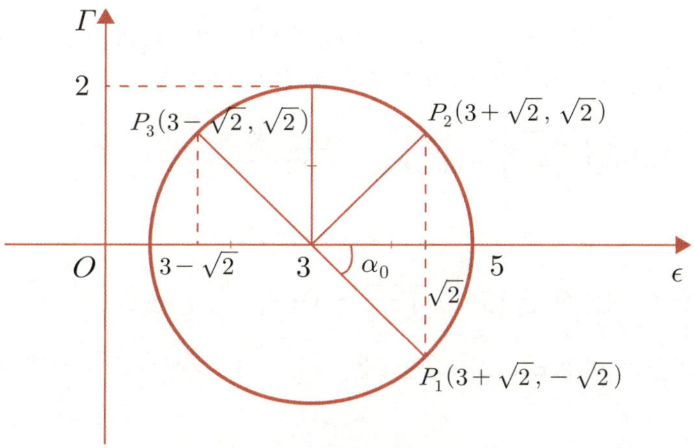

그림 예4.2 변형도에 대한 Mohr 원

$(3+\sqrt{2}, -\sqrt{2})$을 얻으므로, Mohr 원으로부터 $\alpha_0 = \frac{\pi}{4}$, 즉 $\theta_0 = \frac{\pi}{8}$를 얻고, 주변형도 $\epsilon_1 = 5$, $\epsilon_2 = 1$을 얻으며, 그 방향은 x축으로부터 각각 $\frac{\pi}{8}\,rad$, $\frac{5\pi}{8}\,rad$ 반시

계 방향으로 회전한 방향이다. 또한 식 (예4.12)에서 얻은 바와 같이 최대 전단 변형도의 크기 $\gamma_0 = 2\Gamma_0 = 4$이며, 그 방향은 x축으로부터 각각 $\dfrac{3\pi}{8}\,rad$, $\dfrac{7\pi}{8}\,rad$ 반시계 방향으로 회전한 방향임을 얻는다.

4.2.4 독립적인 재료 상수

앞 절의 응력-변형도 관계, 식 (4.33), (4.34), (4.35)에는 재료의 성질과 관련된 세 개의 상수, E, G, ν가 포함되어 있다. 그러나 이들이 모두 독립적으로 결정될 수 있는 것은 아니며, 다음에 보이는 관계식을 만족해야 하므로, 오직 두 개만이 독립적으로 결정된다. 강에 대한 프와송 비 ν의 값은 약 0.3이며, 대부분의 공학적 재료에 대한 ν의 값은 $0.15 \sim 0.35$에 속한다.

그림 4.10에 보인 바와 같이 순수 전단 상태 하의 한 변의 길이가 δ인 정사각형 미소요소를 생각하고, 이 경우 변형되어 인장된 대각선의 길이 l을 두 가지 방법으로 구하기로 한다.

1) 선분 Ad의 길이 l은 이등변 삼각형 Abd에 대해 코싸인 법칙을 적용하고, $\gamma \ll 1$임을 고려한 뒤, $\gamma = \tau / G$를 이용하여 다음과 같이 얻는다.

$$l = \sqrt{\delta^2 + \delta^2 - 2\delta^2 \cos\left(\frac{\pi}{2} + \gamma\right)} = \sqrt{2}\,\delta\sqrt{1 + \sin\gamma} \approx \sqrt{2}\,\delta\left(1 + \frac{\gamma}{2}\right) = \sqrt{2}\,\delta\left(1 + \frac{\tau}{2G}\right). \tag{4.38}$$

여기서 $\sin\gamma \simeq \gamma$는 식 (3.19), $\sqrt{1+\gamma} \simeq 1 + \dfrac{\gamma}{2}$는 식 (3.14)의 근사를 사용하였다.

2) 선분 Ad 방향의 변형도 ϵ_0을 알면 l은 또한 다음 식으로도 나타낼 수 있다.

$$l = \sqrt{2}\,\delta(1 + \epsilon_0)\,. \tag{4.39}$$

따라서 위의 식 (4.38), (4.39)를 등치하여 다음 결과를 얻는다.

$$\epsilon_0 = \frac{\gamma}{2} = \frac{\tau}{2G}\,. \tag{4.40}$$

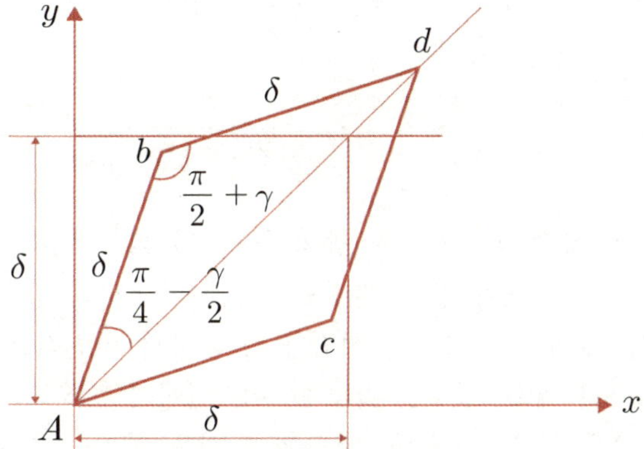

그림 4.10 순수 전단 상태 하의 미소 요소

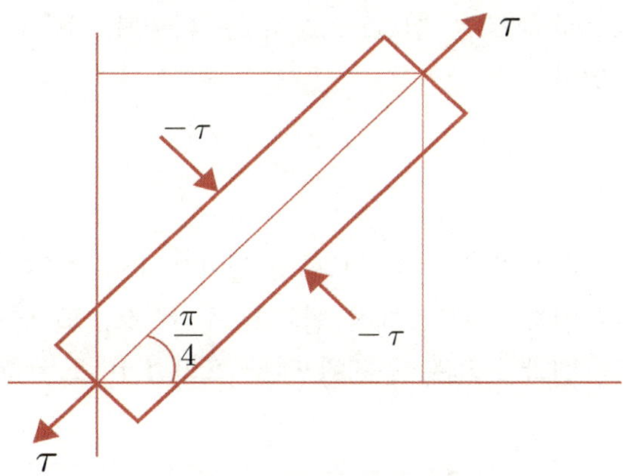

그림 4.11 대각선 방향의 요소에 작용하는 응력

한편 고려 중의 요소는 순수 전단 상태 하에 있으므로, 4.1.3절의 5)에서 논의한 것과 같이 최대 주응력의 방향은 x축으로부터 $\pi/4$ 만큼 회전한 방향이며, 주응력의 크기는 전단 응력 τ와 같다. 또한 주응력의 방향으로부터 $\pi/2$ 회전된 방향으로는 같은 크기의 음의 부호를 가지는 최소 주응력이 작용하고, 두 주응력을 받는 선분 Ad의 변형도는 그림 4.11에 보인 바와 같이 탄성계수 E와 프와송 비 ν를 사용하여 다음과 같이 나타낼 수 있으므로,

$$\epsilon_0 = \frac{\tau}{E}(1+\nu), \tag{4.41}$$

이 식을 위의 식 (4.40)과 등치하여 다음 관계를 얻는다.

$$G = \frac{E}{2(1+\nu)}\,. \tag{4.42}$$

이 식을 이용하면 세 상수 E, G, ν 중의 둘을 알 때, 나머지 하나의 값을 결정할 수 있으므로, 평면 응력 문제에 대한 응력-변형도 관계는 두 개의 상수를 포함한다. 이와 같은 결론은 3 차원 문제에 대해서도 그대로 성립하며, 따라서 일반적으로 균질 등방성 선형 탄성 재료에 대한 독립적인 재료 상수는 두 개이며, 나아가 E와 G는 인장 시험과 비틀림 시험에 의해 비교적 쉽게 얻을 수 있다. 재료의 물성을 알기 위해서는 실제로 실험을 수행해야 하지만, 물성을 알기 위해 어떤 값을 측정하고, 또 어떤 실험을 통해 얻을 수 있는지는 이론적인 고찰에 의해 얻어진다는 것을 위의 결과는 보여주고 있다. 이와 같은 예는 역학을 포함하여 일반적으로 과학은 실험, 이론의 두 바퀴가 제대로 돌아가야 온전히 발전할 수 있음을 시사하고 있다.

[예제 4.4] 그림 예4.3에 보인 바와 같은 한 변의 길이가 1 인 정육면체의 물체가 x 방향으로 힘을 받아 변형할 때의 체적 변화를 구하시오. 또 변형도가 매우 작을 경우에 대해, 체적 변화가 없는 물체에 대한 프와송 비 $\nu = 0.5$임을 보이시오.

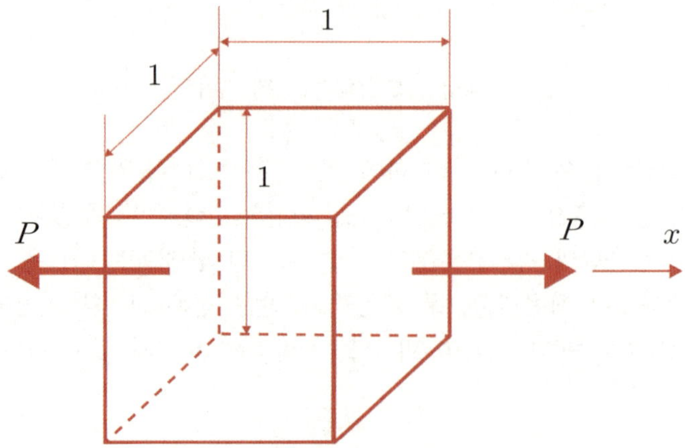

그림 예4.3 인장력을 받는 정육면체

[답] x 방향의 변형도를 ϵ이라고 하면 그에 수직한 방향, 즉 y, z 방향의 변형도는 $\nu\epsilon$이므로 변형 후의 체적 V는 다음과 같다.

$$V = (1+\epsilon)(1-\nu\epsilon)^2 = (1+\epsilon)(1-2\nu\epsilon+\nu^2\epsilon^2) = 1+(1-2\nu)\epsilon+(-2\nu+\nu^2)\epsilon^2+\nu^2\epsilon^3 \quad \text{(예4.13)}$$

따라서 체적 변화량 ΔV는 다음과 같다.

$$\Delta V = V-1 = (1-2\nu)\epsilon+(-2\nu+\nu^2)\epsilon^2+\nu^2\epsilon^3 \quad \text{(예4.14)}$$

$\epsilon \ll 1$인 경우, 위 식에서 첫째 항만 고려해도 충분하다고 가정하면 다음을 얻고,

$$\Delta V = (1-2\nu)\epsilon \quad \text{(예4.15)}$$

이 식으로부터 체적 변화가 없는 경우, 즉 $\Delta V = 0$인 경우에 대해 $\nu = 0.5$를 얻는다. 실제로 고무는 변형 시 체적 변화가 거의 없어 $\nu \simeq 0.5$의 값을 가진다.

4.3 재료역학과 고체역학; 고체역학의 기본 원리/정리

이상에서 봉, 보 등과 응력-변형도에 대한 초기 연구의 결과를 살펴보았다. 코쉬(1822)에 의해 응력 텐서, 변형도 텐서가 도입된 후, 구조 부재에 대한 연구는 크게 두 가지 흐름으로 나뉘게 된다.

그 하나는 새로운 변화로서, Navier(1821), 코쉬의 연구에 의해 새롭게 얻어진 탄성체의 변형에 대한 지배 방정식(governing equation)을 적절한 경계 조건(boundary conditions)을 만족하도록 풀어서 부재 내부의 모든 점에 대한 변위를 구하고자 하는, 소위 탄성론적인 연구이다. 다른 하나는 물론 그 때까지의 연구 흐름을 따라 각종 구조 부재에 대해 적절한 가정을 도입하여 근사적이지만 실용적인 해를 구하는 소위 재료역학적인 연구이다.

이절에서는 먼저 재료역학이 고체역학 내에서 차지하는 위치를 알아보고, 고체역학에서 잘 알려진 기본 원리(또는 정리) 중 재료역학에서 유용하게 사용되는 세 원리에 대해 알아본다.

4.3.1 재료역학과 고체역학

우리가 여기서 재료역학이라고 부르는 부분에 대한 연구자들의 견해를 알아보면 다음과 같다. 지진 공학(earthquake engineering)의 대부로 알려진 Caltech의 Housner 교수는 재료역학은 '물체 강도학'(strength of bodies), 또는 '응용 응력 해석'(applied stress analysis)으로 부르는 것이 타당하다고 하였으며[3], 또한 진동 공학의 대가이며, 역학 교재의 저자로도 유명한 MIT의 Den Hartog 교수는 '가변 탄성체의 정역학'(statics of deformable elastic bodies)으로 부르는 것이 낫다고 하였다[4]. 이와 같은 언급에서 알 수 있듯이 재료역학은 역사적인 이유로 지금까지 그와 같은 이름으로 불리고 있지만, 기본적으로는 연속체 역학의 범주에 속하는 탄성체에 대한 정역학의 일부이다.

연속체 역학은 그림 4.12에 보인 바와 같이 크게 강체 역학과 가변체 역학으로 나뉜다. 강체 역학은 동역학과 거의 동일어로 쓰이며, 가변체 역학은 어떤 종류의 물체를 다루느냐에 따라 고체역학, 유체역학 등으로 나뉘고, 고체역학은 또 물체의 물성에 따라 여러 가지로 나뉠 수 있는데, 탄성론은 탄성체에 대한 연구를 뜻한다. 재료역학은 '선형 탄성체에 대한 정역학적인 연구 결과의 일부로 근사적이고 실용적인 연구 결과의 집합체'를 뜻한다. 따라서 재료역학에서는 주로 1 차원, 2 차원으로 근사한 문제들을 다루고 있으며, 축 하중을 받는 봉, 토크를 받는 축, 보의 처짐 등은 1 차원 또는 1.5 차원으로 볼 수 있는 문제들이다.

위에서 1.5 차원 문제라고 하는 이유는 예를 들어 보의 처짐을 다루는 경우 독립 변수를 보의 축 방향으로 하나만 취하여 문제를 푼 후에, 각 단면에서의 응력 분포, 변형 등에 대해서는 따로 고찰하는 방법을 취하기 때문이다. 독립 변수를 하나로 취하는 경우, 수학적으로는 상미분 방정식을 다루면 되기 때문에 매우 큰 이점이 있으며, 이는 2 차원 이상의 문제를 푸는 경우, 편미분 방정식을 다루어야 한다는 점과는 크게 다르다.

컴퓨터가 없던 시대에는 편미분 방정식을 푼다는 것이 거의 불가능한 일이었으므로, 20 세기 후반까지도 재료역학은 공학 교육에서 매우 중요한 위치를 차지하였다. 1970년대 이후, 특히 유한요소법(finite element method, FEM)의 보편적인 활용이 시작된 이래, 재료역학의 상대적 중요성은 점차 감소하고 있지만, 그 기본적인 중요성은 지금도 매우 높게 평가되고 있다.

3) [참고문헌 8] 참조.

4) [참고문헌 6] 참조.

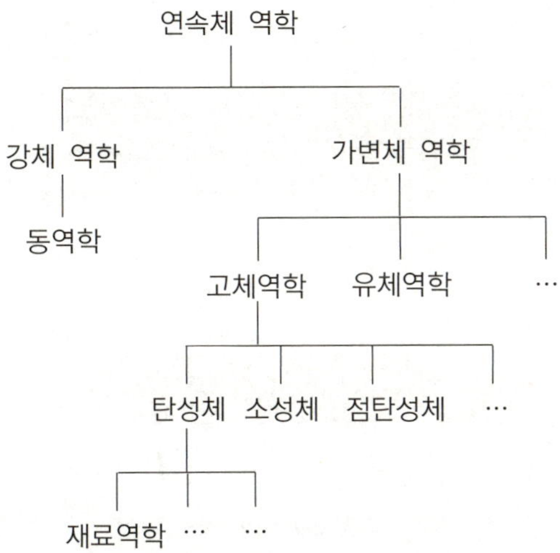

그림 4.12 연속체 역학의 분류

4.3.2 고체역학의 기본 원리/정리

고체역학 또는 탄성론적인 접근이 점차 보편화되고 있으나, 아직도 설계 초기 단계, 또는 근사적인 계산, 그리고 상용 코드가 만들어 내는 해의 적합성을 평가하는 데는 재료역학적인 지식이 필수로 간주되고 있다. 단 재료역학적인 방법을 사용하여 얻어진 결과를 사용할 때, 그 해의 근사성에 대한 적절한 이해가 이루어져야 한다. 이하에서는 고체역학의 기본적인 정리 중 재료역학에서 유용하게 사용되는 Saint-Venant 원리(1855), Maxwell 역 정리(reciprocity theorem, 1864), 변형 에너지(strain energy)와 관련된 Castigliano 정리(1873)에 대해 차례대로 생각해 보기로 한다.

1) Saint-Venant 원리

예를 들어 그림 4.13에 보인 바와 같이 외팔보의 자유단에 집중 하중(concentrated loading) P가 작용할 때와, 균일 분포 하중(uniformly distributed loading) w가 작용할 때, 외팔보의 처짐, 보 내부의 응력 등에 어떤 차이가 있을 것인지 생각해 보자. 단 분포 하중이 작용하는 길이 λ는 l보다 매우 작으며, $w\lambda = P$이다. 문제의 해를 다 구하지 않더라도, 두 하중의 차이에 기인하여 자유단에 가까운 영역에서는 약간의 차이가 있겠지만, 대부분의 영역에서는 처짐, 응력 분포 등에 큰 차이가 없을 것으로 생각할 수 있다([예제 4.5], 5.1.2절과 5.1.3절 참조).

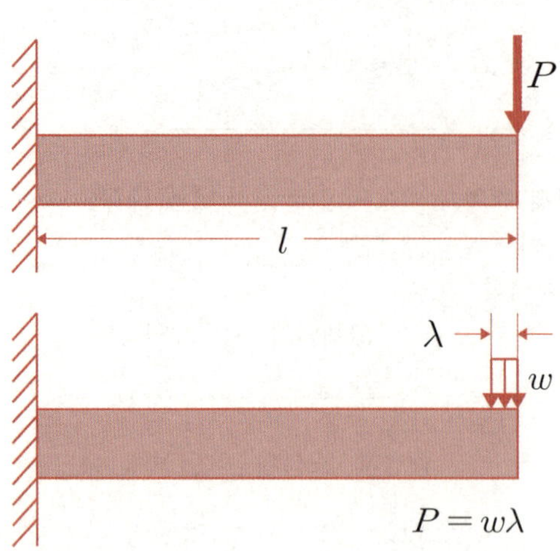

그림 4.13 Saint-Venant 원리

이와 같은 사실을 보다 체계적으로 표현한 것이 Saint-Venant 원리이며, 일반적으로 다음과 같이 표현된다.

'특성 길이가 λ 이고, 면적이 A 인 영역에 작용하는 두 하중계가 정역학적으로 등가이면, 이 영역으로부터 λ 보다 멀리 떨어진 곳에서의 응력 분포는 크게 다르지 않다.'

이 원리는 매우 다양하게 사용될 수 있으며, 구조 부재에 작용하는 하중의 이상화, 구조 부재의 기하학적 형상이 급격하게 변화하는 영역에 발생하는 응력 집중(stress concentration) 등과 관련하여 유용하게 사용된다. Saint-Venant은 원형 단면이 아닌 봉의 비틀림과 관련된 주요한 연구 결과를 1855년 발표하였는데, 여기서 경계 조건의 일치와 관련하여 위의 정리를 처음으로 적용하였다.

2) Maxwell 역 정리(reciprocity theorem)

전자파의 생성과 관련하여 유명한 그의 이름을 딴 방정식을 유도한 Maxwell은 재료역학과 관련하여서도 중요한 업적을 남겼다. 트러스로 구성된 교량의 해석과 관련된 연구 결과를 1864년 발표하였는데, 그는 여기서 역 정리의 가장 간단한 형태를 발견하였다.

그림 4.14에 보인 바와 같이 외팔보에 단위 하중 P_1이 작용할 때 자유단에 발생하는 처짐 δ_2와, 자유단에 작용하는 단위 하중 P_2에 의해 P_1이 작용하는 곳에 발생하는 처짐 δ_1은 어떤 관계를 가지는지 생각해 보자.

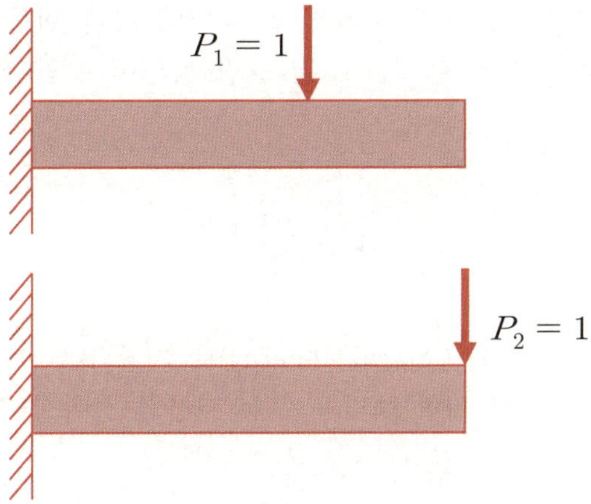

그림 4.14 Maxwell 역 정리

5.2.5절에서 보의 처짐에 대해 공부한 후, 물론 이들을 계산할 수 있게 되겠지만, 여기서는 결론만 논의하기로 하면, 그들은 같은 값을 가진다(5.2.5절의 [예제 5.9] 참조). 이와 같은 사실은 비단 외팔보에 대해서 위에 보인 것과 같은 하중, 처짐에 대해서만 성립하는 것이 아니고, 보다 일반적으로 모든 탄성체로 된 구조 부재에 대해, 하중은 힘과 모멘트, 또 처짐은 처짐과 기울기 등으로 일반화되어 성립한다. Maxwell 역 정리는 다음과 같이 표현된다.

'탄성체로 된 계에서 점 1에 작용하는 일반화된 단위 하중에 기인하여 점 2에 발생하는 일반화된 변위는 점 2에 작용하는 일반화된 단위 하중에 기인하여 점 1에 발생하는 일반화된 변위와 같다.'

예를 들어 위의 역 정리에 따르면, 점 1에 단위 크기의 모멘트가 작용할 때 점 2에 발생하는 처짐은 점 2에 단위 크기의 힘이 작용할 때 점 1에 발생하는 기울기와 같다는 사실을 얻는다. Maxwell 역 정리는 복잡한 하중계에 의해 발생하는 변위를 구할 때 유용하게 사용된다.

3) Castigliano 정리

Castigliano 정리는 **변형 에너지**[5)](strain energy)와 관련된 정리이므로 먼저 변형 에너지에 대해 고려하자. 예를 들어 축 하중 P를 받는 봉의 길이가 δ 만큼 늘어난 경우, 이와

5) 변형 에너지에 대해서는 8.3절에서 보다 자세하게 다룰 것이다.

같은 변형이 발생하는 과정 중, 식 (2.5)에서 얻은 바와 같이 변형은 항상 하중에 비례한다. 따라서 이 하중이 봉에 대해 한 일 W는 그림 4.15에 보인 삼각형의 면적과 같아야 하므로, 다음과 같다.

$$W = \frac{P\delta}{2}. \tag{4.41}$$

이 일은 봉 내부에 내부 에너지(internal energy)로 저장되며, 이와 같은 내부 에너지는 변형 에너지라고 불린다. 따라서 변형 에너지 U는 다음과 같이 쓸 수 있으며,

$$U = \frac{P\delta}{2}, \tag{4.42}$$

Hooke의 법칙, $P = k\delta$ 또는 $\delta = \dfrac{P}{k}$를 사용하여 다음과 같이 다시 쓸 수 있다.

$$U = \frac{k\delta^2}{2} = \frac{P^2}{2k}. \tag{4.43}$$

여기서 첫째 등호의 우변은 내부 에너지를 변위만의 함수로 나타낸 것이고, 둘째 등호의 우변은 하중만의 함수로 나타낸 것임에 유의한다. 위 식을 각각 δ, P에 대해 미분하면 다음 결과를 얻으며,

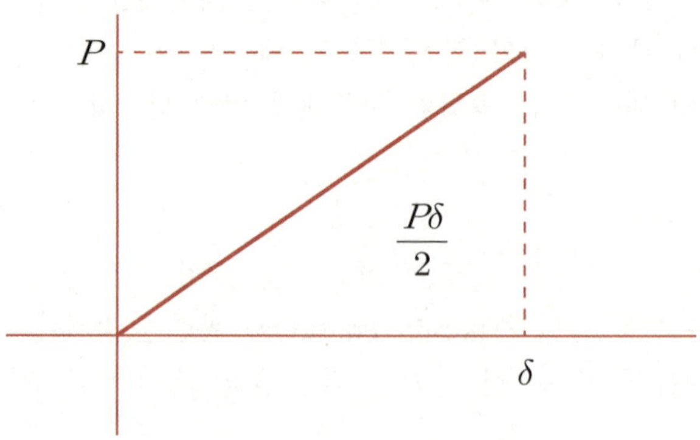

그림 4.15 축 하중을 받는 봉의 변형 에너지

$$\frac{dU}{d\delta} = k\delta = P, \ \frac{dU}{dP} = \frac{P}{k} = \delta, \tag{4.44}$$

이 식에 따르면 변형 에너지를 변위만의 함수로 구한 뒤 변위에 대해 미분하면 하중을 얻고, 또 하중만의 함수로 구한 뒤 하중에 대해 미분하면 변위를 얻는다.

위에서 얻은 결과는 하중계에 의해 변형되는 탄성체에 대해 일반적으로 적용할 수 있으며, 식 (4.44)의 둘째 식에 주목하여 보통 다음과 같이 표현된다.

'탄성체로 된 계가 하중계에 의해 변형될 때, 그 변형 에너지를 하중만의 함수로 나타내면, 그 함수의 한 하중에 대한 미분은 그 하중에 기인하는 변위와 같다.'

이 정리는 Castigliano 정리라고 불리는데, 그가 26 세(1873)에 대학 졸업 논문으로 쓴 내용의 일부이다. 위 정리를 사용하기 위해서는 먼저 구조 부재의 변형 에너지를 나타내는 식을 하중의 함수로 나타내어야 한다. 스칼라량인 에너지를 사용한다는 점에서 벡터량을 사용하는 방법보다 복잡한 계를 다룰 때는 장점을 가질 때가 많다[6].

[예제 4.5] 그림 4.13에 보인 자유단에서 집중 하중 P를 받고 있는 경우와 길이 λ에 걸쳐 w의 분포 하중을 받는 경우에 대해 각각의 자유단의 처짐 δ_1, δ_2는 식 (5.72), 식 (예5.59)에서 구하는 바와 같이 다음 식으로 주어진다.

$$\delta_1 = \frac{Pl^3}{3EI}, \quad \delta_2 = \frac{w\lambda}{24EI}(8l^3 - 6l^2\lambda + \lambda^3). \tag{예4.16}$$

여기서 EI는 5.2.2절에서 식 (5.64)와 관련하여 설명할 보의 굽힘 강성으로 상수이다. 만약 $P = w\lambda$이고, $\lambda << l$이면 $\delta_1 \simeq \delta_2$임을 보이고, 이 결과를 Saint-Venant 원리와 관련하여 설명하시오.

6) 단 집중 하중을 다루는 문제에 적합하며, 분포 하중이 작용하는 경우에는 변형을 구하고자 하는 위치에 그 변형 성분에 대응되는 가상적인 집중 하중을 가해서 해석해야 한다는 단점이 있다.

[답] 주어진 식 (예4.16)으로부터 $\lambda << l$인 경우에 대해 다음을 얻을 수 있으며

$$\delta_2 = \frac{Pl^3}{24EI}\left\{8 - 6\frac{\lambda}{l} + \left(\frac{\lambda}{l}\right)^3\right\} \simeq \frac{Pl^3}{3EI} = \delta_1, \tag{예4.17}$$

Saint-Venant 원리는 하중이 작용하는 곳에서 멀리 떨어진 곳에 대해서만 적용되지만, 이 결과에 따르면 하중이 작용하는 곳 부근에 대해서도 우리가 관심을 가지는 변수에 따라서는 이 원리를 적용하여 상당히 근사한 결과를 얻을 수 있음을 뜻한다.

연습문제

1. 식 (4.4)와 관련하여 주응력의 크기와 방향을 구하시오. 또 (σ, τ) 평면에서 점$(0,0)$에 상응하는 응력 상태를 설명하시오.

2. 직경 $d = 40\,mm$인 강봉에 비틀림 모멘트 $M_t = 1\,kNm$가 작용하고 있다. 축 방향을 x 방향, y 방향은 (x,y) 좌표계가 우수계가 되도록 취한다.
   1) 강봉의 표면의 응력을 구하시오.
   2) Mohr 원을 그리고 주응력의 크기 및 방향을 구하시오.
   3) 최대 전단 응력의 크기 및 방향을 구하시오.
   4) 반시계 방향으로 $\theta = 30^\circ$ 회전된 평면에 대한 응력 성분을 구하시오.

3. 그림 연4.1에 보인 바와 같이 길이 $1\,m$, 직사각형 단면의 폭 $100\,mm$, 높이 $10\,mm$인 강봉에 축 하중 $P = 200\,kN$이 작용하고 있다. 길이 방향 축에 대해 각도 $\theta = 60^\circ$로 경사된 사각형 미소 요소의 각 변에 작용하는 응력을 구하시오.

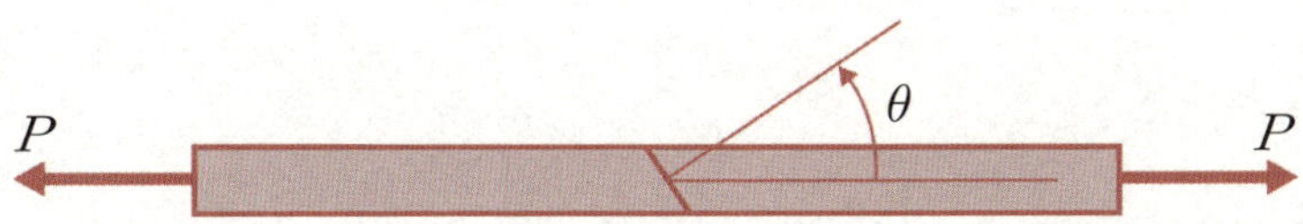

그림 연 4.1

4. 그림 연 4.2에 보인 바와 같이 단면적 $1,000\,mm^2$의 보에 $P=5,000\,kN$의 압축 하중이 작용하고 있다. $\theta=30°$로 경사된 사각형 미소 요소의 각 변에 작용하는 법선 응력 및 전단 응력을 구하시오.

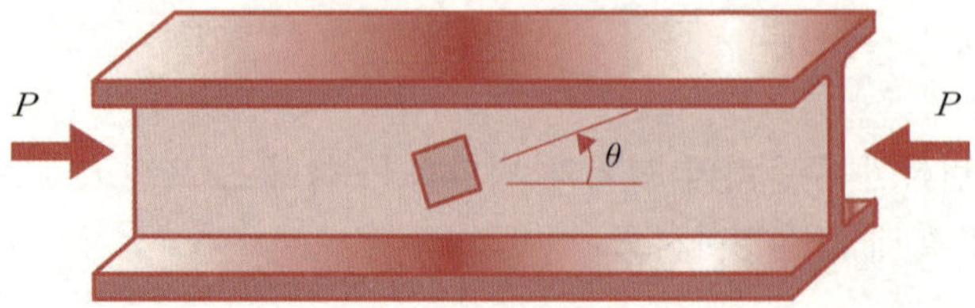

그림 연 4.2

5. 그림 연4.3에 보인 바와 같이 길이 $10\,m$, 지름이 $50\,mm$에서 $100\,mm$까지 선형적으로 변화하는 원형 단면 강봉에 $200\,kN$의 축력이 작용하며, 강의 탄성계수 $E=200\,GPa$이다.

1) 봉의 신장량을 구하시오.

2) 봉의 중앙부에 $\theta=45°$ 경사된 정사각형 미소 요소의 각 변에 작용하는 응력 성분들을 구하고 도시하시오.

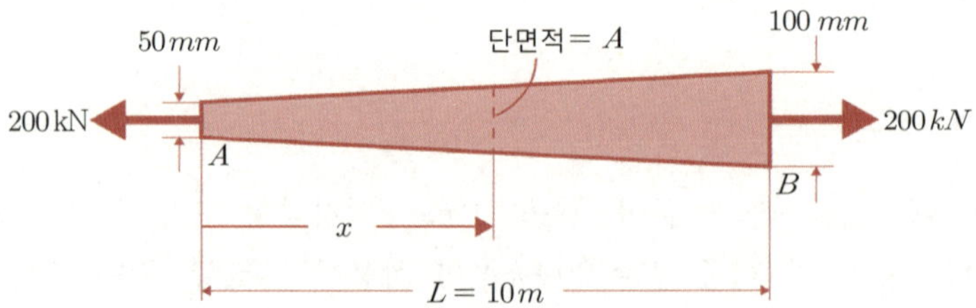

그림 연4.3

6. 평판 위의 한 점에서 응력이 $\sigma_{11}=220\,MPa$, $\sigma_{22}=60\,MPa$, $\sigma_{12}=60\,MPa$로 주어졌다. Mohr 원을 그리고, 반시계 방향으로 $\theta=20°$ 회전된 평면에 작용하는 응력 성분들을 구하시오.

7. 어떤 평면 문제에 대한 변위가 다음과 같이 주어졌다.

$$u(x,y) = xy,\ v(x,y) = \frac{1}{2}(x^2 + y^2). \qquad (연4.1)$$

변형도 텐서를 구하고, 점 (1,1)에서의 변형도에 대해 Mohr 원을 그리고 주변형도와 최대 전단 변형도의 크기와 방향을 구하시오. 또한 점 (0,0)에서의 변형도 상태에 대해 설명하시오.

8. 평면 응력 문제에 대해 어떤 점에서의 변형도 텐서 $\underline{\epsilon}$가 다음과 같다.

$$\underline{\epsilon} = \begin{pmatrix} 2 & 1 \\ 1 & 0 \end{pmatrix}. \qquad (연4.2)$$

Mohr 원을 그리고 주변형도와 최대 전단 변형도의 크기와 방향을 구하시오. 또 응력 텐서를 구하여 같은 작업을 수행하시오.

9. 평면 변형도 문제에 대해 어떤 점에서의 변형도 텐서 $\underline{\epsilon}$가 다음과 같다.

$$\underline{\epsilon} = \begin{pmatrix} 1 & 2 \\ 2 & 1 \end{pmatrix}. \qquad (연4.3)$$

Mohr 원을 그리고 주변형도와 최대 전단 변형도의 크기와 방향을 구하시오. 또 응력 텐서를 구하여 같은 작업을 수행하시오.

10. 위의 문제 [7]에 대해 평면 응력 상태라고 가정하고 점 (1,1)에서의 응력 텐서를 구하여, Mohr 원을 그리고 주변형도와 최대 전단 변형도의 크기와 방향을 구하시오.

11. 위의 문제 [7]에 대해 평면 변형도 상태라고 가정하고 점 (1,1)에서의 응력 텐서를 구하여, Mohr 원을 그리고 주변형도와 최대 전단 변형도의 크기와 방향을 구하시오. 또한 문제 [10]의 결과와 비교하여 논의하시오.

12. Saint-Venant 원리의 적용 예라고 보이는 경우를 2 가지 이상 설명하시오.

13. Maxwell 역 정리의 적용 예라고 보이는 경우를 2 가지 이상 설명하시오.

14. 비틀림 모멘트 M이 작용하여 각변형 θ가 발생한 봉의 비틀림 문제에 대해 변형 에너지 U가 다음과 같이 주어지는 것을 보이시오.

$$U = \frac{M\theta}{2}. \qquad \text{(연4.4)}$$

또 식 (4.44)와 유사한 결과를 유도하고, 그 결과에 대해 논의하시오.

보의 굽힘: 기초

CHAPTER 5

Navier
1785-1836
France

표 5.1 주요인물

이름	활동연대	연고지	관련 업적, 저술
Hooke	1635-1703	UK	'스프링에 관하여', 1678
베르누이(James)	1654-1705	Switzerland	미소 부분의 격리, 중립울, 1695 응력-변형도 관계, 탄성곡선, 1705
오일러	1707-1783	Switzerland	탄성곡선 및 임계 하중, 1744 정확한 탄성계수의 정의, 1778
쿨롱	1736-1806	France	보에 대한 정역학적 평형 조건, 1773
Young	1773-1829	UK	탄성계수, 1807
Navier	1785-1836	France	보의 굽힘 이론 정정, 1826
Saint-Venant	1797-1886	France	순수 굽힘, 1856 Navier의 교재(1826)에 대한 주석서, 1864

2.3절에서 탄성곡선과 관련하여 베르누이(1705)의 연구에 대해 언급하였다. 그는 보 내부에 발생하는 응력보다는 변형에 관심이 있었고, 또 Mariotte의 가정을 따라 보의 하면을 중심으로 보의 단면이 회전하는 것으로 생각하였으므로, 그가 얻은 결과에 착오가 있었음은 이미 지적한 바 있다.

자유단에 하중이 작용하는 외팔보의 단면을 고려할 때, 볼록한 부분은 인장, 오목한 부분은 압축 상태에 있다는 점은 Hooke(1678)에 의해 이미 지적된 바 있었으나, 이와 같은 보의 문제를 정역학 문제로 인식하고 역학적 평형에 대한 조건을 정확하게 적용한 것은 쿨롱이었다.

정역학적 평형 조건을 적용하여 물체 내부에 작용하는 내력인 전단력과 굽힘 모멘트를 결정하는 방법에 대해 먼저 고찰하는데, 기본적인 응용 사례인 외팔보와 단순보[1], 집중 하중과 분포 하중에 대해 생각하며, 하중과 내력인 전단력, 굽힘 모멘트 사이의 관계를 얻는다.

5.2절에서는 Navier와 Saint-Venant에 의해 정립된 보 이론을 소개하고, 이를 적용하여 보의 처짐 곡선을 여러 가지 사례에 대해 생각하며, 선형 문제 전반에 걸쳐 광범위하게 사용되는 중첩법에 대해서 고찰한다.

1) 단순보의 정의에 대해서는 5.1.6절을 참조하기 바란다.

5.1 전단력과 굽힘 모멘트

아직 토목공학에 전념하고 있을 때인 1773년 발표한 논문을 통해, 쿨롱은 정역학적 평형 조건(conditions of static equilibrium)을 적용하여 외팔보의 단면에는 법선 방향의 힘뿐만 아니라 접선 방향의 힘, 다시 말하면 전단력(shear force)이 작용해야 함을 지적하였다. 또한 한 단면 내에서의 법선 방향의 합력은 영이 되어야 하므로 인장 응력과 압축 응력을 받는 부분이 병존해야 한다는 것을 지적하였으며, 이와 같은 응력 분포는 단면에 굽힘 모멘트가 필연적으로 작용함을 뜻하였다.

5.1.1 정역학적 평형

이와 같은 쿨롱의 지적과 관련하여, 아래에서는 보에 하중이 작용하는 몇 가지 경우에 대해 정역학적 평형 조건을 적용할 때 얻어지는 결과들에 대해 생각하기로 한다. 재료역학에서 예를 들어 보와 관련된 문제를 풀 때, 외력인 하중이 주어지면,

1) 먼저 보의 지지점에 작용하는 모멘트를 포함한 반력을 구해야 하며,
2) 또 보의 부분을 떼어내어 그 부분의 평형에 대해 생각하여 부재 내부에 작용하는 내력을 구해야 한다.

문제를 풀 때는 먼저 좌표계와 외력, 내력, 변형의 부호에 대해 생각해야 한다. 보와 관련하여 이들의 부호는 어떻게 택하는 경우에도 일관성을 유지한다면 문제가 없지만, 여기서는 역사적인 이유, 또 오늘날 우리가 탄성론에서 사용하는 일반적인 부호 체계를 고려하여 다음과 같이 정하여 사용하기로 한다.

먼저 외력과 변형은 좌표계의 양의 방향과 같은 방향을 양으로 취한다. 그림 5.1(a)에 보인 바와 같이, 보의 좌단에 좌표계의 원점 O를 잡고, x축은 축 방향, y축은 연직 하방으로 잡는다. 따라서 외력과 보의 처짐은 연직 하방을 양으로 잡고, 외력으로서의 모멘트와 처짐각(또는 회전)은 오른손 좌표계를 고려하여 시계 방향을 양으로 잡는다.

보를 x축 상의 임의의 점에서 y 방향으로 절단했을 때 얻어지는 두 단면 사이에는 내력으로서 전단력과 굽힘 모멘트가 작용하는데, 이들의 방향은 작용하는 단면의 향에 따라 서로 반대이다. 그림 5.1(b)에 보인 바와 같이, 단면에 대해 바깥쪽을 향하는 법선 방향이 양의 x 방향이면 이를 양의 면이라고 부르고, 전단력은 연직 하방, 굽힘 모멘트는 시계 방향을 양으로 취한다. 다시 말하면 양의 면에 대해서는 좌표축의 양의 방향으로 전단력을,

또 굽힘 모멘트는 시계 방향을 양으로 잡는다. 한편, 단면에 대해 바깥쪽을 향하는 법선 방향이 음의 x 방향이면 이를 음의 면이라고 부르고, 당연히 전단력은 연직 상방, 굽힘 모멘트는 반시계 방향을 양으로 잡아야 한다. 즉 음의 면에 대해서는 좌표축의 음의 방향으로 전단력을, 또 굽힘 모멘트는 반시계 방향을 양으로 잡는다.

위의 규약에 따라 보에서 잘라낸 부분 AB의 양단에 작용하는 내력과 처짐이 양의 부호를 가지는 경우를 그림 5.1(c)에 보였다. 재료역학 교재에서 택하는 부호 규약은 교재의 수만큼이나 많다고 한다. 위에서 정한 규약은 역사적인 논문들의 결과를 가능하면 당시 얻어진 형태와 같이 재현하고, 또 차후 다룰 보다 일반적인 문제들에 대한 확장성을 고려하여 정하였음을 첨언한다.

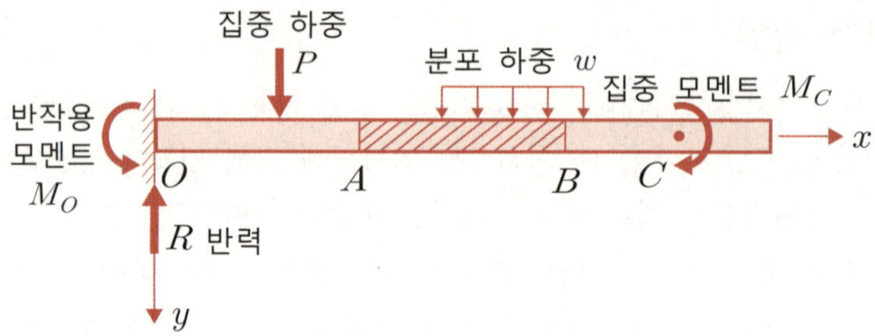

(a) 보에 작용하는 양(+)의 방향 외력과 반력

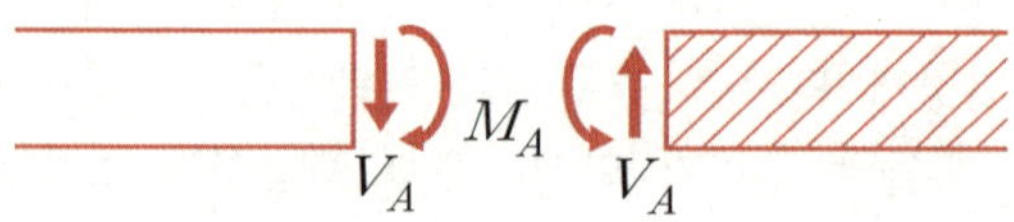

(b) 절단면 A 양쪽에 작용하는 내력(전단력과 굽힘 모멘트)

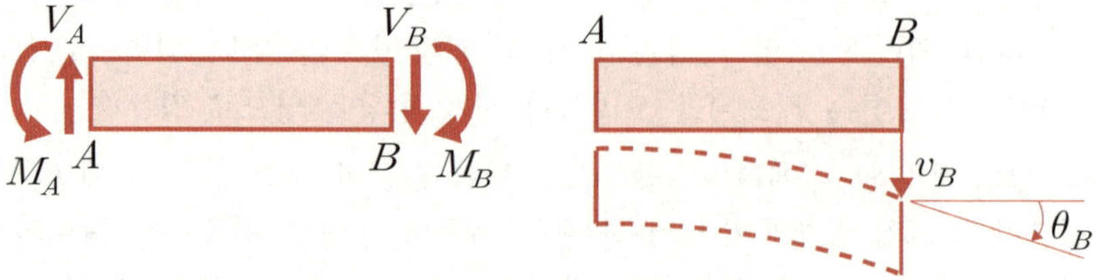

(c) 보 요소 AB에서 양의 방향 내력과 변형

그림 5.1 보에 작용하는 하중과 변형의 부호 규약

외력인 하중이 주어지면, 위에서 언급한 바와 같이, 먼저 반력(reaction)을 구해야 하는데, 반력은 3.2.1절에서 설명한 바와 같이, 지지점에서 변형이 구속되는 것에 대한 반작용으로 발생한다. 따라서 연직 방향 처짐이 구속되면 연직 방향 반력이, 회전이 구속되면 반작용 모멘트가 발생한다. 이와 같은 반력은 정역학적 평형 조건을 사용하여 구할 수 있다. 외력과 반력을 모두 포함하는 자유물체도를 작성하고, 아래와 같은 평형 조건을 적용하여 미지 반력을 얻을 수 있다.

$$\text{힘의 평형 조건:} \qquad \sum F_x = 0\,,\ \sum F_y = 0\,,\ \sum F_z = 0\,. \tag{5.1}$$

$$\text{모멘트의 평형 조건:} \qquad \sum_A M_x = 0,\ \sum_A M_y = 0\,,\ \sum_A M_z = 0\,. \tag{5.2}$$

여기서 모멘트 평형 조건은 x축 상의 임의의 점 A에 대한 모멘트를 취한다.

이 책에서는 x 방향의 힘은 고려하지 않고, y 방향의 하중만을 고려할 것이므로, 위의 평형 조건은 다음과 같이 간단히 쓸 수 있다.

$$\sum F_y = 0\,,\ \sum_A M_z = 0\,. \tag{5.3}$$

모멘트 평형 조건은 임의의 점에 대해 적용할 수 있으나 경우에 따라서는 두 점(주로 지지점) O, A에 대해 모멘트 평형 조건을 적용하여 활용하면, 예를 들어 단순보의 지지 반력과 같이, 반력을 쉽게 얻을 수 있는 경우도 있다. 이때는 다음과 같이 식 (5.3)을 쓸 수 있는데, 물론 어떤 경우에도, 독립적인 식은 두 개뿐임을 지적해 둔다.

$$\sum_O M_z = 0\,,\ \sum_A M_z = 0. \tag{5.4}$$

반력을 얻으면 다음에는 x축 상의 임의의 점에 있는 단면에 작용하는 전단력, 굽힘 모멘트 등의 내력을 구한다. 하중이 복잡할 경우에는, 보 전체에 작용하는 내력을 하나의 식으로 표현하기 어려우므로, 내력이 하나의 식으로 표현될 수 있는 몇 개의 구간으로 나누어 생각한다. 각 구간의 끝점은 집중 하중이나 집중 모멘트가 작용하는 점, 분포 하중이 시작되거나 끝나는 점으로 잡는다.

이와 같이 분할된 구간에 대해 내력을 각각 구해야 하므로 먼저 구하고자 하는 구간 내의 임의의 x값을 가지는 점에서 보를 가상적으로 절단한다. 절단면 양쪽의 부재 중 하나를 선택하고, 그 부재에 작용하는 모든 외력과 반력 그리고 미지 내력을 포함하는 자유물체도를 작성한 다음, 식 (5.3) 또는 (5.4)와 같은 평형 조건을 적용하여 미지 내력을 얻는다. 이때 구하고자 하는 내력은 반드시 위에서 정한 양의 방향으로 고려하는 것이 부호의 일관성 측면에서 편리하다.

5.1.2 집중 하중을 받는 외팔보

CB1[2]. 자유단에 집중 하중이 작용하는 외팔보

첫 번째 예로 그림 5.2에 보인 바와 같이, 자유단에 집중 하중 P가 작용하는, 길이가 l인 외팔보에 대해 생각하자. 위에서 설명한 바와 같이, 고정단의 중심에 좌표계의 원점 O를 잡고, x축은 축 방향, y축은 연직 하방으로 취한다.

먼저 지지점에 작용하는 반력을 구하기 위해, 보 전체에 대해 y 방향의 힘 평형 조건을 고려하면, 고정단에는 반력 $R = P$가 연직 상방으로 작용해야 한다. 점 O에 대한 모멘트를 구하여 모멘트 평형 조건을 생각하면, 고정단에 반시계 방향의 모멘트 $M_O = Pl$이 반작용 모멘트로 작용해야 한다.

한편 보 내부에 작용하는 내력을 결정하기 위하여, 그림 5.3(a)에 보인 바와 같이 원점 O로부터 거리 x 되는 곳에서 보를 잘라, 왼쪽 부분에 대한 자유물체도를 작성하고, y 방향의 힘 평형 조건을 적용한 후, 정리하여 다음을 얻는다.

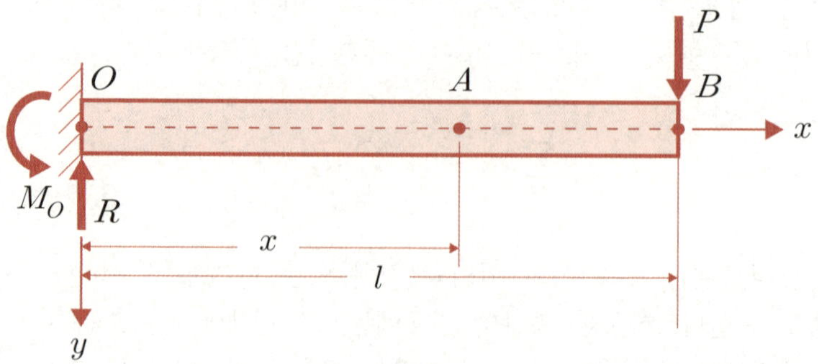

그림 5.2 자유단에 집중 하중이 작용하는 외팔보

2) CB는 외팔보(Cantilever Beam)를 뜻하며, 차후의 인용을 쉽게 하기 위하여 이와 같이 표시하기로 한다.

$$\sum F_y = -R + V = 0, \quad \therefore V = R = P. \tag{5.5}$$

여기서 V는 고려하고 있는 왼쪽 부재의 오른쪽 끝 단면에 접선 방향으로 작용하는 전단력이며, 연직 하방으로 작용한다. 부재 내부의 단면에 작용하는 이와 같은 전단력은 $x \in (0, l)$인 모든 단면에 작용하므로 수평축을 x축, 수직축을 V로 하는 좌표계를 생각하면, 그림 5.3(b)에 보인 것과 같은 전단력 선도(shear force diagram)를 얻는다.

위에서 고려한 부재에 대해 점 O에 대한 모멘트를 구하여 모멘트 평형 조건을 생각하면 부재의 오른쪽 끝 단면에 작용하는 내력에 의한 모멘트 $M_b(x)$에 대해 다음을 얻는다.

$$\sum_O M = -M_O + Px + M_b(x) = -Pl + Px + M_b(x) = 0, \tag{5.6}$$

여기서 M_b는 보를 굽히려고 하는 모멘트이므로, 굽힘 모멘트(bending moment)라고 부르며, 위에서 고려한 전단력과 같이 부재의 내부에 작용하는 내력임을 다시 한 번 강조한다. 굽힘 모멘트는 오른쪽 끝 단면에서 단면의 상반부에 작용하는 인장 응력과 하반부에 작용하는 압축 응력에 기인하는 모멘트의 방향을 고려하여 시계 방향을 양으로 잡았음에 유의한다.

식 (5.6)을 정리하여 결국 다음을 얻는다.

$$M_b(x) = P(l - x). \tag{5.7}$$

굽힘 모멘트 역시 $x \in (0, l)$인 모든 단면에 작용하므로 수평축을 x축, 수직축을 M_b로 하는 좌표계를 생각하면, 그림 5.3(c)에 보인 것과 같은 굽힘 모멘트 선도(bending moment diagram)를 얻는다. 위에서는 절단면의 왼쪽 부재를 고려하였으나, 오른쪽 부재를 고려하여도 동일한 결과를 얻을 수 있으며, 이는 독자들이 실제로 구해 확인해 보기 바란다. 또한 위 문제에서는 보 전체를 하나의 구간으로 간주하여, 내력을 하나의 식으로 표현할 수 있었음을 지적해 둔다.

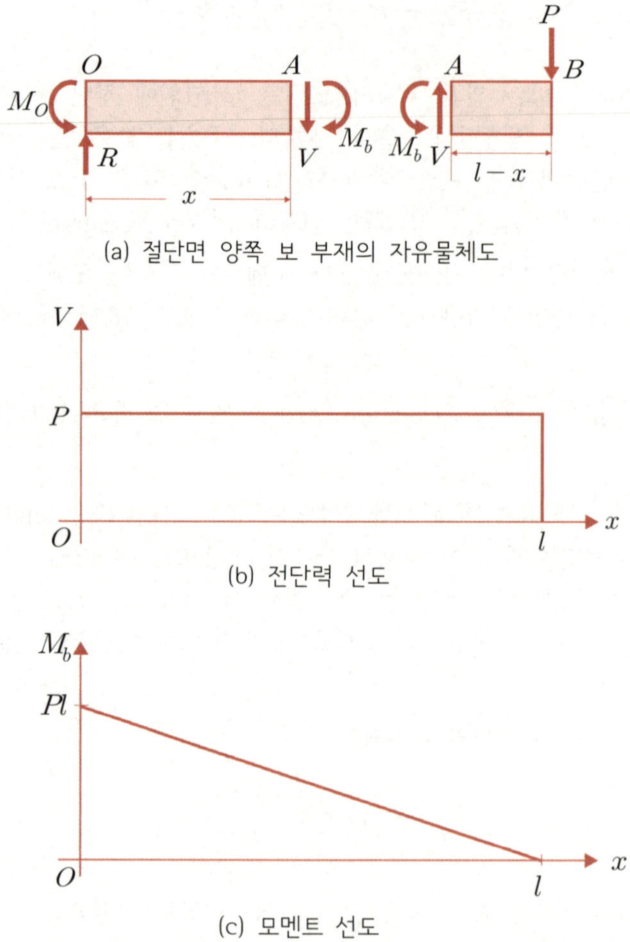

그림 5.3 외팔보의 단면에 작용하는 전단력과 굽힘 모멘트 분포

그림 5.3과 같은 전단력 선도, 굽힘 모멘트 선도는 Saint-Venant(1864)에 의해 처음으로 조직적으로 사용되기 시작하였는데, 이와 같은 선도를 사용하면 내력의 축 방향 분포를 한 눈에 알아 볼 수 있어 여로 모로 편리하다.

위에서 고려한 부재에 대해 x 방향의 힘 평형 조건을 적용하면, 반력의 x 방향 성분이 영이므로, 부재의 오른쪽 끝 단면에 x 방향의 힘이 작용할 수 없다. 따라서 단면의 축 방향 변형에 의해 법선 응력이 작용하지만, 이들 응력의 합력은 영이 되어야 함을 얻고, 단면 상에는 인장 응력과 압축 응력이 병존해야 함이 확인된다.

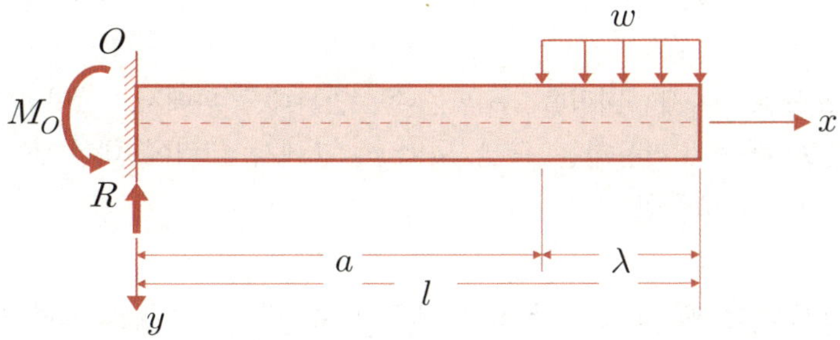

그림 5.4 자유단 부근에 분포 하중이 작용하는 외팔보

5.1.3 분포 하중을 받는 외팔보

CB2. 자유단 부근에 분포 하중(distributed loading)이 작용하는 외팔보

두 번째 예로 그림 5.4에 보인 바와 같이, 자유단 부근에 단위 길이 당 하중 w, 길이 λ에 걸쳐 분포된 하중이 작용하는 외팔보에 대해 생각해 보자.

앞에서와 마찬가지로 보 전체에 대해 y 방향의 힘 평형 조건을 고려하면, 고정단에는 반력 $R = w\lambda$가 작용해야 한다. 고정단의 중심 O에 대한 모멘트를 구하여 모멘트 평형 조건을 생각하면, 고정단에 작용하는 반시계 방향의 모멘트 M_O에 대해 다음을 얻는다.

$$\sum_O M = -M_O + w\int_a^l x\,dx = 0. \tag{5.8}$$

여기서 $a = l - \lambda$이며, 이 식을 정리하여 다음을 얻는다.

$$M_O = \frac{w}{2}\left(l^2 - a^2\right) = \frac{w}{2}\left[l^2 - (l-\lambda)^2\right] = w\lambda\left(l - \frac{\lambda}{2}\right). \tag{5.9}$$

이 식의 마지막 표현은 $w\lambda$가 하중의 총합, $l - \frac{\lambda}{2}$가 고정단으로부터 분포 하중의 중심까지의 거리인 것을 고려하면, 집중 하중 $w\lambda$가 $l - \frac{\lambda}{2}$인 곳에 작용할 때와 같은 모멘트가 고정단에 작용함을 뜻한다. 따라서 분포 하중의 경우, 정역학적 평형 조건을 고려할 때, 분포 하중 전체의 크기를 가지는 집중 하중이 분포 하중 형상의 도심에 작용하는 것으로 간주할 수 있음을 알 수 있으며, 이와 같은 방법은 매우 편리하게 사용할 수 있으므로, 잘 기억해 두기 바란다.

반력을 구했으므로 이제 내력을 구할 수 있는데, 위에서 설명한 것처럼 구간, $0 < x < a$와 분포 하중이 작용하는 구간, $a < x < l$에서 내력에 대한 표현식이 달라지므로 두 구간으로 나누어 생각한다.

i) $0 < x < a$라고 할 때, 그림 5.5(a)에 보인 바와 같이, 원점 O로부터 거리 x 되는 곳에서 보를 잘라, 왼쪽의 부재에 대해 y 방향의 힘 평형 조건을 적용하고 정리하여 다음을 얻는다.

$$\sum F_y = V - R = 0, \therefore V = R = w\lambda. \tag{5.10}$$

다음으로는, 점 O에 작용하는 반작용 모멘트와 또 점 O에 대한 모멘트를 고려하여 모멘트 평형 조건을 적용하여 내력인 굽힘 모멘트를 얻기로 한다. 그림 5.5(a)에 보인 왼쪽 부재의 오른쪽 끝에 작용하는 내력에 의한 모멘트 $M_b(x)$에 대해 다음을 얻으므로,

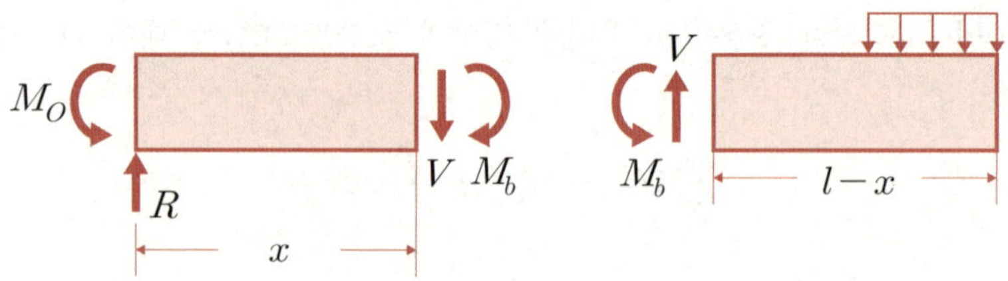

(a) 구간 $0 < x < a$

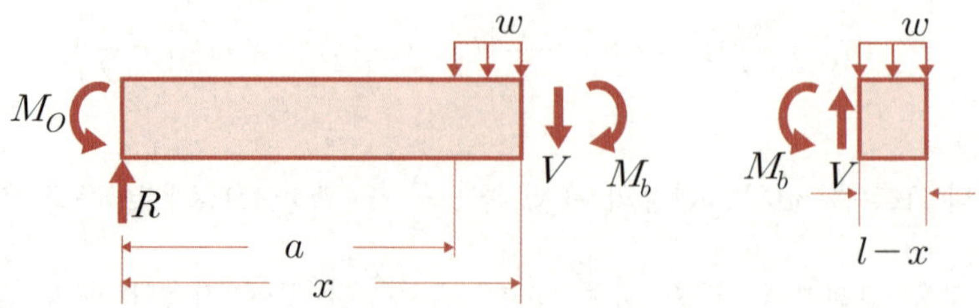

(b) 구간 $a < x < l$

그림 5.5 분할된 외팔보 부재의 자유물체도

$$\sum_O M = -M_O + Vx + M_b(x) = 0, \tag{5.11}$$

이 식을 정리하여 결국 다음을 얻는다.

$$M_b(x) = M_O - Vx = M_O - w\lambda x = w\lambda(l - x - \frac{\lambda}{2}). \tag{5.12}$$

ii) $a < x < l$ 일 때는, 그림 5.5(b)에 보인 바와 같이, 분포 하중을 고려하여 왼쪽 부재의 오른쪽 끝 단면에 작용하는 전단력에 대해 다음을 얻으므로,

$$\sum F_y = -R + V + w(x - a) = 0, \tag{5.13}$$

이 식을 정리하여 다음을 얻는다.

$$V = R - w(x - a) = w\lambda - w(x - l + \lambda) = w(l - x). \tag{5.14}$$

분포 하중을 고려하여 그림 5.5(b)에 보인 왼쪽 부재의 오른쪽 끝 단면에 작용하는 굽힘 모멘트에 대해 다음을 얻으므로,

$$\sum_O M = -M_O + w\int_a^x \xi d\xi + Vx + M_b = 0, \tag{5.15}$$

이 식을 정리하여 다음 결과를 얻는다.

$$M_b = M_O - Vx - \frac{w}{2}(x^2 - a^2) = M_O - wx(l - x) - w(x - a)\frac{(x + a)}{2} = \frac{w}{2}(l - x)^2. \tag{5.16}$$

위에서는 그림 5.5(b)에 보인 왼쪽 부재를 고려하여 내력을 구하였으나, 오른쪽 부재를 사용하면, 보다 간단하게 원하는 결과를 얻는다. 오른쪽 부재의 자유물체도에서 왼쪽 끝에 대한 모멘트를 구하여 모멘트 평형 조건을 적용하면 다음 식을 얻고,

$$\sum_x M = -M_b + w\int_x^l (\xi - x)d\xi = 0, \tag{5.17}$$

이를 정리하여 굽힘 모멘트를 다음과 같이 얻는다.

$$M_b = \frac{w}{2}(l-x)^2. \tag{5.18}$$

물론 이 결과는 식 (5.16)과 동일하다. 그림 5.5(b) 오른쪽 부재의 자유물체도에서 왼쪽 끝 단면에 표시된 전단력과 굽힘 모멘트의 양의 방향은 오른쪽 단면과는 반대 방향임에 유의한다.

위의 결과를 종합하여 전단력 선도를 그리면 그림 5.6 위에 보인 것과 같은 결과를 얻는다. 분포 하중에 기인하여 전단력의 크기가 분포 하중이 작용하는 부분에서는 선형적으로 감소하는 것을 확인할 수 있다.

또한 굽힘 모멘트 선도를 그리면 그림 5.6 아래에 보인 것과 같은 결과를 얻는다. 분포 하중에 기인하여 굽힘 모멘트의 크기가 분포 하중이 작용하는 부분에서는 포물선처럼 감소하는 것을 볼 수 있다.

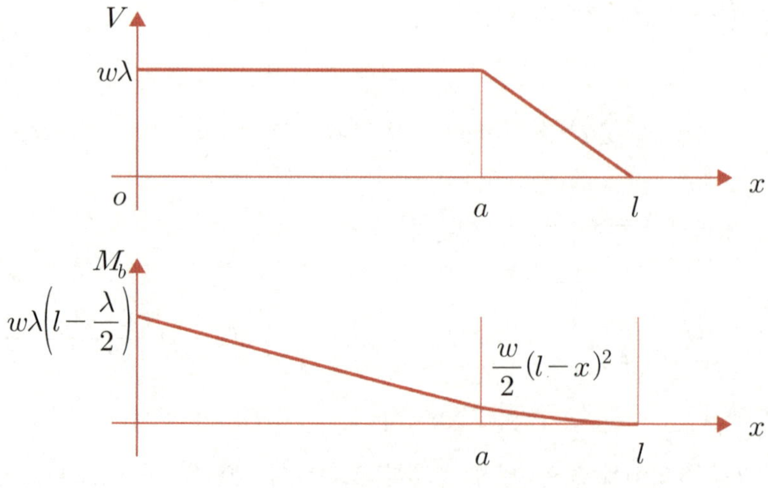

그림 5.6 외팔보의 단면에 작용하는 전단력(위)과 굽힘 모멘트(아래)

한편, x 방향의 힘 평형 조건을 적용하면, 집중 하중이 작용하는 경우에 대해 얻은 결과가 변함없이 성립하여, 법선 응력에 기인하는 합력은 영이 되어야 한다.

분포 하중에 대해 $w\lambda = P$라고 하고, 만약 P는 일정하게 유지하면서, λ를 감소시키면, λ가 작아짐에 따라, 그림 5.6은 x의 거의 전 구간에서 그림 5.3에 접근해 감을 확인할 수 있으며, 4.3.2절에서 고려한 Saint-Venant 원리에 대해 추론한 부분을 확인할 수 있다.

5.1.4 미소 요소에 대한 하중, 전단력, 굽힘 모멘트의 관계

그림 5.3과 5.6에 보인 두 경우에 대한 전단력 선도와 굽힘 모멘트 선도를 비교하면, 전단력 선도에서 전단력이 상수인 구간에서 굽힘 모멘트는 선형적으로 변화한다. 또 전단력이 선형적으로 변화하는 구간에서 굽힘 모멘트는 포물선처럼 변화하는 것을 확인할 수 있다. 따라서 전단력과 굽힘 모멘트 사이에 일정한 관계가 성립함을 상정할 수 있는데, 이에 대해 알아보기 위해 그림 5.7에 보인 바와 같이 분포 하중을 받는 미소 요소 dx를 생각하자.

먼저 y 방향의 힘 평형 조건으로부터 다음을 얻고,

$$\sum F_y = -V + (V + dV) + wdx = 0 \tag{5.19}$$

이 식을 정리하여 다음을 얻는다.

$$\frac{dV}{dx} = -w\,. \tag{5.20}$$

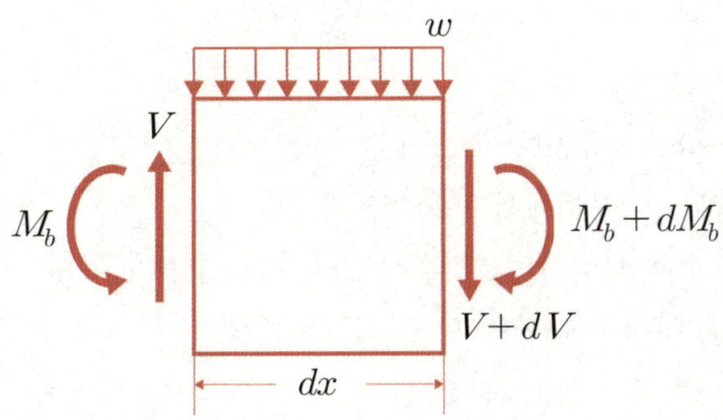

그림 5.7 미소 요소에 작용하는 분포 하중, 전단력, 굽힘 모멘트

따라서 균일 분포 하중이 작용하는 부분에서 전단력은 선형적으로 감소해야 하며, 이와 같은 사실은 식 (5.12), 그림 5.6 위에서도 확인된다.

미소 요소의 좌단에서 전단력과 굽힘 모멘트의 방향은 우단에서의 방향과 반대가 되도록 취하였는데, 이는 작용-반작용에 의해 미소 요소가 바로 그 오른쪽에 있는 요소의 좌단에 가하는 전단력 및 모멘트의 방향과 같도록 취한 것이다.

한편 미소 요소의 좌단의 중심에 대한 모멘트를 생각하여 모멘트 평형 조건을 고려하면 다음을 얻고,

$$\sum_x M = -M_b + (V + dV)dx + (wdx)\frac{dx}{2} + (M_b + dM_b) = 0, \tag{5.21}$$

미소량의 2차 항들은 무시하고 이 식을 정리하면 다음을 얻는다.

$$\frac{dM_b}{dx} = -V. \tag{5.22}$$

그러므로 이 식에 따르면 전단력이 양의 일정한 값을 가지면 굽힘 모멘트는 선형적으로 감소하는데, 이와 같은 사실은 위의 그림 5.3, 5.6에서도 확인된다.

한편, 식 (5.22)의 양변을 x에 대해 미분하고, 그 결과를 식 (5.20)에 대입하면 다음을 얻는다.

$$\frac{d^2 M_b}{dx^2} = w. \tag{5.23}$$

따라서 균일 분포 하중이 작용하는 부분에서 굽힘 모멘트 선도는 포물선이 되어야 하며, 이와 같은 사실은 그림 5.6 아래에서도 확인된다.

위에서 얻은 결과를 이용하여 분포 하중이 작용하는 구간 $x \in (a,b)$에 대해 생각하면, 식 (5.20)과 (5.22)를 x에 대해 적분하여 다음 결과를 얻는다.

$$\int_a^b dV = V(b) - V(a) = \Delta V = -\int_a^b w dx \tag{5.24}$$

$$\int_a^b dM_b = M_b(b) - M_b(a) = \Delta M_b = -\int_a^b V dx \tag{5.25}$$

따라서 분포 하중 구간을 지나면서 전단력은 분포 하중을 적분한 양만큼 감소하고, 또 굽힘 모멘트는 전단력을 적분한 양만큼 감소한다.

위에서는 분포 하중이 작용하는 경우를 고려하였는데, 다음으로 집중 하중이 작용하는 경우에 대해 생각하면, 집중 하중을 중심으로 x 방향으로 길이 dx 인 미소 요소를 고려하여 그림 5.8에 보인 바와 같이 자유물체도를 얻는다. 여기서 우단에 작용하는 전단력과 굽힘 모멘트는 $V+\Delta V$, $M+\Delta M$로 좌단에 작용하는 전단력, 굽힘 모멘트와는 다르게 잡았음에 유의하며, 평형 조건을 적용하여 이들을 얻기로 한다.

힘 평형 조건을 적용하면 다음을 얻고,

$$\sum F_y = -V + P + (V + \Delta V) = 0, \tag{5.26}$$

이 식을 정리하여 다음을 얻는다.

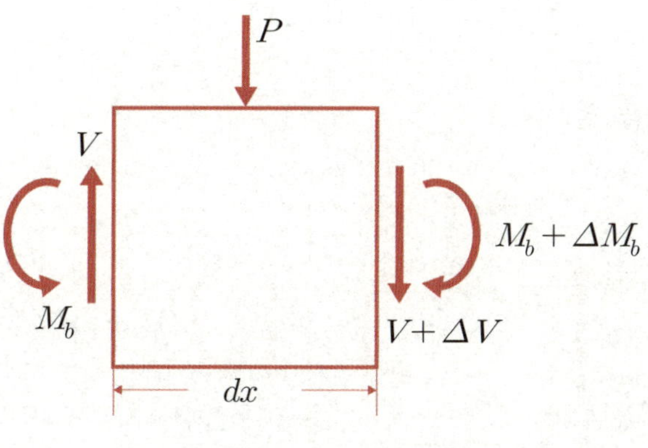

그림 5.8 집중 하중을 받는 미소 요소의 자유물체도

$$\Delta V = -P. \tag{5.27}$$

또한 좌단 중심에 대한 모멘트를 구하여 모멘트 평형 조건을 적용하면 다음을 얻고,

$$\sum_x M = -M_b + P\frac{dx}{2} + (V-P)dx + (M_b + \Delta M_b) = 0, \tag{5.28}$$

이 식에서 dx는 얼마든지 작게 취할 수 있으므로, dx에 비례하는 항들을 무시하고 정리하면 다음을 얻는다.

$$\Delta M_b = 0. \tag{5.29}$$

위의 결과, 즉 식 (5.27)과 식 (5.29)에 따르면 집중 하중이 작용하는 경우, 전단력은 그 작용점을 지나면서 그 집중 하중만큼 감소하고, 굽힘 모멘트에는 변화가 없음을 알 수 있다. 이와 같은 사실은 다음 절에서 확인될 것이다.

또한 외력으로서의 모멘트가 한 점에 작용하는 경우에는, 이 집중 모멘트를 중심으로 x 방향으로 길이 dx인 미소 요소를 고려하여 그림 5.9에 보인 바와 같이 자유물체도를 얻는다.

힘 평형 조건을 적용하면 다음을 얻고,

$$\sum F_y = -V + (V + \Delta V) = 0, \tag{5.30}$$

이 식을 정리하여 다음을 얻는다.

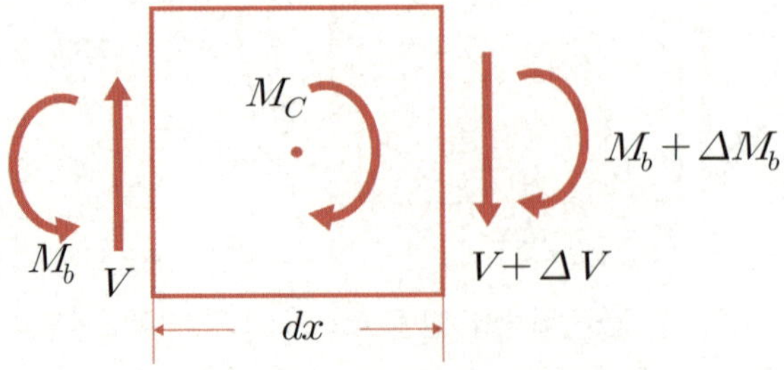

그림 5.9 집중 모멘트를 받는 보 요소의 자유물체도

$$\Delta V = 0. \tag{5.31}$$

또한 좌단 중심에 대한 모멘트를 구하여 모멘트 평형 조건을 적용하면 다음을 얻고,

$$\sum_x M = -M_b + M_C + (V + \Delta V)dx + (M_b + \Delta M_b) = 0, \tag{5.32}$$

이 식에서도 dx는 얼마든지 작게 취할 수 있으므로, dx에 비례하는 항들을 무시하고 정리하면 다음을 얻는다.

$$\Delta M_b = -M_C. \tag{5.33}$$

위의 결과, 즉 식 (5.31)과 식 (5.33)에 따르면 집중 모멘트가 작용하는 경우, 굽힘 모멘트는 그 작용점을 지나면서 그 집중 모멘트만큼 감소하고, 전단력은 변화가 없음을 알 수 있다. 이와 같은 사실 역시 다음 절에서 확인될 것이다.

5.1.5 집중 하중과 분포 하중을 받는 외팔보

5.1.2절, 5.1.3절에서 고려한 두 예를 통해서는 집중 하중이 작용할 때, 그 점 주위에서 전단력 선도와 굽힘 모멘트 선도가 어떻게 변화하는지 알기 힘들므로, 다음과 같이 임의의 위치에 집중 하중과 분포 하중이 작용하는 예제를 생각한다.

CB3. 집중 하중과 분포 하중이 작용하는 외팔보

그림 5.10(a)에 보인 바와 같이 하중을 받는 외팔보 전체에 대해 y 방향의 힘 평형 조건을 고려하면, 고정단에 작용하는 반력에 대해 다음을 얻는다.

$$\sum F_y = -R + P + w\lambda = 0, \quad \therefore R = P + w\lambda. \tag{5.34}$$

고정단의 중심 O에 대한 모멘트를 구하여 모멘트 평형 조건을 생각하면 다음을 얻는데,

$$\sum_O M = -M_O + Pa + w\int_c^d x\,dx = 0. \tag{5.35}$$

여기서 $d = c + \lambda$이며, 이 식을 정리하여 다음을 얻는다.

$$M_O = Pa + \frac{w}{2}\left(d^2 - c^2\right). \tag{5.36}$$

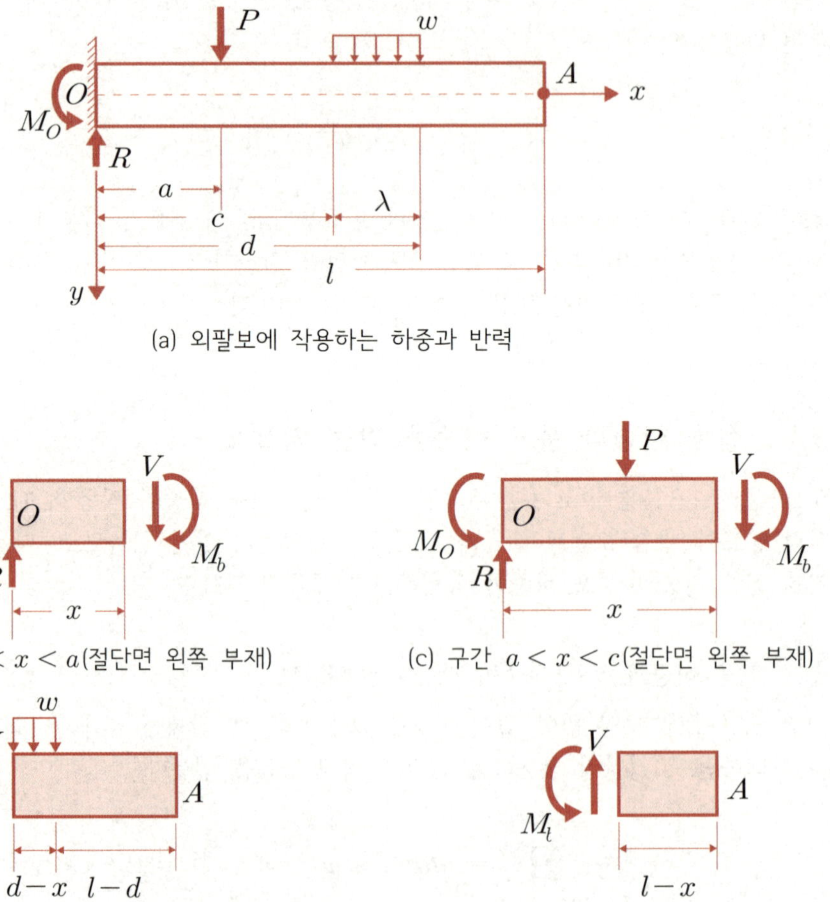

(a) 외팔보에 작용하는 하중과 반력

(b) 구간 $0 < x < a$(절단면 왼쪽 부재)

(c) 구간 $a < x < c$(절단면 왼쪽 부재)

(d) 구간 $c < x < d(= c + \lambda)$(절단면 오른쪽 부재)

(e) 구간 $d < x < l$(절단면 오른쪽 부재)

그림 5.10 집중 하중과 분포 하중을 받는 외팔보의 자유물체도

다음으로, 전단력과 굽힘 모멘트를 구하는데, 하중의 작용점을 감안하여 보를 $x=a$, b, c인 세 점을 경계로 하는 4 구간으로 나누어 각 구간에 대해 내력을 따로 계산한다.

i) 구간 $0<x<a$(그림 5.10(b) 참조)

원점 O로부터 거리 x 되는 곳에서 보를 잘라, 왼쪽 부재에 대해 y 방향의 힘 평형 조건을 적용하여 다음을 얻는다.

$$\sum F_y = V-R=0,\ \ \therefore V=R=P+w\lambda. \tag{5.37}$$

또 점 O에 대한 모멘트를 고려하여 $M_b(x)$에 대해 다음을 얻는다.

$$\sum_O M = M_b(x)-M_O+Vx=M_b(x)-M_O+Rx=0,\ \ \therefore M_b(x)=M_O-(P+w\lambda)x \tag{5.38}$$

ii) 구간 $a<x<c$(그림 5.10(c) 참조)

원점 O로부터 거리 x 되는 곳에서 자른 왼쪽 부재의 우단에 작용하는 전단력에 대해 다음을 얻으므로,

$$\sum F_y = -R+P+V=0, \tag{5.39}$$

이 식을 정리하고 R에 대한 결과, 식 (5.34)를 사용하여 다음을 얻는다.

$$V=-P+R=w\lambda. \tag{5.40}$$

점 O에 대한 모멘트를 고려하여 다음을 얻으므로,

$$\sum_O M = -M_O+Pa+Vx+M_b=0, \tag{5.41}$$

이 식을 정리하여 다음을 얻는다.

$$M_b = M_O - Pa - Vx = M_O - Pa - w\lambda x. \tag{5.42}$$

iii) 구간 $c < x < d = c + \lambda$ (그림 5.10(d) 참조)

변형 전의 자유단으로부터 거리 $l-x$ 되는 곳에서 보를 잘라, 오른쪽 부재에 대해 y 방향의 힘 평형 조건을 적용하여 좌단에 작용하는 전단력 V에 대해 다음을 얻는다.

$$\sum F_y = -V + w(d-x) = 0\,,\quad \therefore V = w(d-x)\,. \tag{5.43}$$

이때 좌단은 외향 법선 방향이 음의 x 방향, 즉 음의 면이므로 전단력과 굽힘 모멘트의 방향을 각각 연직 상방과 반시계 방향으로 취하였음에 유의한다.

좌단의 중심에 대한 모멘트를 구하여 모멘트 평형 조건을 적용하면 굽힘 모멘트에 대해 다음을 얻으므로,

$$\sum_x M = -M_b + w\int_x^d (\xi - c)d\xi = 0, \tag{5.44}$$

이 식을 정리하여 다음을 얻는다.

$$M_b = w\left[\left(\frac{d^2}{2} - \frac{x^2}{2}\right) - c(d-x)\right]. \tag{5.45}$$

iv) 구간 $d < x \le l$ (그림 5.10(e) 참조)

위에서와 같이 변형 전의 자유단으로부터 거리 $l-x$ 되는 곳에서 보를 잘라, 오른쪽의 부재에 대해 평형 조건을 적용하여 다음을 얻는다.

$$V = M_b = 0\,. \tag{5.46}$$

위에서 얻은 결과를 종합하여 식 (5.37), (5.40), (5.43), (5.46)으로부터 전단력 선도를, 또 식 (5.38), (5.42), (5.45), (5.46)으로부터 굽힘 모멘트 선도를 각각 그리면 그림 5.11에 보인 바와 같은 선도를 얻는다.

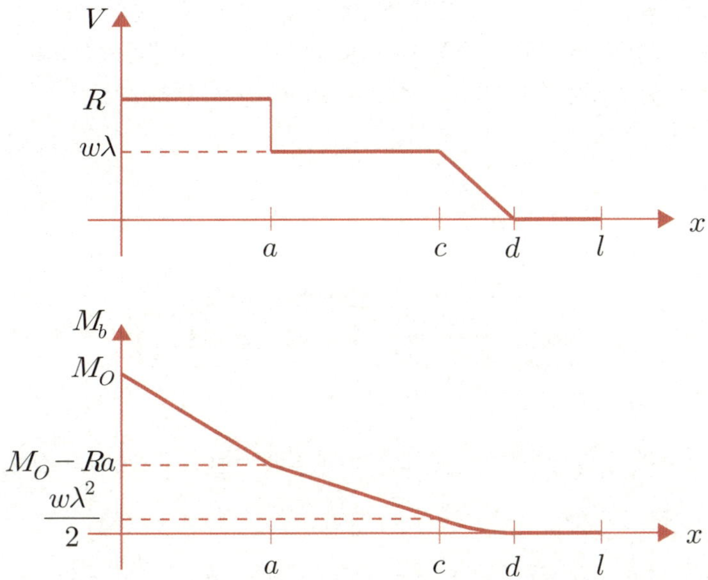

그림 5.11 전단력 선도와 굽힘 모멘트 선도

먼저 전단력 선도를 보면, $0 \le x < a$에서는 반력 R과 같으며, $a < x < c$에서는 집중 하중의 크기 P만큼 감소한 값이 되고, $c < x < d = c + \lambda$에서는 선형적으로 감소하여, $d < x \le l$에서는 영의 값을 가진다. x가 증가하는 방향으로 보면, 5.1.4절에서 설명한 바와 같이, 집중 하중이 작용하는 점을 지나면서 전단력은 집중 하중의 크기만큼 감소하고, 균일 분포 하중이 작용하는 구간에서는 균일 분포 하중의 크기를 기울기로 하는 직선처럼 감소하며, 그 감소량은 분포 하중을 적분한 양 $w\lambda$이고, 자유단을 포함하는 구간에서는 영이 됨을 확인할 수 있다.

또 굽힘 모멘트 선도를 보면, 굽힘 모멘트는 $x = 0$에서는 M_O의 값을 가지고, $0 \le x < a$에서는 반력 R의 기울기로 선형적으로 감소하며, $a < x < c$에서는 전단력의 크기와 같은 $w\lambda$의 기울기로 선형적으로 감소하고, $c < x < d = c + \lambda$에서는 포물선처럼 감소하여, $x = d$에서 영이 되며, $d < x \le l$에서는 영의 값을 가진다. x가 증가하는 방향으로 보면, 5.1.4절에서 설명한 바와 같이, 집중 하중이 작용하는 점을 지나면서 굽힘 모멘트의 크기는 연속이며, 균일 분포 하중이 작용하는 구간에서는 w가 2계 미분인 포물선처럼 감소하고, 그 감소량은 전단력을 적분한 양 $w\lambda^2/2$이며, 자유단을 포함하는 구간에서는 영이 됨을 확인할 수 있다.

[예제 5.1] 그림 예5.1에 보인 바와 같이 선형적으로 감소하는 분포 하중과 모멘트가 작용하는 외팔보에 대해 전단력 선도와 굽힘 모멘트 선도를 구하시오. 단 $w_0 = 6\,kN/m$, $l = 10\,m$, $M_A = 20\,kNm$로 한다.

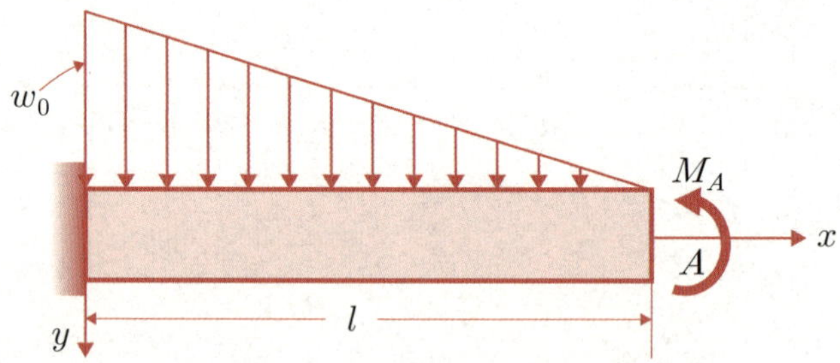

그림 예5.1 선형적으로 감소하는 분포 하중과 모멘트가 작용하는 외팔보

[답] 먼저 선형적으로 감소하는 분포 하중을 다음 식으로 표현할 수 있다.

$$w(x) = \frac{w_0}{l}(l - x)\,. \qquad \text{(예5.1)}$$

그림 예5.2에 보인 바와 같이, 점 O로부터 x만큼 떨어진 위치를 절단하고, 절단면의 오른쪽 부분을 선택한 다음, 절단면 위치에 작용하는 전단력과 굽힘 모멘트를 표시한다. 이와 같이 하면 반력을 따로 계산할 필요가 없음에 유의한다.

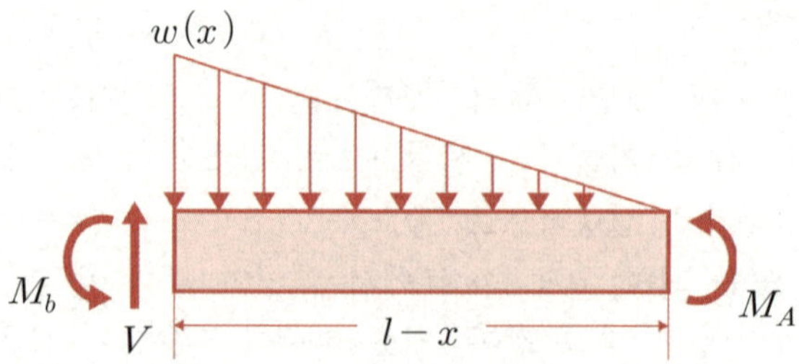

그림 예5.2 자유물체도

자유물체도를 작성하여 힘의 평형 조건을 적용하여 보에 작용하는 전단력과 굽힘 모멘트의 분포를 다음과 같이 얻는다.

$$\sum F_y = \frac{w(x)(l-x)}{2} - V = \frac{w_0(l-x)^2}{2l} - V = 0, \quad \therefore V(x) = \frac{w_0(l-x)^2}{2l}, \tag{예5.2}$$

$$\sum_x M = -M_b + \frac{w(x)(l-x)}{2}\frac{(l-x)}{3} - M_A = -M_b + \frac{w_0(l-x)^3}{6l} - M_A = 0, \tag{예5.3}$$

$$\therefore M_b(x) = \frac{w_0}{6l}(l-x)^3 - M_A. \tag{예5.4}$$

위의 결과로부터 얻는 전단력 선도와 굽힘 모멘트 선도를 그림 예5.3에 보인다.

고정단에서의 반력은 식 (예5.2), (예5.4)에 $x=0$를 대입하여 $R = \frac{w_o l}{2} = 30\,kN$, $M_O = \frac{w_0 l^2}{6} - M_A = 80\,kNm$를 각각 얻는다.

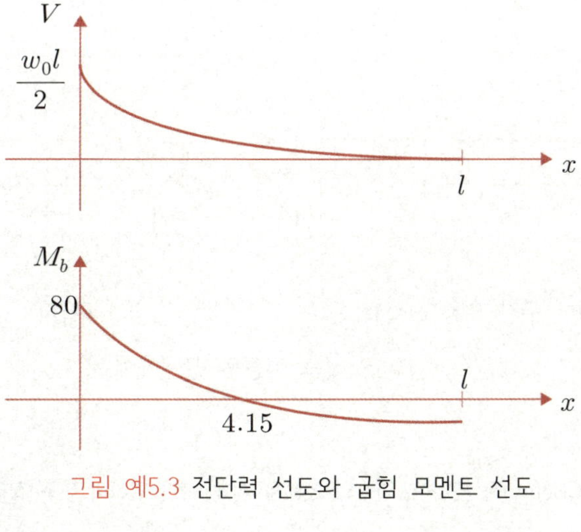

그림 예5.3 전단력 선도와 굽힘 모멘트 선도

5.1.6 집중 하중을 받는 단순보

지금까지는 보와 관련하여 외팔보에 대해 주로 생각하였으나, 이 절의 마지막 예로 다음과 같은 단순보(simple beam 또는 simply supported beam)에 대해 생각한다. 단순보는 좌단은 핀 지지(pin support), 우단은 롤러 지지(roller support)된 보를 뜻한다. 핀 지지는 그 지지점에서 회전(rotation)은 허용하지만 병진(translation)은 허용하지 않으므로, y 방향의 반작용 힘은 발생하지만 반작용 모멘트는 발생하지 않는다. 한편, 롤러 지지는 회전과 축 방향 병진을 모두 허용하므로, 반작용 모멘트는 물론 발생하지 않으며, y 방향의 반작용 힘이 발생한다. 따라서 y 방향의 하중만 생각하는 경우에는, 단순보의 양단에서 y 방향의 반력만 고려하면 된다.

SB1[3]. 집중 하중이 작용하는 단순보

그림 5.12에 보인 바와 같이 핀 지지는 삼각형으로, 롤러 지지는 원으로 표시하기로 하고, 보에 집중 하중 P가 작용하는 경우에 대해 생각하자.

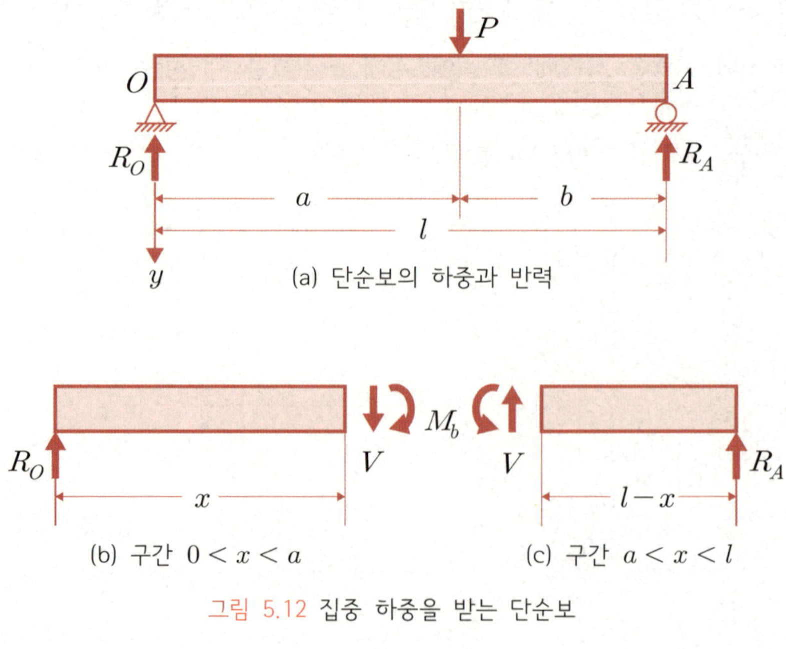

그림 5.12 집중 하중을 받는 단순보

3) SB는 단순보(Simple Beam)를 뜻하며, 차후의 인용을 쉽게 하기 위하여 이와 같이 표시하기로 한다.

좌단의 중심에 좌표계의 원점 O, 우단의 중심에 점 A를 각각 잡고, x축은 축 방향, y축은 연직 하방으로 취한다. 양단에는 핀 지지와 롤러 지지의 정의에 따라 반작용 모멘트는 발생할 수 없다. y 방향의 반작용 힘, 즉 반력 R_O, R_A가 각각 발생하는 것을 고려하여 보 전체에 대해 y 방향의 힘 평형 조건을 고려하면 다음을 얻는다.

$$\sum F_y = P - R_O - R_A = 0. \tag{5.47}$$

또 점 O에 대한 모멘트를 고려하여 모멘트 평형 조건을 고려하면 다음을 얻는다.

$$\sum_O M = Pa - R_A l = 0, \tag{5.48}$$

이 식으로부터 R_A를 얻고 또 이를 식 (5.47)에 대입하여 다음을 얻는다.

$$R_O = \frac{Pb}{l},\ R_A = \frac{Pa}{l}. \tag{5.49}$$

그림 5.12(a)에 보인 바대로, 여기서 $b = l - a$이다.

이때 식 (5.4)와 같이, y 방향의 힘의 평형 조건 대신 점 A에 대한 모멘트 평형 조건을 사용하여도 동일한 결과를 얻는다. 하중이 복잡해질수록 두 개의 반력이 연성되지 않아 연립 방정식을 풀 필요가 없기 때문에 이 방법을 사용하여 보다 간단하게 반력을 구할 수 있다.

다음으로 보에 작용하는 내력을 구한다. 집중 하중의 작용점인 $x = a$를 경계로 하는 두 구간으로 나누어 생각한다.

i) 구간 $0 < x < a$(그림 5.12(b) 참조)

원점 O로부터 임의 거리 x 되는 곳에서 보를 잘라, 왼쪽의 부재에 대해 자유물체도를 작성하고 y 방향의 힘 평형 조건을 적용하여 다음을 얻는다.

$$\sum F_y = V - R_O = 0,\ \therefore V = R_O = \frac{Pb}{l}. \tag{5.50}$$

또한 원점 O에 대한 모멘트 평형 조건을 생각하여 부재의 오른쪽 끝 단면에 작용하는 굽힘 모멘트 $M_b(x)$에 대해 다음을 얻는다.

$$\sum_O M = M_b(x) + Vx = 0, \quad \therefore M_b(x) = -Vx = -\frac{Pbx}{l}. \tag{5.51}$$

여기서 굽힘 모멘트 $M_b(x)$의 부호가 음인 것은 보가 휘는 방향이 외팔보와는 반대 방향이며, 보의 변형된 형상이 위로 오목한(concave)한 형상이 됨을 의미한다.

ii) 구간 $a < x < l$(그림 5.12(c) 참조)

이 구간에 대해서는 원점 O로부터 거리 x 되는 곳에서 잘라 오른쪽의 부재에 대해 y 방향의 힘 평형 조건을 적용하여 다음을 얻는다. 이때 부재 좌단에 작용하는 내력, 전단력과 굽힘 모멘트의 방향에 유의한다.

$$\sum F_y = -V - R_A = 0, \quad \therefore V = -R_A = -\frac{Pa}{l}. \tag{5.52}$$

또한 점 A에 대한 모멘트를 구하여 모멘트 평형 조건을 생각하면 부재의 왼쪽 끝 단면에 작용하는 굽힘 모멘트 $M_b(x)$에 대해 다음을 얻는다.

$$\sum_A M = -M_b(x) + V(l-x) = 0, \quad \therefore M_b(x) = V(l-x) = -\frac{Pa(l-x)}{l}. \tag{5.53}$$

물론 자른 면의 왼쪽 부재를 이용하여도 동일한 결과를 얻을 수 있다.

위의 결과 식 (5.50), (5.52)로부터 그림 5.13(a)에 보인 전단력 선도를 얻는다. 하중이 작용하지 않는 영역에서는 전단력이 상수인 것과, 집중 하중이 작용하는 점을 지나면서는 전단력이 하중의 크기만큼 감소하는 현상을 확인할 수 있다.

한편, 위의 결과 식 (5.51), (5.53)으로부터 그림 5.13(b)에 보인 굽힘 모멘트 선도를 얻는다. 전단력이 상수인 영역에서는 굽힘 모멘트가 선형적으로 변화하는 것과, 집중 하중이 가해지는 점을 지나면서는 굽힘 모멘트가 연속인 것을 확인할 수 있다.

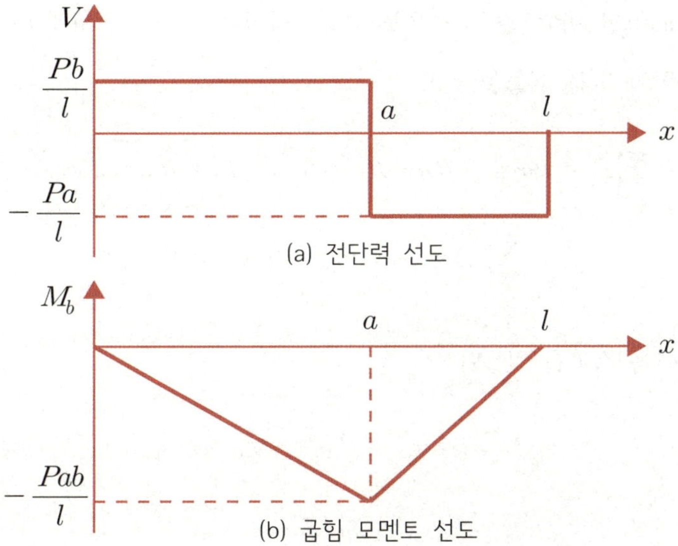

그림 5.13 집중 하중을 받는 단순보의 내력 분포

이상에서 쿨롱에 의해 지적된 정역학적 평형 조건을 적용하여 부재 내부에 작용하는 내력으로서 전단력과 굽힘 모멘트에 대해 생각하였다. 지금 생각하면 그는 보의 처짐 문제를 해결할 수 있는 기본 개념을 거의 다 가지고 있었으나, 처짐 문제에 대한 정확한 해석은 결국 Navier(1826)에 의해 50여 년 후에나 이루어졌다. 다음 절에서는 Navier와 Saint-Venant에 의해 주어진 보 해석에 대해 알아보기로 한다.

[예제 5.2] 그림 예5.4에 보인 바와 같이 분포 하중을 받는 단순보에 대한 전단력 선도와 굽힘 모멘트 선도를 구하시오.

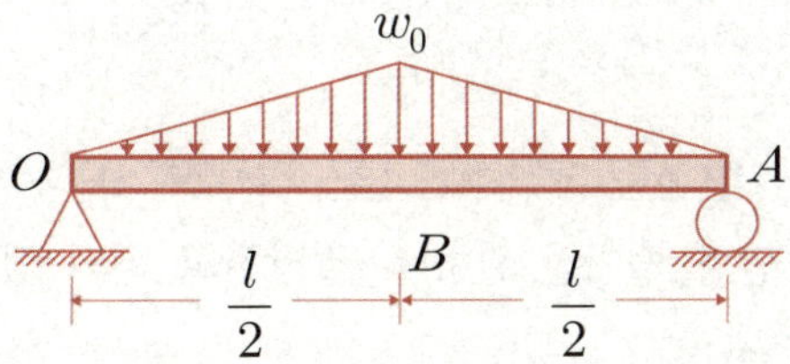

그림 예5.4 분포 하중을 받는 단순보

[답] 그림 예5.5에 보인 바와 같은 자유물체도를 작성하고, $\frac{l}{2} = 2a$ 라고 하면, 힘의 평형 조건을 적용하여 다음 식들을 얻고,

$$\sum F_y = 2aw_0 - R_O - R_A = 0, \ \therefore R_O + R_A = 2aw_0, \tag{예5.5}$$

$$\sum_O M = -4a^2 w_0 + 4aR_A = 0, \tag{예5.6}$$

이들로부터 다음 결과를 얻는다.

$$R_O = R_A = aw_0. \tag{예5.7}$$

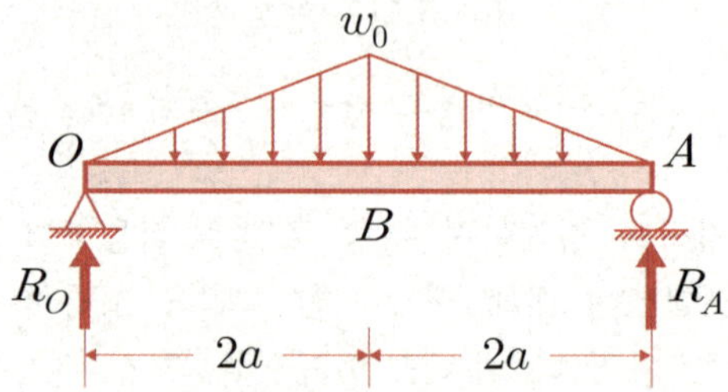

그림 예5.5 자유물체도

하중 $w(x)$ 는 다음과 같이 주어지므로,

$$w(x) = \begin{cases} \frac{w_0}{2a}x, & x \in [0, 2a] \\ \frac{w_0}{2a}(l - x), & x \in [2a, l] \end{cases} \tag{예5.8}$$

식이 바뀌는 점 B를 기준으로 두 구간으로 나누어 각 구간의 임의 위치(점 O와 점 A에서 각각 x, $l-x$만큼 떨어진 위치)를 절단하고 힘의 평형 조건을 적용하여 전단력과 굽힘 모멘트를 구한다,

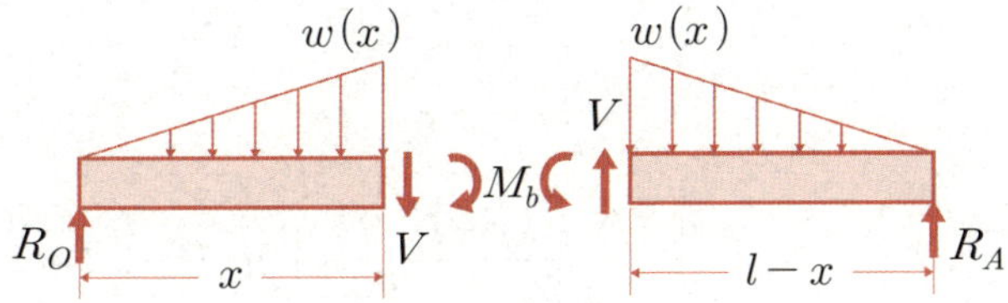

그림 예5.6 자유물체도

i) 구간 $OB(0 < x < 2a)$

점 O로부터 x만큼 떨어진 위치의 전단력과 굽힘 모멘트를 양의 방향(전단력은 아랫방향, 굽힘 모멘트는 시계 방향)으로 표시하고 힘의 평형 조건으로부터 다음과 같이 전단력과 굽힘 모멘트를 얻는다.

$$\sum F_y = \frac{w_0 x}{2a}\frac{x}{2} - R_O + V = \frac{x^2}{4a}w_0 - R_O + V = 0, \quad \therefore V(x) = \left(4a^2 - x^2\right)\frac{w_0}{l}, \tag{예5.9}$$

$$\sum_x M = M_b - \frac{w_0 x}{2a}\frac{x}{2}\frac{x}{3} + R_O x = 0, \quad \therefore M_b(x) = -\left(12a^2 - x^2\right)\frac{x w_0}{3l}. \tag{예5.10}$$

위의 식 (예5.10)에서 모멘트는 시계 방향이 양(+)이며, 분포 하중에 의한 모멘트는 작용하는 분포 하중의 총량, $\frac{w_0 x}{2a}\frac{x}{2}$와 분포 하중의 도심과 절단면 사이의 거리 $\frac{x}{3}$를 곱하여 얻는다.

ii) 구간 $BA(2a < x < l)$

점 A로부터 왼쪽으로 x만큼 떨어진 위치를 절단하고, 그 오른쪽 부분을 고려하는데, 이때 이 부분의 왼쪽 끝 절단면은 음의 방향이므로 전단력과 굽힘 모멘트의 양의 방향이 위에서 고려한 구간과 반대가 되는 점에 유의해야 하며, 힘의 평형 조건을 사용하여 전단력과 굽힘 모멘트를 각각 다음과 같이 구할 수 있다.

$$\sum F_y = - V + \frac{w_0}{2a}(l-x)\frac{l-x}{2} - R_A = 0, \ \therefore V(x) = - \left[4a^2 - (l-x)^2\right]\frac{w_0}{l}, \tag{예5.11}$$

$$\sum_{l-x} M = - M_b + \frac{w_0}{2a}\frac{(l-x)^2}{2}\frac{(l-x)}{3} - R_A(l-x) = 0,$$

$$\therefore M_b(x) = -\left[12a^2 - (l-x)^2\right]\frac{(l-x)w_0}{3l}. \tag{예5.12}$$

식 (예5.9)~(예5.12)로부터 $V(0) = aw_0$, $V(l) = -aw_0$, $M_b(0) = M_b(l) = 0$, $M_b(2a) = -\frac{l^2 w_0}{12}$임을 쉽게 확인할 수 있으며, 그림 예5.7에 보인 바와 같은 전단력과 굽힘 모멘트 선도를 얻는다.

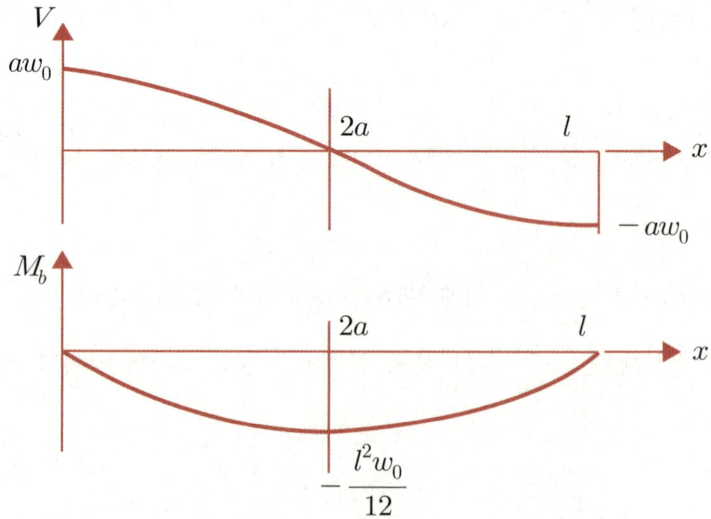

그림 예5.7 전단력 선도와 굽힘 모멘트 선도

[예제 5.3] 그림 예5.8에 보인 바와 같이 지지점 바깥으로 보가 연장되어 있는 경우를 내다지 보라고 부르기로 한다. 그림에 보인 바와 같이 집중 하중과 집중 모멘트를 받는 내다지 보에 대한 전단력 선도와 굽힘 모멘트 선도를 구하시오. 단 $P = 40\,kN$, $M_B = 120\,kNm$, $b = 2\,m$, $d = 3\,m$로 한다.

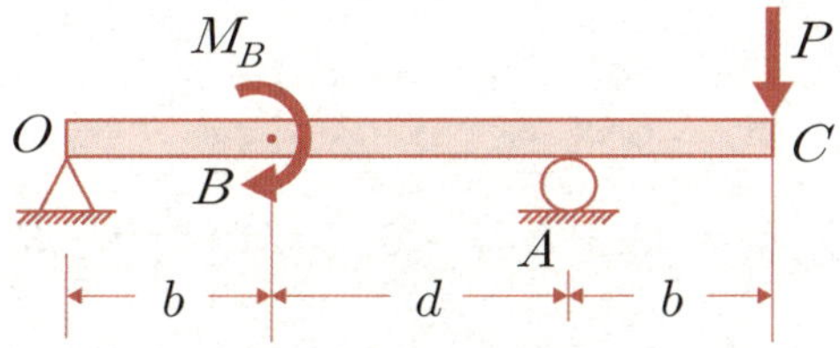

그림 예5.8 집중 하중과 모멘트를 받는 내다지 보

[답] 그림 예5.9에 보인 바와 같은 자유물체도를 작성하고, $b+d = a = 5\,m$, $2b+d = l = 7\,m$라고 한 뒤, 힘의 평형 조건을 사용하여 반력을 구한다.

$$\sum F_y = P - R_O - R_A = 0,\ \ \therefore R_O + R_A = P, \tag{예5.13}$$

$$\sum_O M = M_B - R_A a + Pl = 0, \tag{예5.14}$$

$$\therefore R_A = \frac{Pl + M_B}{a} = 80\,kN,\ R_O = P - R_A = -\frac{Pb + M_B}{a} = -40\,kN. \tag{예5.15}$$

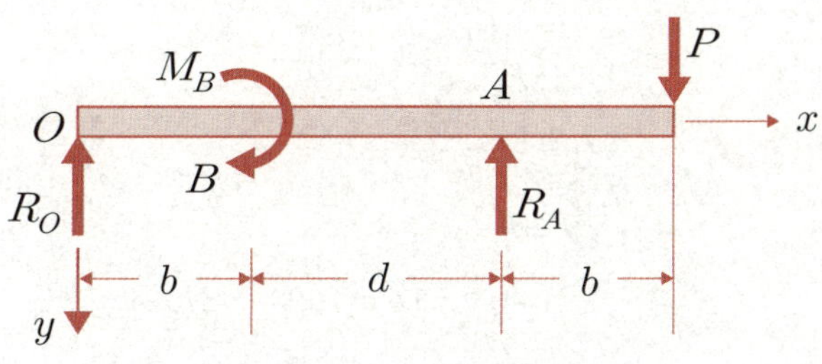

그림 예5.9 집중 하중과 모멘트를 받는 보

전단력과 굽힘 모멘트의 분포를 구하기 위해 보를 3 개의 구간으로 나누어 생각하고 각각의 경우에 대해 그림 예5.10에 보인 바와 같이 자유물체도를 그린 뒤, 힘의 평형 조건으로부터 다음을 얻는다.

i) 구간 $OB(0 < x < b)$

$$\sum F_y = V - R_O = 0\,,\ \therefore V(x) = R_O = -40\ kN, \tag{예5.16}$$

$$\sum_x M = M_b + R_O x = 0,\ \therefore M_b(x) = -R_O x \tag{예5.17}$$

ii) 구간 $BA(b < x < a)$

$$\sum F_y = V - R_O = 0\,,\ \therefore V(x) = R_O, \tag{예5.18}$$

$$\sum_x M = M_b + M_B + R_O x = 0,\ \therefore M_b(x) = -M_B - R_O x, \tag{예5.19}$$

iii) 구간 $AC(a < x < l)$

$$\sum F_y = -V + P = 0,\ \therefore V(x) = P = 40\ kN, \tag{예5.20}$$

$$\sum_x M = -M_b + P(l - x) = 0,\ \therefore M_b(x) = P(l - x). \tag{예5.21}$$

식 (예5.16)~(예5.21)을 사용하여 그림 예5.11에 보인 바와 같은 전단력과 굽힘 모멘트 선도를 얻는다.

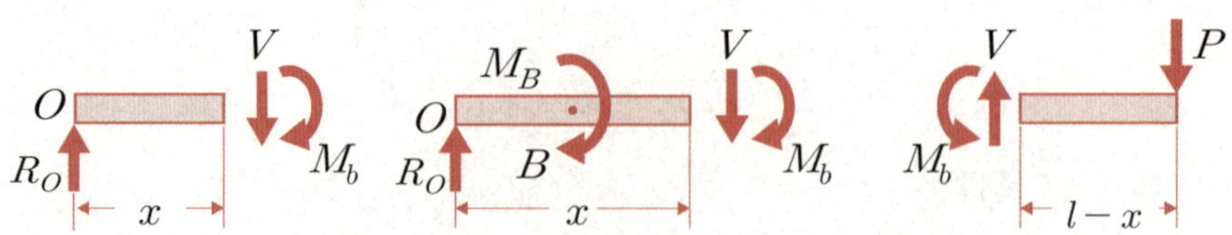

그림 예5.10 내력을 구하기 위한 자유물체도

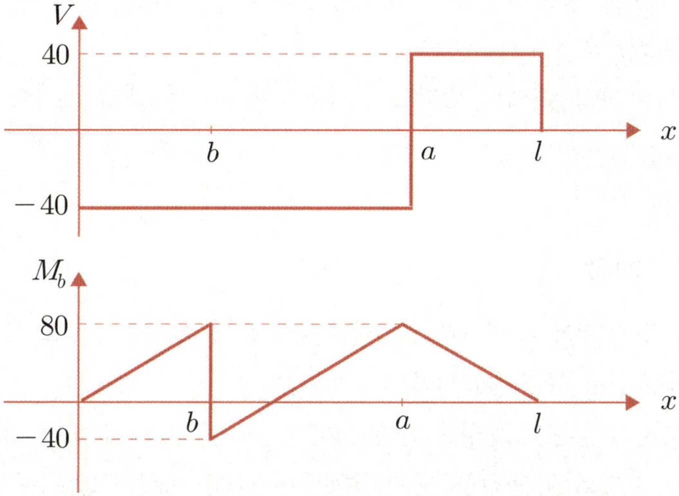

그림 예5.11 전단력 선도와 굽힘 모멘트 선도

5.1.4절에서 보인 바와 같이 반력이 작용하는 곳을 지나면서 반력과 하중의 양의 방향이 반대이므로 전단력이 반력의 크기만큼 증가하고, 집중 모멘트를 받는 곳을 지나면서 굽힘 모멘트가 가해진 모멘트만큼 감소하여 불연속적으로 선도가 변화하는 것을 확인할 수 있다.

5.2 보의 처짐 및 응력; Navier의 보 이론

Napoleon이 전적으로 지원하고 있던 École nationale des Ponts et Chaussées(ENPC)[4]의 교수였던 Navier는 1826년 재료역학 교재를 발간하였으며, 이 책을 통해 그는 18세기와 19세기 초에 이루어진 재료역학의 발전을 가능한 한 일관되게 완벽한 형태로 전달하고자 하였다. 또한 Navier의 제자로 ENPC의 학생이었던 Saint-Venant은 차후 이 책에 대한 주석서를 1864년 발간하였다. 그의 재료역학에 대한 연구 결과의 상당 부분이 이 주석서를 통해 공표되었고, 이 책의 9/10가 그의 주석으로 구성되었을 정도였다. 따라서

4) École des Ponts et Chaussées로 보다 잘 알려진 이 학교는 영어로는 National school of Bridges and Roads이다. Grandes Ecoles(그랑제콜)을 포함하여 프랑스 공학 교육 기관의 역사에 대해서는 [참고문헌 10]을 참조하기 바란다.

Navier의 교재는 원본과 주석서에 의해 19세기 전반을 통해 재료역학을 배우던 많은 사람들에게 매우 큰 영향을 끼쳤다.

5.2.3절에서는 앞의 1.2.3절에서 얻었던 갈릴레오의 결과에 대한 현대적 해석을 예제로 삼아 설명하였다.

5.2.1 보 이론 개괄

Navier(1826)는 구조 부재의 해석과 관련하여 다음을 강조하였다.

L1)[5] 탄성 한계 내에서 다루어야 한다.

L2) 구조 부재의 탄성은 응력-변형도 관계의 비례 상수인 탄성계수 E로 표현되어야 한다.

갈릴레오 이래로 부재의 파괴, 변형 등에 대한 부정확한 이해가 있어 왔지만, 지금까지 설명한 바와 같이 Hooke, Mariotte, 쿨롱 등을 거치면서 재료의 성질에 대해 좀 더 자세히 알게 되었다.

또한 그 사이 이루어진 수많은 실험을 통해 구조 설계 또는 해석을 위해서는 탄성 한계 내에서 다루는 것이 바람직하다는 결론을 얻게 되었다. 한편, 재료의 특성과 구조 부재의 기하학적 특성을 구분 짓기 위해서는 응력-변형도 관계를 이용해야 한다는 것이 확실해졌다.

나아가 자유단에 집중 하중이 작용하는 직사각형 단면 외팔보에 대해서는 다음을 가정하였다.

H1)[6] 보의 변형이 동일 평면 내에서 일어난다.

H2) 횡단면이 변형 전후에 평면이다.

Navier는 직사각형 단면의 외팔보에 대해 이와 같은 가정을 하였으나, 일반적인 단면의 보에 대해서도 이 가정들을 적용할 수 있으며, 아래에서는 일반적인 단면의 보에 대해 생각하기로 한다. 또한 위의 가정은, 예를 들어 외팔보의 자유단에 모멘트가 가해지는 경우와 같은, 순수 굽힘[7](pure bending) 상태에서만 정확하게 만족되는 것임은 차후 1856년 Saint-Venant에 의해 밝혀졌지만, Navier는 아직 이에 대한 이해는 없었다.

5) 여기서 L은 limit, 제한을 뜻한다.

6) 여기서 H는 hypothesis, 가정을 뜻한다.

7) 6.1절을 참조하기 바란다.

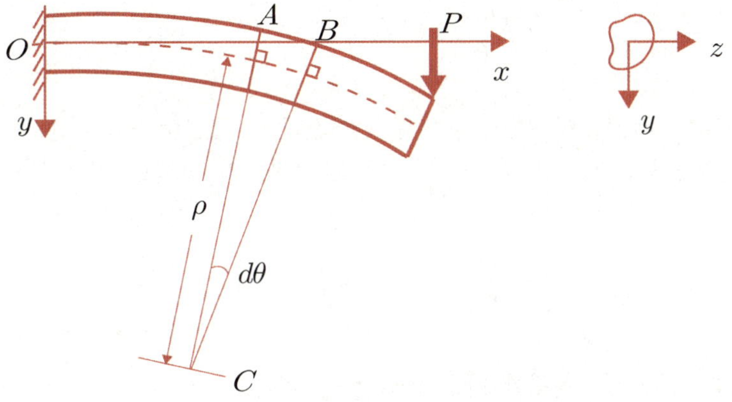

그림 5.14 보의 처짐

위와 같은 조건을 가정하고 정역학적 평형 조건을 적용하여 Navier는 다음 결과를 얻었다.

P1)[8] 한 단면에서 변형이 일어나지 않는 직선, 즉 중립축(neutral axis)은 그 단면의 도심(centroid)을 지나는 직선이다. 각 단면의 중립축을 길이 방향으로 연결하면 하나의 면을 얻는데, 이 면을 중립면(neutral surface)이라고 한다.

P2) 그림 5.14에 보인 바와 같이 좌표계를 잡고, 그 단면의 중립축에 대한 면적 2차 모멘트(second moment of area)[9]를 I, 변형 후의 중립면을 xy 평면에 투영하여 얻어지는 곡선, 즉 탄성곡선(elastica)의 그 단면에서의 곡률 반경을 ρ, 그 단면에 작용하는 굽힘 모멘트를 M_b 라고 하면 다음 관계가 성립한다.

$$\frac{EI}{\rho} = M_b, \ I = \int_A y^2 dA . \tag{5.54}$$

이 식은 2.3절에서 얻은 베르누이-오일러 공식, 바로 그 식이다.

P3) 보의 처짐 곡선 또는 탄성곡선을 $v(x)$ 라고 하면, 식 (2.23)에 처짐 곡선의 기울기가 매우 작다는 가정, 즉 $\left|\frac{dv}{dx}\right| \ll 1$ 를 적용하여 곡률에 대한 근사 $\frac{1}{\rho} \simeq \frac{d^2v}{dx^2}$ 를 얻으며, 이를 식 (5.54)에 대입하여 다음을 얻는다.

8) 여기서 P는 proposition, 정리를 뜻한다.

9) 면적 2차 모멘트에 대해서는 부록 B.2를 참조하기 바란다.

$$EI\frac{d^2v}{dx^2} = M_b \text{ 또는 } EIv'' = M_b. \tag{5.55}$$

위의 식 (5.54)는 베르누이(1705)에 의해 얻어졌던 식 (2.16)과 동일한 형태이며, 직사각형 단면 보의 폭과 높이를 각각 b, h라고 하면, 면적 2차 모멘트 I는 다음과 같으므로,

$$I = \int_A y^2 dA = 2b\int_0^{h/2} y^2 dy = \frac{bh^3}{12}, \tag{5.56}$$

2.3절, 식 (2.26) 아래에서 지적한 바를 확인할 수 있다.

또 직경 d, 반경 a인 원형 단면의 면적 2차 모멘트 I에 대해 다음을 얻는다.

$$\begin{aligned} I &= \int_A y^2 dA = 4\int_0^a y^2\sqrt{a^2-y^2}\,dy = 4a^4\int_0^{\pi/2}\sin^2\theta\cos^2\theta d\theta \\ &= a^4\int_0^{\pi/2}\sin^2 2\theta d\theta = \frac{a^4}{2}\int_0^{\pi/2}(1-\cos4\theta)d\theta = \frac{\pi a^4}{4} = \frac{\pi d^4}{64}. \end{aligned} \tag{5.57}$$

여기서 $y = a\sin\theta$의 치환을 이용하였다.

이상 설명한 바와 같이 탄성곡선의 형상에 대한 정확한 이해는 베르누이로부터 무려 120 년이 지난 후에야 얻어진 셈이었다. 다음 절들에서는 Navier가 얻었던 결과들에 대해 좀 더 면밀하게 검토하기로 한다.

5.2.2 정역학적 평형

위의 P1과 관련하여, 보가 휘는 동안 올의 길이에 변화가 없는 올을 중립올(neutral fiber)이라고 하는데[10], 갈릴레오 이래로 항상 문제가 있어 왔던 개념이었지만, Navier에 이르러 드디어 정역학적인 고려에 의해 정답을 얻게 되었다.

보의 횡단면 상에 작용하는 법선 방향의 합력은 단축 하중을 받고 있는 보의 축 방향 평형 조건에 의해 앞의 5.1절에서 여러 예제에 대해 보였던 바와 같이 영이 되어야 하므

10) 물론 중립올은 중립면에 속하며, 변형 후의 중립올의 형상은 탄성곡선과 같다.

로, 다음이 성립해야 한다.

$$N = \int_A \sigma \, dA = 0 \,. \tag{5.58}$$

L1, L2에 의해 Hooke의 법칙이 성립한다고 하면, $\sigma = E\epsilon$이며, 또 변형도 ϵ은 그림 5.14에 보인 바와 같이 횡단면 상에 yz 평면을 잡고, 그 원점을 중립올 상의 한 점에 잡으면, 변형에 의한 x 방향 변위는 H1, H2에 의해 중립올로부터 y축을 따라서 잰 거리, 즉 y에 비례해야 하므로 다음과 같다.

$$\epsilon = -\alpha y. \tag{5.59}$$

여기서 − 부호는 y축의 방향을 연직 하방으로 잡았기 때문이며, α는 비례 상수이다. 이 식을 식 (5.58)에 대입하면 다음을 얻는다.

$$N = -E\alpha \int_A y \, dA = 0 \,, \tag{5.60}$$

이 식은 단면의 도심에 대한 정의의 일부이므로, 결국 중립축은 그 단면의 도심을 지나는 것을 보여주고 있다. 식 (5.60)은 정역학의 제 1식(first equation of statics)이라고도 불린다.

한편, 법선 방향의 변형에 의해 한 단면 상의 축 방향 올들이 길이가 달라지고, 따라서 이에 상응하는 응력을 받게 되는데, 위에서는 이 응력의 합력이 영이 됨을 이용하여 중립올의 위치를 구하였다.

다음으로 P2와 관련하여, 위에서 구한 응력에 기인하는 굽힘 모멘트를 구하고, 기하학적인 고려에 의해 이 굽힘 모멘트의 값은 그 단면에서의 곡률에 비례한다는 결과를 얻었다. 앞의 5.1절에서는 내력인 굽힘 모멘트를 정역학적 평형 조건만을 고려하여 구하였는데, 여기서는 정역학적 평형 조건과 Hooke의 법칙을 적용하여 굽힘 모멘트뿐만 아니라 그와 같은 굽힘 모멘트를 만들어내는 법선 방향 응력의 분포를 구하였고, 또 기하학적인 고려를 통해 그러한 응력 분포에 의해 주어지는 굽힘 모멘트가 보에 어떠한 변형을 일으키는지를 정확히 알 수 있게 되었다. 이와 같은 결과를 나타내는 위의 식 (5.54)를 유도하는 과정은 단면의 회전 중심이 중립축으로 이동한 것을 제외하면 2.3절에서 다룬 내용과 달라진 것이 없지만 이 장의 독립성을 위해 이하에 정리해 두기로 한다.

위의 식 (5.59)에서 얻은 바와 같이 변형도는 중립올로부터 y축을 따라 잰 거리에 비례하는데, 그 비례 상수를 결정하기 위해 다음을 생각한다. 그림 5.15에 보인 바와 같은 변형 전의 축 방향 길이가 dx인 미소 요소에 대해, $\alpha\beta$가 DF와 평행하다고 하면, $\angle FCB = \angle \beta KB = d\theta$를 이용하여 다음 관계를 얻고,

$$dx = \rho d\theta\,, \tag{5.61}$$

또 중립올로부터 y축을 따라 y만큼 떨어진 곳에서의 변형 Δdx는 다음과 같다.

$$\Delta dx = -\,y\,d\theta. \tag{5.62}$$

따라서 구하고자 하는 변형도는 다음 식으로 주어지며,

$$\epsilon = \frac{\Delta dx}{dx} = \frac{-\,yd\theta}{\rho d\theta} = -\,\frac{y}{\rho} = -\,\kappa y, \tag{5.63}$$

결국 위의 식 (5.59)에서 비례 상수 $\alpha = \kappa$, 즉 곡률임을 얻는다.

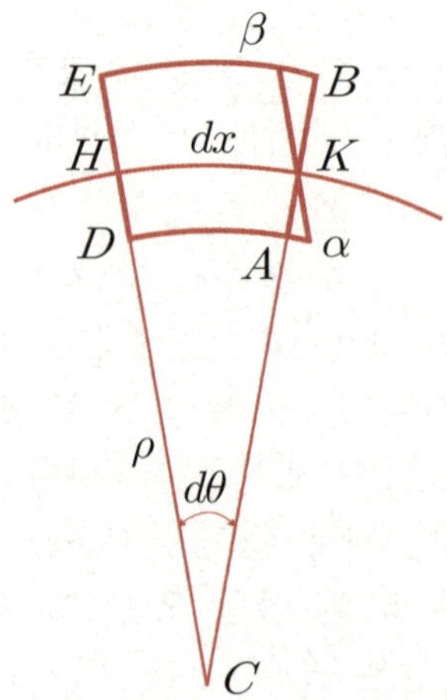

그림 5.15 보의 처짐; Navier(1826)

이와 같은 변형도에 상응하는 응력 분포는 $\sigma = -E\kappa y$이며, 이에 기인하는 점 K에 대한 모멘트, 즉 굽힘 모멘트 M_b를 구하면 다음과 같으므로,

$$M_b = -\int_A \sigma y dA = E\kappa \int_A y^2 dA = \kappa EI = \frac{EI}{\rho}. \tag{5.64}$$

식 (5.54)를 얻는다. 여기서 첫 번째 적분 앞의 음의 부호는 굽힘 모멘트의 양의 방향을 시계 방향으로 잡았기 때문이며, 또 I는 물론 단면의 z축, 즉 중립축에 대한 면적 2차 모멘트이다.

식 (5.64)는 2.3절에서 식 (2.26)과 관련하여 소개한 바 있는 베르누이-오일러 공식이고, 또 정역학의 제 2식(second equation of statics)이라고도 불린다. 식 (5.64)의 EI는 굽힘 강성(bending stiffness 또는 flexural rigidity)이라고 불리며, 보의 재료적 특성 E와 기하학적 특성 I의 곱으로 곡률과 굽힘 모멘트 사이의 비례 상수이다. 힘의 차원을 F로 나타내기로 하면, E의 차원은 FL^{-2}, I의 차원은 L^4이므로 굽힘 강성의 차원은 ρM_b의 차원과 같이 FL^2임에 유의하기 바란다.

Navier의 결과, 식 (5.54) 또는 (5.64)는 이미 2.3절 베르누이의 탄성곡선과 관련하여 논의한 바 있는 아래에 보인 식 (2.17)과 본질적으로 동일한 식이다.

$$M(x) = \frac{EI_0}{\rho} = P(l-x). \tag{2.17}$$

물론 베르누이는 위의 식의 모멘트를 고려 중인 단면에 외적인 하중에 의해 작용하는 모멘트로 생각하였고, 식 (5.64)에서는 좌변의 모멘트가 굽힘 모멘트로 얻어졌다. 전자는 정역학적 평형을 고려하여 얻어진 양이며, 후자는 정역학적 평형뿐만 아니라 Hooke의 법칙과 보의 변형을 고려하여 얻어진 양으로 전적으로 동일한 양이다. 다시 말하면 전자는 외적인 하중을 고려하여 그 단면에 가해지는 내력을 구한 것이고, 후자는 내적인 응력 분포에 의해 그 단면에 발생하는 내력을 구한 것이다. 두 모멘트는 동일한 양에 대해 두 가지 다른 관점, 방식을 사용하여 얻어진 값이며, 이와 같은 사실은 앞의 5.1.2절에서 CB1에 대해 구한 식 (5.7)로부터도 확인된다.

위에서 얻은 중립축과 단면의 굽힘 모멘트에 대한 결과는, Navier의 가정이 만족되는 경

우, 순전히 정역학적 평형 조건과 Hooke의 법칙으로부터 얻어진 점과, 또한 식 (5.64)는 임의의 한 단면에서 정의되는 값들 사이의 관계임을 다시 한 번 강조한다.

5.2.3 보의 굽힘 공식

앞 절에서 얻은 관계들을 이용하면 단면에서의 응력 분포에 대한 관계식을 얻을 수 있다. 먼저 식 (5.63) 아래에서 밝힌 바와 같이 $\sigma = -E\kappa y$인데, 식 (5.64)로부터 $\kappa = \dfrac{M_b}{EI}$이므로, 이를 대입하여 다음을 얻는다.

$$\sigma(y) = -\frac{M_b}{I}y\,. \tag{5.65}$$

이 식은 단면에서의 굽힘 모멘트가 알려진 경우 굽힘 모멘트에 의한 응력, 즉 한 단면에서의 굽힘 응력(bending stress)의 분포를 주는 식이며, 굽힘 공식(flexure formula)이라고 불린다. 그림 5.16에 보인 바와 같이 이 식에 따른 응력은 $y < 0$인 보의 상부에서 인장 응력, $y > 0$인 하부에서 압축 응력을 주며, $y = 0$인 중립축에서는 응력과 변형이 모두 영이다.

또한 식 (5.65)에 따르면 굽힘 응력 또한 재료의 성질과 관계없이 보 단면에 작용하는 굽힘 모멘트와 보 단면의 기하학적 특성에 따라 결정된다. 강과 알루미늄으로 만들어진 두 보의 경우, 형상이 같고 작용하는 굽힘 모멘트가 같다면, 보의 단면 상의 응력 분포는 동일하다. 단 Hooke의 법칙에 의해 $\epsilon = \dfrac{\sigma}{E}$이므로, 응력은 같다고 하더라도 재료가 다르면 변형도는 달라진다.

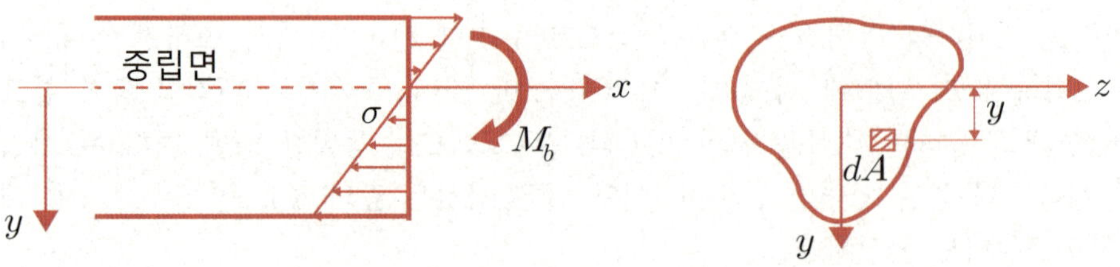

그림 5.16 단면 상의 응력 분포; Navier(1826)

굽힘 공식에 따르면, 굽힘 응력은 단면의 2차 모멘트에 반비례하므로, 동일한 중량의 재료를 사용하는 경우 굽힘 응력을 감소시키기 위해서는 가능하면 부재를 중립축으로부터 먼 곳에 배치하는 것이 유리하다. 예를 들면 사각형 단면 보보다는 중립축에서 멀리 떨어진 상하 플랜지(flange)에 면적을 많이 배분하고, 상하방의 플랜지를 웨브(web)로 연결한 I자형 단면의 보(I-beam)가, 두 단면의 면적이 같다면, 면적 2차 모멘트가 더 클 것이므로 보다 바람직하다는 결론을 얻는다.

이상의 논의는 토크에 의해 비틀림을 받는 원형 단면 봉의 전단 응력과 관련하여 얻은 식 (3.12), 비틀림 공식에 대한 논의와 매우 유사하다는 점을 지적해 둔다.

$$\tau(r) = \frac{M_t}{I_p} r \,, \tag{3.12}$$

식 (5.65)의 굽힘 공식을 살펴보면 굽힘 모멘트에 의한 법선 응력의 크기는 중립축으로부터의 거리에 비례하므로 그림 5.17에서 보는 것처럼 중립축에서 가장 먼 곳에 위치한 단면의 최하부나 최상부에서 최대값을 가진다. 따라서 최상부에 작용하는 최대 인장 응력 σ_1과 최하부에 작용하는 최대 압축 응력 σ_2는 다음과 같이 주어진다.

$$\sigma_1 = \frac{M_b c_1}{I} = \frac{M_b}{Z_1} , \quad \sigma_2 = - \frac{M_b c_2}{I} = - \frac{M_b}{Z_2} . \tag{5.66}$$

여기서 c_1, c_2는 각각 중립축으로부터 최상부, 최하부까지의 거리이다.

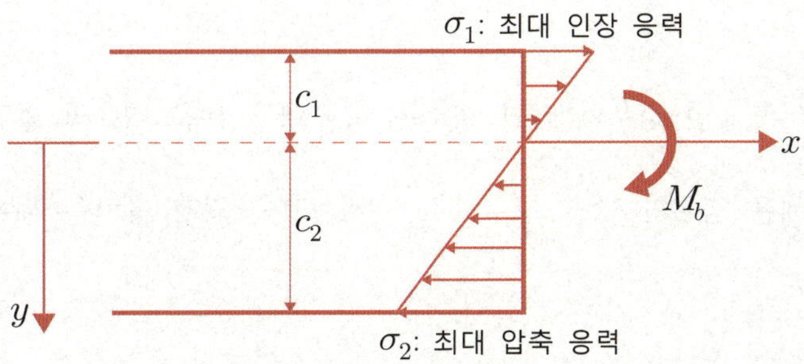

그림 5.17 보 단면의 최대 응력

위의 식 우변의 굽힘 모멘트에 곱해진 양 $\frac{c_1}{I}$, $\frac{c_2}{I}$의 역수, $Z_1 = \frac{I}{c_1}$, $Z_2 = \frac{I}{c_2}$는 굽힘 모멘트가 주어진 경우, 최대 굽힘 응력을 결정하는 유일한 인자로 보 단면의 기하학적 특성에 따라 전적으로 결정되며, 보의 설계 시 매우 중요한 역할을 하고, 보통 단면 계수(section modulus)라고 부른다. 식 (5.66)에 따르면 단면 계수가 크면 클수록 보에 작용하는 최대 굽힘 응력은 작아진다.

직사각형 단면 보의 단면 계수는 $c_1 = c_2 = c = h/2$와 식 (5.56)을 이용하여 다음과 같이 얻는다.

$$Z_1 = Z_2 = \frac{I}{c} = \frac{2bh^3}{12h} = \frac{bh^2}{6} = A\frac{h}{6}. \tag{5.67}$$

즉, 상면과 하면에 작용하는 인장과 압축 응력의 크기는 동일하며, 단면적이 동일한 직사각형 단면이라면 높이 h가 큰, 즉 상하 방향으로 길고 폭이 좁은 단면이 단면 계수가 크기 때문에 유리하다고 볼 수 있으나, 지나치게 폭이 좁아지면 좌굴[11]이 발생할 가능성이 커지므로 설계 시 주의를 요한다.

[예제 5.4] 1.2.3절의 응용1)에서 고려하였던 길이가 l, 폭이 b, 두께가 t인 막대자에 대해 눕힌 경우와 세운 경우에 대해 단면 계수를 구하고 얻어진 결과와 응용1)에서 얻었던 결론을 비교하여 논하시오.

[답] 식 (5.67)로부터 눕힌 경우의 단면 계수는 $A\frac{t}{6}$이고 세운 경우의 단면 계수는 $A\frac{b}{6}$이다. 따라서 세운 경우의 단면 계수가 $\frac{b}{t}$ 배 크며, 최대 응력은 세운 경우가 그만큼 작다.

11) 얇은 판이나 긴 기둥이 압축 하중을 받게 되면 불안정하게 붕괴되는 현상을 말한다. 기둥의 좌굴은 7장에서 다루며, 판의 좌굴은 좀 더 수준 높은 역학 지식을 요하므로 자세한 논의는 참고문헌으로 미루기로 한다.

1.2.3절의 응용1)에서는 파괴 하중을 비교하여 세운 막대자의 경우가 $\dfrac{b}{t}$ 배 크다는 결과를 얻었으며, 이에 상응하는 현대적인 해석은 위에서 보인 바와 같이 단면 계수의 차이로 주어진다.
항복 응력 σ_Y에 상응하는 자유단에 작용하는 하중 P_Y는, $M_b = P_Y l$이므로 $P_Y = \dfrac{\sigma_Y Z}{l} = \sigma_Y A \dfrac{h}{6l}$로 주어지는데, 갈릴레오의 파괴 하중 $R = \sigma_Y A$로 간주하면 $P_Y = \dfrac{h}{6l}R$을 얻으며 이는 식 (1.7)로 주어지는 $P_r = \dfrac{h}{2l}R$에 비해 $\dfrac{1}{3}$의 값이다. 이와 같은 차이의 주요한 이유는 단면에서의 응력 분포에 대한 갈릴레오의 가정은 균일분포이었던 점에 반해, 위에서는 식 (5.65)와 같이 선형적으로 변화하는 것으로 간주한 것으로 볼 수 있다.

[예제 5.5] 1.2.3절의 응용2)에서 고려하였던 기하학적으로 상사한 외팔보의 자중에 의한 파괴와 관련하여 λ를 축척비라고 할 때, 기하학적으로 상사한 직사각형 단면의 외팔보가 받는 최대 응력 $\sigma_m \propto \lambda$임을 보이고, 갈릴레오의 결론과 비교하여 논하시오.

[답] γ를 재료의 비중량, 단면의 폭을 b, 높이를 h, 보의 길이를 l이라고 하면 자중에 의한 하중 $P = \gamma bhl$이고, 이 하중의 반이 자유단에 작용하는 것으로 볼 수 있다. 최대 굽힘 모멘트는 고정단에 작용하며 그 크기는 $\dfrac{Pl}{2}$이고, 식 (5.67)로부터 단면 계수는 $\dfrac{bh^2}{6}$이므로, 식 (5.66)에 이를 대입하여 최대 응력에 대해 다음을 얻는다.

$$\sigma_m = \frac{Pl}{2}\frac{6}{bh^2} = \frac{3\gamma bhl^2}{bh^2} = 3\gamma\frac{l^2}{h}. \qquad (예5.22)$$

기하학적으로 상사한 두 보 B_1과 B_2에 대해 최대 응력의 비는 다음과 같으며,

$$\frac{\sigma_{m1}}{\sigma_{m2}} = \left(\frac{l_1^2 h_2}{h_1 l_2^2}\right) = \lambda, \tag{예5.23}$$

따라서 원하는 결과를 얻었다.
이 결과는 갈릴레오의 해석에 상응하는 현대적인 해석이라고 할 수 있으며, 보가 받을 수 있는 최대 응력을 항복 응력 σ_Y라고 가정하면, 보의 크기가 증가하여 $\sigma_m = \sigma_Y$가 성립하는 경우, 더 이상 안전을 보장하기 힘들므로, 본질적으로는 갈릴레오의 결론과 일치하는 결과를 주고 있다고 볼 수 있다.

[예제 5.6] 직경 d, 반경 a인 원형 단면 보의 단면 계수를 구하시오. 재료, 길이, 단면적 A가 같은 정사각형 단면 보와 원형 단면 보가 같다면 동일한 하중을 받을 때, 어느 보가 더 큰 최대 응력을 받는지 구하시오.

[답] 식 (5.67)로부터 단면 계수 $Z_{cir} = \dfrac{I}{a}$이므로, 원의 2차 모멘트에 대한 식 (5.57)의 결과를 대입, 원형 단면 보에 대한 단면 계수를 다음과 같이 얻는다.

$$Z_{cir} = \frac{I}{a} = \frac{\pi a^4}{4a} = \frac{\pi a^3}{4} = A\frac{a}{4} = A\frac{d}{8}. \tag{예5.24}$$

두 보의 단면적이 같으므로, 정사각형 보에 대해서는 식 (5.67)에 $h = \sqrt{A}$를 대입하여 단면 계수 Z_{sq}를 다음과 같이 얻고,

$$Z_{sq} = \frac{A^{3/2}}{6} = 0.167A^{3/2}, \tag{예5.25}$$

원형 보에 대해서는 위의 식 (예5.24)에 $r = \sqrt{\dfrac{A}{\pi}} = 0.564\sqrt{A}$를 대입하여 단면 계수 Z_{cir}를 다음과 같이 얻는다.

$$Z_{cir} = A^{3/2}\frac{0.564}{4} = 0.141A^{3/2}. \tag{예5.26}$$

따라서 동일한 하중을 받는다면, 원형 단면 보에 작용하는 최대 응력의 크기가 정사각형 단변 보에 비해 $\frac{Z_{sq}-Z_{cir}}{Z_{sq}} = 15.6\%$ 클 것임을 알 수 있다.

[예제 5.7] 1.2.3절의 응용4)에서 고려하였던 단면적이 같은 중실 보와 중공 보에 대해 단면 계수를 구하고 얻어진 결과와 응용4)에서 얻었던 결론을 비교하여 논의하시오. 단 중공 보의 바깥 반경 a_o, 안 반경 a_i는 주어졌다고 가정한다.

[답] 중실 보의 단면 계수는 식 (예5.26)으로 구하였고, 또 중공 보의 2차 모멘트 I_h는 식 (5.57)로부터 다음을 얻는다.

$$I_h = \frac{\pi}{4}\left(a_o^4 - a_i^4\right) = \frac{\pi}{4}a_o^4\left(1-\lambda^4\right) \tag{예5.27}$$

여기서 $\lambda = \frac{a_i}{a_o} < 1$로 주어진 상수이다. 따라서 식 (5.66)으로부터 중공 보의 단면 계수 Z_h는 다음과 같이 얻는다.

$$Z_h = \frac{I_h}{a_o} = \frac{\pi}{4}a_o^3\left(1-\lambda^4\right). \tag{예5.28}$$

한편 중공 보의 단면적이 중실 보의 단면적과 같으므로 다음이 성립한다.

$$\pi a^2 = \pi a_o^2\left(1-\lambda^2\right), \quad \therefore a = a_o\sqrt{1-\lambda^2}, \tag{예5.29}$$

여기서 a는 중실 보의 반경이다. 따라서 중실 보의 단면 계수 Z_s는 식 (예5.24)로부터 다음과 같이 얻는다.

$$Z_a = \frac{\pi a^3}{4} = \frac{\pi}{4} a_o^3 (1-\lambda^2)^{3/2}. \tag{예5.30}$$

그러므로 두 단면 계수의 비 α를 구하면 다음과 같다.

$$\alpha = \frac{Z_h}{Z_s} = \frac{1-\lambda^4}{(1-\lambda^2)^{3/2}} = \frac{1+\lambda^2}{\sqrt{1-\lambda^2}} > 1. \tag{예5.31}$$

예를 들어 $\lambda = 0.8$인 경우, 식 (예5.29)로부터 $\beta = \frac{a_o}{a} = \frac{1}{\sqrt{1-\lambda^2}} = \frac{5}{3}$를 얻고, 또 식 (예5.31)으로부터 $\alpha = \frac{1+\lambda^2}{\sqrt{1-\lambda^2}} = 2.73$을 얻는다. 즉 단면 계수의 비는 반경의 비 즉 직경의 비보다 $(1+\lambda^2) = 1.64$ 배 큰 값을 가짐을 확인할 수 있다.

1.2.3절 응용4)에서의 갈릴레오의 결론, 즉 파괴 하중은 직경의 비 β에 비례하여 증가한다는 결론은 파괴 하중에 대한 것이었고, 위의 결과는 최대 응력에 대한 결과이므로 본질적으로 다른 내용이기는 하지만, [예제 5.4]에서 보인 바와 같은 해석을 이 문제에 대해서도 수행할 수 있으며, 중공 보의 경우 훨씬 큰 하중을 견디어 낼 수 있다는 갈릴레오의 지적에 대한 현대적인 해석은 식 (예5.31)에 의해 주어진다고 할 수 있다.

[예제 5.8] 그림 예5.12에 보인 바와 같은 T형 단면의 단순보가 집중 하중 P와 집중 모멘트 M_D를 받고 있다. 단 $P = 30\,kN$, $M_D = 90\,kNm$, $a = 6\,m$, $f = 3\,m$, $l = 15\,m$, $b = 180\,mm$, $h = 200\,mm$, 단면의 두께 $t = 30\,mm$로 한다.

1) 보의 전단력과 굽힘 모멘트의 길이 방향 분포를 도시하시오.
2) 단면의 중립축 위치와 단면 계수를 계산하시오.
3) 보에 작용하는 최대 인장 및 압축 응력의 발생 위치와 그 크기를 구하시오.

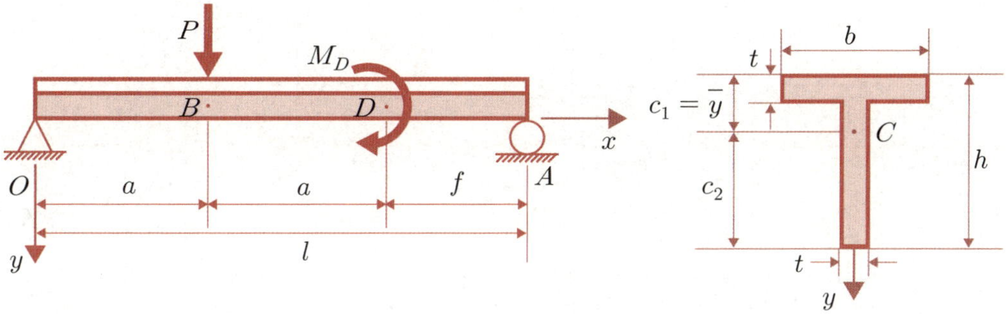

그림 예5.12 집중 하중과 집중 모멘트를 받는 단순보

[답]

1) 그림 예5.13에 보인 바와 같은 자유물체도를 작성하고 평형 조건으로부터 반력을 구한다.

$$\sum F_y = P - R_O - R_A = 0, \tag{예5.32}$$

$$\sum_O M = Pa + M_D - R_A l = 0, \tag{예5.33}$$

$$\therefore R_O = \frac{Pr - M_D}{l} = 12\,kN,\ \ R_A = \frac{Pa + M_D}{l} = 18\,kN, \tag{예5.34}$$

여기서 $r = l - a = 9\,m$이다.

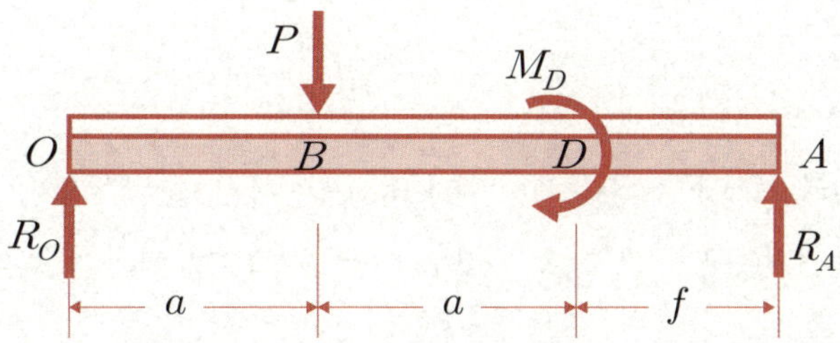

그림 예5.13 자유물체도

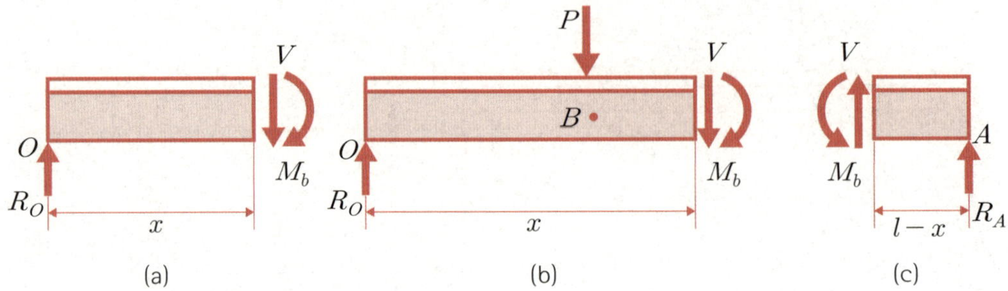

그림 예5.14 내력을 구하기 위한 자유물체도

전단력과 굽힘 모멘트의 분포를 구하기 위해 보를 3개의 구간으로 나누어 생각하고, 각각의 경우에 대해 그림 예5.14에 보인 바와 같이 자유물체도를 그린 뒤, 힘의 평형 조건으로부터 다음을 얻는다.

i) 구간 $OB(0 < x < a)$

$$\sum F_y = V - R_O = 0, \ \therefore V(x) = R_O = 12\ kN, \qquad (예5.35)$$

$$\sum_x M = M_b + R_O x = 0, \ \therefore M_b(x) = -R_O x = -12x, \qquad (예5.36)$$

ii) 구간 $BD(a < x < 2a)$

$$\sum F_y = -R_O + P + V = 0, \ \therefore V(x) = R_O - P = -18\ kN \qquad (예5.37)$$

$$\sum_x M = R_O x - P(x-a) + M_b = 0, \ \therefore M_b(x) = R_A x - Pa = 18x - 180, \qquad (예5.38)$$

iii) 구간 $DA(2a < x < l)$

$$\sum F_y = -V - R_A = 0, \ \therefore V(x) = -R_A = -18\ kN, \qquad (예5.39)$$

$$\sum_x M = -M_b - R_A(l-x) = 0, \ \therefore M_b(x) = -R_A(l-x) = 18x - 270. \qquad (예5.40)$$

식 (예5.35)~(예5.40)을 사용하여 그림 예5.15에 보인 바와 같은 전단력과 굽힘 모멘트 선도를 얻는다.

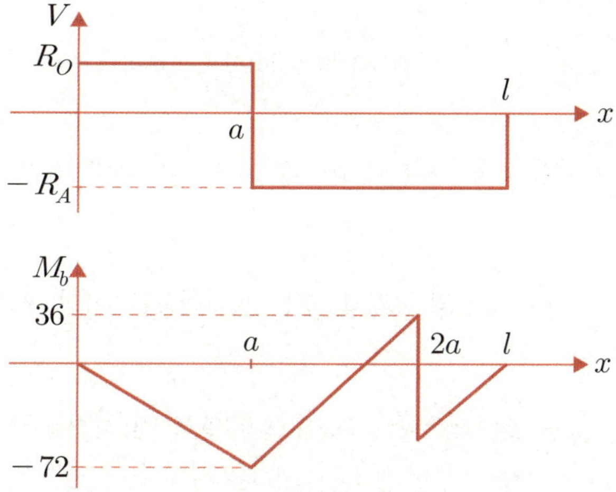

그림 예5.15 전단력 선도와 굽힘 모멘트 선도

2) 단면의 특성에 대한 계산은 부록 B에 보인 정리들을 사용하여 다음과 같이 구할 수 있다. T형 단면의 수직 부분은 웨브(web), 수평 부분은 플랜지(flange)라고 부르는데, 이들은 직사각형이므로 각각의 면적과 중심의 위치를 쉽게 구할 수 있어 전체 단면의 중심, 즉 도심의 위치를 구할 수 있다.

i) 면적

웨브의 면적 A_1과 플랜지의 면적 A_2의 합인 전체 면적 A는 다음과 같다.

$$A = A_1 + A_2 = (h-t)t + bt = (5100 + 5400) \times 10^{-6} = 1.05 \times 10^{-2}\, m^2. \quad (예5.41)$$

ii) 면적의 1차 모멘트

단면의 형상이 좌우 대칭이므로, xy 평면은 단면의 좌우 대칭면과 일치하도록 잡고, 아직 도심의 위치를 알지 못하므로 잠정적으로 xz 평면은 플랜지의 상부와 일치하도록 잡는다. 전체 면적의 z축에 대한 1차 모멘트 Q는 웨브와 플랜지의 모멘트의 합으로 주어지므로 다음과 같고,

$$Q = \bar{y}_1 A_1 + \bar{y}_2 A_2 = \left(\frac{h-t}{2} + t\right) A_1 + \frac{t}{2} A_2 = \frac{t}{2}\left\{\left(\frac{h}{t} + 1\right) A_1 + A_2\right\},$$

$$\therefore Q = 15 \times \left\{\left(\frac{20}{3} + 1\right) \times 5100 + 5400\right\} = 6.675 \times 10^{-4}\, m^3. \qquad \text{(예5.42)}$$

여기서, $\bar{y}_1$, $\bar{y}_2$는 각각 z축으로부터 웨브와 플랜지의 도심까지의 연직 거리를 뜻한다.

iii) 중립축

중립축은 도심을 지나며 도심의 y좌표 $\bar{y}$는 식 (예5.41), (예5.42)로부터 다음과 같이 주어진다.

$$\bar{y} = \frac{Q}{A} = \frac{6.675}{1.05} \times 10^{-2} = 6.357 \times 10^{-2}\, m. \qquad \text{(예5.43)}$$

iv) 면적 2차 모멘트

2차 모멘트의 계산에는 부록 B.3에 보인 평행축 정리(parallel axis theorem)가 사용된다. 어떤 도형의 도심을 지나는 축에 대한 2차 모멘트 I_0를 아는 경우, 그와 평행한 축에 대한 2차 모멘트 I는 다음과 같이 주어진다.

$$I = I_0 + Ad^2, \qquad \text{(예5.44)}$$

여기서 A는 그 도형의 면적이며, d는 도심을 지나는 축과 그와 평행한 축 사이의 거리이다.

먼저 웨브에 대해 생각하면 자체의 도심을 지나며 z축에 평행한 축에 대한 2차 모멘트는 식 (5.56)으로부터 $I_{10} = \dfrac{t(h-t)^3}{12}$, 웨브의 도심으로부터 전체 단면의 도심까지의 거리는 $d_1 = \dfrac{h-t}{2} - \bar{y}$이므로 웨브에 의한 2차 모멘트 I_1은 다음과 같이 얻는다.

$$I_1 = I_{10} + A_1 d_1^2 = \frac{t(h-t)^3}{12} + (h-t)t\left(\frac{h-t}{2} - \bar{y}\right)^2 = 1.462 \times 10^{-5}\, m^4, \qquad \text{(예5.45)}$$

플랜지에 대해서도 같은 방법을 사용하면 자체의 도심을 지나며 z축에 평행한 축에 대한 2차 모멘트는 식 (5.56)으로부터 $I_{20} = \frac{bt^3}{12}$, 플랜지의 도심으로부터 전체 단면의 도심까지의 거리는 $d_2 = \frac{t}{2} - \bar{y}$ 이므로 웨브에 의한 2차 모멘트 I_2는 다음과 같이 얻는다.

$$I_2 = I_{20} + A_2 d_2^2 = \frac{bt^3}{12} + bt\left(\frac{t}{2} - \bar{y}\right)^2 = 1.314 \times 10^{-5}\, m^4, \qquad (\text{예}5.46)$$

식 (예5.45), (예5.46)으로부터 전체 단면의 도심을 지나는 z 축과 평행한 축, 즉 변형 전의 중립축에 대한 2차 모멘트를 다음과 같이 얻는다.

$$I = I_1 + I_2 = 2.776 \times 10^{-5}\, m^4. \qquad (\text{예}5.47)$$

v) 단면 계수

T 형 단면의 단면 계수는 도심으로부터 상단과 하단까지의 연직 거리가 각각 $c_1 = \bar{y}$, $c_2 = h - \bar{y}$ 이므로, 식 (5.67)을 사용하여 다음과 같이 얻는다.

$$Z_1 = \frac{I}{c_1} = \frac{2.776 \times 10^{-5}}{6.357 \times 10^{-2}} = 4.367 \times 10^{-4}\, m^3, \qquad (\text{예}5.48)$$

$$Z_2 = \frac{I}{c_2} = \frac{2.776 \times 10^{-5}}{1.364 \times 10^{-1}} = 2.035 \times 10^{-4}\, m^3. \qquad (\text{예}5.49)$$

3) 식 (5.66)에 의하면 보의 단면에 작용하는 응력은 그 단면에 작용하는 굽힘 모멘트에 비례하므로 먼저 굽힘 모멘트의 크기가 가장 큰 단면을 고려해야 한다. 단 굽힘 모멘트의 부호에 따라 인장 또는 압축 응력의 위치가 바뀌므로, 굽힘 모멘트의 크기가 음, 양인 두 경우를 모두 고려해야 한다. 그림 예5.15의 굽힘 모멘트 선도로부터 점 B와 점 D에서 각각 음과 양 부호의 최대값을 가지는 것을 알 수 있으며, 그 값은 각각 $-72\, kNm$, $36\, kNm$임을 얻는다.

i) 점 B

상단에서는 압축 응력 σ_{B1}, 하단에서는 인장 응력 σ_{B2}를 받으며 식 (5.66)으로부터 다음 결과를 얻는다.

$$\sigma_{B1} = \frac{M_b}{Z_1} = -\frac{72\times10^3}{4.367\times10^{-4}} = -164.9\ MPa, \tag{예5.50}$$

$$\sigma_{B2} = -\frac{M_b}{Z_2} = \frac{72\times10^3}{2.035\times10^{-4}} = 353.8\ MPa. \tag{예5.51}$$

ii) 점 D

상단에서는 인장 응력 σ_{D1}, 하단에서는 압축 응력 σ_{D2}를 받으며, 식 (5.66)으로부터 다음 결과를 얻는다.

$$\sigma_{D1} = \frac{M_b}{Z_1} = \frac{36\times10^3}{4.367\times10^{-4}} = 82.4\ MPa, \tag{예5.52}$$

$$\sigma_{B2} = -\frac{M_b}{Z_2} = -\frac{36\times10^3}{2.035\times10^{-4}} = -176.9\ MPa. \tag{예5.53}$$

이 결과들을 종합하여 점 B 하단에 최대 인장 응력 353.8 MPa이 작용하며, 점 D 하단에 최대 압축 응력 176.9 MPa이 작용함을 얻는다.

5.2.4 보의 처짐 곡선과 경계 조건

Navier의 셋째 결과 P3에 포함된 식 (5.55)는 이미 2.3절에서 논의한 바 있는 곡률에 대한 결과, 식 (2.23)에 $\left|\frac{dv}{dx}\right| \ll 1$ 의 근사를 도입하여 쉽게 얻으며, 굽힘에 대한 미분 방정식(differential equation for flexure)으로 알려져 있다.

CB1a. 자유단에 집중 하중을 받는 외팔보의 처짐

예를 들어 5.1.2절에서 다룬 문제 CB1의 식 (5.7)을 식 (5.55)에 대입하면 다음을 얻는다.

$$\frac{d^2v}{dx^2} = \frac{M_b}{EI} = \frac{P}{EI}(l-x) = \alpha(l-x),\ \ \alpha = \frac{P}{EI}. \tag{5.68}$$

여기서 α의 차원, $[\alpha] = L^{-2}$임에 유의한다. 이 식은 직접 적분이 가능한 형태의 식이므로 쉽게 $v(x)$를 구할 수 있다. 위의 식을 한 번 적분하면 다음을 얻는데,

$$\frac{dv}{dx} = \alpha\left(lx - \frac{x^2}{2}\right) + C_1, \tag{5.69}$$

여기서 C_1은 적분 상수이며, 고정단, $x=0$에서의 보의 기울기가 영이어야 하는 점을 이용하여 $C_1 = 0$을 얻는다. 또 위의 식을 한 번 더 적분하여 다음을 얻는데,

$$v(x) = \alpha\left(\frac{l}{2}x^2 - \frac{x^3}{6}\right) + C_0, \tag{5.70}$$

고정단에서의 보의 변위 또한 영이어야 하는 점을 이용하여 $C_0 = 0$을 얻으므로, 결국 자유단에 집중 하중을 받는 외팔보의 처짐 곡선을 다음과 같이 얻는다.

$$v(x) = \frac{\alpha}{6}(3l - x)x^2. \tag{5.71}$$

그림 5.18에 위의 곡선을 보였는데, 3차 곡선으로 탄성곡선이 근사되었음에 유의한다. 자유단, $x = l$에서의 처짐이 보의 **최대 처짐**(maximum deflection) δ임을 알 수 있으며, 식 (5.71)으로부터 다음을 얻는다.

$$\delta = v(l) = \frac{\alpha}{6}(3l - l)l^2 = \frac{\alpha l^3}{3} = \frac{Pl^3}{3EI}. \tag{5.72}$$

위 식에 따르면, 자유단에서 발생하는 외팔보의 최대 처짐은 하중의 크기에 비례하고, 보의 길이의 3승에 비례하며, 굽힘 강성 EI에 반비례한다. 직사각형 단면의 경우, 식 (5.56)을 이용하여 다음을 얻으므로,

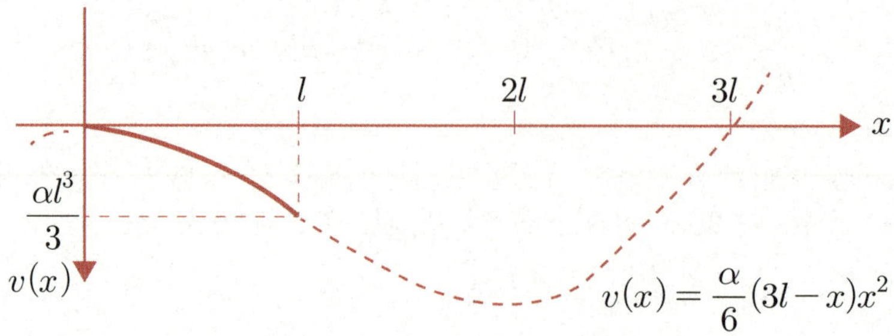

그림 5.18 자유단에 집중 하중을 받는 외팔보의 처짐 곡선

$$\delta = \frac{Pl^3}{3EI} = \frac{4P}{Eb}\left(\frac{l}{h}\right)^3, \tag{5.73}$$

최대 처짐은 하중에 비례하고, 탄성계수와 폭에 반비례하며, $\frac{l}{h}$의 3승에 비례한다.

위에서 적분 상수를 결정하기 위해 고정단에서의 변위, 즉 처짐, 또는 기울기 등에 대한 물리적인 조건을 사용하였는데, 이와 같은 조건은 미분 방정식에서는 **경계 조건**이라고 불린다.

보의 경계 조건은 보를 지지하는 방식에 따라 달라지며, 아래와 같이 주어진다.

i) **고정단**(clamped end 또는 fixed end)에서는 변위, 기울기가 모두 영이 되어야 하므로, 고정단의 x 좌표를 a라고 하면, 다음 식이 만족되어야 한다.

$$v(a) = \frac{dv(a)}{dx} = 0. \tag{5.74}$$

ii) $x=a$에서 보가 **핀 지지**(pin support)되고 있다면, 다음이 만족되어야 한다.

$$v(a) = u(a) = 0. \tag{5.75}$$

여기서 u는 x 방향의 변위이다.

iii) $x=a$에서 보가 **롤러 지지**(roller support)되고 있다면, 다음이 만족되어야 한다.

$$v(a) = 0. \tag{5.76}$$

축 방향에 수직한 단축 하중만을 고려하는 경우에는 따라서 핀 지지와 롤러 지지에 대한 경계 조건은 동일하다. 또한 자유단에서는 변위와 기울기가 구해야 하는 값이므로, 그에 대한 경계 조건은 주어질 수가 없다.

반력은 경계 조건과 밀접한 관계를 가지는데, 5.1.1절에서 언급한 바와 같이 반력은 지지점에서 변형이 구속되는 것에 대한 반작용으로 발생하므로, 예를 들어 핀 지지의 경우에는 회전이 허용되어 있으므로 반작용 모멘트는 영이어야 하지만, 반력은 임의의 값을 가질 수 있다.

SB1a. 보의 중앙에 집중 하중이 작용하는 단순보의 처짐 곡선

앞의 5.1.6절에서 고려했던 문제 SB1과 관련하여 보의 중앙에 집중 하중을 받는 단순보의 처짐 곡선을 구해보자. 보의 각 단면에 작용하는 굽힘 모멘트 $M_b(x)$는 식 (5.51), (5.53)에 $a = b = \frac{l}{2}$를 대입하여 다음과 같이 얻는다.

$$M_b(x) = \begin{cases} -\dfrac{Px}{2}, & x \in \left(0, \dfrac{l}{2}\right), \\ -\dfrac{P(l-x)}{2}, & x \in \left(\dfrac{l}{2}, l\right), \end{cases} \tag{5.77}$$

이 식을 식 (5.55)에 대입하고, 다음과 같이 α를 정의한 후,

$$\alpha = \frac{P}{EI}, \tag{5.78}$$

x에 대해 한 번 적분하여 다음을 얻는다.

$$\frac{dv}{dx} = \begin{cases} -\dfrac{\alpha}{4}\left(x^2 + C_1\right), & x \in \left(0, \dfrac{l}{2}\right), \\ \dfrac{\alpha}{4}\left\{(l-x)^2 + C_2\right\}, & x \in \left(\dfrac{l}{2}, l\right). \end{cases} \tag{5.79}$$

$x = \frac{l}{2}$에서 처짐 곡선은 최대값을 가지므로, 기울기가 영이라는 조건을 이용하여 다음

을 얻는다.

$$C_1 = C_2 = -\frac{l^2}{4}, \tag{5.80}$$

이와 같이 적분 상수를 결정하기 위해, 보 내부의 점에 대해 처짐 곡선이 최대값 또는 최소값을 가지는 성질과 연속이어야 하는 성질을 이용함에 유의한다.

식 (5.79)를 한 번 더 적분하면 다음을 얻으며,

$$v(x) = \begin{cases} -\frac{\alpha}{4}\left(\frac{x^3}{3} - \frac{l^2 x}{4} + C_3\right), & x \in \left(0, \frac{l}{2}\right), \\ -\frac{\alpha}{4}\left\{\frac{(l-x)^3}{3} - \frac{l^2}{4}(l-x) + C_4\right\}, & x \in \left(\frac{l}{2,}l\right), \end{cases} \tag{5.81}$$

좌단, $x = 0$, 우단, $x = l$에서의 보의 변위가 영이라는 경계 조건을 이용하여 다음을 얻는다.

$$C_3 = C_4 = 0. \tag{5.82}$$

이 결과를 식 (5.81)에 대입하여 단순보의 처짐 곡선을 다음과 같이 얻는데,

$$v(x) = \begin{cases} -\frac{\alpha x}{4}\left(\frac{x^2}{3} - \frac{l^2}{4}\right), & x \in \left(0, \frac{l}{2}\right), \\ -\frac{\alpha(l-x)}{4}\left\{\frac{(l-x)^2}{3} - \frac{l^2}{4}\right\}, & x \in \left(\frac{l}{2}, l\right), \end{cases} \tag{5.83}$$

$x = \frac{l}{2}$에서 처짐의 값은 위의 두 식이 같은 값을 주는 것을 쉽게 확인할 수 있고, 위의 식을 그림 5.19에 보였다. 그림에 보인 바와 같이, 구간 $x \in \left(0, \frac{l}{2}\right)$에서의 처짐 곡선은 $x = 0$, $x = \pm\frac{\sqrt{3}\,l}{2}$에서 근을 가지는 3차 곡선이며, 구간 $x \in \left(\frac{l}{2}, l\right)$에서의 처짐 곡선은

$x=l$, $x=\left(1\pm\dfrac{\sqrt{3}}{2}\right)l$에서 근을 가지는 3차 곡선으로, 두 곡선은 $x=\dfrac{l}{2}$에서, 함수 값, 기울기, 곡률은 동일하나, 그림 5.13의 굽힘 모멘트 선도에서 보는 바와 같이, 굽힘 모멘트의 기울기, 즉 3차 미분계수는 서로 같지 않으므로, 처짐 곡선은 $x=\dfrac{l}{2}$에서 3차 미분계수가 불연속인 곡선이다. 집중 하중이 작용하면 5.1.4절의 식 (5.27)에서 보인 바와 같이, 전단력이 불연속적으로 변화하므로, $x=\dfrac{l}{2}$에서 전단력, 즉 3차 미분계수가 불연속임은 앞에서 얻은 것과 일관된 결과이다.

두 개의 3차 곡선으로 주어진 처짐 곡선은 보의 중앙에서 최대 처짐 δ를 가지며, 식 (5.83)으로부터 다음을 얻는다.

$$\delta=v\left(\frac{l}{2}\right)=-\frac{\alpha l^3}{8}\left(\frac{1}{12}-\frac{1}{4}\right)=\frac{\alpha l^3}{48}=\frac{Pl^3}{48EI}. \tag{5.84}$$

이 값은 식 (5.72)로 얻은 자유단에 집중 하중을 받는 외팔보의 최대 처짐, 즉 자유단에서의 처짐의 1/16에 해당하는 작은 값이다. 양단 지지된 경우, 자유단이 있는 경우에 비해 최대 처짐의 값이 현저하게 감소하는 것에 유의한다.

위에서 다룬 집중 하중을 받는 외팔보와 단순보의 경우, 굽힘 모멘트가 1차 식으로 주어지므로, 처짐 곡선은 3차 곡선으로 얻어짐에 유의하며, 또한 굽힘 모멘트가 선형적으로 변화하는 이유는 집중 하중을 받고 있기 때문임에 유의한다.

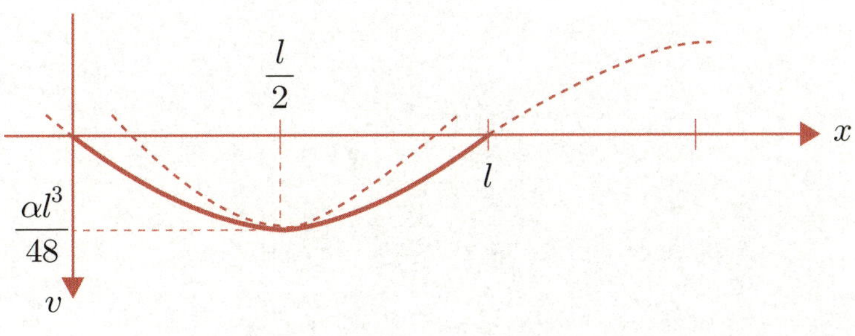

그림 5.19 중앙에 집중 하중을 받는 단순보의 처짐 곡선

5.2.5 변위, 기울기, 굽힘 모멘트, 전단력, 분포 하중의 관계

5.1.4절에서 미소 요소에 대한 평형 조건을 고려하여, 분포 하중(w)-전단력(V), 전단력(V)-굽힘 모멘트(M_b)의 관계를 식 (5.20), (5.22)로 각각 얻었다. 이 두 식과 정역학의 제2식으로부터 처짐 곡선의 기울기가 매우 작다는 가정을 사용하여 얻은 굽힘에 대한 미분 방정식인 식 (5.55), 그리고 처짐 곡선의 기울기 $\frac{dv}{dx}$에 대한 식을 정리하면 다음과 같다.

$$\frac{dv}{dx} = \tan\theta, \tag{5.85}$$

$$\frac{M_b}{EI} = \frac{d^2v}{dx^2}, \tag{5.86}$$

$$V = -\frac{dM}{dx} = -\frac{d}{dx}\left(EI\frac{d^2v}{dx^2}\right), \tag{5.87}$$

$$w = -\frac{dV}{dx} = \frac{d^2}{dx^2}\left(EI\frac{d^2v}{dx^2}\right). \tag{5.88}$$

기울기는 매우 작은 양으로 가정하고 있으므로, $\tan\theta \simeq \theta$의 근사를 사용할 수 있고, 균일 단면 보의 경우에는 굽힘 강성 EI를 상수로 볼 수 있으므로, 위 식은 다음과 같이 다시 쓸 수 있다.

$$\frac{dv}{dx} = \theta, \tag{5.89}$$

$$\frac{d^2v}{dx^2} = \frac{M_b}{EI}, \tag{5.90}$$

$$\frac{d^3v}{dx^3} = -\frac{V}{EI}, \tag{5.91}$$

$$\frac{d^4v}{dx^4} = \frac{w}{EI}. \tag{5.92}$$

이 식에 따르면 처짐 곡선의 1계, 2계, 3계, 4계 미분은 각각 처짐각, 굽힘 강성으로 나눈 굽힘 모멘트, 전단력, 분포 하중에 의해 결정된다. 집중 하중이나 집중 모멘트가 작용하지 않는 경우에는, 위에서 얻은 식들을 적분하여 원하는 물리량을 얻을 수 있다. 반면에 집중 하중이나 집중 모멘트가 작용하는 경우에는 지금까지의 예제에서 보았듯이, 이들의 작용점을 경계로 하는 구간으로 분할하여 각 구간 내에서는 집중 하중이나 집중 모멘트가 작용하지 않도록 하여 문제를 풀 수 있으며, 어떤 경우에도 적분 상수들은 경계 조건 또는 처짐 곡선의 대칭성 등의 특성을 이용하여 결정됨에 유의한다.

앞에서 정리한 식들의 적용 예를 보기 위해 다음으로는 보의 전 길이에 걸쳐 균일 분포 하중 w를 받는 외팔보를 생각하자.

CB4. 전 길이에 걸쳐 분포 하중이 작용하는 외팔보

그림 5.20에 보인 것과 같은 외팔보의 경우, 보 전체에 대한 y 방향의 힘 평형 조건으로부터 고정단에 작용하는 반작용 힘 R에 대해 다음을 얻는다.

$$R = wl. \tag{5.93}$$

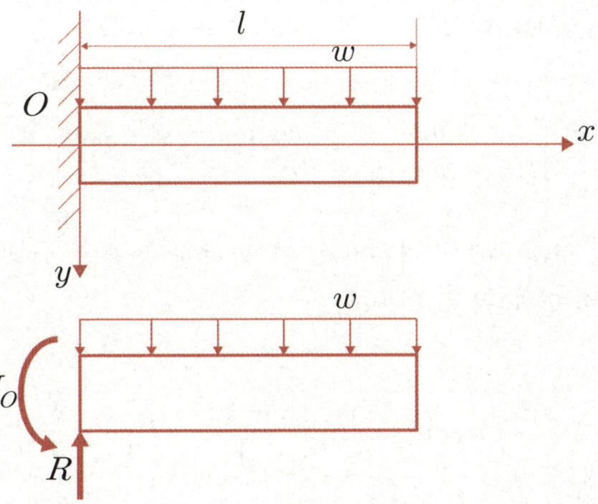

그림 5.20 균일 분포 하중을 받는 외팔보

고정단의 중심인 원점 O에 대한 모멘트를 구하여 모멘트 평형 조건을 고려하면 고정단에 작용하는 반시계 방향의 반작용 모멘트 M_O에 대해 다음을 얻는다.

$$M_O = \frac{w\,l^2}{2}\,. \qquad (5.94)$$

고정단의 중심인 원점 O로부터 거리 x 되는 곳을 자르고, 오른쪽 부재에 대해 y 방향의 힘 평형 조건을 고려하면 왼쪽 끝 단면에 작용하는 전단력은 다음과 같다.

$$\sum F_y = -V + w(l-x) = 0,\ \ \therefore V = w(l-x). \qquad (5.95)$$

또 왼쪽 끝 단면에 대한 모멘트를 구하여 모멘트 평형 조건을 고려하여 굽힘 모멘트를 다음과 같이 얻는다.

$$\sum M = -M_b(x) + w(l-x)\frac{(l-x)}{2} = 0\,,\ \ \therefore M_b = \frac{w}{2}(l-x)^2\,. \qquad (5.96)$$

위의 결과를 정리하여 전단력 선도와 굽힘 모멘트 선도를 그림 5.21에 보였다. 그림에 보인 바와 같이 x가 증가함에 따라 전단력은 wl로부터 선형적으로 감소하고, 굽힘 모멘트는 2차 곡선으로 주어지며, M_O로부터 영까지 감소한다.

식 (5.90)에 식 (5.96)을 대입하고, 한 번 적분하여 다음을 얻는다.

$$\frac{dv}{dx} = -\frac{w}{6EI}\{(l-x)^3 - l^3\}\,. \qquad (5.97)$$

여기서 적분 상수는 고정단에서 기울기가 영인 경계 조건을 이용하여 결정되었다. 또한 이 식을 한 번 더 적분하면 다음을 얻는데,

$$v(x) = \frac{w}{6EI}\left\{\frac{(l-x)^4}{4} + l^3\left(x - \frac{l}{4}\right)\right\}, \qquad (5.98)$$

이번에도 적분 상수는 고정단에서 처짐이 영인 경계 조건을 이용하여 결정되었다.

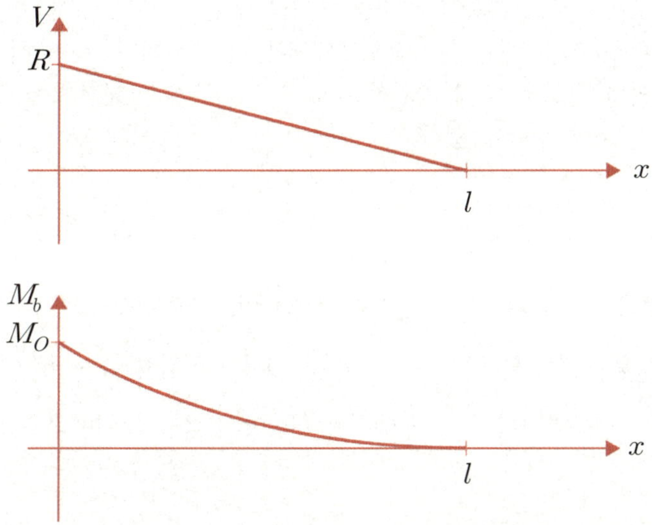

그림 5.21 균일 분포 하중을 받는 외팔보에 대한 전단력 선도(위)와 굽힘 모멘트 선도(아래)

굽힘 강성 EI가 상수이므로, 식 (5.92)의 우변은 상수이고, 따라서 처짐 곡선은 4차 곡선으로 얻어져야 하며, 식 (5.91)에 따르면 전단력은 1차 식으로 주어져야 한다. 식 (5.90)에 따르면 굽힘 모멘트는 2차 곡선, 즉 포물선, 식 (5.89)에 따르면 처짐 곡선의 기울기는 3차 곡선으로 주어져야 한다. 이와 같은 사실들은 식 (5.98), (5.95), (5.96), (5.97)에 의해 모두 확인된다.

식 (5.98)로부터 균일 분포 하중을 받는 외팔보의 최대 처짐 δ는 다음과 같이 얻는다.

$$\delta = v(l) = \frac{wl^4}{8EI} \tag{5.99}$$

외팔보의 자유단에 집중 하중(CB1), 그리고 전 길이에 걸쳐 균일 분포 하중(CB4)이 작용할 때의 최대 처짐을 각각 식 (5.72), (5.99)로 얻었다. 각각의 경우 최대 처짐을 δ_c, δ_d라고 하고, 이들을 비교하면 다음과 같다.

$$\delta_c = \frac{Pl^3}{3EI}, \ \delta_d = \frac{wl^4}{8EI}. \tag{5.100}$$

$P = wl$ 이라고 하면, 분포 하중보다 집중 하중을 받는 경우의 최대 처짐이 약 2.7 배에 해당함을 확인할 수 있으며, 이는 물리적으로도 타당한 결과이다. 분포 하중의 경우에는 고정단에 가까운 영역의 하중은 그에 기인하는 굽힘 모멘트가 상대적으로 작으므로, 집중 하중에 비해 처짐이 감소할 수밖에 없다.

[예제 5.9] 4.3.2절의 2) Maxwell 역 정리와 관련하여, 외팔보에 대해 $x = \dfrac{l}{2}$에 크기 1인 집중 하중이 작용할 때 자유단 $x = l$에서의 처짐각과, 자유단에 크기 1인 집중 모멘트가 작용할 때 $x = \dfrac{l}{2}$에서의 처짐이 같음을 보이시오.

[답] 외팔보에 대해 $x = \dfrac{l}{2}$에 크기 1인 집중 하중이 작용할 때 자유단 $x = l$에서의 처짐각은 5.1.5절 CB3에서 $a = \dfrac{l}{2}$, $c = l$, $P = 1\,N$, $w = 0$으로 놓으면 식 (5.38), (5.42)로부터 다음을 얻는다.

$$M_b(x) = \begin{cases} \dfrac{l}{2} - x, & x \in \left(0, \dfrac{l}{2}\right) \\ 0, & x \in \left(\dfrac{l}{2}, l\right) \end{cases}. \qquad (\text{예}5.54)$$

식 (5.55)에 이를 대입하고 한번 적분하여 $x = 0$에서 $\dfrac{dv}{dx} = 0$을 적용하면 다음을 얻는다.

$$\frac{dv}{dx} = \begin{cases} \dfrac{x}{2\alpha}(l - x), & x \in \left(0, \dfrac{l}{2}\right) \\ \dfrac{l^2}{8\alpha}, & x \in \left(\dfrac{l}{2}, l\right) \end{cases}. \qquad (\text{예}5.55)$$

여기서 $\alpha = EI$이며, 따라서 $x = l$에서의 기울기 또는 각변형 $\theta(l) = \dfrac{l^2}{8\alpha}$을 얻는다.

한편, 자유단에 크기 1인 집중 모멘트가 작용할 때 $x = \dfrac{l}{2}$에서의 처짐은 다음과 같이 얻는다. 먼저 고정단에 작용하는 반작용 모멘트는 -1이므로, 단면에 작용하는 굽힘 모멘트는 다음과 같다.

$$M_b(x) = 1,\ \ x \in (0,l). \tag{예5.56}$$

식 (5.55)에 이를 대입하고 한 번 적분하여 $x = 0$에서 $\dfrac{dv}{dx} = 0$을 적용하면 다음을 얻는다.

$$\frac{dv}{dx} = \frac{x}{\alpha},\ \ x \in (0,l) \tag{예5.57}$$

이 식을 한 번 더 적분하고 $x = 0$에서 $v = 0$을 적용하면 다음을 얻는다.

$$v(x) = \frac{x^2}{2\alpha},\ \ x \in (0,l). \tag{예5.58}$$

따라서 $x = \dfrac{l}{2}$에서의 처짐 $v\left(\dfrac{l}{2}\right) = \dfrac{l^2}{8\alpha}$을 얻으며, 이는 위에서 얻은 $\theta(l)$과 같으므로 원하던 결과를 얻었다.

5.2.6 중첩법

복잡한 하중을 받는 구조물이 탄성 영역에서 선형적으로 거동하는 경우, 다음과 같은 선형 중첩의 원리(principle of linear superposition)를 이용하여, 풀고자 하는 문제의 해를 구할 수 있다.

PLS; 복수의 하중에 의한 구조 응답은 각 하중에 의한 구조 응답의 합과 같다.

이 원리의 적용을 보이기 위해 그림 5.22(a)에 보인 것과 같이 선형적으로 감소하는 분포 하중을 받는 외팔보에 대해 생각해 보자. 이 문제에 중첩법을 적용하기 위해 먼저 5.1.5절에서 다룬 CB3의 특수한 경우로 그림 5.23에 보인 바와 같이 고정단으로부터 거리 a 떨어진 곳에 집중 하중 P가 작용하는 외팔보에 대한 문제를 고려한다.

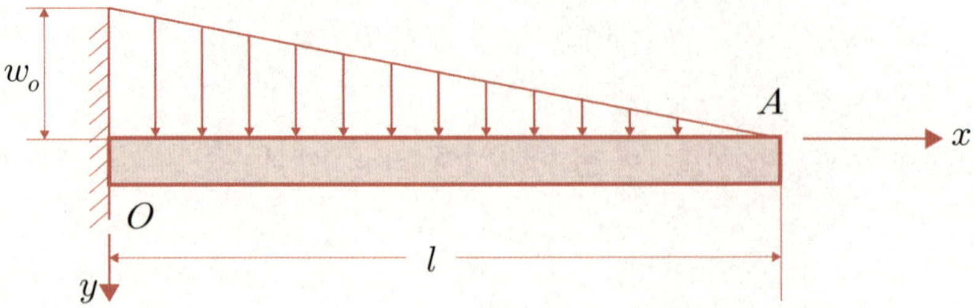

(a)

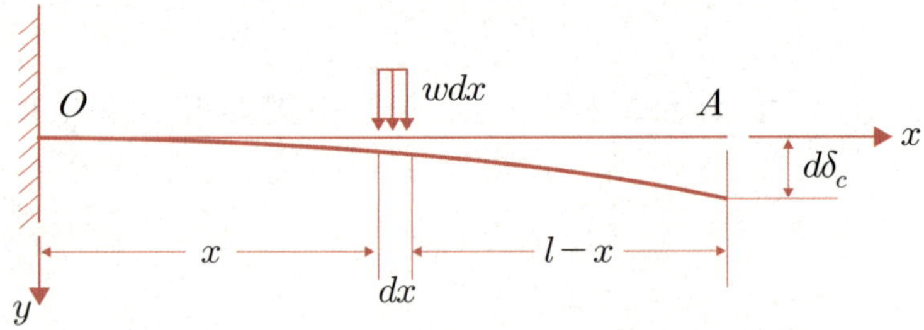

(b)

그림 5.22 분포 하중을 받는 외팔보

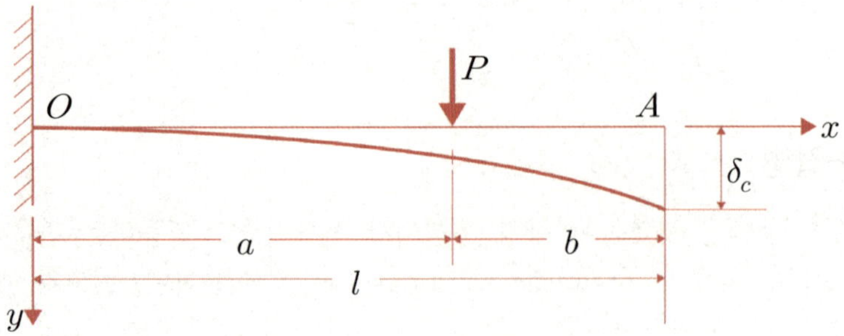

그림 5.23 집중 하중을 받는 외팔보

이 문제는 5.1.5절의 CB3에 대해 $w=0$, $c=l$을 대입한 문제와 같으므로, 식 (5.34), (5.36)으로부터 반력에 대해 $R=P$, $M_O=Pa$를 얻고, 식 (5.38), (5.42)로부터 굽힘 모멘트에 대해서 다음을 얻는다.

$$M_b(x)=\begin{cases}P(a-x), & x\in(0,a)\\ 0, & x\in(a,l)\end{cases}. \tag{5.101}$$

따라서 이 결과를 식 (5.55), $EIv''=M_b$에 대입하여 두 번 적분하고, 고정단에서의 경계 조건 $v(0)=v'(0)=0$과 $x=a$에서 $v(x)$가 연속인 점을 이용하여 다음을 얻는다.

$$EIv(x)=\begin{cases}\dfrac{Px^2}{6}(3a-x), & x\in(0,a)\\ \dfrac{Pa^2}{6}(3x-a), & x\in(a,l)\end{cases}. \tag{5.102}$$

그러므로 집중 하중 P를 받는 외팔보의 자유단 $x=l$에서의 처짐 δ_C를 다음과 같이 얻는다.

$$\delta_C=\frac{Pa^2}{6EI}(3l-a). \tag{5.103}$$

그림 5.22(a)의 분포 하중은 그림 5.22(b)에 보인 바와 같은 $x=a$지점에 작용하는 집중 하중 $w(a)da$의 길이 방향의 합, 또는 적분으로 볼 수 있다고 가정하면, 이와 같은 분포 하중에 기인하는 자유단에서의 처짐 δ_D는 식 (5.103)과 중첩의 원리에 의해 다음과 같이 주어진다.

$$\delta_D=\int_0^l wda\frac{a^2}{6EI}(3l-a)=\frac{w_0}{6EIl}\int_0^l a^2(3l-a)(l-a)da. \tag{5.104}$$

여기서 $w(a)=\dfrac{w_0}{l}(l-a)$를 사용하였으며, 식 (5.103)의 P에 $w(a)da$를 대입하였고, 분포 하중에 의한 처짐은 보의 길이에 걸친 적분으로 주어짐에 유의한다. 식 (5.104)

의 적분을 수행하여 최종적으로 다음 결과를 얻는다.

$$\delta_D = \frac{w_0}{6EIl}\left[l^2a^3 - la^4 + \frac{a^5}{5}\right]_0^l = \frac{w_0 l^4}{30EI}. \tag{5.105}$$

그림 5.22에 보인 문제를 직접 풀어서 자유단의 처짐을 구하여 위와 같은 결과를 얻는 작업은 [연습문제 5.7]로 남긴다.

중첩법은 8장에서 부정정 문제를 다룰 때 다시 사용할 것이며, 그 기본 개념은 다양한 선형(linear) 문제들에 대해 폭넓게 응용될 수 있음을 첨언한다.

[예제 5.10] 4.3.2절의 1) Saint-Venant 정리와 관련하여 고려한 그림 4.13 아래에 보인 문제, 즉 외팔보의 자유단 부근에 분포 하중이 작용하는 경우에 대해 중첩법을 사용하여 자유단에서의 처짐을 구하시오.

[답] 위의 식 (5.104)를 사용하여 $a = l - \lambda$ 부터 $a = l$ 까지 분포된 균일한 세기 w 의 분포 하중을 고려하면 되므로, 자유단에서의 처짐 δ_2 는 다음과 같은 적분으로 주어진다.

$$\begin{aligned}\delta_2 &= \int_{l-\lambda}^{l} w da \frac{a^2}{6EI}(3l - a) = \frac{w}{6EI}\int_{l-\lambda}^{l} a^2(3l-a)da = \frac{w}{24EI}\left[a^3(4l-a)\right]_{l-\lambda}^{l} \\ &= \frac{w}{24EI}\left\{3l^4 - (l-\lambda)^3(3l+\lambda)\right\} = \frac{w\lambda}{24EI}(8l^3 - 6l^2\lambda + \lambda^3). \end{aligned} \tag{예5.59}$$

연습문제

1. 높이-폭 비가 2 인 직사각형 단면 형상의 보는 같은 단면적의 정사각형 단면 형상의 보보다 몇 배 큰 하중을 받을 수 있는가?

2. 다음 그림 연5.1~5.10에 보인 보에 작용하는 전단력과 굽힘 모멘트를 구간 별로 계산하고 전단력 및 굽힘 모멘트 선도를 그리시오.

1)

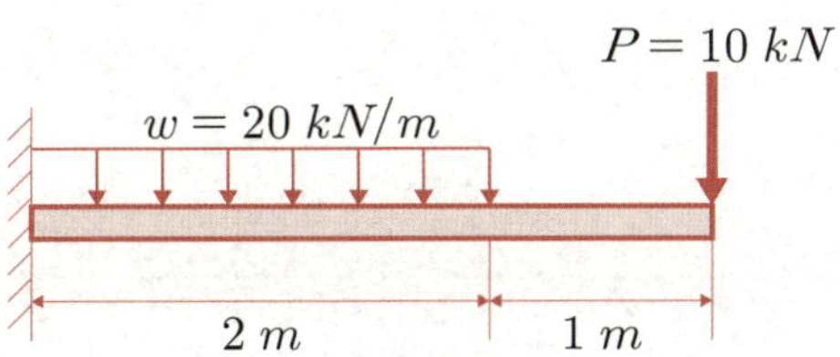

그림 연5.1

2)

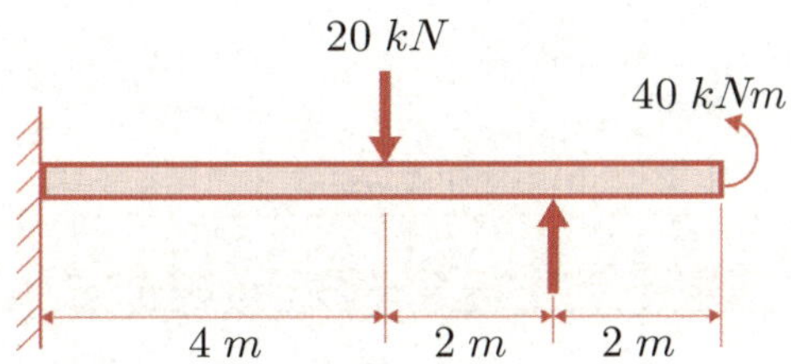

그림 연5.2

3)

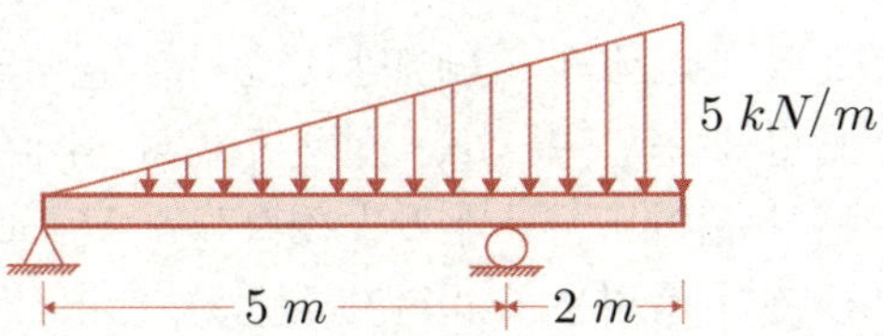

그림 연5.3

4)

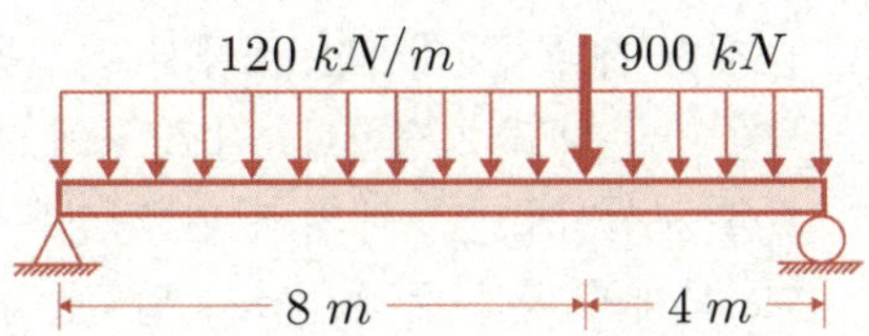

그림 연5.4

5)

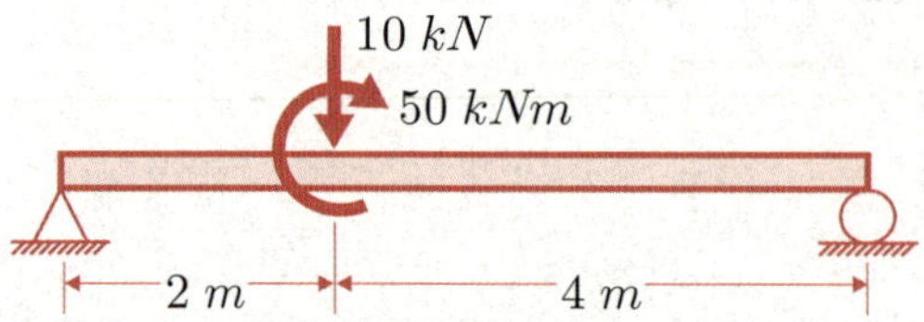

그림 연5.5

6)

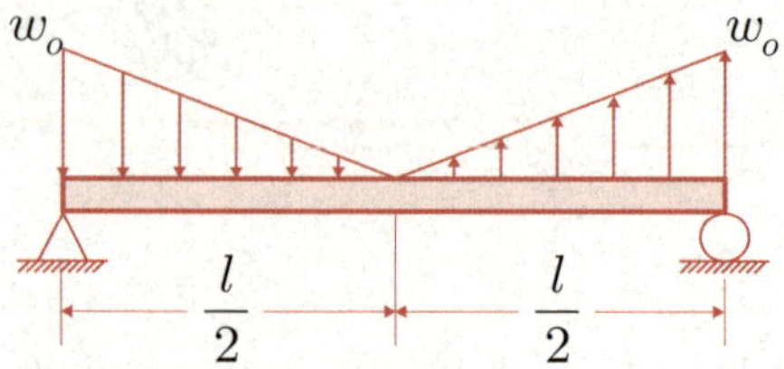

그림 연5.6

7)

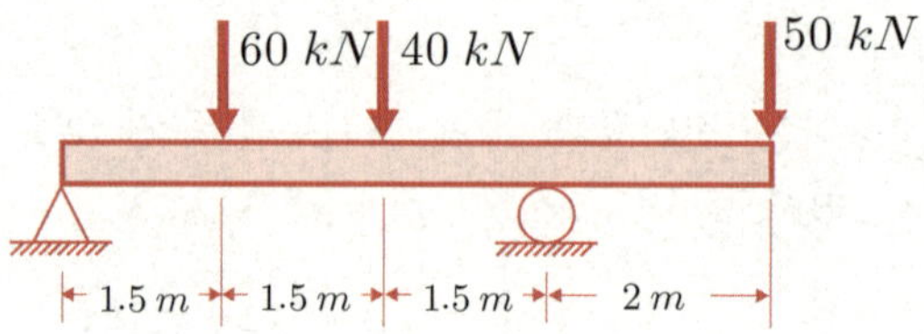

그림 연5.7

8)

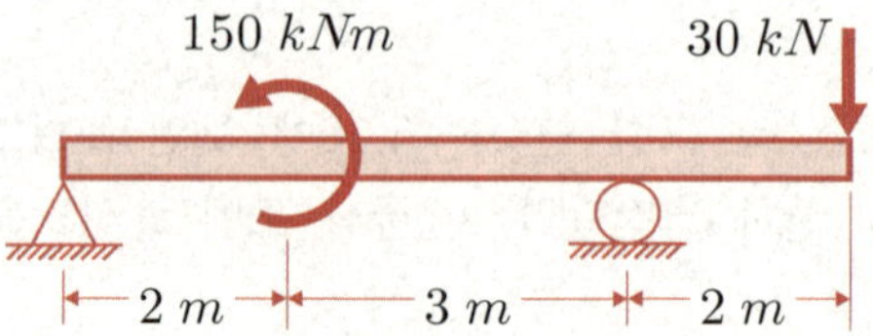

그림 연5.8

9)

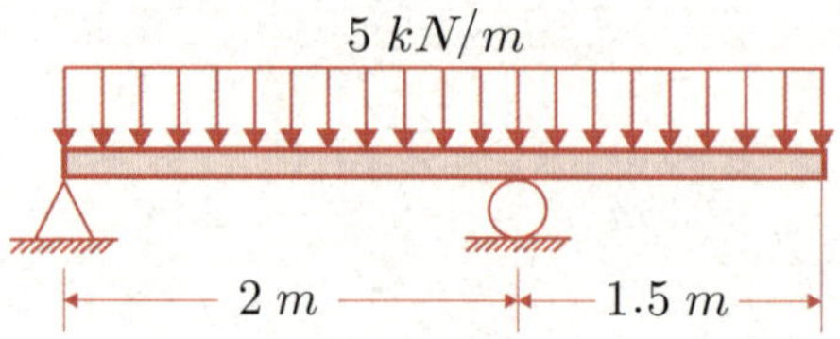

그림 연5.9

10)

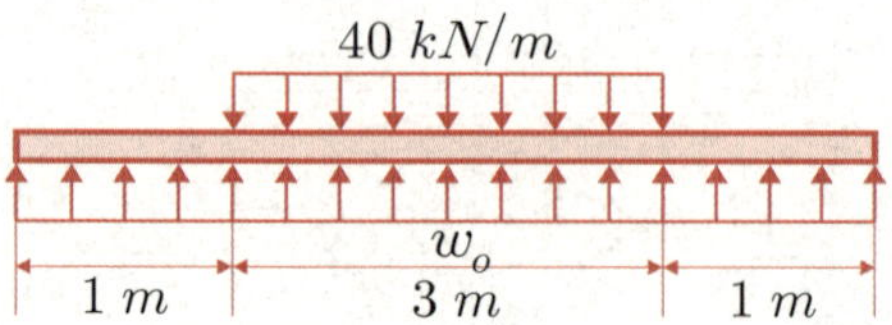

그림 연5.10

3. 16세기 베네치아의 조선소에서 목선을 건조할 때, 배의 양단에만 단순지지 형태의 반목을 놓는다고 가정한다. 건조 중에 자체 중량을 견딜 수 있는 선박 길이의 최대 길이 L을 구하시오. 단 배의 단면 형상은 한 변의 길이 a, 두께 t인 정사각형 관(tube)이며, 목재의 항복 응력은 σ_Y, 밀도는 ρ이며, 전단 응력은 고려하지 않기로 한다.

4. 그림 연5.11에 보인 바와 같이 단순보가 집중 하중과 집중 모멘트를 받고 있다. 그림에 보인 단면 형상의 두께는 모두 30 mm이다.

1) 전단력과 굽힘 모멘트의 길이 방향 분포를 얻고 선도를 구하시오.

2) 그림에 보인 단면 형상의 중립축 위치와 이에 대한 2차 모멘트를 구하시오.

3) 단면 상, 하단에서의 단면 계수를 구하시오.

4) 보에 작용하는 최대 굽힘 응력의 발생 위치와 그 크기를 구하시오.

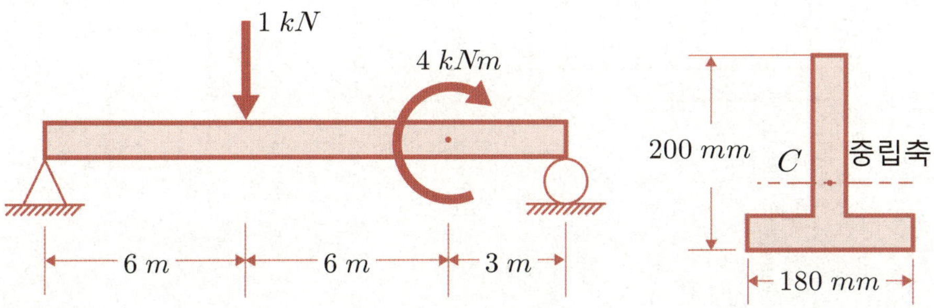

그림 연5.11

5. 그림 연5.12에 보인 바와 같이 어떤 보가 집중 하중과 분포 하중을 받고 있다. 그림에 보인 단면 형상의 두께는 모두 20 mm 이다. 위의 문제 [4]에서 요구한 것과 같은 답을 이 문제에 대해서도 구하시오.

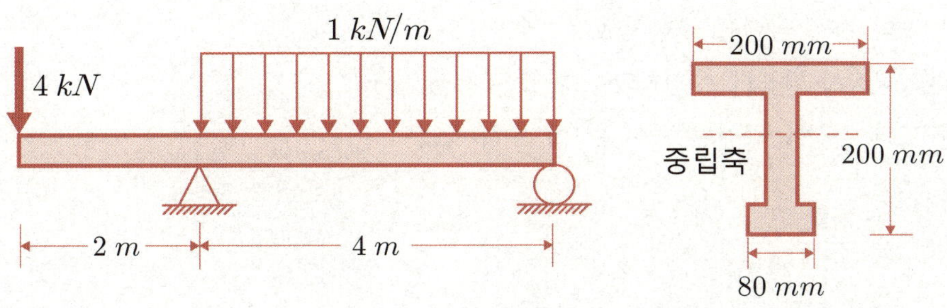

그림 연5.12

6. 그림 연5.13에 보인 바와 같이 $\frac{h}{b} = 2$ 인 직사각형 균일 단면의 어떤 보가 집중 하중과 분포 하중을 받고 있다. 허용 굽힘 응력이 $180\,MPa$, 허용 전단 응력이 $100\,MPa$ 이라고 할 때, 단면의 최소 치수를 구하시오.

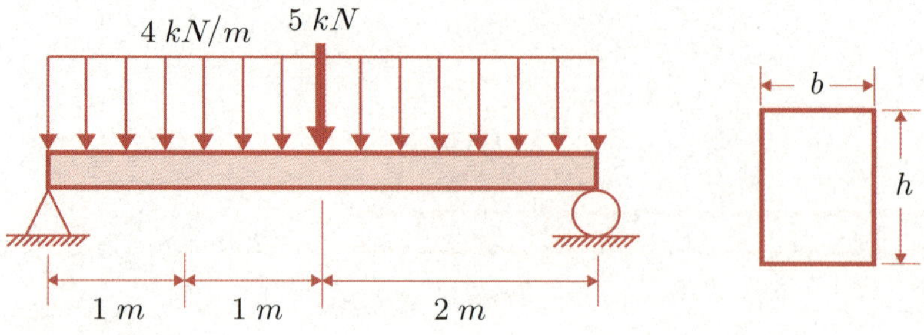

그림 연5.13

7. 그림 5.22에 보인 것과 같이 선형적으로 감소하는 분포 하중을 받는 외팔보의 자유단의 처짐을 구하고 중첩법으로 얻은 결과 식 (5.105)와 같음을 확인하시오.

8. 그림 연5.11에 보인 바와 같은 단순보가 집중 하중과 집중 모멘트를 받고 있다. 보의 재료는 강, 탄성계수는 $200\,GPa$, 단면 형상의 두께는 모두 $20\,mm$ 이다.

1) 이 보의 처짐 곡선을 구하시오.

2) 최대 처짐이 발생하는 위치와 크기를 구하시오.

3) 이 보의 처짐을 중첩법을 이용하여 구하시오.

9. 그림 연5.14에 보인 바와 같이 집중 하중이 작용하는 단순보에 대한 중앙에서의 처짐은 다음 식으로 주어진다. 단 재료의 탄성계수는 E, 보 단면의 2차 모멘트는 I 이다

(부록 C 표C.2 참조).

$$\delta_c = \frac{Pb}{48EI}(3l^2 - 4b^2),\ a > b. \qquad (연5.1)$$

이 식과 중첩법을 이용하여 그림 연5.3에 보인 바와 같은 선형적으로 증가하는 분포 하중이 작용하는 단순보의 중앙에서의 처짐을 구하시오.

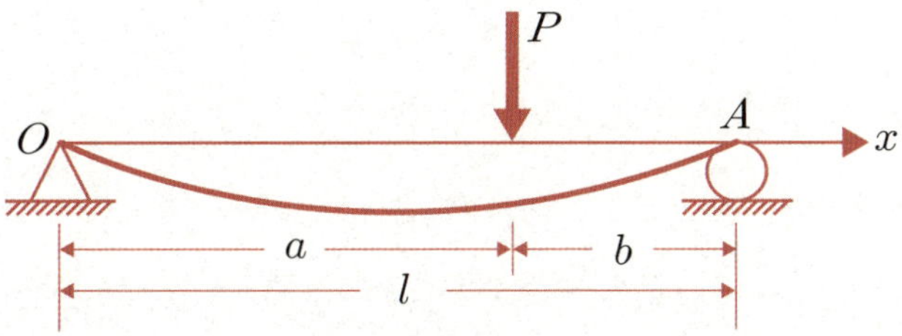

그림 연5.14

10. 그림 연5.15에 보인 바와 같은 단순보가 집중 하중과 분포 하중을 동시에 받고 있으며, 보의 굽힘 강성은 EI 이다.

1) 이 보의 처짐을 구하시오.

2) 최대 처짐이 발생하는 위치와 크기를 구하시오.

3) 이 보의 처짐을 중첩법을 이용하여 구하시오.

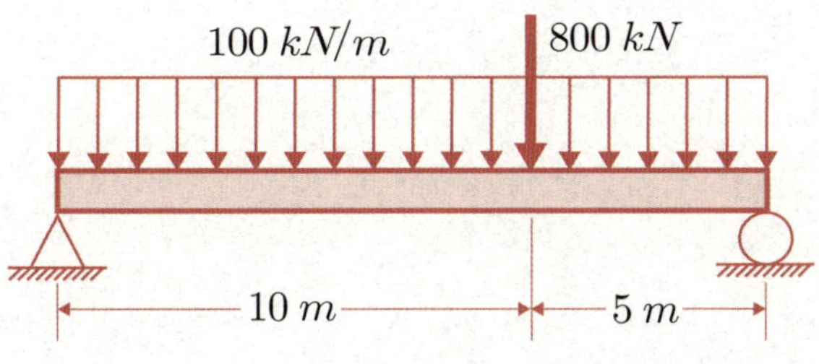

그림 연5.15

보의 굽힘; 한계와 적용

CHAPTER 6

Saint-Venant
1797-1886
France

표 6.1 주요인물

이름	활동연대	연고지	관련 업적, 저술
Saint-Venant	1797-1886	France	순수 굽힘, 1856 Navier의 교재(1826)에 대한 주석서, 1864

앞의 5장에서 설명한 베르누이-오일러 보 이론은 엄밀하게 말하면 순수 굽힘 상태의 보에 대해서만 적용할 수 있는 이론이지만, 일반적으로 보는 세장체(slender body), 즉 횡단면의 특성 길이보다 보의 길이가 훨씬 큰 형태의 물체이므로 그와 같은 근사 이론을 적용할 수 있다. 이 장에서는 먼저 전단력이 작용하는 경우, 그에 의한 영향에 대해 살펴본다.

보의 길이가 충분히 큰 경우에도 하중이 가해지는 점 부근이나 경계 조건이 만족되는 경계 부근에서는 베르누이-오일러 보 이론이 매우 정확한 해를 준다고 볼 수는 없으므로, 6.2절에서는 보의 굽힘 강성은 일정하게 유지하되 단면 형상을 변화시켜 얻은 네 종류의 단면에 대해 유한요소 해석 코드인 ANSYS를 사용, 엄밀해에 가까운 해를 얻은 후, 보 이론의 해와 비교하여 보 이론의 정확도 및 그 한계를 보이고자 하였다.

지금까지는 보의 단면이 균일한 경우에 대해 주로 고찰해 왔으나, 6.3절에서는 불균일 단면의 보에 대한 해석을 소개하였으며, 마지막으로 6.4절에서는 두 개 이상의 재료가 더해져 이루어진 합성보(built-up beam)의 굽힘 해석에 대해 고찰하였다.

6.1 순수 굽힘과 전단력의 영향

Saint-Venant은 1856년 고전적인 베르누이-오일러 보 이론이 엄밀하게 말하면 순수 굽힘 상태에 대해서만 적용될 수 있음을 보였으며, 그 외의 경우에 대해서는 전단 변형에 의한 영향이 있음을 지적하였다. 이절에서는 그의 해석을 중심으로 알아보기로 한다.

6.1.1 순수 굽힘

굽힘 모멘트가 가장 간단한 형태를 가지는 것은 전단력이 영이고 굽힘 모멘트가 보 전체에 걸쳐 일정한 경우이다. 예를 들어 외팔보의 자유단에 모멘트 M_0이 가해지는 다음 문제를 생각해보자.

CB5. 자유단에 모멘트가 작용하는 외팔보

그림 6.1에 보인 것과 같은 외팔보의 경우, 보 전체에 대한 y 방향의 힘 평형 조건을 적용하여, 고정단에 반작용 힘은 작용하지 않으며, 반작용 모멘트 M_0만 반시계 방향으로 작용함을 알 수 있다.

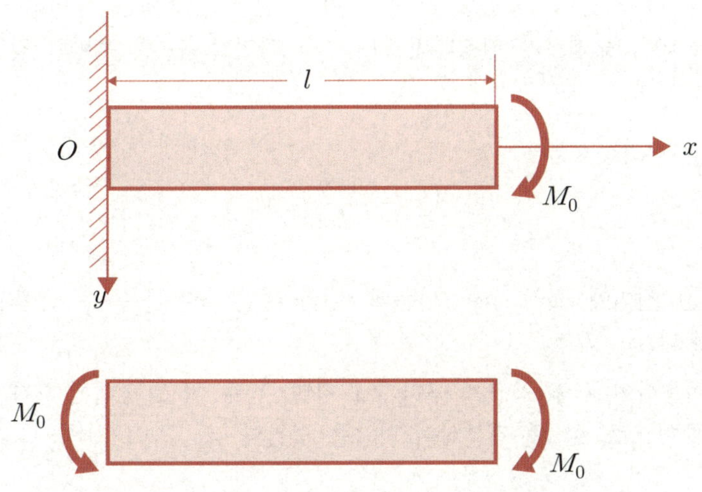

그림 6.1 순수 굽힘 상태에 있는 외팔보

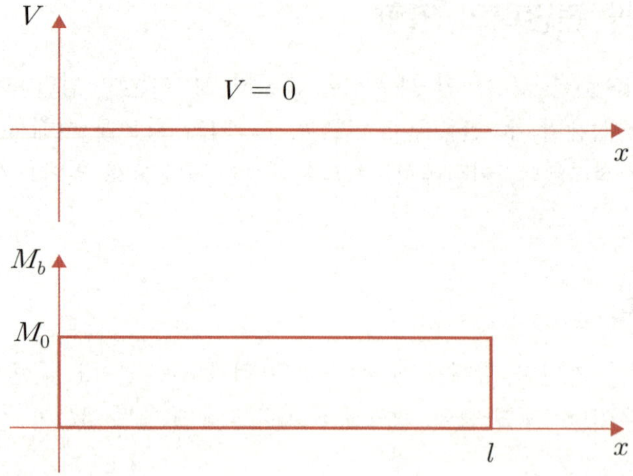

그림 6.2 순수 굽힘 상태에 있는 외팔보에 대한 전단력 선도(위)와 굽힘 모멘트 선도(아래)

고정단의 중심인 원점 O로부터 거리 x 되는 곳을 자르고, 왼쪽 부재의 y 방향의 힘 평형 조건을 고려하면 그 오른쪽 끝 단면에 작용하는 전단력은 영이며, 또 점 O에 대한 모멘트를 구하여 모멘트 평형 조건을 고려하면 오른쪽 끝 단면에 작용하는 굽힘 모멘트는 M_0임을 얻는다. 이를 정리하여 얻는 전단력 선도와 굽힘 모멘트 선도를 그림 6.2에 보였다.

그림에서 보는 바와 같이, 외팔보의 전 길이에 걸쳐 전단력은 영이고, 굽힘 모멘트는 M_0로 일정하다. 굽힘 모멘트가 일정하면 그림에서 확인할 수 있는 바와 같이, 식 (5.87)에 의해 다음을 얻으므로,

$$V = -\frac{dM_b}{dx} = 0, \tag{6.1}$$

전단력은 보의 전 길이에 걸쳐 영이 되는데, 이와 같은 경우를 순수 굽힘(pure bending) 상태에 있다고 한다.

식 (5.90)을 이용하여 처짐 곡선을 구하기로 하면, 순수 굽힘 상태에 대해서는 우변이 보 전체에 걸쳐 상수이므로, 한 번 적분하여 다음을 얻는다.

$$\frac{dv}{dx} = \frac{M_0}{EI}x\,. \tag{6.2}$$

여기서 적분 상수는 고정단에서 기울기가 영인 점을 고려하여 영으로 결정된다. 또한 이 식을 한 번 더 적분하면 다음을 얻는데,

$$v(x) = \frac{M_0}{EI}\frac{x^2}{2}, \tag{6.3}$$

여기서도 적분 상수는 고정단에서 변위가 영인 점을 고려하여 영으로 결정된다.

결국 처짐 곡선은 2차 곡선, 즉 포물선으로 주어졌는데, 이는 순수 굽힘 상태에 있는 보에 대해서만 성립하며, 지금까지 생각한 다른 문제들의 경우에 대해서는 그보다 고차인 곡선, 예를 들면 집중 하중 또는 분포 하중을 받는 경우, 3차 이상의 곡선으로 주어진 것을 식 (5.83), (5.98)로부터 확인할 수 있다.

사실 이 경우에는 굽힘 모멘트가 상수, 즉 보의 처짐 곡선의 곡률, 또는 곡률 반경이 일정하다는 뜻이므로, 처짐 곡선은 그림 6.3에 보인 것과 같이 원호(circular arc)가 되어야 한다. 곡률 반경은 내접원의 반경이므로, 곡선 상의 모든 점에서 내접원의 반경이 일정하다는 것은 곧 처짐 곡선이 원호임을 뜻하기 때문이다. 단 처짐 곡선의 기울기가 매우 작다는 가정을 도입하여 원호를 포물선(parabola)으로 근사한 결과를 얻은 셈이 되었다. 식 (5.54), 즉 베르누이-오일러 공식으로부터 알 수 있는 바와 같이 그림 6.3에서 원은 원점에서 포물선에 접하는 내접원으로 반경은 $\dfrac{EI}{M_0}$ 이다.

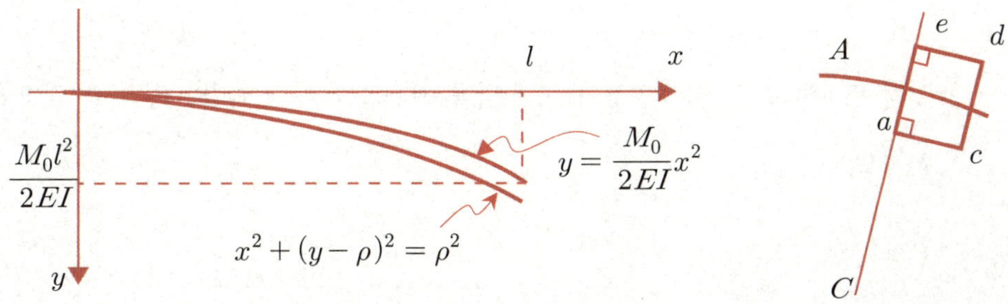

그림 6.3 순수 굽힘 상태에 있는 처짐 곡선; 원호

처짐 곡선이 원호인 경우에는 각 단면이 변형 후에도 평면을 유지하는데, 이는 변형 후의 각 단면이 내접원의 중심 C로부터 예를 들어 원호 상의 점 A를 이은 직선의 연장선 상에 있기 때문이다. 중심 C로부터 반경 방향으로 그린 직선은 원주 방향과 직교하므로, 처짐 곡선의 점 A를 포함하는 단면은 직선 CA와 직교하기 때문이다. 전단력이 영이 아닌 경우에는 단면 상의 임의의 점에 전단 응력이 작용하며, 그에 따라 예를 들어 변형 전의 단면에 법선 방향인 사각형의 미소 요소 $acde$를 고려하면(그림 6.3), 변형 전에 직각이었던 각이 변형 후에는 전단 변형에 의해 직각을 유지할 수 없으므로, 전단력이 영, 즉 순수 굽힘 상태에서만 각 단면이 처짐 곡선에 수직한 평면을 유지할 수 있다.

식 (6.3)으로부터 순수 굽힘 상태의 외팔보의 최대 처짐 δ_m은 다음과 같이 얻는다.

$$\delta_m = y(l) = \frac{M_0 l^2}{2EI} \tag{6.4}$$

이 식에 따르면 δ_m은 $M_0 = Pl$을 가정하면, 식 (5.100)으로 주어진 집중 하중, 분포 하중에 의한 외팔보의 최대 처짐, δ_c, δ_d보다 더 큰 값을 가진다. δ_m은 집중 하중에 의한 최대 처짐 δ_c의 1.5 배이다. 이는 집중 하중에 의한 굽힘 모멘트는 고정단에서 최대값 Pl을 가지고 자유단에서는 영의 값을 가지므로, 보의 전 길이에 걸쳐 굽힘 모멘트 $M_0 = Pl$이 작용하는 경우보다는 보의 굽힘이 작아진 것에 따른 결과이다.

[예제 6.1] 그림 6.3에 보인 원의 반경이 $\dfrac{EI}{M_0}$임을 보이고, $x = l$에서의 원의 y 좌표를 구하시오.

[답] 식 (5.54)로 주어지는 베르누이-오일러 공식에 따르면 굽힘 모멘트의 크기가 보의 전 길이에 걸쳐 일정할 경우 곡률 또한 일정하며, 그 역수인 곡률 반경 $\rho = \dfrac{EI}{M_O}$ 또한 일정하므로 처짐 곡선은 정확하게 원이 되어야 한다. 이 원의 중심은 $(0, \rho)$에 있고 또

반경이 ρ이므로 그 방정식은 다음과 같다.

$$x^2 + (y - \rho)^2 = \rho^2 . \tag{예6.1}$$

이 식에 $x = l$을 대입하고 y에 대해 정리하여 다음을 얻는다.

$$y = \rho - \sqrt{\rho^2 - l^2} = \rho\left(1 - \sqrt{1 - \Delta^2}\right),\ \Delta = \frac{l}{\rho}. \tag{예6.2}$$

$\Delta \ll 1$이라고 가정하면 식 (예6.2)에 식 (3.14)의 근사를 적용하여 다음 결과를 얻는다.

$$y \simeq \rho\left(1 - 1 + \frac{\Delta^2}{2}\right) = \frac{l^2}{2\rho} = \frac{M_O l^2}{2EI}. \tag{예6.3}$$

이는 위에서 얻은 식 (6.4)와 일치하는 결과이며, 곡률이 작은 경우 곡률과 2계 미분계수를 같다고 근사하거나, 또는 곡률이 일정한 원의 방정식에 대해 $\Delta = \dfrac{l}{\rho} \ll 1$의 근사를 도입하거나, $x = l$에서의 처짐에 대해 같은 결과를 얻음을 보여준다.

6.1.2 전단력과 전단 응력

순수 굽힘 상태가 아니면 보의 내부에 전단력이 작용하며, 전단력이 보의 각 단면에 작용한다는 것은, 결국 전단 응력이 작용한다는 것을 뜻하며, 이에 따른 각변형, 또는 전단 변형이 발생한다. 그러므로 5.2.1절의 H2, 즉 변형 전후에 횡단면이 평면이라는 가정은, 앞 절에서도 밝힌 바와 같이, 순수 굽힘 상태에서만 만족되며, 전단력이 작용하는 일반적인 보의 경우에는 이에 따라 약간의 오차가 발생할 것이다.

먼저 보의 횡단면에 작용하는 전단력과 또 전단 응력이 어떤 기전(mechanism)에 의해 발생하는지를 생각하기 위해 다음 예를 생각하자. 그림 6.4(a)에 보인 바와 같이 두 개의 동일한 사각형 단면 외팔보가 접촉하고 있지만 분리되어 있을 때, 자유단에 하중을 가하면, 두 개의 보는 접촉면에서 미끄러짐이 발생할 것이다. 한편, 그림 6.4(b)에 보인 바와 같이,

두 개의 보가 접합되어 하나의 보가 된 경우, 자유단에 하중을 가하면, 두 개의 보는 하나의 보처럼 변형될 것이므로, 접합면에 축 방향의 전단 응력이 작용할 것이다.

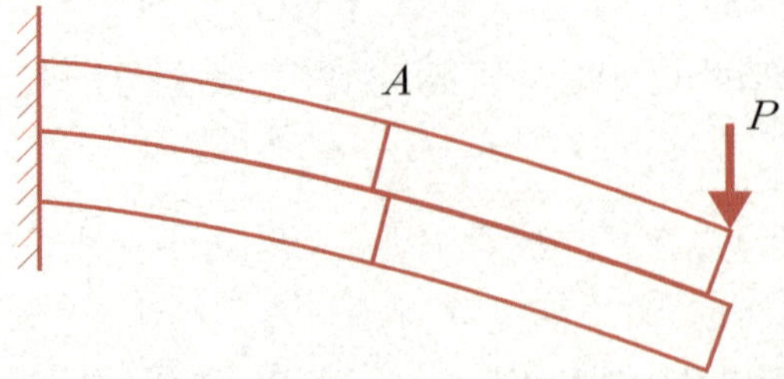

a) 접촉하고 있지만 분리된 두 개의 보(경계면에서 슬립 발생)

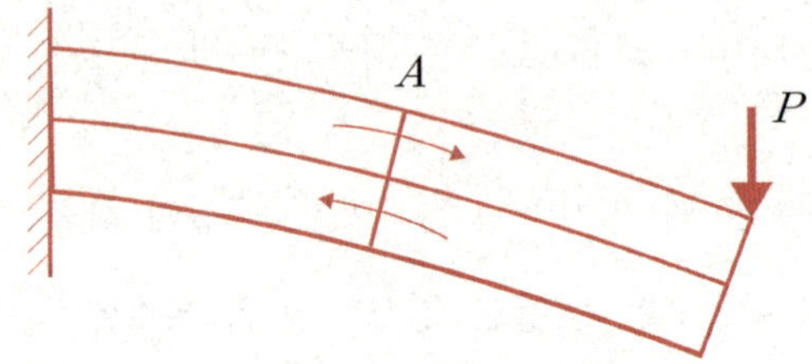

b) 접합되어 하나가 된 보

그림 6.4 겹쳐진 외팔보의 굽힘 변형

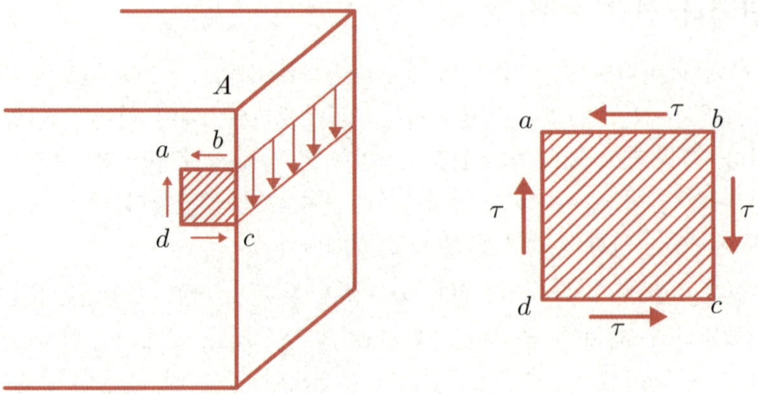

그림 6.5 횡단면의 전단 응력 작용 방향

여기서 그림 6.4의 횡단면 A 주변의 상황을 좀 더 자세히 들여다보자. 위에서 설명한 바대로, 또 그림 6.5에 보인 바와 같이 미소 직사각형 $abcd$의 하변 dc에는 수평 방향 전단 응력 τ가 작용한다. 따라서 3.1.2절의 그림 3.3과 관련하여 언급한 것처럼, 나머지 변에 대해서도 같은 크기의 전단 응력이 작용해야 한다. 그러므로 횡단면 A에는 연직 방향의 전단 응력 τ가 작용하게 되며, 이와 같은 응력을 횡단면 A에 대해 다 더해준 것이 전단력이다.

이하에서는 보에 전단력이 작용하는 경우, 전단 응력의 크기와 분포, 그 영향에 대해 고려하기로 한다. 먼저 그림 6.6(a)에서 보인 바와 같이 분포 하중을 받는 외팔보를 생각하자. 보의 단면이 폭과 높이가 각각 b, h인 직사각형이라고 가정하고, 축 방향으로 길이 dx인 직육면체 미소 요소 AB를 생각한다. 미소 요소의 좌우 단면에 작용하는 굽힘 응력은 그림 6.6(b)처럼 나타낼 수 있다. 이때, x축으로부터 y 방향으로 η 만큼 떨어진 ab면에 작용하는 x 방향의 전단 응력을 생각하자. 그림 6.6(b)의 ab면 아랫부분에 작용하는 힘들을 다시 상세히 표시해 보면 그림 6.6(c)와 같다.

$\eta \in [0, h/2]$이고, 미소 요소의 높이는 $\dfrac{h}{2} - \eta$이며, 이 미소 요소에 대해 x 방향의 힘의 평형 조건을 고려하자. 미소 요소의 면 중, 보의 표면에 해당하는 세 면에는 전단 응력이 작용할 수 없으므로 x 방향으로 작용하는 힘은 없다. 그러므로 x축에 수직인 두 면, 즉 좌우 양쪽의 두 면과, $y = \eta$인 면, 즉 상면의 세 면에 응력이 작용할 수 있는데, 좌우측 양면에는 압축 응력이, 상면에는 수평 방향 전단 응력이 작용한다. 물론 미소 요소의 상면에 작용하는 수평 방향 전단 응력은 x축에 법선 방향인 좌우측 양면 A와 B의 $y = \eta$인 곳에서의 연직 방향 전단 응력과 같다는 것을 위에서 설명한 바 있다. 좌우측에 작용하는 압축 응력 σ_A와 σ_B는 굽힘 공식, 식 (5.65)로부터 다음과 같이 얻는다.

$$\sigma_A(y) = -\frac{M_b}{I}y\,,\ \sigma_B(y) = -\frac{(M_b + dM_b)}{I}y \tag{6.5}$$

이때 왼쪽 면 A에 작용하는 굽힘 모멘트와 오른쪽 면 B에 작용하는 굽힘 모멘트는 전단력이 영이 아니므로 그 값이 같지 않음에 유의한다. 미소 요소의 변에 작용하는 힘들을 간단히 표시하면 그림 6.6(d)와 같다. 압축 응력에 기인하는 x 방향 힘 X_{tA}와 X_{tB}의 합 X_t를 다음과 같이 얻는다.

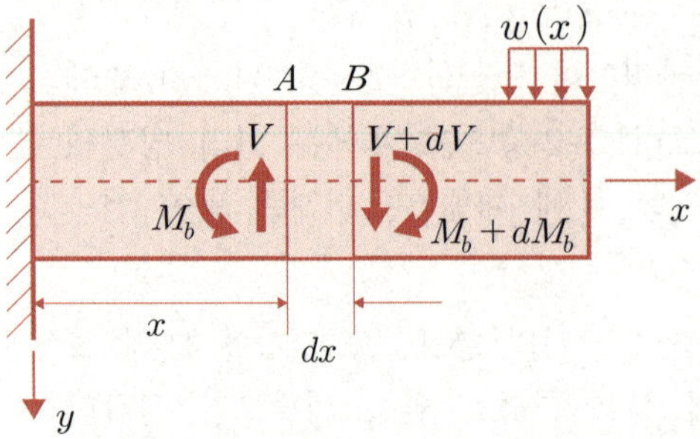

a) 미소 요소의 양 단면에 작용하는 힘

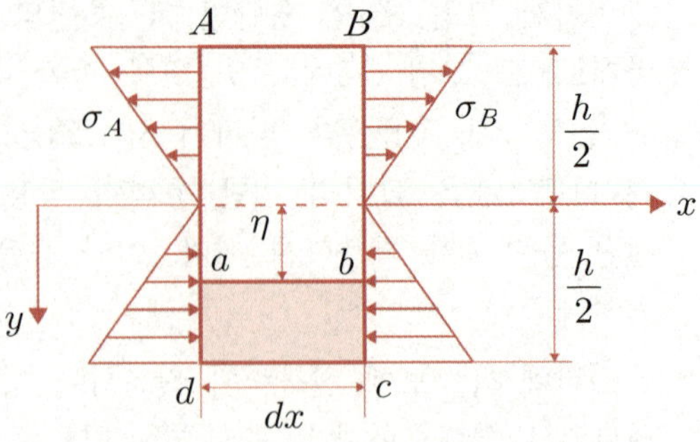

b) 미소 요소의 양 단면에 작용하는 x 방향 굽힘 응력 분포

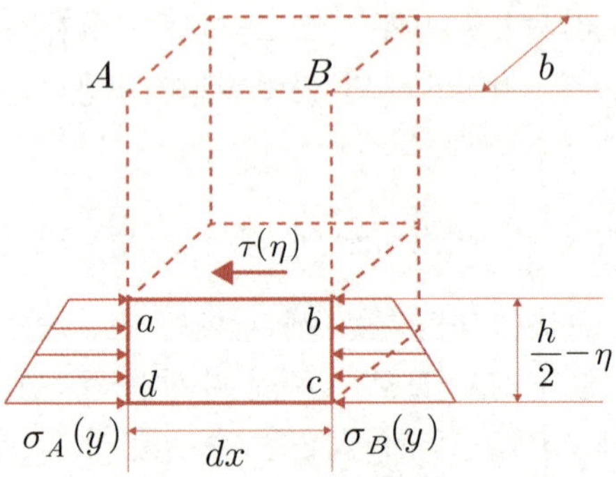

c) 미소 요소에 작용하는 응력 분포

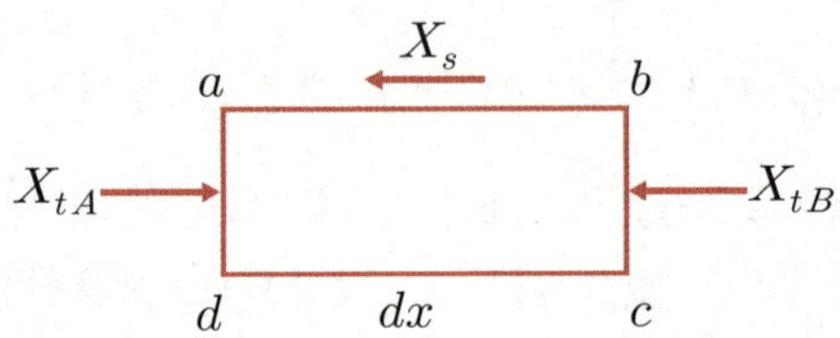

d) 미소 요소의 변에 작용하는 힘

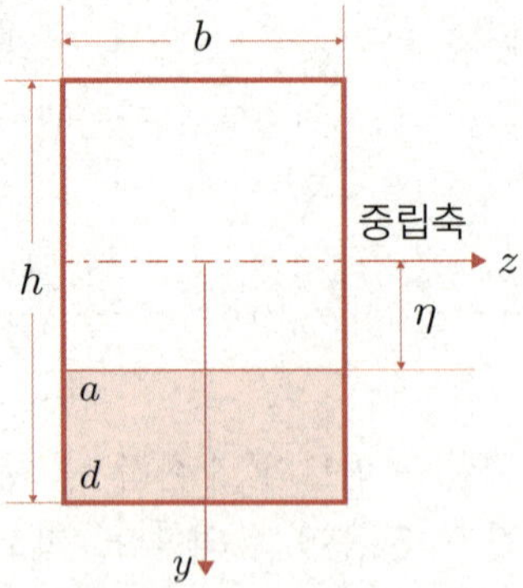

e) 횡단면 A의 형상

그림 6.6 연직 하중을 받는 외팔보

$$X_t = X_{tA} - X_{tB} = \int_{\eta}^{h/2} (-\sigma_A + \sigma_B)\, b\, dy = \frac{1}{I} \int_{\eta}^{h/2} y(M_b - M_b - dM_b)\, b\, dy\,. \quad (6.6)$$

식 (5.22)로부터 dM_b에 대해 다음을 얻으므로,

$$dM_b = -V dx\,, \quad (6.7)$$

이 식을 식 (6.6)에 대입하여 다음을 얻는다.

$$X_t = \frac{V\,dx}{I} \int_{\eta}^{h/2} y\, b dy = \frac{V\,dx}{I} Q(\eta)\,. \quad (6.8)$$

여기서 Q는 그림 6.6(e)의 횡단면에서 빗금 친 면적 즉 전단 응력을 구하고자 하는 위치 $y = \eta$ 아래쪽 면적의 x축에 대한 1차 모멘트로 직사각형 단면에 대해서는 다음과 같다.

$$Q(\eta) = \int_{\eta}^{h/2} y b\, dy = \frac{b}{2}\left(\frac{h^2}{4} - \eta^2\right). \quad (6.9)$$

한편, 상면에 작용하는 전단 응력에 대해서는 폭 방향의 분포를 정확히 알기는 어려우므로, 근사적으로 평균적인 일정한 값을 가진다고 가정한다. 이 가정은 직사각형의 폭 b가 높이 h에 비해 작은 경우에는 그다지 크지 않은 오차 범위 내에서 잘 맞는 것으로 알려져 있다. 또한 x 방향으로도 미소 길이 dx 내에서 큰 변화가 발생할 수 없으므로 이 전단 응력 $\tau(\eta)$은 미소 요소의 상면에서 균일하게 분포되는 것으로 간주할 수 있다. 따라서 전단 응력에 기인하는 힘의 합력 X_s는 다음과 같다.

$$X_s = \tau b\, dx\,. \quad (6.10)$$

결국, x 방향의 힘 평형 조건, $X_t - X_s = 0$을 고려하여 다음을 얻는다.

$$\tau(\eta) = \frac{VQ(\eta)}{Ib}\,. \quad (6.11)$$

이 식은 전단 공식(shear formula)이라고 불리며, 이에 따르면 전단 응력은 y 방향으로 포물선처럼 변화하는데, 물론 이 전단 응력을 단면에 걸쳐 적분하면 전단력 V를 얻어야 하며, 이는 다음과 같이 확인된다.

$$2\int_0^{h/2} b\,\tau(\eta)\,d\eta = \frac{Vb}{I}\int_0^{h/2}\left(\frac{h^2}{4}-\eta^2\right)d\eta = \frac{V}{I}\frac{bh^3}{12} = V. \tag{6.12}$$

식 (6.11)에 따르면 순수 굽힘 상태에 있지 않는 보의 경우, 단면에 작용하는 전단력에 의해 최대 전단 응력(maximum shear stress) $\tau_{\max}$는 $\eta = 0$인 x축에서 발생하며, 그 크기는 다음과 같다.

$$\tau_{\max} = \tau(0) = \frac{V}{Ib}Q(0) = \frac{V}{b}\frac{12}{bh^3}\frac{bh^2}{8} = \frac{3}{2}\frac{V}{bh}. \tag{6.13}$$

이 식에 따르면 직사각형 단면의 $\tau_{\max}$는 전단 응력의 평균값인 $\dfrac{V}{bh}$의 1.5 배이다.

6.1.3 굽힘 응력과 전단 응력의 비교

이 절에서는 식 (6.13)으로 얻은 전단력에 기인하는 최대 전단 응력이 5.2.3절 식 (5.65)의 굽힘 공식으로 주어지는 굽힘 모멘트에 의한 최대 굽힘 응력과 비교하여 얼마나 큰 영향을 미치는지 알아보기 위해 다음을 생각한다.

식 (5.66)에 따르면 최대 굽힘 응력(maximum bending stress) $\sigma_{\max}$는 다음 식으로 주어지므로,

$$\sigma_{\max} = \frac{M_b|y|_{\max}}{I}. \tag{6.14}$$

사각형 균일 단면 보에 대해 최대 굽힘 응력과 최대 전단 응력의 비 r을 구하면 다음을 얻는다.

$$r = \frac{\sigma_{\max}}{\tau_{\max}} = \frac{M_b h}{2I}\frac{8I}{Vh^2} = \frac{4M_b}{Vh}. \tag{6.15}$$

여기서 단순보의 경우를 가정하고, 보의 중앙에 집중 하중이 가해지는 경우, 즉 5.1.6절의 문제 SB1에서 고려한 문제를 생각하여, 전단력과 굽힘 모멘트를 다음과 같이 취하기로 하면,

$$V = \frac{P}{2},\ M_b = \frac{Pl}{4}, \tag{6.16}$$

이들을 식 (6.15)에 대입하여 다음을 얻는다.

$$r = \frac{\sigma_{\max}}{\tau_{\max}} = \frac{4M_b}{Vh} = \frac{2Pl}{Ph} = 2\frac{l}{h}. \tag{6.17}$$

통상적인 단순보의 경우, $\frac{l}{h} > 10$인 점을 생각하면, 위의 결과는 최대 굽힘 응력이 최대 전단 응력의 20 배 이상임을 뜻하므로, 전단력에 기인하는 전단 응력은 보의 길이가 높이에 비해 그렇게 크지 않을 때만 영향을 미친다고 할 수 있다.

보의 굽힘과 관련하여 Navier(1826)가 가정했던 5.2절의 H1, H2에 대한 엄밀한 해석은 Saint-Venant(1856)에 의해 처음 이루어졌다. 위에서 설명한 바와 같이, 그는 순수 굽힘 상태에서만 그러한 가정이 만족된다는 것을 보이고, 또 전단력에 기인하는 전단 응력의 분포를 얻었다. 이와 같은 내용은 모두 그가 Navier의 교재에 대해 작성한 주석서(1864)를 통해 널리 알려지게 되었다.

6.2 보다 정밀한 해와의 비교

베르누이-오일러의 고전 보 이론은 앞 절에서 설명했던 것과 같이 횡단면이 변형 후에도 중립면에 직각인 평면을 유지한다는 가정을 바탕으로 하고 있기 때문에 횡단면의 변형에서 전단 응력에 의한 각변형(전단 변형)을 정확하게 고려하지 못하는 단점이 있다. 그러나 횡단면 치수가 길이에 비하여 상대적으로 작아서 전단 변형의 영향이 작은 소위 '세장

보'(slender beam) 문제에 대해서는 상당히 정확도가 높은 해를 주기 때문에 공학적으로 널리 활용되고 있다.

이 절에서는 고전 보 이론을 적용하여 다양한 $\frac{b}{h}$의 직사각형 단면 형상을 갖는 외팔보 문제의 해를 구하고, 얻어진 해들이 보다 정확한 해석 방법을 사용하여 얻어진 결과와 비교하여 정량적으로 어떤 차이가 있는지 고찰하고 그 정밀도와 적용 상의 문제점들에 대해 살펴보기로 한다.

매우 간단한 형태의 외팔보라할지라도 정확한 해를 해석적인 방법으로 구하는 것은 쉽지 않다. 따라서 차선책으로 현재 구조공학 문제에 널리 사용되고 있는 상용 유한요소 구조해석 코드 ANSYS를 이용하여 예제로 선정한 몇 가지 외팔보들을 대상으로 수치해석을 수행하였으며, 이 해석 결과를 정확한 해에 가까운 표준해로 간주하고, 고전 보 이론으로 계산한 결과를 이 표준해와 비교하여 고찰하기로 한다.

6.2.1 해석 대상 보

그림 6.7에 보인 바와 같이 좌단이 고정된 길이 $l = 1\,m$의 외팔보의 우단에 $1\,kN$의 집중 하중이 작용하고 있다고 하자. 보의 횡단면은 직사각형 형상으로 취하고, 세장비의 영향을 알아보기 위하여 단면의 높이 h를 변화시켜 4 가지 $\lambda = \frac{l}{h}$의 단면에 대해 계산을 수행하였다. 단 단면의 2차 모멘트 I가 모든 보에 대해 같은 값 $1.04167 \times 10^{-5}\,m^4$을 가지도록 단면의 폭 b를 결정하였다.

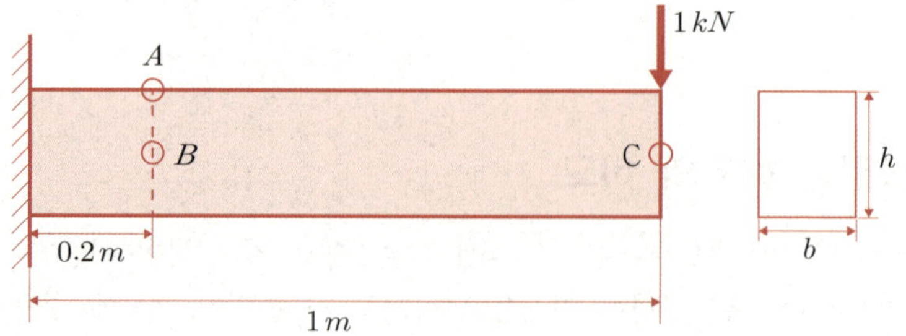

그림 6.7 집중 하중을 받는 외팔보와 직사각형 단면 형상

표 6.2 단면의 치수와 비

보	h	$\lambda = \dfrac{l}{h}$	b	$\dfrac{b}{h}$
I	1.0	1	0.000125	0.000125
II	0.5	2	0.001	0.002
III	0.2	5	0.015625	0.078125
IV	0.1	10	0.124992	1.24992

보의 재료는 구조용 강(steel)으로 가정하여 탄성계수는 $E = 200\ GPa$, 프와송 비 $\nu = 0.3$ 으로 하였다.[1] 따라서 모든 경우 굽힘 강성 EI가 같으므로 보 이론에 따르면 동일한 처짐 곡선을 가지지만, 횡단면의 단면 계수는 각각의 경우에 다르므로, 굽힘 응력의 최대값과 최소값도 달라진다. 고려된 경우의 치수 및 비에 대한 자료는 표 6.2에 보였다.

6.2.2 유한요소 해석 모델 및 해석 결과의 분석

위에서 설명한 4 가지 단면 형상을 갖는 외팔보를 유한요소법으로 해석하기 위하여 모델링하였다. 비교적 간단한 형상이지만 수치해석의 정확도를 높이기 위하여 한 변의 길이가 $1\ cm$ 인 정사각형 요소를 사용하여 분할, 해석하였다.

보 I, II 및 III은 h 에 비해 b 가 작은 박판 형상이므로 2 차원 평면 응력 요소를 사용하였으나, 보 IV는 h 보다 b 가 더 큰 직사각형 형상이므로 평면 응력 요소를 사용하면 상당한 오차가 발생할 우려가 있기 때문에 3 차원 입체 요소에 의한 해석을 함께 수행하여 결과를 비교하였다.

자유단에 작용하고 있는 집중 하중을 고려하기 위하여 보의 우단에 위치하는 절점들에 총 $1\ kN$의 하중을 연직 방향으로 균일하게 분포하였다. 좌측 고정단에 위치하는 절점들에 대해서는 모든 방향 변위 성분들을 구속하여 완전 고정단의 경계 조건을 구현하였다.

1) 실제 고전 보 이론은 축 방향의 인장, 압축 변형만 발생하는 것으로 간주하고 횡단면의 변형과 프와송 비의 영향을 고려하지 못하는 1 차원 부재에 대한 이론이다. 따라서 수치해석에서 프와송 비 ν를 0으로 두는 것이 보 이론과 비교를 위해서는 더 타당하다. 하지만 ν가 0.3인 경우가 실제 현상에 더 근접한 결과이며 해석에서 프와송 비의 의존성이 크지 않음이 확인되었으므로 여기서는 $\nu = 0$인 경우에 대한 결과는 생략하였다.

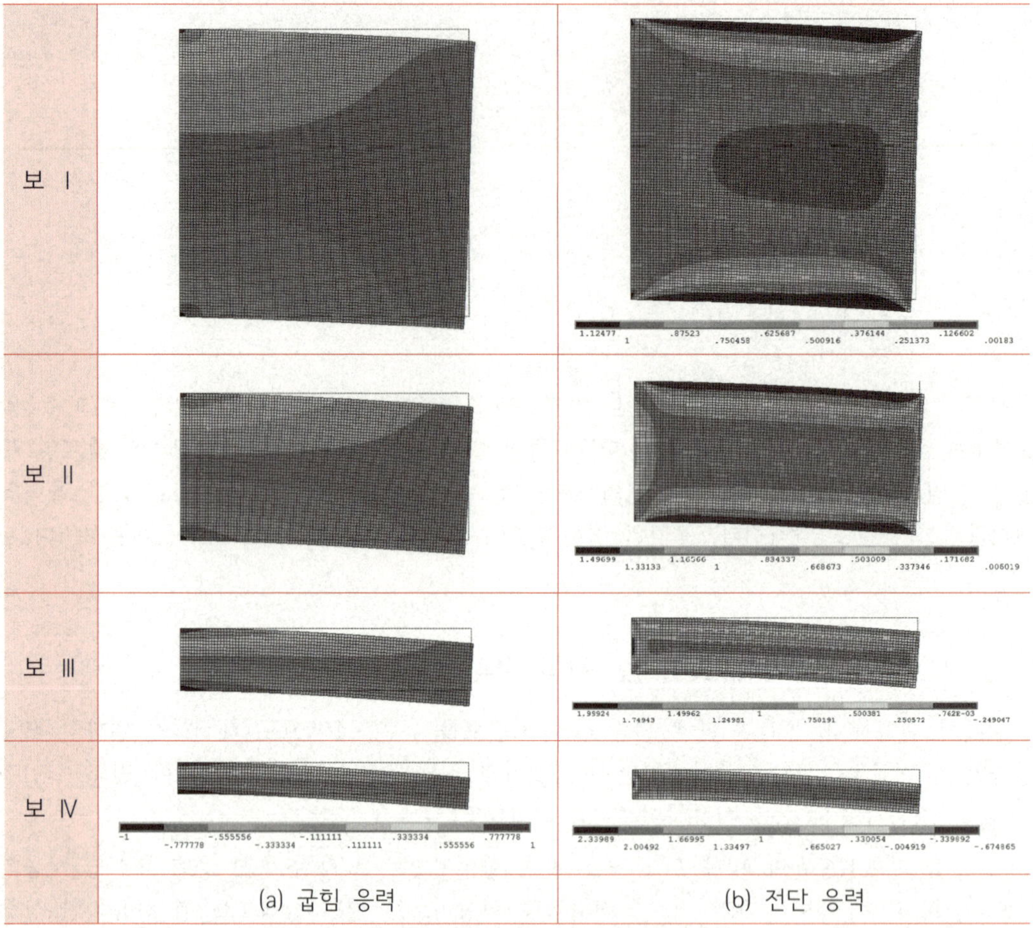

그림 6.8 해석한 각 모델의 응력 분포

유한요소 해석으로부터 얻어진 각 해석 모델의 굽힘 응력 및 전단 응력의 분포를 각각 식 (6.18)과 (6.19)로부터 얻는 최대값으로 무차원화하여 그림 6.8에 정리하였다.

자유단에 집중 하중을 받는 직사각형 단면의 외팔보에 대한 굽힘 응력, 전단 응력과 처짐은 고전 보 이론에 의하면 5장과 6.1절에서 얻은 다음과 같은 식들로 주어진다.

$$\sigma = -\frac{M_b y}{I} = -\frac{P}{I}(l-x)y, \tag{6.18}$$

$$\tau = \frac{VQ}{Ib} = \frac{P}{8I}(h^2 - 4y^2), \tag{6.19}$$

$$\delta_c = \frac{Pl^3}{3EI}. \tag{5.72}$$

여기서 식 (6.18)은 식 (5.65)에 식 (5.7)의 굽힘 모멘트를 대입해서 얻었으며, 식 (6.19)는 식 (6.11)에 식 (5.5)의 전단력, 식 (6.9)의 $Q(y)$를 대입하여 얻었다.

식 (6.18)에 따르면 굽힘 응력은 고정단의 상하면에서 최대값 $\sigma_{\max} = \dfrac{Plh}{2I}$를 가지며, $\dfrac{Pl}{2I}$은 모든 보에 대해 상수이므로, 높이 h에 따라 증가하는 값을 가진다. 그림 6.8에는 굽힘 응력을 그 최대값 $\sigma_{\max}$로 나누어 무차원화한 값을 보였으며 네 경우 모두 같은 스케일로 그렸다. 보 이론에 따르면 굽힘 응력은 x 방향으로나 y 방향으로 모두 선형적으로 변화할 것을 기대할 수 있으나, 양단에 가까운 곳에서의 수치해석 결과는 그와 같은 경향을 보인다고 하기는 곤란하다.

식 (6.19)에 따르면 전단 응력은 모든 단면에서 동일한 분포를 가지며, 중립축 상에서 최대값 $\tau_{\max} = \dfrac{Ph^2}{8I}$을 가진다. 전단 응력을 이 최대값으로 무차원화한 값을 그림 6.8에 보였으며, 네 경우 모두 고정단 부근에 보 이론에 의한 기대치와는 경향이 상당히 다른 전단 응력이 작용하는 것을 확인할 수 있다. 수치해석 결과에 따르면 보 III, IV의 경우, 고정단의 상하단 부근에서 매우 큰 전단 응력이, 또 중앙부에서는 음의 전단 응력이 작용함을 알 수 있다. 또한 이와 같이 보 이론과 수치 해석의 결과가 다른 양단 부근에 위치한 영역의 크기는 보의 세장비가 증가하면 매우 급격하게 줄어드는 것을 확인할 수 있다.

고정단에서의 경계 조건의 영향이 거의 없다고 볼 수 있는 $x = 0.2\,m$, 즉 그림 6.7에서 점 A로 표시된 곳에서의 굽힘 응력 σ, 그 횡단면의 중립축 상의 점 B에서의 전단 응력 τ, 그리고 우단인 점 C에서의 처짐 δ를 ANSYS에 의한 유한요소 해석 결과를 각각 해당 단면에서의 $\sigma_{\max}$, $\tau_{\max}$와 δ_c로 무차원화하여 표 6.3에 정리하였다.

표 6.3 해석 결과의 비교

	해석 모델	해석 결과
$\frac{\sigma}{\sigma_{max}}$	I	1.018
	II	0.991
	III	1.002
	IV	1.007
$\frac{\tau}{\tau_{max}}$	I	0.867
	II	0.993
	III	1.002
	IV	0.992
$\frac{\delta}{\delta_c}$	I	1.706
	II	1.181
	III	1.031
	IV	1.013

굽힘 응력과 전단 응력은 보 II, III, IV에 대해 1% 이하의 차이를 보이고 있어 $\lambda > 2$만 되더라도 고전 보 이론을 경계면에서 조금 떨어진 곳에서의 응력을 예측하는데 적용하는 것은 큰 문제가 없음을 보여주고 있다. 보 I, II의 자유단에서의 처짐은 보 이론에 의한 결과보다 매우 크게 나타나고 있는데 이는 보 이론에서 전단 변형을 무시하고 있는데 따른 결과로 앞 절의 식 (6.17)에서 얻은 결과를 다시 한 번 확인시켜 주고 있다. 높이에 비해 길이가 상대적으로 긴 세장 보에서는 굽힘에 의한 처짐이 압도적으로 크기 때문에 처짐의 전체적인 오차 크기는 무시할 수 있을 정도로 작아진다.

그림 6.9에는 표 6.3에 보인 결과를 세장비 λ의 함수로 도시하였다. 1에서 표 6.3에 보인 결과를 뺀 값, 즉 보 이론의 상대오차를 %로 나타내었는데, 굽힘 응력은 전반적으로 그 오차가 매우 작은 것을 확인할 수 있다. 또한 세장비가 작을수록 정밀 유한요소 해석과 보 이론에 의한 처짐 및 전단 응력 추정 결과의 오차가 커지지만, 세장비 $\lambda > 5.0$인 보에 대해서는 보 이론과 유한요소 해석 결과의 차이가 매우 작은 것을 알 수 있다.

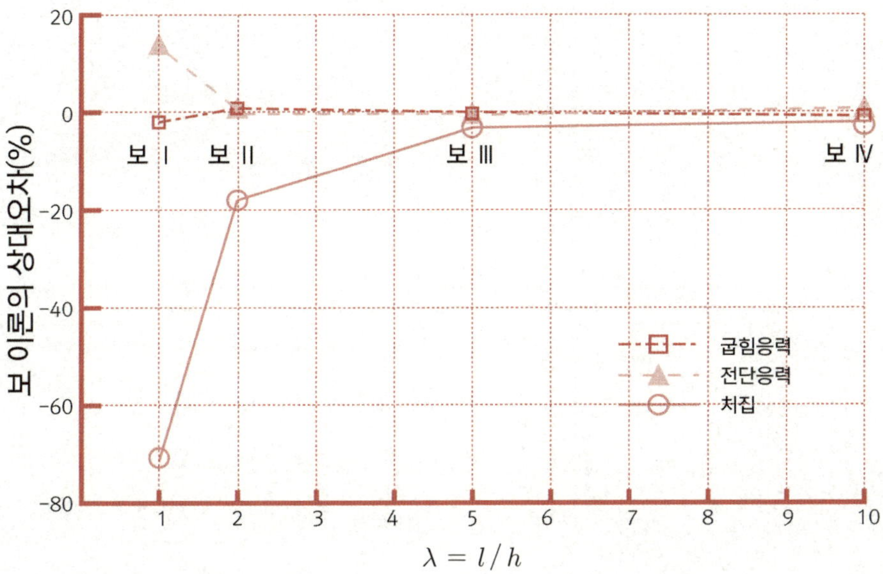

그림 6.9 고전 보 이론과 정밀 수치해석 결과의 상대오차

그림 6.10, 6.11에는 세장비 λ가 작은 보 I, II에 대해 길이 방향으로 네 점, $x = 0.1$, 0.2, 0.3, $0.5\,m$에서 굽힘 응력 및 전단 응력의 분포를 y의 함수로 각각 도시하였다.

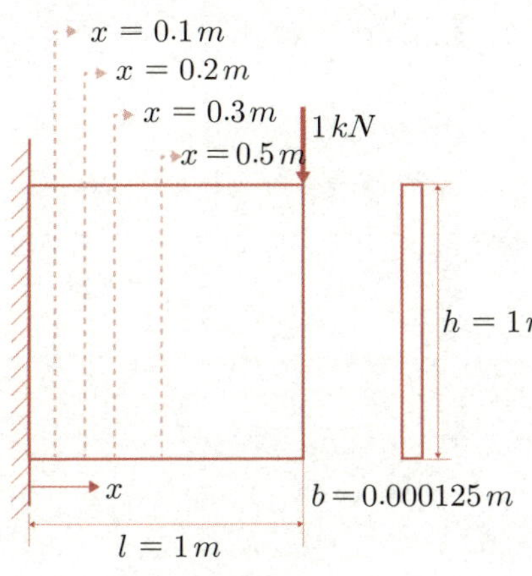

그림 6.10(a) 모델 I

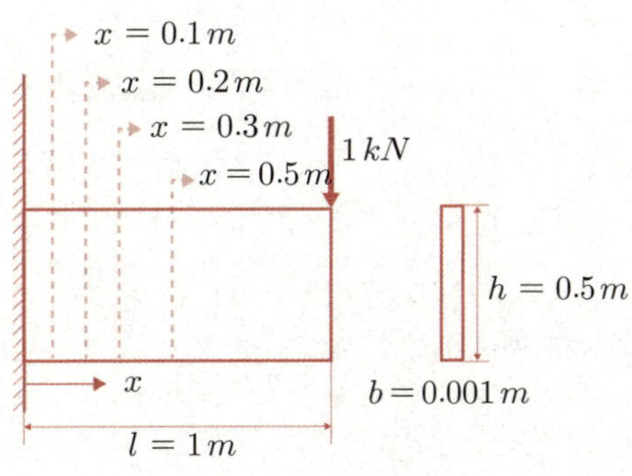

그림 6.11(a) 모델 II

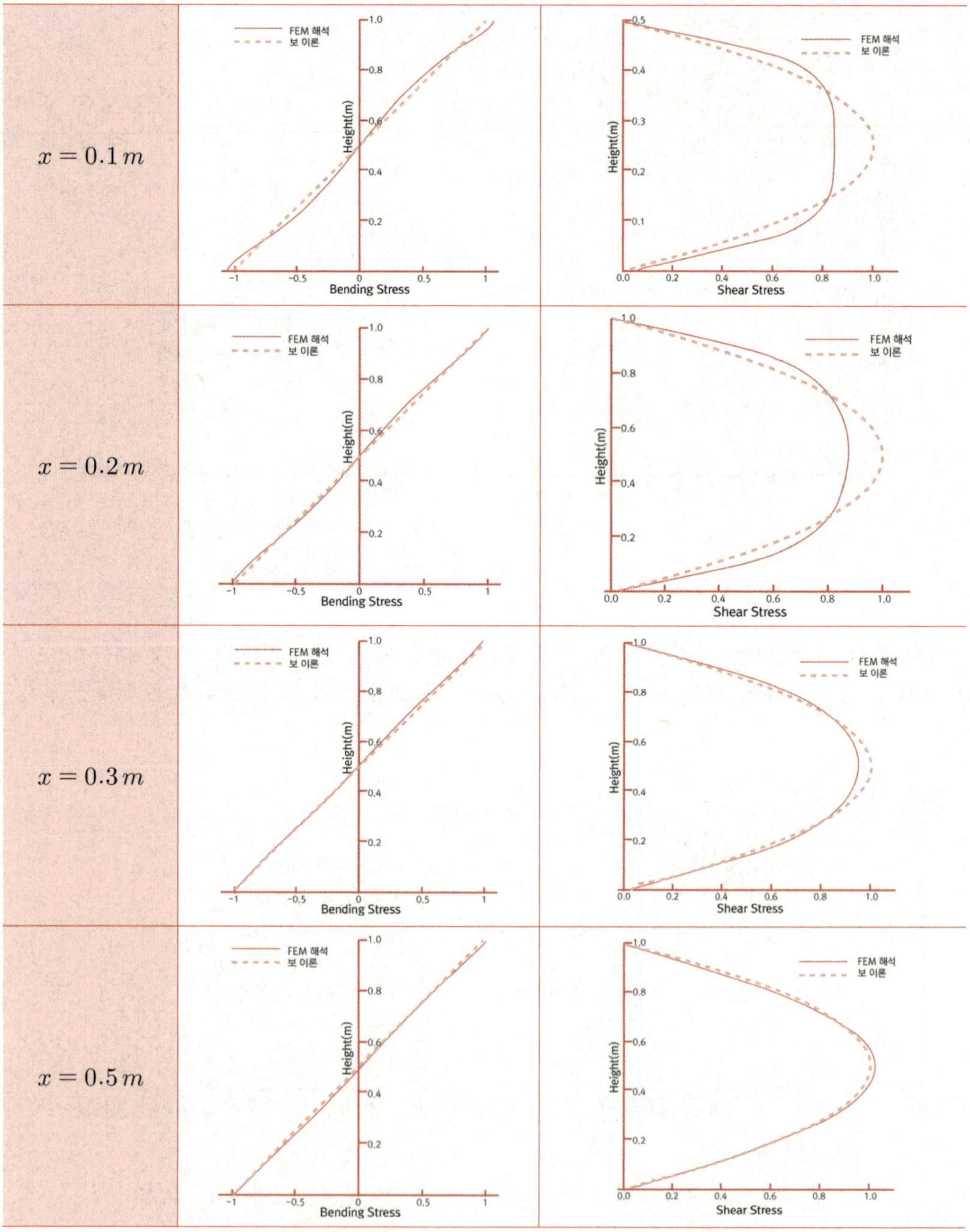

그림 6.10(b) 보 I에 대한 응력의 깊이 방향 분포

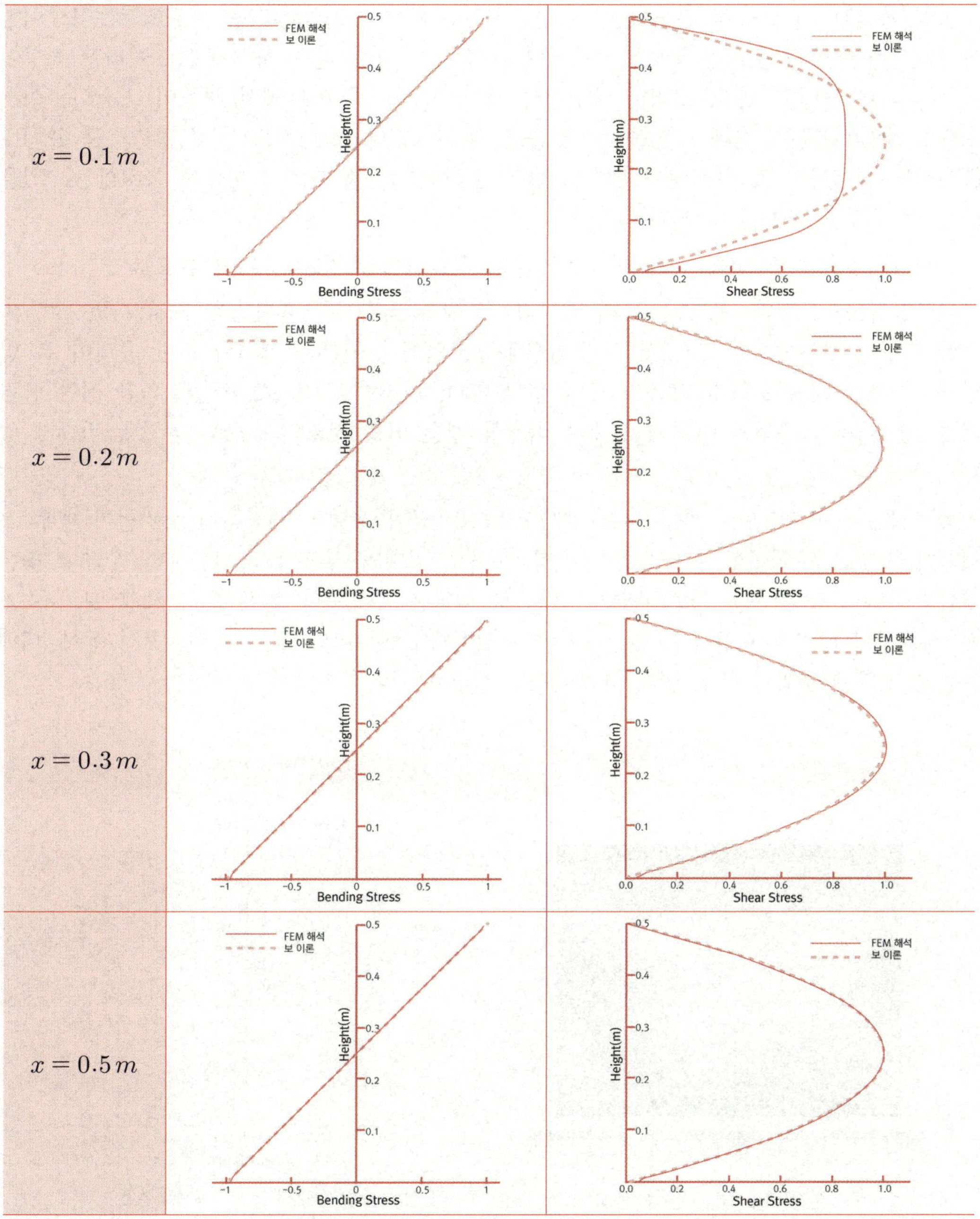

그림 6.11(b) 보 II에 대한 응력의 깊이 방향 분포

굽힘 응력과 전단 응력 분포를 살펴보면 고정단의 경계면에 가까운 부위에서는 보 이론과 약간 다른 응력 분포를 확인할 수 있다. 세장비가 가장 작은 보 I에서는 이러한 경향이 더 뚜렷하게 보이고 있다. 그러나 중앙부에서는 그림 6.10, 6.11에서 보듯이 고전 보 이론으로도 상당히 좋은 결과를 얻을 수 있음을 알 수 있다. 상대적으로 세징비가 큰 보 III, IV에서도 경계면의 효과는 나타나고 있으나 전체적으로 볼 때, 그 비중은 무시할 수 있을 만큼 작은 것을 확인할 수 있다.

그림 6.12에는 보 IV에 대해 $x = 0.2\,m$ 인 횡단면에서 전단 응력의 분포를 $\tau_{\max}$ 로 무차원화한 값을 보였다. 보 IV는 b 가 h 보다 큰 광폭 직사각형 횡단면을 가지고 있으며, 이러한 형상의 단면에서는 6.1.2절 그림 6.5에서 도입했던 기본 가정처럼 전단 응력이 폭 방향으로 균일하게 분포하지 않음을 보여 주고 있다. 따라서 고전 보 이론에 의한 전단 응력 계산법을 이러한 유형의 단면에 그대로 적용할 때는 어느 정도의 오차를 감안할 필요가 있다.

결론적으로 공학적으로 가장 중요하게 고려되는 굽힘 응력은 세장비에 상관없이 매우 잘 일치하고 있음을 확인할 수 있으며, 전단 응력도 경계면 부근만 제외한다면 상당히 좋은 결과를 보여주고 있음을 확인하였다. 고전 보 이론은 구조공학 분야 특히 세장 보의 초기 설계 문제에서 널리 이용되고 있는데, 이는 위에서 보인 바와 같이 응력, 처짐 등에 대해 충분히 정확한 결과를 주고 있기 때문이라고 할 수 있다.

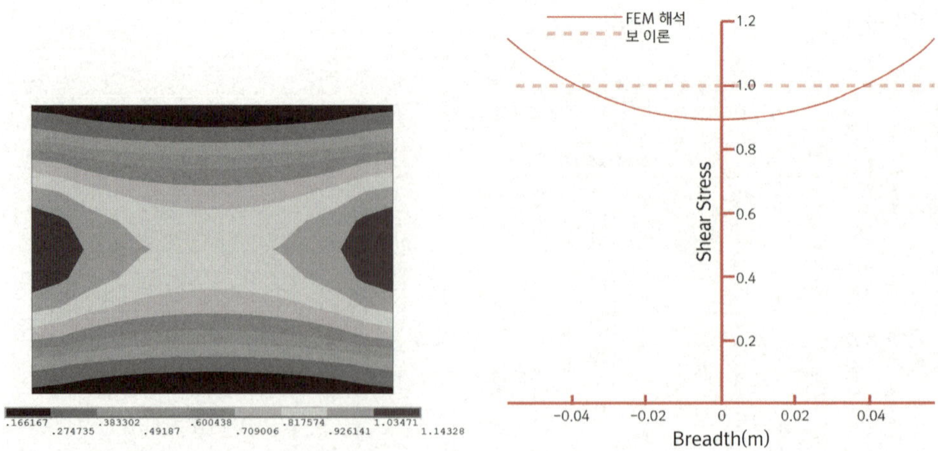

(a) 단면 내 전단 응력 분포　　(b) 중립축에서 전단 응력 분포

그림 6.12 보 IV, $x = 0.2\,m$인 횡단면에서 전단 응력의 분포

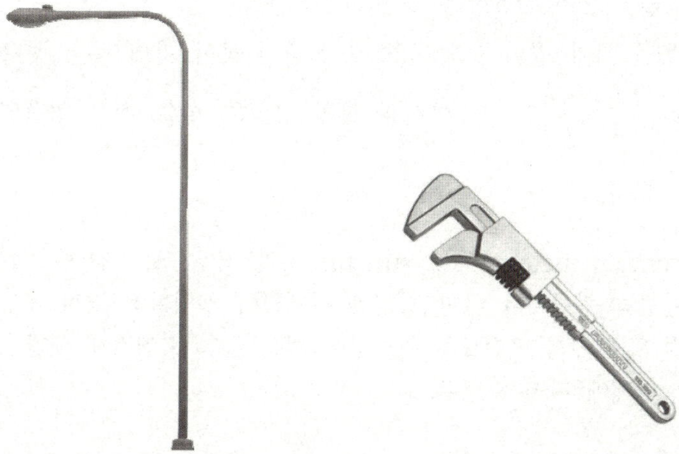

그림 6.13 불균일 단면 보의 실제 사례

6.3 불균일 단면 보

앞에서는 보의 단면이 일정한 형상을 가지는 보, 즉 균일 단면 보에 대해 생각하였다. 보에 작용하는 굽힘 모멘트가 길이 방향으로 변화한다면 굽힘 모멘트가 크게 걸리는 단면의 치수는 크게, 반면에 작게 걸리는 단면은 치수는 줄이는 것이 구조 설계의 관점에서는 합리적이다. 예를 들어 외팔보라면 굽힘 모멘트가 크게 작용하는 보의 고정단 부위의 단면 치수를 크게 설계하고, 굽힘 모멘트가 그다지 크지 않은 자유단 부근의 단면 치수는 줄이는 것이 구조물의 중량을 줄일 수 있는 방법이다. 이러한 불균일 단면 보의 설계 개념은 그림 6.13에서 보는 것처럼 다양한 구조물에서 실제로 사용되는 것이 확인된다. 이 절에서는 단면의 형상이 갑자기 변화하는 문제와 연속적으로 변화하는 문제에 대해 차례로 생각해 보기로 한다.

6.3.1 불연속 단면 보의 굽힘

SB2. 중앙에 집중 하중이 작용하는 불연속 단면 보

그림 6.14에 보인 바와 같이 보의 중앙에 집중 하중이 가해지는 단순보를 고려하는데, 단 중앙부, 즉 $x \in \left(\frac{l}{4}, \frac{3l}{4}\right)$인 구간에서의 굽힘 강성은 EI_0, 좌우 양쪽의 나머지 구간에서는 $\frac{EI_0}{4}$이라고 하자.

정정 구조물(statically determinate structure)2)의 경우, 보 내부에 작용하는 전단력과 굽힘 모멘트는 단면의 형상이나 굽힘 강성과 관계없이 정역학적 평형 조건에 의해서만 결정되므로, 5.2.4절 SB1a에서 단순보와 관련하여 얻은 굽힘 모멘트에 대한 결과 식 (5.77)은 여전히 유효하며, 아래에 다시 보였다.

$$M_b(x) = \begin{cases} -\dfrac{Px}{2}, & x < \dfrac{l}{2} \\ -\dfrac{P(l-x)}{2}, & x > \dfrac{l}{2} \end{cases}, \tag{5.77}$$

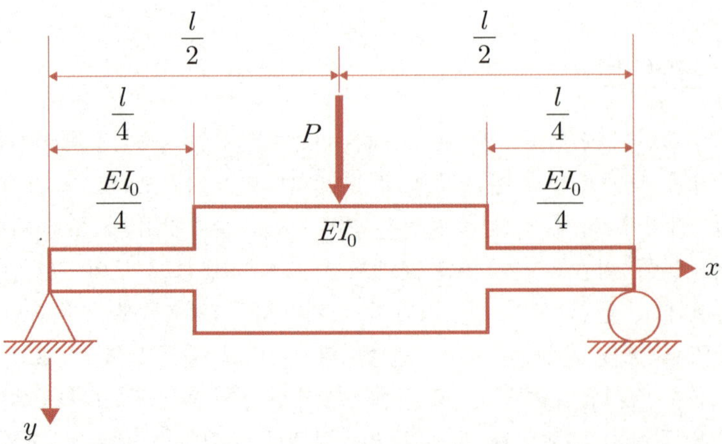

그림 6.14 보 중앙에 집중 하중을 받는 불연속 단면 단순보

2) 정역학적 평형 조건을 적용하여 지지점의 반력과 부재의 내력을 모두 구할 수 있는 구조물이며, 8.2절에서 자세히 다루기로 한다.

5.2.5절에서 얻은 식 (5.90), $\dfrac{d^2v}{dx^2}=\dfrac{M_b}{EI}$, 즉 굽힘에 대한 미분 방정식의 우변은 각 단면에 작용하는 굽힘 모멘트를 그 단면의 굽힘 강성으로 나눈 값이므로, 이를 곡률 $\kappa(x)$로 취하고, 처짐 곡선이 $x=\dfrac{l}{2}$에 대해 대칭인 점을 이용하여 $x\le\dfrac{l}{2}$인 영역에 대해서만 고려하기로 하면 다음을 얻으며,

$$\kappa(x)=\begin{cases}-2\alpha x,\ x\in\left[0,\ \dfrac{l}{4}\right),\\ -\dfrac{\alpha}{2}x,\ x\in\left(\dfrac{l}{4},\dfrac{l}{2}\right),\end{cases}\quad \alpha=\frac{P}{EI_0}\,. \tag{6.20}$$

그림 6.15에 위의 함수를 보였다.

위의 결과를 식 (5.90)에 대입하고, x에 대해 한 번 적분하여 다음을 얻는다.

$$\frac{dv}{dx}=\begin{cases}-\alpha\left(x^2+C_1\right),\quad x\in\left[0,\ \dfrac{l}{4}\right],\\ -\dfrac{\alpha}{4}\left(x^2+C_2\right),\ x\in\left[\dfrac{l}{4,}\ \dfrac{l}{2}\right],\end{cases} \tag{6.21}$$

적분 상수를 결정하기 위한 경계 조건은 보의 중앙, $x=\dfrac{l}{2}$에서 기울기는 영이 되어야 하고, 또 $x=\dfrac{l}{4}$에서의 기울기는 연속이어야 하므로, 위 식으로부터 식 (6.22)를 얻는다.

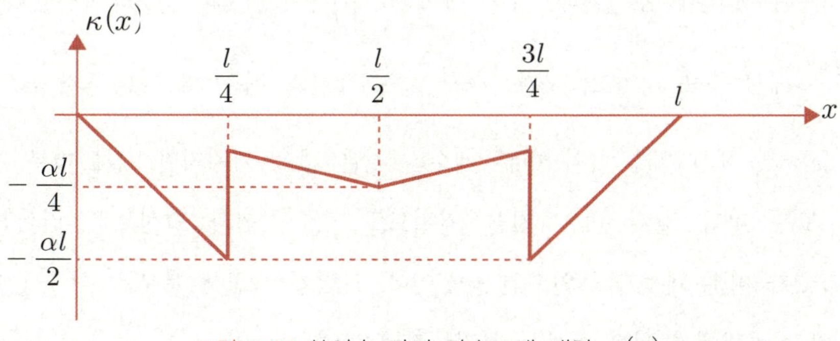

그림 6.15 불연속 단면 단순보에 대한 $\kappa(x)$

$$C_2 = -\frac{l^2}{4}, \quad C_1 = -\frac{7l^2}{64}. \qquad (6.22)$$

이 결과를 식 (6.21)에 대입하고 다시 한 번 x에 대해 적분하여 다음을 얻는다.

$$v(x) = \begin{cases} -\alpha\left(\dfrac{x^3}{3} - \dfrac{7l^2}{64}x + C_3\right), & x \in \left[0, \dfrac{l}{4}\right], \\ -\dfrac{\alpha}{4}\left(\dfrac{x^3}{3} - \dfrac{l^2}{4}x + C_4\right), & x \in \left[\dfrac{l}{4}, \dfrac{l}{2}\right], \end{cases} \qquad (6.23)$$

적분 상수를 결정하기 위한 경계 조건은 좌단, $x = 0$에서 처짐이 영이 되어야 하고, 또 $x = \dfrac{l}{4}$에서의 처짐은 연속이어야 하므로, 위 식으로부터 다음을 얻는다.

$$C_3 = 0, \quad C_4 = -\frac{l^3}{32}. \qquad (6.24)$$

이 결과를 식 (6.23)에 대입하면 다음과 같이 처짐 곡선을 얻는다.

$$v(x) = \begin{cases} -\alpha\left(\dfrac{x^3}{3} - \dfrac{7l^2}{64}x\right), & x \in \left[0, \dfrac{l}{4}\right], \\ -\dfrac{\alpha}{4}\left(\dfrac{x^3}{3} - \dfrac{l^2}{4}x - \dfrac{l^3}{32}\right), & x \in \left[\dfrac{l}{4}, \dfrac{l}{2}\right], \end{cases} \qquad (6.25)$$

위 결과는 그림 6.16에 보였는데, 구간 $x \in \left(0, \dfrac{l}{4}\right)$에서의 해는 3차 곡선으로, $x = 0$, $x = \pm\dfrac{\sqrt{21}\,l}{8}$에서 근을 가지고, 구간 $x \in \left(\dfrac{l}{4}, \dfrac{l}{2}\right)$에서의 해는 또 다른 3차 곡선인데, 이 두 곡선은 $x = \dfrac{l}{4}$에서 함수, 1차 미분 계수는 같은 값을 가지지만, 2차 미분 계수는 식 (6.20)에서 보는 바와 같이 다른 값을 가지므로, 두 곡선의 합성으로 얻어진 곡선은 $x = \dfrac{l}{4}$에서 2차 미분 계수가 불연속인 곡선이다. 그림에서 점선 부분은 각 구간에서의 처짐 곡선이 구간 바깥에서 어떤 형상을 가지는지를 보여주고 있다.

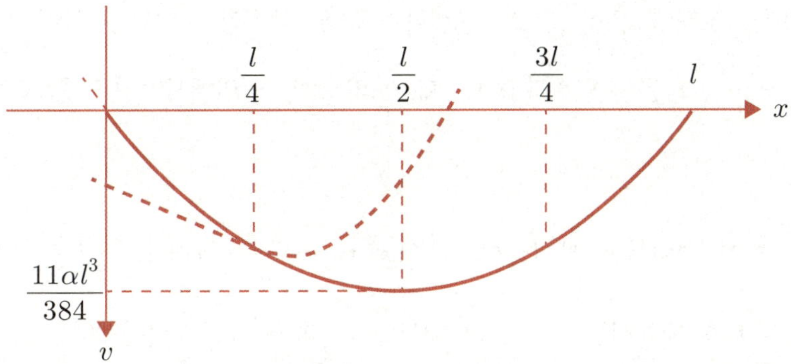

그림 6.16 불연속 단면 보의 처짐 곡선

한편, 최대 처짐 δ는 $x = \frac{l}{2}$을 식 (6.25)에 대입하여 다음과 같이 얻는다.

$$\delta = v\left(\frac{l}{2}\right) = \frac{11\alpha l^3}{384} = \frac{11Pl^3}{384EI}. \tag{6.26}$$

5.2.4절에서 SB1a와 관련하여 식 (5.84)에서 구하였던 균일 단면 단순보의 최대 처짐 δ_u는 다음과 같으므로,

$$\delta_u = \frac{\alpha l^3}{48} = \frac{Pl^3}{48EI}. \tag{5.84}$$

고려 중인 불균일 단면 단순보의 최대 처짐이 $\frac{11}{8}$배, 즉 1.375 배 큰 것을 확인할 수 있다. 다시 말하면 양단 부근에서의 굽힘 강성을 $\frac{1}{4}$로 감소시킨 것 때문에 중앙부에서의 최대 처짐이 37.5 % 증가하였다.

물론 이 경우에도 단면이 갑자기 달라지는 곳 부근에서의 응력 분포는 앞에서 가정한 바와는 다른 형태를 가지겠지만, 단면 형상이 달라지는 곳에서 조금만 멀리 떨어지면 그와 같은 영향은 크지 않을 것이다.

[예제 6.2] 위에서 고려한 문제 SB2와 관련하여 좌우 양쪽의 나머지 구간에서의 굽힘 강성 이 $\frac{EI_0}{n}$, n은 자연수라고 할 때, 보의 중앙 단면에서의 처짐을 구하시오.

[답] 굽힘 모멘트에 대해서는 식 (5.77), $M_b(x) = -\frac{Px}{2}$, $x \in \left[0, \frac{l}{2}\right]$을 그대로 사용할 수 있고, 곡률에 대해서는 식 (6.20) 대신 $x \in \left[0, \frac{l}{4}\right)$에서 다음을 얻는다.

$$\kappa(x) = -\frac{n}{2}\alpha x \qquad \text{(예6.4)}$$

위의 결과를 식 (5.90)에 대입하고, x에 대해 한 번 적분하여 다음을 얻는다.

$$\frac{dv}{dx} = \begin{cases} -\frac{n\alpha}{4}\left(x^2 + C_1\right), & x \in \left[0, \frac{l}{4}\right], \\ -\frac{\alpha}{4}\left(x^2 + C_2\right), & x \in \left[\frac{l}{4}, \frac{l}{2}\right], \end{cases} \qquad \text{(예6.5)}$$

적분 상수를 결정하기 위한 경계 조건은 위에서와 같으므로, 즉 보의 중앙에서 기울기는 영이 되어야 하고, 또 $x = \frac{l}{4}$에서의 기울기는 연속이어야 하므로, 다음을 얻는다.

$$C_2 = -\frac{l^2}{4}, \quad C_1 = -\frac{l^2}{16}\left(1 + \frac{3}{n}\right). \qquad \text{(예6.6)}$$

이 결과를 식 (예6.5)에 대입하고 x에 대해 적분하여 다음을 얻는다.

$$v(x) = \begin{cases} -\frac{n\alpha}{4}\left(\frac{x^3}{3} + C_1 x + C_3\right), & x \in \left[0, \frac{l}{4}\right], \\ -\frac{\alpha}{4}\left(\frac{x^3}{3} - \frac{l^2}{4}x + C_4\right), & x \in \left[\frac{l}{4}, \frac{l}{2}\right], \end{cases} \qquad \text{(예6.7)}$$

적분 상수를 결정하기 위한 경계 조건은 좌단에서 처짐이 영이 되어야 하므로 $C_3 = 0$ 를 얻고, 또 $x = \dfrac{l}{4}$ 에서의 처짐은 연속이어야 하므로, 위 식으로부터 $C_4 = -\dfrac{l^3}{96}(n-1)$ 를 얻는다. 이 결과를 식 (예6.7)에 대입하면 다음과 같이 처짐 곡선을 얻는다.

$$v(x) = \begin{cases} -\dfrac{n\alpha}{4}\left(\dfrac{x^3}{3} + C_1 x\right), & x \in \left[0,\ \dfrac{l}{4}\right], \\ -\dfrac{\alpha}{4}\left(\dfrac{x^3}{3} - \dfrac{l^2}{4}x + C_4\right), & x \in \left[\dfrac{l}{4},\ \dfrac{l}{2}\right], \end{cases} \tag{예6.8}$$

따라서 중앙에서의 처짐 δ는 식 (예6.8)로부터 다음과 같이 얻는다.

$$\delta = v\left(\frac{l}{2}\right) = \frac{(n+7)\alpha l^3}{384} = \frac{(n+7)Pl^3}{384EI}. \tag{예6.9}$$

이 식에 따르면, 보의 단면 형상이 일정할 때의 처짐 δ_u는 $n = 1$인 경우에 상응하고 위의 처짐을 $\delta(n)$으로 나타내면 다음을 얻는다.

$$\delta(n) = \frac{n+7}{8}\delta_u. \tag{예6.10}$$

따라서 $n = 2$인 경우에는 식 (5.84)로 주어지는 δ_u에 비해 12.5% 증가함을 알 수 있다.

6.3.2 동일 강도의 외팔보

다음 문제로는 1.2.3절에서 갈릴레오가 다루었던 응용3], 동일 강도(equal strength)를 가지는 보에 대해 다시 생각해 본다.

CB6. 자유단에 집중 하중이 작용하는 동일 강도의 불균일 직사각형 단면 외팔보

모든 단면이 동일 강도를 가지는 불균일 직사각형 단면 외팔보의 자유단에 집중 하중이 가해지는 경우를 생각하자.

직사각형 단면의 폭 b는 일정하게 유지하고, 동일 강도를 가지는 높이 $h(x)$를 구하기로 하며, 동일 강도의 보는 각 횡단면에서의 최대 굽힘 응력 σ_{max}가 동일한 보로 정의하기로 한다.

각 횡단면에서의 최대 굽힘 응력은 식 (6.14)에 의해 다음과 같고,

$$\sigma_{max} = \frac{M_b h}{2I}. \tag{6.27}$$

각 단면에 작용하는 굽힘 모멘트는 5.1.2절의 CB1에서 구한 바와 같이 식 (5.7)로 주어진다.

$$M_b(x) = P(l - x). \tag{5.7}$$

이를 식 (6.27)에 대입하고, 또 직사각형 단면의 면적 2차 모멘트에 대한 결과, 식 (5.56), $I = \frac{bh^3}{12}$을 이용하여 다음을 얻는다.

$$\sigma_{max} = \frac{P(l-x)h}{2I} = \frac{6P(l-x)}{bh^2}. \tag{6.28}$$

이 식을 h에 대해 정리하면 다음을 얻으며,

$$h(x) = \sqrt{\alpha(l-x)}, \ \alpha = \frac{6P}{b\sigma_{max}}, \tag{6.29}$$

편의상 $l - x = \xi$로 치환하여 다음을 얻는다.

$$h(\xi) = \sqrt{\alpha\xi}. \tag{6.30}$$

이 식으로부터 자유단에서의 높이는 영이고, 고정단에서의 높이는 $\sqrt{\alpha l}$인, 다시 말하면 자유단에 꼭지점을 가진 포물선 형태의 높이를 얻으며, 그림 6.17에 그 형상을 보였다. 갈

릴레오의 결과인 그림 1.11과 비교하면 그가 어떤 점에서 착오를 범했고, 그 결과가 어떤 것이었는지를 알 수 있다. 그는 중립축의 개념이 없었고, 따라서 고정단의 단면 하부를 중심으로 보가 회전하여 파괴에 이른다고 믿었으므로, 중립축에 상하 대칭인 단면을 얻지 못했으나, 기본적으로는 각 단면이 하중이 가해지는 점으로부터의 거리에 비례하는 굽힘 모멘트에 저항해야 한다는 점은 정확하게 고려했기 때문에 단면의 높이에 대해 포물선적인 분포를 얻었던 것이다.

갈릴레오가 동일 강도를 어떻게 정의했는지, 우리가 위에서 정의한 동일 강도와 비교하고, 또 갈릴레오(1638)의 'Two new sciences' 이래로 무엇이 어떻게 변하였는지에 대해 숙고해 보기 바란다.

위에서 고려한 동일 강도의 문제는 주어진 기하학적 형상을 가지는 문제에 대해 응력, 변형 등을 구한 것이 아니라, 그와 반대로 응력, 변형 등이 제한조건으로 주어진 경우, 그 조건을 만족하는 기하학적 형상을 구하였다. 이와 같은 과정은 일반적으로 설계(design)라

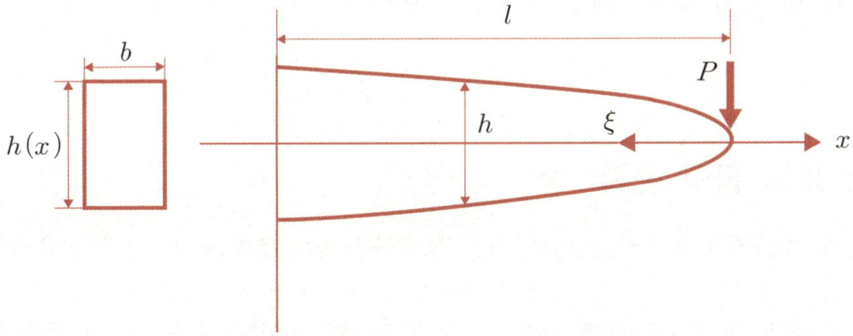

그림 6.17 동일 강도의 외팔보

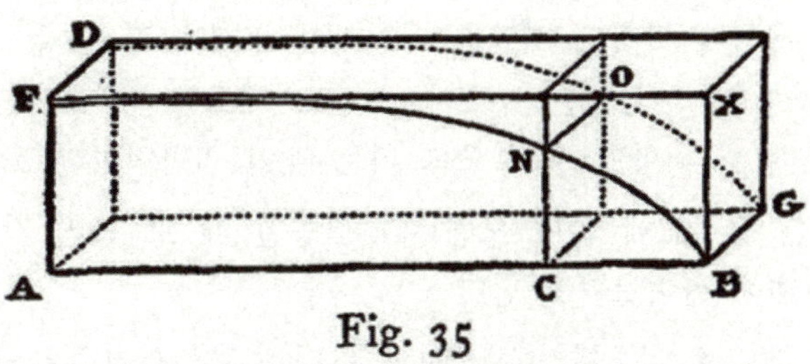

그림 1.11 갈릴레오의 동일 강도를 가지는 보의 높이

고 불리며, 지금까지 우리가 다루어 온 전자의 과정은 해석(analysis)이라고 불린다. 기본적으로 해석은 설계의 한 부분이며, 설계와 관련된 일반적인 사항은 8장에서 논의할 것이다.

해석 문제로서 연속적으로 변화하는 불균일 단면 보의 문제를 푸는 경우에는 식 (5.90)의 우변의 굽힘 강성이 축 방향으로 연속적으로 변화하는 문제가 된다. 예를 들어 단면이 직사각형인 경우, 동일한 재료를 사용하여도 다음과 같이 우변이 상당히 복잡한 형태의 함수가 되는 미분 방정식을 얻는다.

$$\frac{d^2v}{dx^2} = \frac{12}{E}\frac{M_b(x)}{b(x)h^3(x)} = \kappa(x). \tag{6.31}$$

이와 같은 문제의 해를 해석적으로 구하기 위해서는 컴퓨터의 힘을 빌릴 수밖에 없다.

근자의 상용 코드(commercial codes) 또는 공용 코드(codes in public domain)는 이와 같은 문제를 매우 쉽게 풀 수 있도록 해 주고 있으며, 따라서 코드들의 특성, 제한 등을 사전에 숙지하는 것이 매우 중요한 과제가 되었다.

6.4 합성보의 굽힘 응력; 환산 단면법

실제 우리 주위에서 사용되고 있는 보 구조물들을 살펴보면 여러 가지 이유로 두 가지 이상의 재료를 합성하여 사용하고 있는 사례가 많다. 건축이나 토목 구조물에서 일반적으로 사용되고 있는 철근 콘크리트 보가 가장 전형적인 예이며, 구조물의 무게를 경감하기 위하여 사용되는 샌드위치 패널이나 금속으로 보강된 목재 보 등도 이에 해당된다.

이들 합성보(built-up beam)를 제작할 때는, 대체로 중립축에서 멀리 떨어진 플랜지(flange)에 해당되는 부위에 고강도 재료를 배치하여 부재에 작용하는 굽힘 응력을 견딜 수 있도록 하며, 웨브(web)에 해당되는 부위에 저강도 재료를 배치하여 전체적인 보 단면의 형상을 유지하고 전단력에 저항할 수 있도록 하는 것이 일반적이다[그림 6.18 참조].

이 절에서는 이러한 합성보에 굽힘 모멘트가 작용할 때 보 단면 각 부위에 발생되는 응력을 구하는 방법에 대해 살펴보기로 한다.

그림 6.19에는 두 재료로 이루어진 합성보의 단면을 보였으며, 두 재료 1과 2의 단면적

그림 6.18 이종 재료들로 이루어진 합성보의 예

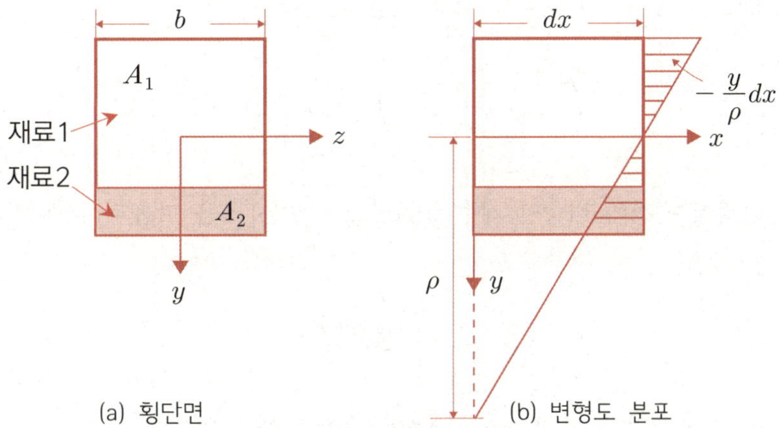

그림 6.19 합성보의 굽힘 변형

은 A_1, A_2, 탄성계수는 E_1, E_2이고, 두 재료는 완전하게 접합되어 있는 것으로 가정한다.

합성보의 경우에도 전단 변형의 영향을 무시하고 '변형 전 평면인 단면은 변형 후에도 평면을 유지한다'는 Navier의 가정(H2)을 적용하기로 하면, 이 단면의 중립축에서 y만큼 떨어진 위치에서 보의 길이 방향 변형도는 식 (5.63)으로 주어진다.

$$\epsilon = -\frac{y}{\rho} = -\kappa y. \tag{5.63}$$

여기서 ρ는 보 처짐 곡선의 곡률 반경이며 κ는 곡률이다. 이 두 재료의 탄성계수가 다르므로 각각의 굽힘 응력은 Hooke의 법칙에 따라 다음과 같이 쓸 수 있다.

$$\sigma_1 = -E_1 \kappa y\,,\;\; \sigma_2 = -E_2 \kappa y. \tag{6.32}$$

이 합성보 단면의 중립축 위치를 구하기 위해 단면에 작용하는 축 방향 힘에 대한 다음과 같은 평형 조건을 적용한다.

$$\int_{A_1} \sigma_1 dA + \int_{A_2} \sigma_2 dA = 0. \tag{6.33}$$

이 식에 식 (6.32)의 응력을 대입하면 다음 식을 얻는다.

$$\int_{A_1} E_1 \kappa y dA + \int_{A_2} E_2 \kappa y dA = 0. \tag{6.34}$$

두 재료의 탄성계수 간의 비율인 계수비(modular ratio) n을 다음과 같이 정의하고,

$$\frac{E_2}{E_1} = n\,, \tag{6.35}$$

식 (6.34)에 이 식을 대입한 뒤 $E_1 \kappa$로 나누어 주어 다음을 얻는다.

$$\int_{A_1} y dA + n \int_{A_2} y dA = 0. \tag{6.36}$$

만일 $E_2 > E_1$인 경우라면, 이 식은 단면에서 면적 A_2에 상응하는 재료의 기여도가 계수비인 n 배 만큼 커진다는 것을 뜻한다. 이와 같은 탄성계수의 크기에 따른 단면적의 기여도를 가장 쉽게 고려할 수 있는 방법이 아래에서 생각할 **환산 단면법**(transformed section method)이다.

환산 단면법은 두 가지 이상의 재료로 이루어진 합성보 단면을 한 가지 재료로 구성된 등가의 단면, 즉 환산 단면으로 바꾸어 중립축의 위치와 응력을 계산하는 방법이다.

보의 단면이 두 개의 재료로 구성된 경우의 환산 단면을 그림 6.20에 보인 것과 같이 나타낼 수 있다. 기준이 되는 재료를 1로 둔다면 재료 2를 재료 1로 대체하는 대신 그 폭을 계수비 n 배 만큼 확대하여 표시한다.

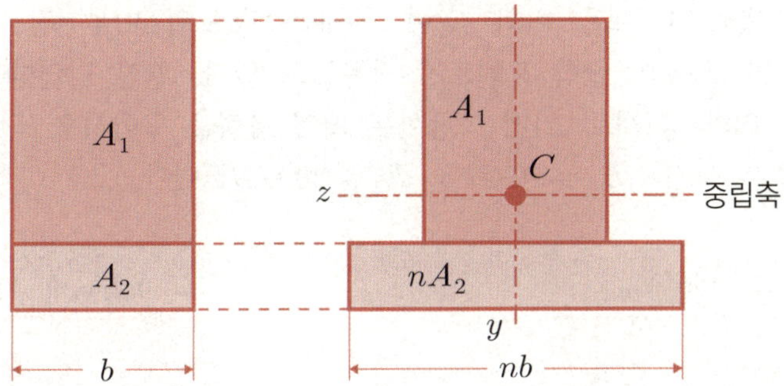

그림 6.20 합성보의 환산 단면

일단 환산 단면이 결정되면 그 이후에 이루어지는 중립축의 위치 결정, 단면의 2차 모멘트 및 응력 계산은 일반적인 보에 대해 사용하는 방법을 그대로 적용할 수 있다.

한편, 환산 단면에서 응력을 계산한 후 원래 보의 응력으로 변환할 때, 기준이 되는 재료 1 에서의 응력은 계산된 값을 다음과 같이 그대로 쓸 수 있다.

$$\sigma_1 = -\frac{My}{I_t}. \tag{6.37}$$

여기서 y는 환산 단면의 중립축 위치로 부터의 거리, I_t는 환산 단면의 중립축에 대한 2차 모멘트이다.

그러나 환산 단면에서 재료 2 의 면적은 실제 면적보다 계수비 n 배 만큼 확대되어 표시되었기 때문에 응력이 단위 면적당 작용하는 힘인 점을 감안하면 실제 응력보다 $1/n$ 배 만큼 작게 계산되었음을 알 수 있다. 따라서 재료 2 에서의 실제 작용 응력은 다음과 같이 얻는다.

$$\sigma_2 = -n\frac{My}{I_t}. \tag{6.38}$$

재료 2 를 기준으로 잡아도 같은 방법으로 계산할 수 있으며, 또한 3 개 이상의 재료로 구성된 경우에도 같은 방법을 적용할 수 있다.

[예제 6.3] 그림 예6.4에 보인 바와 같이 목재와 강으로 이루어진 합성보의 단면에 $M = 50\ kNm$의 굽힘 모멘트가 작용하고 있다. 환산 단면법을 이용하여 목재(재료 1)와 강(재료 2)에 작용하는 최대 응력을 구하시오. 단 목재와 강의 탄성계수는 각각 $E_1 = 10\ GPa$, $E_2 = 200\ GPa$이다.

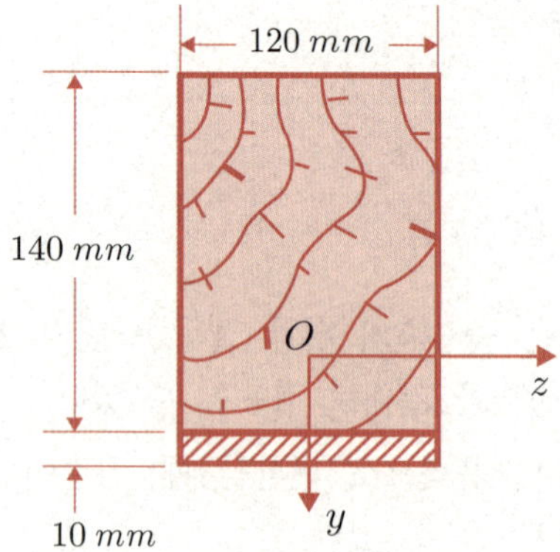

(a) 원래 단면 형상

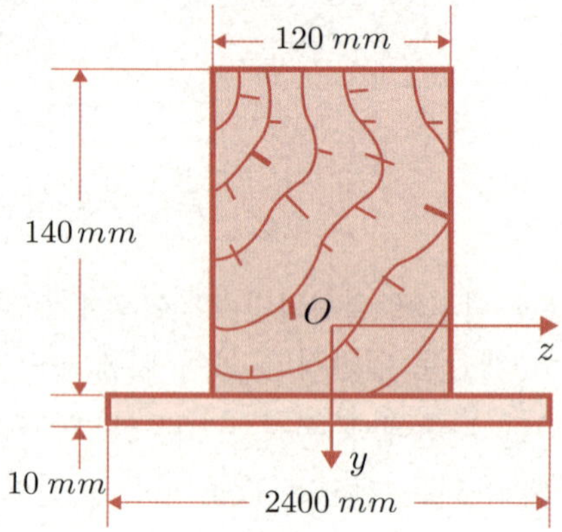

(b) 환산 단면

그림 예6.4 합성보의 형상 및 치수

[답] 목재를 기준으로 강재를 치환하여 새로운 단면 형상으로 환산하기로 하면, 먼저 계수비는 다음과 같다.

$$n = \frac{E_2}{E_1} = \frac{200\ GPa}{10\ GPa} = 20, \qquad \text{(예6.11)}$$

따라서 강재 부분의 폭을 20 배 확대하여 환산 단면을 구성하면 그림 예6.4(b)와 같고, 아랫면을 기준으로 중립축의 위치를 구하면 다음과 같다.

$$\bar{y} = \frac{\sum y_i A_i}{\sum A_i} = \frac{(5)(20 \times 120)(10) + (80)(120)(140)}{(20 \times 120)(10) + (120)(140)} = 35.88\ mm = 0.03588\ m \qquad \text{(예6.12)}$$

$$I_T = \frac{1}{12}(120)(140)^3 + (120\times 140)(80-35.88)^2 + \frac{1}{12}(120\times 20)(10)^3$$
$$+ (120\times 20\times 10)(35.88-5)^2 \qquad \approx 8.32\times 10^7\, mm^4 = 8.32\times 10^{-5}\, m^4$$

(예6.13)

목재의 최대 응력 σ_1은 중립축에서 가장 멀리 떨어진 상면에 작용하므로, 다음을 얻으며,

$$\sigma_1 = -\frac{Mc_1}{I_T} = -\frac{(50{,}000\, N\cdot m)(-0.150+0.03588\, m)}{8.32\times 10^{-5}\, m^4} = 68.58\times 10^6\, N/m^2 = 68.58 MPa$$

(예6.14)

강재에서의 최대 응력 σ_2는 바닥면에서 나타나며, 그 크기는 환산 단면 보의 응력에 계수비 n을 곱하여 다음과 같이 얻는다.

$$\sigma_2 = -\frac{Mc_2}{I_T}n = -\frac{(50{,}000\, N\cdot m)(0.03588\, m)}{8.32\times 10^{-5}\, m^4}\times 20 = -431.3\times 10^6\, N/m^2 = -431.3 MPa$$

(예6.15)

연습문제

1. 그림 연6.1에 보인 바와 같은 단순보가 집중 하중을 받고 있다. 단면 형상의 두께는 모두 20 mm 라고 한다.

1) 보의 전단력과 굽힘 모멘트의 길이 방향 분포를 구하고 도시하시오.

2) 단면의 중립축 위치와 이에 대한 2차 모멘트를 구하시오.

3) 단면 상, 하단에서의 단면 계수를 구하시오.

4) 보에 작용하는 최대 법선 응력의 발생 위치와 그 크기를 구하시오.

5) 길이 방향으로 최대 전단력이 작용하는 위치에서 웨브의 전단 응력 분포를 구하고, 도시하시오.

6) 허용 법선 응력이 50 MPa, 허용 전단 응력이 30 MPa 일 때, 이 보의 최대 허용 하중 P를 구하시오.

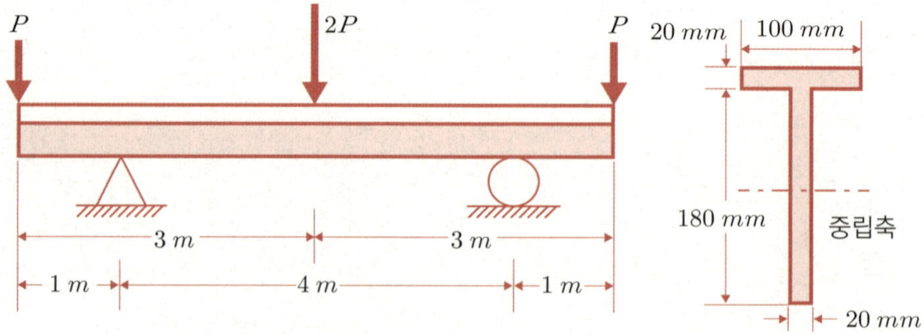

그림 연6.1

2. 그림 연6.2에 보인 바와 같은 외팔보에 대해, 위의 [문제 1] 1), 2), 3), 4)와 같은 질문에 답하시오. 그리고 길이 방향으로 최대 전단력이 작용하는 위치에서 단면의 전단 응력 분포를 구하고 도시하시오.

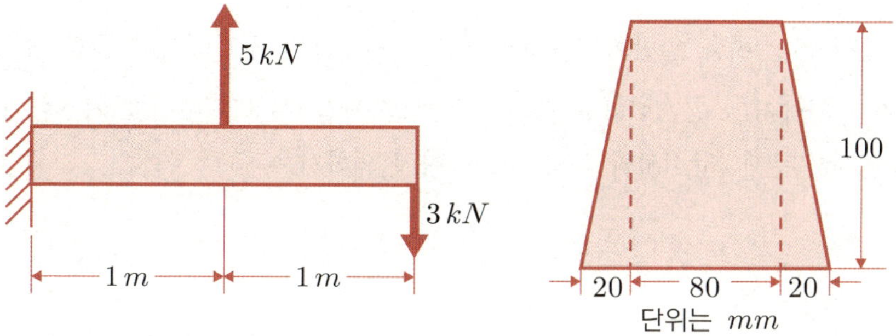

그림 연6.2

3. [연습문제 5.4]의 그림 연5.11에 보인 보에서, 길이 방향으로 최대 전단력이 작용하는 위치를 결정한 뒤, 이 위치에서 웨브의 전단 응력 분포를 구하고, 도시하시오.

4. [연습문제 5.5]의 그림 연5.12에 보인 보에서, 길이 방향으로 최대 전단력이 작용하는 위치를 결정한 뒤, 이 위치에서 웨브의 전단 응력 분포를 구하고, 도시하시오.

5. 길이 l인 외팔보의 자유단에 집중 하중이 작용하는 경우를 고려하는데, 단 $x \in \left(\frac{l}{2}, l\right]$인 구간에서의 굽힘 강성은 $\frac{EI_0}{2}$, 나머지 구간에서는 EI_0이라고 하자. 이 보의 처짐 곡선을 구하고 자유단에서의 처짐을 구하시오.

6. 길이 l인 외팔보의 자유단에 집중 하중이 작용하는 경우를 고려하는데, 단 $x \in \left(\frac{3l}{4}, l\right]$인 구간에서의 굽힘 강성은 $\frac{EI_0}{2}$, 나머지 구간에서는 EI_0이라고 하자. 이 보의 처짐 곡선을 구하고 자유단에서의 처짐을 구하시오.

7. 위의 문제 [5], [6]을 일반화하여 $x \in \left(\left\{1-\frac{1}{n}\right\}l,\ l\right]$ 인 구간에서의 굽힘 강성은 $\frac{EI_0}{2}$, 나머지 구간에서는 EI_0 이라고 하자. 이 보의 처짐 곡선을 구하고 자유단에서의 처짐을 구한 뒤, 문제 [5], [6]의 해와 비교하여 논의하시오.

8. 그림 연6.3에 보인 바와 같이 나무와 강으로 이루어진 단면의 합성보가 있다. 이 보가 견딜 수 있는 최대 굽힘 모멘트를 구하시오. 단 나무와 강의 탄성계수 E는 각각 $E_1 = 2\ GPa$, $E_2 = 20\ GPa$, 허용 응력 σ_a는 각각 $\sigma_{a1} = 10\ MPa$, $\sigma_{a2} = 150\ MPa$이다. 또 이 보의 한 단면에 $50\ kNm$의 굽힘 모멘트가 작용할 때, 이 단면에 작용하는 굽힘 응력의 분포를 구하시오.

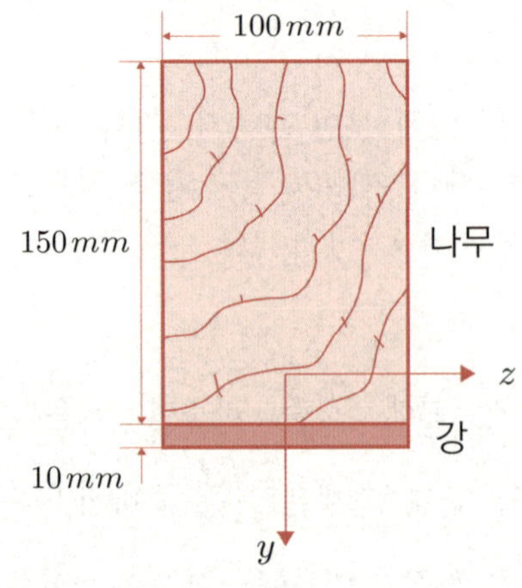

그림 연6.3

CHAPTER 7

좌 곡

오일러
1707-1783
Switzerland

표 7.1 주요인물

이름	활동연대	연고지	관련 업적, 저술
Musschenbroek	1692-1761	Netherlands	좌굴의 실험적 규명, 1729
오일러	1707-1783	Switzerland	탄성곡선 및 임계 하중, 1744
Young	1773-1829	UK	편심 하중, 1807
Plana	1781-1864	Italy	임계 하중에 대한 해석, 1809

지금까지는 기둥이 인장 하중을 받거나 압축 하중을 받거나 큰 구별을 하지 않고 다루어 왔으나, 실제로 기둥은 하중의 크기가 어떤 값 이상이 되면 인장 하중과 압축 하중에 대해 매우 다르게 반응한다. 압축 하중을 받을 경우에는 인장 시의 항복 응력보다 매우 작은 하중에서 기둥이 축 방향에 수직인 횡 방향으로 변형하는 것을 실험적으로 관찰할 수 있다. 이와 같은 현상은 좌굴(buckling)이라고 불리는데, Musschenbroek(1729)에 의해 처음 실험적으로 보고된 이래, 오일러(1744) 등에 의해 이론적인 해석이 수행되었으며 이에 대해 먼저 알아본다.

또한 지금까지는 기둥에 축 하중이 가해질 경우, 하중은 그 단면의 중심에 가해지는 것으로 암묵적인 가정을 해왔으나, 실제에 있어서는 정확하게 보자면 중심이 아닌 경우가 더 많다고 할 수 있다. 이와 같이 하중이 중심이 아닌 곳에 가해질 경우에는 굽힘 모멘트가 작용할 것이므로 좌굴의 발생을 더욱 쉽게 하는 경향이 있으며, Young(1807)은 이와 같은 문제의 중요성에 대해 지적한 바 있다. 7.2절에서는 하중이 중심이 아닌 위치에 작용할 때, 다시 말하면 편심 하중이 작용할 때 좌굴과 관련하여 유의해야 할 사항에 대해 고찰한다.

7.1 기둥의 안정성과 임계 하중

좌굴은 기본적으로는 안정성(stability) 문제에 속한다고 할 수 있으며, 이절에서는 먼저 보다 일반적인 물리계의 안정성의 정의에 대해 생각한 뒤, 압축 하중을 받는 기둥의 변형에 대한 미분 방정식을 유도하고 그 해를 구함으로써, 오일러 하중을 구하기로 한다.

기둥의 양단에 대한 경계 조건에 따라 좌굴이 발생하는 임계 하중은 크게 달라질 수 있으므로, 먼저 양단 핀 지지인 경우에 대해 생각한 뒤, 각종 경계 조건에 대해 차례대로 생각해 보기로 한다. 또한 임계 응력과 기둥의 세장비를 정의하여 기둥의 형상과 경계 조건에 따른 임계 하중의 변화에 대해 고찰하기로 한다.

7.1.1 기둥의 안정성

길이 30 cm 인 막대자를 책상 위에 길이 방향으로 수직하게 세워놓고 위에서 연직 하방으로 힘을 가한다면, 어떻게 되는지는 누구나 쉽게 시험해 볼 수 있다. 재료에 상관없이, 또 힘을 대칭점 위에 아무리 정확하게 수직하게 가하더라도 힘의 크기가 어느 정도 커지면 옆으로 휘기 시작하는 것을 볼 수 있다.

재료역학적 견지에서 이 문제를 다시 보면, 봉이 축 방향 인장력을 받을 때는 굽힘에 대한 고려를 할 필요가 없었음에 반해, 동일한 봉이 축 방향 압축력을 받을 때는 단위 면적당 작용하는 응력이 항복 응력에 도달하여 파괴가 일어나기 전에 굽힘이 먼저 일어나 파괴될 수 있음을 뜻한다. 이와 같은 굽힘은 압축력을 봉의 중심축에 아무리 정확하게 축 방향으로 가해도 발생하는 굽힘으로 보통 좌굴(buckling)이라고 부른다.

좌굴은 탄성 안정성(elastic stability)의 개념을 사용하여 설명할 수도 있다. 어떤 물리계(physical system)가 하나의 평형 상태(equilibrium state)에 있을 때, 그 상태에 약간의 교란을 가하면 그 반응은 크게 세 가지로 나눌 수 있다. 그림 7.1에 보인 바와 같이, 첫째는 꼭대기에 있을 때처럼, 약간의 교란을 가해도 원래의 상태로 돌아올 수 없는 경우이며, 둘째는 골짜기에 있을 때처럼, 약간의 교란을 가해도 항상 원래 상태로 돌아오는 경우이고, 셋째는 평지에 있을 때처럼 교란을 받은 상태에서 그대로 머무는 경우이다. 첫째는 불안정(unstable) 평형, 둘째는 안정(stable) 평형, 셋째는 중립(neutral) 평형 상태에 있다고 한다.

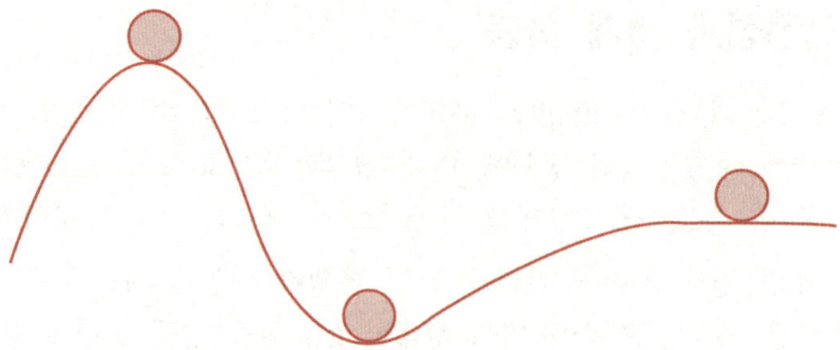

그림 7.1 안정성: 불안정, 안정, 중립 평형 상태

압축력을 받는 기둥의 경우에는 기둥의 중심선이 수직을 유지하면서 압축 응력을 받는 모드(mode)와 휘어져서 좌굴을 일으키는 모드, 두 가지 모드가 아래서 알게 되는 바와 같이 수학적으로는 모두 다 가능하다. 그러나 하중의 크기가 어느 한계를 넘어서면 압축 응력을 받는 모드는 불안정하여 실제로는 발생할 수 없기 때문에 현상적으로는 좌굴이 발생하여 기둥이 휘어져 결국 파괴에 도달하게 된다. 다시 말하면 기둥이 압축 응력을 받는 모드는 불안정하므로, 압축 응력이 항복 응력에 도달하기 전, 굽힘이 시작되어 항복 응력에 상응하는 하중의 1/10에도 미치지 못하는 하중에서 파괴가 발생할 수 있음을 뜻한다. 실제 이런 상황이 발생한다면 매우 위험할 것이므로 기둥의 설계에는 반드시 기둥의 불안정성, 다시 말하면 압축 응력을 받을 때 굽힘 모드의 불안정성, 즉 좌굴 발생 가능성에 대해 반드시 고려해야 한다.

역사적으로 좌굴 현상은 실험에 의해 먼저 밝혀졌는데, Musschenbroek은 1729년 기둥에 대한 실험 결과를 발표하면서, 기둥이 인장과 압축에 대해 다른 반응을 보인다는 것을 지적하고, 압축력을 받을 경우, 좌굴에 의한 파괴가 일어나는 하중은 기둥의 길이의 제곱에 반비례한다는 사실을 밝혔다. 다시 말하면 동일 재료, 동일 단면을 가지는 기둥의 경우, 길이가 길수록 좌굴에 대해 매우 취약해 진다는 점을 지적하였다.

7.1.2 기둥의 임계 하중; 양단 핀 지지

오일러는 1744년 탄성곡선의 논의와 관련하여 처음으로 좌굴 모드를 고려하고, 좌굴의 임계 하중(critical load)을 얻었다. 그림 7.2에 보인 바와 같이 상하단이 핀 지지된 축 하중을 받는 균일 단면 기둥에 대해 생각하자.

축 방향 압축 하중에 의해 기둥이 굽혀질 경우, 그림에 보인 바와 같이 임의의 단면에서 잘라 위 부분을 생각하면, 모멘트 평형 조건으로부터 그 단면에는 다음과 같은 굽힘 모멘트 M_b가 작용해야 한다.

$$M_b = -Pv\,. \tag{7.1}$$

여기서 5장에서와 같이 단면에서의 굽힘 모멘트는 시계 방향을 양으로 잡음에 유의한다.

식 (7.1)을 베르누이-오일러 공식인 식 (5.54)에 대입하면 다음을 얻고,

$$\frac{EI}{\rho} = M_b = -Pv\,, \tag{7.2}$$

보의 처짐이 작은 경우에 대해서는 곡률에 대한 근사를 적용하여 굽힘에 대한 미분 방정식, 식 (5.55)로부터 다음을 얻는다.

$$EI\frac{d^2v}{dx^2} = M_b = -Pv\,. \tag{7.3}$$

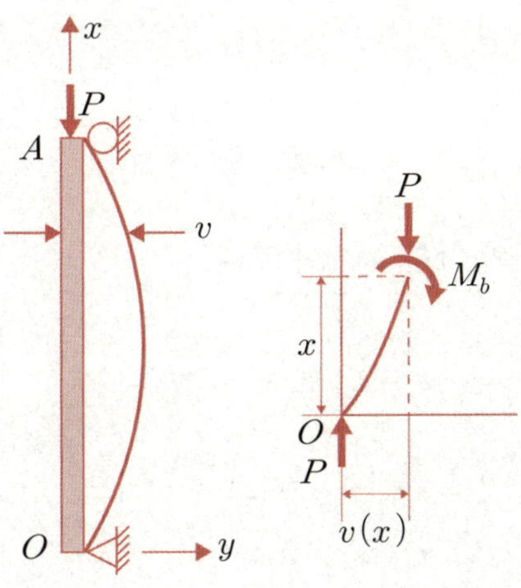

그림 7.2 축 하중을 받는 양단 핀 지지 기둥의 좌굴

주어진 식을 직접 두 번 적분하여 처짐 $v(x)$를 구했던 보의 굽힘에 대한 경우와는 달리, 미지 함수 $v(x)$에 대해 풀어야 하는 다음과 같은 미분 방정식을 얻는다.

$$\frac{d^2v}{dx^2}+\alpha^2 v=0, \ \alpha=\sqrt{\frac{P}{EI}}\,. \tag{7.4}$$

굽힘 강성 EI가 일정한 경우, 위 식은 계수가 상수인 2계 선형 미분 방정식이므로, $v=e^{\lambda x}$의 해를 가정하여 대입함으로써 다음 식을 얻는다([참고문헌 11] 참조).

$$(\lambda^2+\alpha^2)v=0. \tag{7.5}$$

이 식은 ( ) 안이 영이 되는 경우, 또는 $v(x)=0$에 의해 만족된다. 그러나 $v(x)=0$는 기둥이 연직 상태를 유지하면서 압축 응력을 받는 경우이므로, ( ) 안이 영이 되어야 하며, 따라서 다음과 같은 λ에 대한 2차 방정식을 얻는다.

$$\lambda^2+\alpha^2=0. \tag{7.6}$$

이 식으로부터 다음을 얻으므로,

$$\lambda_{1,2}=\pm i\alpha, \tag{7.7}$$

식 (7.4)는 다음과 같은 형태의 해를 가져야 한다.

$$v=C_1 e^{i\alpha x}+C_2 e^{-i\alpha x}. \tag{7.8}$$

식 (7.8)은 다음과 같은 오일러 공식을 쓴다고 하더라도,

$$e^{i\alpha x}=\cos\alpha x+i\sin\alpha x\,, \tag{7.9}$$

일반적으로 실수 값을 가진다고 볼 수 없으므로, 실수 함수(real function)로 해를 얻기 위해 C_1, C_2에 대해 다음을 가정하면,

$$C_1 = \frac{A+iB}{2},\ C_2 = \frac{A-iB}{2}, \tag{7.10}$$

식 (7.8)은 다음과 같이 다시 쓸 수 있다.

$$\begin{aligned} v &= \frac{1}{2}(A+iB)(\cos\alpha x + i\sin\alpha x) + \frac{1}{2}(A-iB)(\cos\alpha x - i\sin\alpha x) \\ &= A\cos\alpha x + B\sin\alpha x \end{aligned} \tag{7.11}$$

여기서 A, B는 임의의 실수이다.

이제 A, B를 결정하기 위해 경계 조건을 고려하는데, 상하 양단에서 핀 지지되어 있으므로, $x=0$, $x=l$에서 $v=0$을 만족해야 한다. $x=0$에서의 조건으로부터 $A=0$을 얻고, $x=l$에서의 조건으로부터 다음을 얻는다.

$$v(l) = B\sin\alpha l = 0. \tag{7.12}$$

여기서 만약 $B=0$로 가정하면, $v(x)\equiv 0$인 연직 상태가 되므로 $B=0$를 택할 수는 없으며, 따라서 $\sin\alpha l = 0$이 만족되어야 하며, 이로부터 결국 다음 식을 얻는다.

$$\alpha l = n\pi,\ n = 1,2,\cdots. \tag{7.13}$$

최종적으로 식 (7.4)의 해로 다음을 얻는다.

$$v(x) = B\sin\alpha x. \tag{7.14}$$

여기서 B는 임의의 상수이며, α는 식 (7.13)을 만족해야 한다.

식 (7.13)에 식 (7.4)의 둘째 식을 대입하면 굽힘 강성이 일정할 때, 임계 하중(critical load) P에 대해 다음을 얻는다.

$$P = n^2 \frac{\pi^2 EI}{l^2}, \ n = 1, 2, \cdots . \tag{7.15}$$

이 식에 따르면 임계 하중은 굽힘 강성에 비례하고, 길이의 제곱에 반비례하는데, 이 결과는 Musschenbroek이 지적한 바, 즉 좌굴에 의해 파괴가 일어나는 하중은 기둥의 길이의 제곱에 반비례한다는 것과 일치하는 결과를 주고 있다.

오일러(1744)는 탄성곡선을 다루고 있었으며, 변형이 매우 작다는 가정을 도입하지 않고 문제를 다루었기 때문에 식 (7.3)의 해를 구한 것이 아니고, 식 (7.2)의 해를 구하였다. 위에서 보인 바와 같은 식 (7.3)의 선형 방정식에 대한 일반적이고 정확한 고찰은 통상 Lagrange에 의해 이루어졌다고 알려져 있으나, 그의 방법은 오류를 포함하고 있음이 밝혀졌고, 실제로는 그의 제자인 Plana(1809)에 의해 이루어졌다.

한편, 오일러는 변형의 크기가 작지 않은 경우에 대해 매우 복잡한 계산을 수행하였고, 식 (7.15)에서 $n = 1$에 상응하며 다음과 같이 주어지는 임계 하중 P_c에 대해서만 논의하였다.

$$P_c = \frac{\pi^2 EI}{l^2} . \tag{7.16}$$

이 하중은 오일러 하중(Euler load), 이 식은 오일러 기둥 공식(Euler's column formula)으로 불린다.

상하 양단이 핀 지지된 기둥의 좌굴 시의 굽힘 형상은 식 (7.14)와 같이 주어지고, 또한 좌굴 형태와 임계 하중은 무수히 많을 수 있다는 것을 식 (7.13)은 보여주고 있다. 단 $n = 1$에 상응하는 오일러 하중이 임계 하중으로는 가장 작은데, 축 하중이 이 값보다 커지면 대부분 상당히 큰 좌굴에 의한 변형을 일으키게 되므로, $n \geq 2$에 상응하는 하중은 실제적으로 큰 의미를 갖지 않는다.

기둥의 횡단면은 두 개의 주축을 가지며 두 축에 대해 서로 다른 각각의 2차 모멘트를 가진다. 기둥의 설계와 관련하여 식 (7.16)의 오일러 하중을 고려할 때 사용해야 하는 2차 모멘트는 당연히 그 중 작은 값이 되어야 한다. 예를 들어 그림 7.3에 보인 바와 같은 직사각형 단면의 경우, 보통 높이 h가 폭 b보다 크므로, y축에 대한 2차 모멘트 I_2보다 z축에 대한 2차 모멘트 I_3가 더 작다. 따라서 식 (7.16)에는 I_3를 사용해야 하고, 좌굴은 기둥의 중심축이 xy 평면 내에서 변형을 일으키는 방식으로 발생함에 유의한다.

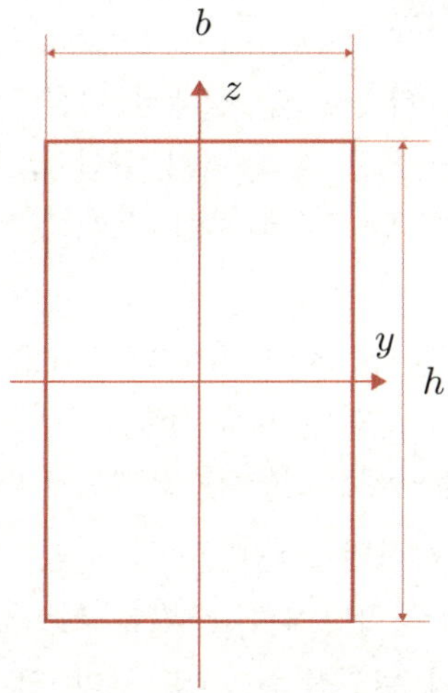

그림 7.3 직사각형 단면 기둥의 좌굴

[예제 7.1] 양단 핀 지지인 직사각형 단면 기둥의 오일러 하중을 구하시오. 단 길이 $l = 2\,m$, 단면의 폭 $b = 0.05\,m$, 높이 $h = 0.2\,m$이며, $E = 200\ GPa$로 한다.

[답] 식 (7.16)을 이용하는데, 먼저 I의 값은 $\frac{bh^3}{12}$이 아닌 $\frac{hb^3}{12}$을 써야 하며, 주어진 값들을 대입하여 다음을 얻는다.

$$P_c = \frac{\pi^2 EI}{l^2} = \frac{\pi^2}{4}\frac{0.2 \times 0.05^3}{12} 200 \times 10^9 = 1.03\ MN. \qquad (\text{예}7.1)$$

이 값은 이 기둥이 인장에 의해 받을 항복 응력 $\sigma_Y = 250\ MPa$에 상응하는 하중 $P_t = \sigma_Y A = 250 \times 10^6 \times 0.01 = 2.5\ MN$의 50% 도 채 되지 않는 값임에 유의한다.

7.1.3 다른 지지 조건의 기둥

지지 조건이 다른 기둥의 임계 하중도 앞 절에서 다룬 양단 핀 지지 기둥과 유사한 방법을 적용하여 구할 수 있으며, 얻어진 결과 역시 양단 핀 지지 기둥의 임계 하중을 이용하여 나타낼 수 있다. 예를 들어 그림 7.4에 보인 것과 같은 양단이 고정되어 있는 기둥을 생각해 보자.

앞서 다룬 그림 7.2에 보인 양단 핀 지지 기둥처럼 좌굴에 의한 횡 변형이 발생한 상태를 가정하여 자유물체도를 그리고 모멘트 평형 조건을 적용한다. 앞 절에서는 양단이 핀 지지된 기둥을 생각하였으므로, 양단에서 반작용 모멘트가 작용하지 않았다.

만약 양단이 고정된 경우를 생각하면, 그림 7.4에 보인 바와 같이 점 O에는 반작용 모멘트 M_O가 작용할 것이며, 기둥의 하단에서 x 만큼 떨어진 지점을 자르고 그 아랫부분을 생각하기로 한다. 자른 위치에서의 변위를 $v(x)$로 두면 점 O에 대한 모멘트 평형 조건으로부터 다음을 얻는다.

$$\sum_O M = M_b - M_O + Pv = 0\,,\ \ \therefore M_b = M_O - Pv\,. \tag{7.17}$$

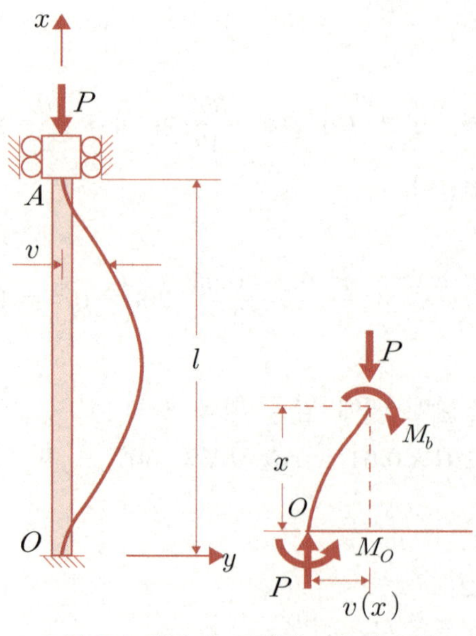

그림 7.4 양단이 고정된 기둥의 좌굴

이 결과를 식 (5.55)에 대입하여 양단 고정된 기둥에 대해서는 다음과 같은 미분 방정식을 얻는다.

$$EI\frac{d^2v}{dx^2} = M_b = M_O - Pv\,. \tag{7.18}$$

식 (7.18)은 다음과 같이 정리할 수 있는데,

$$\frac{d^2v}{dx^2} + \alpha^2 v = \beta\,,\ \ \alpha = \sqrt{\frac{P}{EI}}\,,\ \ \beta = \frac{M_O}{EI}\,, \tag{7.19}$$

이 식의 해는 우변이 영이 되는 식, 즉 제차 방정식을 만족하는 해, 제차해(homogeneous solution)와 우변이 고려된 식, 즉 비제차 방정식을 만족하는 해, 비제차해(inhomogeneous solution)의 합으로 주어진다.[1)]

제차해는 7.1.2절에서 구한 바와 같이 식 (7.11)로 주어지며, 또 비제차 방정식은 $v = \frac{\beta}{\alpha^2} = \frac{M_O}{P} = v_0$에 의해 만족되므로, 다음과 같이 해를 얻는다.

$$v(x) = A\cos\alpha x + B\sin\alpha x + v_0\,. \tag{7.20}$$

이제 A, B를 결정하기 위해 경계 조건을 고려하는데, 상하 양단에서 고정되어 있으므로, $x=0$, $x=l$에서 $v=0$, $\frac{dv}{dx}=0$을 만족해야 한다. $x=0$에서의 조건으로부터 $A = -v_0 = -\frac{M_O}{P}$, $B=0$를 얻으므로 다음을 얻는다.

$$v(x) = v_0(1-\cos\alpha x)\,. \tag{7.21}$$

여기에 $x=l$에서의 조건을 적용하면 다음을 얻는데

1) Kreyszig, Advanced engineering mathematics, 9th ed., Wiley, 2006과 같은 공학수학 교재를 참조하기 바란다.

$$\cos\alpha l = 1\,,\ \sin\alpha l = 0\,, \tag{7.22}$$

이 두 조건을 모두 만족하기 위해 다음 관계를 얻는다.

$$\alpha l = 2n\pi\,,\ n = 1,2,\cdots\,. \tag{7.23}$$

결국 식 (7.21)은 식 (7.19)의 해이며, v_0는 M_O를 알지 못하므로 미지의 상수이고, α는 식 (7.23)으로 주어진다. 식 (7.23)에 식 (7.19)의 둘째 식, $\alpha = \sqrt{\dfrac{P}{EI}}$를 대입하면 굽힘 강성 EI가 일정할 때, 임계 하중 P에 대해 다음을 얻는다.

$$P = n^2 \frac{4\pi^2 EI}{l^2}\,,\ n = 1,2,\cdots\,. \tag{7.24}$$

이 식에 따르면 $n = 1$에 상응하는 다음 식으로 주어지는 임계 하중은 식 (7.16)으로 주어지는 양단 핀 지지인 경우의 오일러 하중에 비해 네 배 큰 값을 가진다.

$$P_c = \frac{4\pi^2 EI}{l^2}\,. \tag{7.25}$$

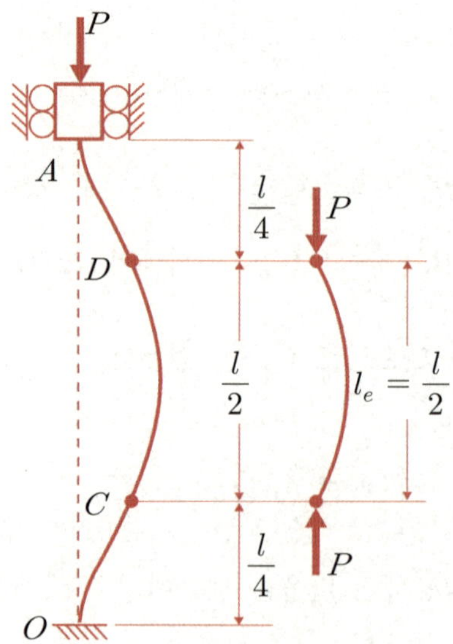

그림 7.5 양단 고정된 기둥의 좌굴과 유효길이

이때 좌굴에 의한 횡 변형은 그림 7.5에 보인 것과 같이 양단에서 거리가 $l/4$인 지점 C와 D에서 변곡점을 가지며, 변곡점에서는 곡률이 영이므로 굽힘 모멘트가 영이 된다. 그림 7.5에서 구간 CD를 떼어내서 보면, 양단 핀 지지 기둥의 경우와 상사한 변형 곡선을 가짐을 알 수 있다. 또한 식 (7.16)에서 l 대신 $\frac{l}{2}$을 대입하면 식(7.25)의 임계 하중을 얻는다. 따라서 양단 고정 기둥은 굽힘 모멘트가 영이 되는 변곡점 C와 D 사이의 거리 $\frac{l}{2}$을 유효길이(effective length) l_e로 가지는 양단 핀 지지 기둥으로 간주할 수도 있다.

다음으로는 그림 7.6에 보인 것과 같은 상단 자유, 하단 고정인 기둥의 좌굴에 대해 생각해 보자.

좌굴이 발생한 상태를 가정하고 상단에서의 변위를 δ라고 하면 하단에서의 반작용 모멘트 $M_O = P\delta$를 얻는다. 하단으로부터 x 만큼 떨어진 단면에서 자른 뒤, 그 아랫부분에 대한 자유물체도를 그리면 그림 7.6에 보인 것과 같은 결과를 얻으며, 점 O에 대한 모멘트 평형 조건으로부터 다음을 얻는다.

$$\sum_O M = M_b - M_O + P\,v = M_b - P(\delta - v) = 0\,,\ \ \therefore M_b = P(\delta - v)\,. \qquad (7.26)$$

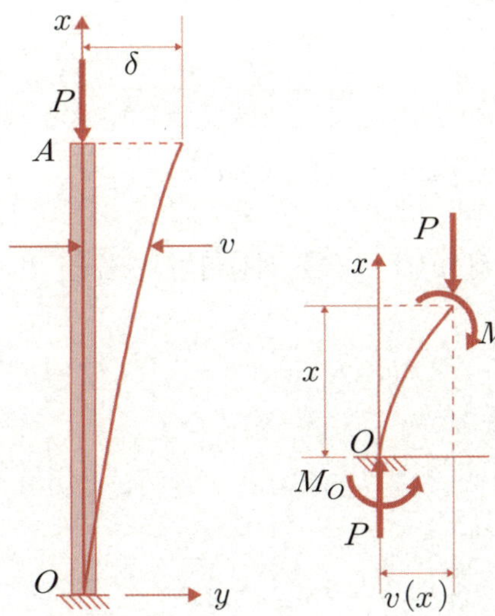

그림 7.6 상단 자유, 하단 고정인 기둥의 좌굴

이 결과를 식 (5.55)에 대입하여 좌굴에 대한 미분 방정식을 다음과 같이 얻으며,

$$EI\frac{d^2v}{dx^2} = M_b = P(\delta - v), \tag{7.27}$$

이 식은 다음과 같이 바꾸어 쓸 수 있다.

$$\frac{d^2v}{dx^2} + \alpha^2 v = \alpha^2\delta, \; \alpha = \sqrt{\frac{P}{EI}}, \tag{7.28}$$

이 식의 우변 $\alpha^2\delta = \beta$라고 하면 식 (7.19)와 동일한 식을 얻으므로, 식 (7.28)의 해는 식 (7.20)으로부터 다음과 같이 얻는다.

$$v(x) = A\cos\alpha x + B\sin\alpha x + \delta. \tag{7.29}$$

이제 A, B를 결정하기 위해 경계 조건을 고려하는데, 하단에서 고정되어 있으므로, $x = 0$에서 $v = 0$, $\frac{dv}{dx} = 0$을 만족해야 하며 이 조건으로부터 $A = -\delta$, $B = 0$를 얻으므로 다음을 얻는다.

$$v(x) = \delta(1 - \cos\alpha x). \tag{7.30}$$

여기에 자유단에서의 경계 조건 $v(l) = \delta$를 적용하면 다음을 얻는데

$$\cos\alpha l = 0, \tag{7.31}$$

이 식으로부터 결국 다음을 얻는다.

$$\alpha l = \frac{n\pi}{2}, \; n = 1, 2, \cdots. \tag{7.32}$$

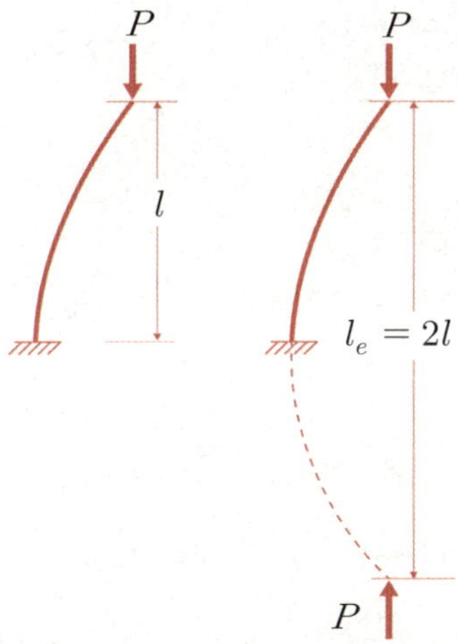

그림 7.7 상단 자유, 하단 고정인 기둥의 유효길이

식 (7.30)은 식 (7.28)의 해이며, δ는 미지의 상수이고, α는 식 (7.32)로 주어진다. 식 (7.32)에 식 (7.28)의 둘째 식, $\alpha = \sqrt{\dfrac{P}{EI}}$을 대입하여 정리하면, $n = 1$에 상응하는 임계 하중, 즉 오일러 하중을 다음과 같이 얻는다.

$$P_c = \frac{\pi^2 EI}{4l^2}. \tag{7.33}$$

상단 자유, 하단 고정인 기둥의 임계 하중을 나타내는 이 식은 식 (7.16)으로 주어지는 양단 핀 지지 기둥의 임계 하중의 $\dfrac{1}{4}$임에 유의한다. 실제로 오일러(1744)가 고려하였던 경우인 이 기둥의 좌굴에 의한 횡 변형은, 그림 7.7에 보인 것과 같이 식 (7.14)로 주어지는 양단 핀 지지인 기둥의 변형 곡선인 sine 곡선의 상반부와 상사하다. 따라서 이 기둥은 유효길이 $l_e = 2l$인 양단 핀 지지 기둥으로 간주할 수 있으며, 또 식 (7.16)의 l에 $2l$을 대입하여 식 (7.33)의 임계 하중을 얻음을 확인할 알 수 있다.

이상에서의 논의를 종합하면, 다양한 지지 조건의 기둥에 대한 임계 하중을 양단 핀 지지 기둥의 임계 하중을 기준으로 다음과 같이 일반화하여 나타낼 수 있음을 알 수 있다.

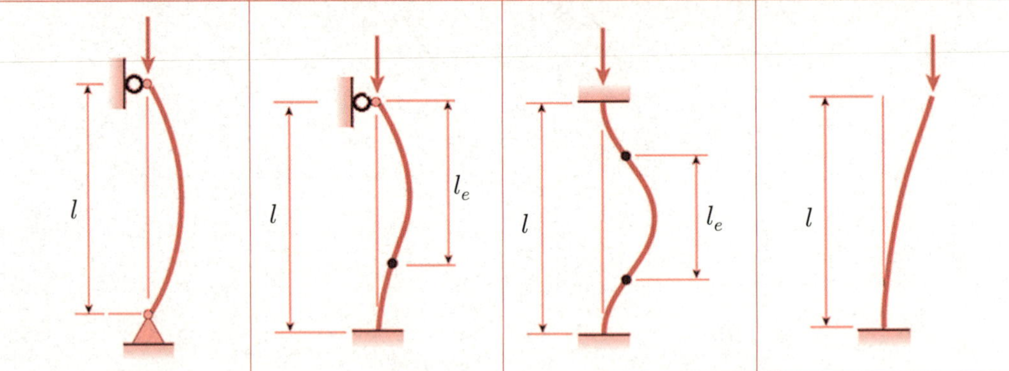

(a) 양단 핀지지	(b) 상단 핀지지, 하단 고정	(c) 양단 고정	(d) 상단 자유, 하단 고정
$l_e = l$	$l_e = 0.7l$	$l_e = 0.5l$	$l_e = 2l$
$K = 1$	$K = 0.7$	$K = 0.5$	$K = 2$

그림 7.8 지지 조건에 따른 기둥의 좌굴에 의한 횡 변형과 유효길이

$$P_c = \frac{\pi^2 EI}{l_e^2} = \frac{\pi^2 EI}{(Kl)^2}, \; l_e = Kl. \tag{7.34}$$

여기서 계수 K는 위에서 살펴본 것처럼 양단 핀 지지 기둥은 1, 양단 고정 기둥은 $\frac{1}{2}$, 상단 자유, 하단 고정인 기둥은 2, 그리고 상단 핀 지지, 하단 고정인 기둥은 [예제 7.2]에서 보일 바와 같이 약 0.7이다. 위에서의 결과를 종합하여 그림 7.8에 보였다.

[예제 7.2] 상단 핀 지지, 하단 고정인 기둥의 임계 하중을 구하고 유효길이 $l_e \simeq 0.7l$임을 보이시오.

[답] 그림 예7.1(a)에 보인 바와 같은 기둥에 좌굴이 발생하면, 상하단의 지지 조건에 의해 그림 (b)에 보인 것과 같은 자유물체도를 얻으며, 평형 조건으로부터 상하단의 수평 반

력 R은 크기가 같고 방향이 반대여야 함을 얻는다. 또 하단의 반력은 압축 하중 P와 같으며, 반작용 모멘트 $M_O = Rl$을 얻고, 원점에 대한 모멘트 평형 조건으로부터 다음을 얻는다.

$$\sum_O M = M_O - Rl = 0,\ M_O = Rl\ , \qquad \text{(예7.2)}$$

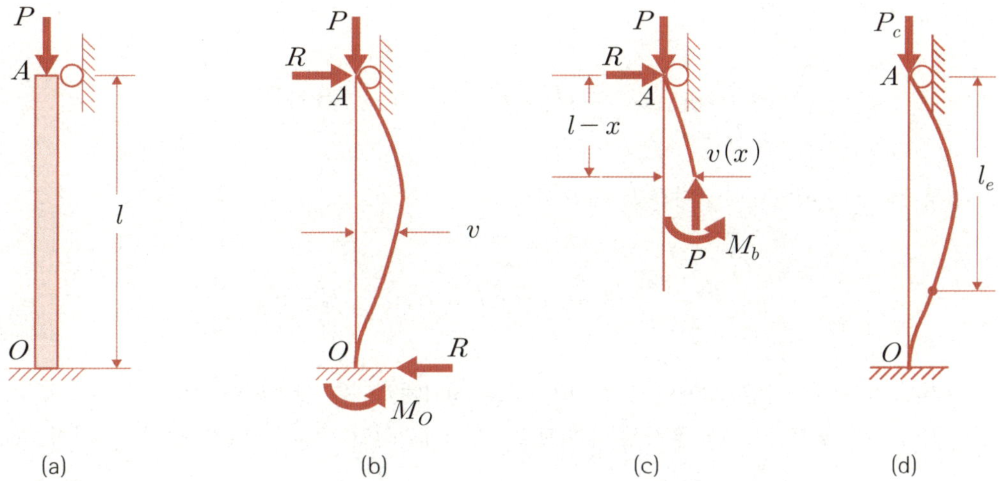

그림 예7.1 상단 핀 지지, 하단 고정인 기둥의 좌굴

하단에서 연직 상방으로 x 만큼 떨어진 위치에서 기둥을 자르고, 그림 (c)에 보인 것과 같이 절단면의 위 부분에 대한 자유물체도를 작성한 뒤 모멘트 평형 조건을 적용하여 다음을 얻는다.

$$\sum_{l-x} M = M_b - R(l-x) + Pv = 0\ ,\ \ \therefore M_b = R(l-x) - Pv. \qquad \text{(예7.3)}$$

이 결과를 식 (5.55)에 대입하고 정리하여 다음과 같은 미분 방정식을 얻는다.

$$\frac{d^2v}{dx^2} + \alpha^2 v = \frac{R}{EI}(l-x),\ \ \alpha = \sqrt{\frac{P}{EI}}\ . \qquad \text{(예7.4)}$$

이 미분 방정식의 일반해는 앞에서 보인 바와 같이 제차해와 비제차해의 합으로 다음과 같다.

$$v(x) = A\cos\alpha x + B\sin\alpha x + \beta(l-x),\ \ \beta = \frac{R}{P} \tag{예7.5}$$

이 해는 A, B, R(또는 β), 3 개의 미지수를 포함하고 있으며, 이들을 결정하기 위해 하단에서의 경계 조건 $v(0) = v'(0) = 0$과 상단에서의 경계 조건 $v(l) = 0$을 적용하여 $A = -\beta l$, $B = \dfrac{\beta}{\alpha}$와 다음을 얻는다.

$$-\beta l\cos\alpha l + \frac{\beta}{\alpha}\sin\alpha l = 0,\ \ \therefore \tan\alpha l = \alpha l. \tag{예7.6}$$

결국 식 (예7.4)의 해는 다음과 같으며,

$$v(x) = \frac{\beta}{\alpha}(\sin\alpha x - \alpha l\cos\alpha x) + \beta(l-x), \tag{예7.7}$$

여기서 β 또는 R은 미지의 상수이며 α는 식 (예7.6)을 만족해야 한다.

$\tan x$는 주기가 π인 주기 함수이므로, 식 (예7.6)의 해는 무한히 많지만, 가장 작은 해 $\alpha_1 l \in \left(\pi,\ \frac{3}{2}\pi\right)$임을 알 수 있으며, 수치 계산에 의해 $\alpha_1 l = 4.4934 = \kappa\pi$, $\kappa = 1.4303$을 얻는다. 그러므로 이에 상응하는 임계 하중을 다음과 같이 얻으며,

$$P_c = EI\alpha_1^2 = \frac{\pi^2 EI}{l^2}\kappa^2,\ \ \kappa^2 = 2.046\,. \tag{예7.8}$$

이 식에 따르면 이 경우에 대한 임계 하중은 양단 핀 지지인 경우의 약 2 배에 해당한다. 또한 식 (예7.8)과 식 (7.34)로부터 $K = \dfrac{1}{\kappa}$, 즉 유효길이 $l_e = \dfrac{l}{\kappa} \simeq 0.7l$을 얻는다.

7.1.4 기둥의 임계 응력과 세장비

식 (7.34) 우변의 2차 모멘트와 관련하여 회전 반경(radius of gyration) r을 다음과 같이 정의하고,

$$I = Ar^2,\ r = \sqrt{\frac{I}{A}}, \tag{7.35}$$

이를 식 (7.34)에 대입한 뒤 임계 하중 P_c에 상응하는 응력 σ_c를 구하면 다음을 얻는다.

$$\sigma_c = \frac{P_c}{A} = \frac{\pi^2 E}{\lambda^2},\ \lambda = \frac{l_e}{r}. \tag{7.36}$$

위의 식 좌변의 σ_c는 **임계 응력**(critical stress)이라고 불리는데, 좌굴 발생 직전 기둥에 작용하고 있는 평균적인 축 응력이라고 볼 수 있으며 하중이 아닌 응력으로 좌굴의 판정 기준을 주는 것으로 볼 수 있다. 한편 우변 분모의 λ는 **세장비**(slenderness ratio)로 불리며, 기둥의 유효길이와 단면의 최소 회전 반경의 비로 기둥의 기하학적 특성을 나타내는 양이다. 식 (7.36)에 따르면 임계 응력은 탄성계수 E에 비례하고 세장비의 제곱에 반비례한다. 임계 응력은 좌굴에 대한 부재의 저항을 뜻하는 것으로 볼 수 있으며, 통상 재료의 강도로 간주하는 항복 응력과는 무관함을 알 수 있다.

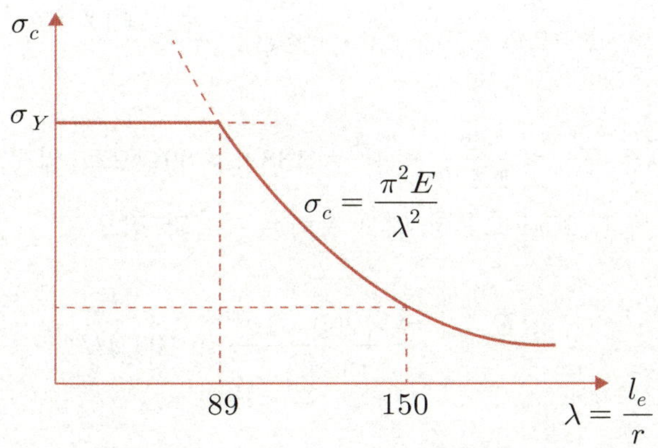

그림 7.9 세장비의 함수로 나타낸 임계 응력 σ_c; 구조용 강

그림 7.9에 임계 응력을 세장비의 함수로 나타내었다. 단 임계 응력이 항복 응력 σ_Y보다 크다면 좌굴보다 항복이 먼저 발생되므로 좌굴을 고려할 필요가 없다. 식 (7.36)으로 주어지는 임계 응력은 항복 응력보다 작을 때만 의미를 가짐에 유의한다. 그림에 보인 식 (7.36)에 상응하는 곡선은 오일러 곡선(Euler curve)이라고 불린다.

그림에서 보는 바와 같이 기둥의 세장비가 증가함에 따라 임계 응력이 급격히 감소하므로, 구조용 강의 경우, $\sigma_Y = 250\ MPa$, $E = 200\ GPa$ 정도인 것을 고려하여, 세장비는 $\sigma_c \simeq 88\ MPa$에 상응하는 값, 즉 150보다 작게 하는 것이 보통이다. 식 (7.36)으로 주어지는 임계 응력은 $\lambda \simeq 89$에서 항복 응력과 같은 값을 가지며, 따라서 세장비가 89보다 큰 경우에는 반드시 오일러 하중을 고려하여 기둥을 설계해야 함을 알 수 있다. 역으로 세장비가 89보다 작은 경우에는 좌굴보다 항복이 먼저 발생하므로 오일러 하중은 의미가 없어진다.

[예제 7.3] 7.1.2절의 [예제 7.1]에서 다룬 경우에 대해 세장비를 구하고 임계 응력과 관련하여 논의하시오.

[답] 식 (7.35)의 회전 반경의 정의로부터 다음을 얻으며,

$$r = \sqrt{\frac{I}{A}} = \sqrt{\frac{hb^3}{12bh}} = \frac{b}{2\sqrt{3}} = \frac{0.05}{2\sqrt{3}} = 1.443 \times 10^{-2}\ m, \qquad (\text{예}7.9)$$

따라서 세장비 $\lambda = \dfrac{l_e}{r} = \dfrac{2}{1.443} \times 10^2 = 138.6 > 89$이므로 임계 응력을 고려해야 함을 알 수 있다. 식 (7.36)으로부터 임계 응력은 다음과 같으며,

$$\sigma_c = \frac{\pi^2 E}{\lambda^2} = \frac{\pi^2 \times 200 \times 10^9}{138.6^2} = 103\ MPa \qquad (\text{예}7.10)$$

이는 물론 식 (예7.1)에서 얻은 오일러 하중에 상응하는 값이다.

[예제 7.4] 그림 예7.2에 보인 것과 같은 H-형 단면의 강제 기둥이 상단 핀 지지, 하단 고정되어 있을 때, 이 기둥이 받을 수 있는 최대 압축 하중을 구하시오. 기둥의 길이 $l = 5\,m$, $h = 320\,mm$, $h_1 = 300\,mm$, $b = 160\,mm$, $t = 6\,mm$, $E = 200\,GPa$, 항복 응력 $\sigma_Y = 250\,MPa$이며, 항복에 대한 안전 계수 $n_Y = 1.5$, 좌굴에 대한 안전 계수 $n_B = 2.0$으로 간주한다. 여기서 안전 계수(factor of safety)[2]는 항복 응력 또는 임계 응력을 안전 계수로 나눈 값을 허용 한계로 본다는 뜻으로 사용되었음에 유의한다.

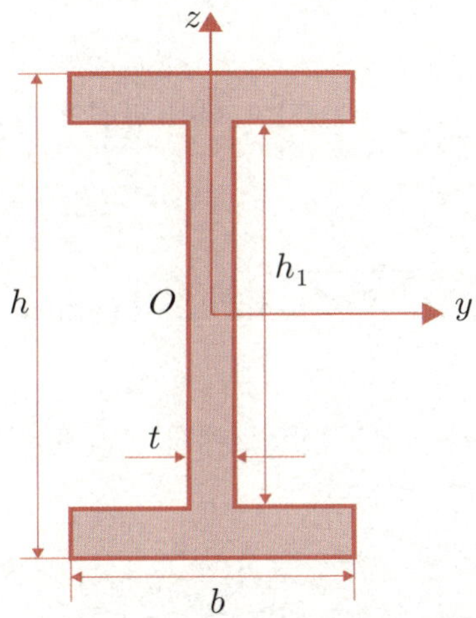

그림 예7.2 H-형 단면의 형상

[답] 단면의 2차 모멘트는 y축과 z축에 대한 값 I_2, I_3 중, 작은 것을 택해야 한다. 먼저 도심은 대칭면과 대칭면의 교차점인 점 O가 될 것이며, 웨브에 대한 양들을 하첨자 w, 상하의 플랜지에 대한 양들을 하첨자 f를 각각 사용하여 나타내기로 하면 I_2, I_3은 평행축 정리에 의해 다음과 같고,

$$I_2 = A_w \frac{h_1^2}{12} + 2A_f\left(\frac{t_f^2}{12} + d_f^2\right),\ A_w = th_1,\ A_f = bt_f,\ d_f = \frac{h_1 + t_f}{2}, \qquad (예7.11)$$

2) 안전 계수에 대해 보다 자세한 사항에 대해서는 8.1.3절을 참조하기 바란다.

$$I_3 = A_w \frac{t^2}{12} + 2A_f \frac{b^2}{12}, \qquad (예7.12)$$

주어진 수치를 대입하여 다음을 얻는다.

$$I_2 = 1.8 \times \frac{9}{12} \times 10^{-5} + 2 \times 1.6 \times \left(\frac{100}{12} + 105^2 \right) \times 10^{-9} = 4.881 \times 10^{-5}\, m^4, \qquad (예7.13)$$

$$I_3 = 1.8 \times 3 \times 10^{-9} + 2 \times 1.6 \times \frac{1.6^2}{12} \times 10^{-5} = 6.832 \times 10^{-6}\, m^4. \qquad (예7.14)$$

따라서 I_3을 사용해야 하며, 식 (7.35)의 회전 반경의 정의와 식 (예7.14)로부터 다음을 얻고,

$$r = \sqrt{\frac{I_3}{A}} = \sqrt{\frac{6.832}{50}} \times 10^{-1} = 3.6965 \times 10^{-2}\, m, \qquad (예7.15)$$

주어진 지지 조건의 경우에는 7.1.3절의 [예제 7.2]에서 보인 것과 같이 $l_e \simeq 0.7l$이므로 세장비 λ를 다음과 같이 얻는다.

$$\lambda = \frac{l_e}{r} = \frac{3.5}{3.695} \times 10^2 = 94.7 > 89. \qquad (예7.16)$$

그러므로 항복 응력보다는 좌굴에 의한 임계 하중을 고려해야 하며, 임계 하중은 식 (7.36), (예7.16)으로부터 다음과 같이 얻는다.

$$P_c = A \frac{\pi^2 E}{\lambda^2} = 5 \times 10^{-3} \times \frac{\pi^2 \times 2 \times 10^{11}}{94.7^2} = 1.1\, MN. \qquad (예7.17)$$

안전 계수 $n_B = 2.0$을 고려한 최대 허용 압축 하중 P_a는 따라서 다음과 같이 얻는다.

$$P_a = \frac{P_c}{n_B} = 550\, kN. \qquad (예7.18)$$

7.2 편심 하중과 기둥의 설계

앞 절에서는 축 하중이 단면의 중심에 작용하는 경우에 대해 생각하였으나, 일반적으로 기둥에 작용하는 하중이 정확하게 중심에 작용한다고 보기는 힘들며, 대부분의 경우 그림 7.10에 보인 바와 같이 편심 하중(eccentric load)을 받는다. Young(1807)은 그림에 보인 바와 같은 문제를 생각하여 중립축의 위치, 단면에서의 법선 응력 분포 등을 최초로 구하였다. 아래에서는 편심 하중을 받는 균일 단면 기둥에 대해 고찰하고, 기둥의 설계와 관련하여 유용한 공식들을 얻기로 한다.

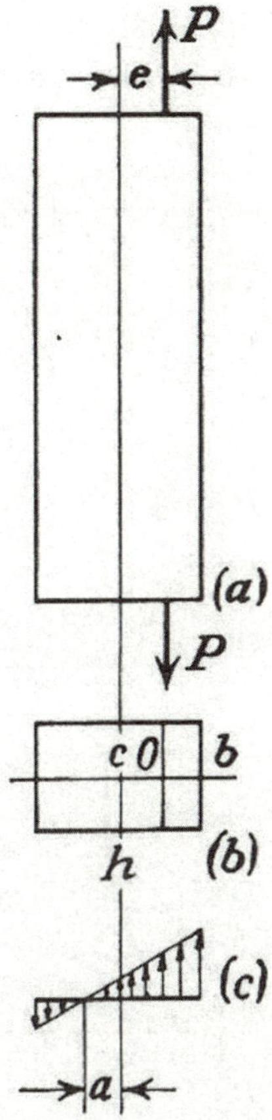

그림 7.10 편심 하중을 받는 기둥[3]; Young(1807)

3) 이 그림에서는 편심이 e로 되어 있으나 이는 Young의 원래 그림을 그대로 사용한 것이고, 아래에서는 지수함수의 e와의 혼동을 피하기 위해 편심은 η로 나타내기로 한다.

7.2.1 편심 하중; 양단 핀 지지

상하 양단이 핀 지지된 기둥에 편심 하중이 작용하는 경우, 단면의 중심으로부터 하중이 작용하는 점까지의 거리, 즉 편심(eccentricity)을 η라고 하면, 편심 하중 P는 그림 7.11에 보인 바와 같이 중심에 작용하는 같은 크기의 하중 P와 굽힘 모멘트 $M_O=-P\eta$의 합과 정역학적으로 등가라고 볼 수 있다.

임의의 단면에서 잘라 아래 부분을 생각하면, 원점에 대한 모멘트 평형 조건으로부터 그 단면에는 다음과 같은 굽힘 모멘트 M_b가 작용해야 한다.

$$\sum_O M = M_b + M_O + Pv = 0\,,\quad \therefore M_b = M_O - Pv = -P\eta - Pv\,. \tag{7.37}$$

이 식을 베르누이-오일러 공식의 근사식인 (5.55)에 대입하여 다음을 얻는다.

$$EI\frac{d^2v}{dx^2} = M_b = -Pv - P\eta\,. \tag{7.38}$$

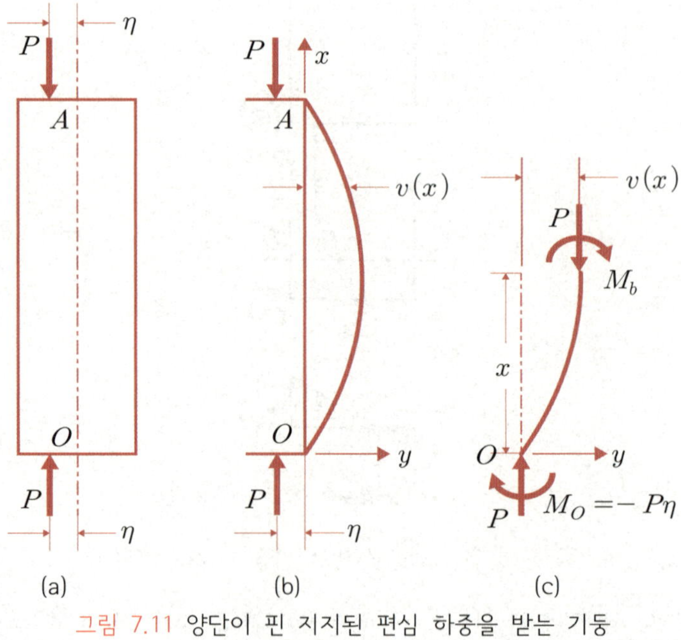

그림 7.11 양단이 핀 지지된 편심 하중을 받는 기둥

위 식을 정리하여 다음을 얻으며,

$$\frac{d^2v}{dx^2}+\alpha^2 v=-\alpha^2\eta,\ \alpha=\sqrt{\frac{P}{EI}}, \tag{7.39}$$

이 식의 형태는 7.1.3절의 식 (7.19)와 같으므로, 그 해를 7.1.3절에서와 같은 방법으로 구할 수 있다. 비제차 방정식은 $v=-\eta$에 의해 만족되므로, 다음과 같이 해를 얻는다.

$$v(x)=A\cos\alpha x+B\sin\alpha x-\eta. \tag{7.40}$$

이제 A, B를 결정하기 위해 경계 조건을 고려하는데, 상하 양단에서 핀 지지되어 있으므로, $x=0$, $x=l$에서 $v=0$을 만족해야 한다. $x=0$에서의 조건으로부터 $A=\eta$를 얻으므로 다음 결과를 얻는다.

$$v(x)=\eta(\cos\alpha x-1)+B\sin\alpha x. \tag{7.41}$$

여기에 $x=l$에서의 조건을 적용하면 다음을 얻으므로

$$B=\frac{\eta(1-\cos\alpha l)}{\sin\alpha l}=\eta\frac{\sin^2\frac{\alpha l}{2}}{\sin\frac{\alpha l}{2}\cos\frac{\alpha l}{2}}=\eta\tan\xi,\ \xi=\frac{\alpha l}{2}=\frac{l}{2}\sqrt{\frac{P}{EI}}, \tag{7.42}$$

이를 식 (7.41)에 대입하여 식 (7.39)의 해를 다음과 같이 얻는다.

$$v(x)=\eta(\cos\alpha x-1+\tan\xi\sin\alpha x). \tag{7.43}$$

이 식에 따르면, 우변 괄호 안의 $\tan\xi$ 때문에 $\xi=\frac{\alpha l}{2}=\frac{\pi}{2}$, 다시 말하면, $\alpha l=\pi$일 때, 변형이 무한히 커지며, 이에 상응하는 하중은 식 (7.42)의 둘째 식을 사용하여 바로 식 (7.16)으로 주어지는 오일러 하중과 같음을 얻는다. 이때, 편심의 크기 η와는 상관없이 변형이 무한히 커지므로, 아무리 작은 편심이라고 하더라도 하중의 크기가 오일러 하중과 같

아지면 동일한 현상이 발생한다는 점에 유의하며, 이와 같은 결과는 기둥이 연직 위치에서 압축 하중만을 받는 모드는 불안정한 모드인 것과 본질적으로는 같은 이유에 기인한다.

식 (7.43)은 기둥의 변위를 주고 있는데 그 최대값 δ는 $x = \frac{l}{2}$을 대입하여 다음과 같이 얻는다([연습문제 7.5] 참조).

$$\delta = v\left(\frac{l}{2}\right) = \eta(\cos\xi - 1 + \tan\xi\sin\xi) = \eta\left(\frac{1}{\cos\xi} - 1\right) = \eta(\sec\xi - 1)\,. \tag{7.44}$$

여기서 $\xi \in \left(0, \frac{\pi}{2}\right)$에 대해서는 $\delta > 0$임에 유의한다. 이 식에 따르면 최대 변위는 편심 η에 비례하며, 하중의 크기 P에 대해서는 선형적으로 변화하지 않는다. 압축 하중과 최대 변위의 관계를 그림 7.12에 개략적으로 보였다. 편심이 영일 때는 임계 하중에 이를 때까지 변형이 발생하지 않지만, 편심이 영이 아닐 경우에는 굽힘 변형이 발생함을 알 수 있으며, 주어진 편심에 대해 압축 하중과 최대 변위의 관계가 선형적이 아님을 확인할 수 있다.

식 (7.38)로부터 M_b의 최대값은 $\frac{dv}{dx} = 0$을 만족하는 $x = \frac{l}{2}$에서 발생하며, 따라서 식 (7.44)를 위의 식 (7.37)에 대입하여 굽힘 모멘트 크기의 최대치 M_{bm}을 구하면 다음과 같다.

$$M_{bm} = |-P(\eta + \delta)| = P\eta\sec\xi\,. \tag{7.45}$$

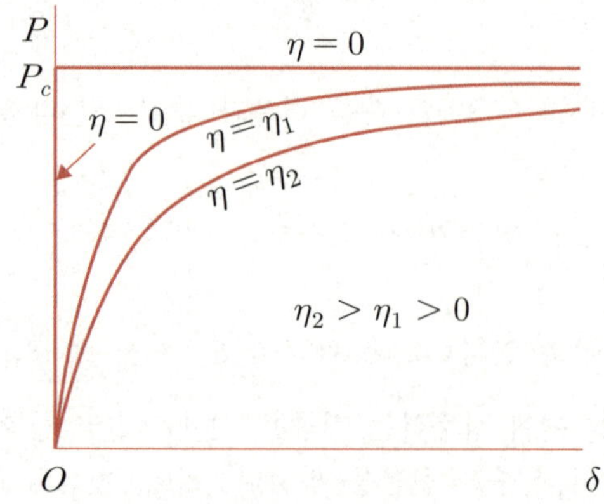

그림 7.12 압축 하중의 크기와 기둥의 최대 변위

식 (7.42)에 따르면 $\xi \propto \sqrt{P}$ 이므로, 위 식은 굽힘 모멘트 크기의 최대치가 압축 하중에 따라 급격하게 증가하며, P가 임계 하중, 즉 $\xi = \frac{\pi}{2}$일 때 무한대인 결과를 주고 있다.

7.2.2 기둥의 설계

한편, 편심 하중을 받는 경우, 기둥은 압축 하중과 굽힘 모멘트를 동시에 받는다고 볼 수 있으므로, 기둥에 대한 최대 압축 응력(maximum compressive stress) $\sigma_{\max}$는 식 (2.1)과 굽힘 공식, 식 (5.65)를 사용하여 다음과 같이 쓸 수 있다.

$$\sigma_{\max} = \sigma_0 + \frac{M_{bm}\, c}{I}\,,\ \ \sigma_0 = \frac{P}{A}\,. \tag{7.46}$$

여기서 c는 중립축으로부터 가장 먼 거리에 있는 압축 응력을 받는 쪽의 올까지의 거리이며, σ_0는 편심이 영일 때의 평균 압축 응력이다. 이 식 우변의 2차 모멘트를 회전 반경 r을 사용하여 나타내고, M_{bm}에 대해 식 (7.45)를 대입하여 다음을 얻는다.

$$\sigma_{\max} = \sigma_0 + \frac{c\,P\eta\sec\xi}{A\,r^2} = \sigma_0(1+\beta\sec\xi),\ \ \beta = \frac{c\eta}{r^2}\,. \tag{7.47}$$

여기서 β는 편심비(eccentricity ratio)라고 부르며 일반적인 기둥에서는 1보다 작은 값을 가진다.

식 (7.42)의 둘째 식, ξ에 대한 식의 2차 모멘트에 식 (7.35), $I = Ar^2$을 대입하면 다음을 얻고,

$$\xi = \frac{l}{2}\sqrt{\frac{P}{EI}} = \frac{l}{2}\sqrt{\frac{P}{EAr^2}} = \frac{l}{2r}\sqrt{\frac{\sigma_0}{E}}\,, \tag{7.48}$$

또 굽힘 강성 EI에 양단 핀 지지된 기둥의 오일러 하중에 대한 식 (7.16)을 대입하면 다음을 얻으므로,

$$\xi = \frac{l}{2}\sqrt{\frac{P}{EI}} = \frac{l}{2}\sqrt{\frac{\pi^2 P}{P_c l^2}} = \frac{\pi}{2}\sqrt{\frac{P}{P_c}}, \tag{7.49}$$

식 (7.48), (7.49)를 식 (7.47)에 대입하여 최대 압축 응력 $\sigma_{\max}$에 대해 다음을 얻는다.

$$\frac{\sigma_{\max}}{\sigma_0} = 1 + \beta \sec\left(\frac{l}{2r}\sqrt{\frac{\sigma_0}{E}}\right) = 1 + \beta \sec\left(\frac{\pi}{2}\sqrt{\frac{P}{P_c}}\right). \tag{7.50}$$

위 식에 따르면 다음 결과를 얻는다.

1) 하중이 중심에 작용하고, $P \neq P_c$이면, $\beta = \dfrac{c\eta}{r^2} = 0$ 이므로 $\sigma_{\max} = \sigma_0$ 이다.

2) $P = P_c$이면, $\sigma_{\max} \to \infty$ 이다.

3) 하중의 크기가 두 배 증가할 때, $\sigma_{\max}$는 두 배 증가하지 않으며, 무차원량인 $\beta = \dfrac{c\eta}{r^2}$, $\dfrac{P}{P_c}$의 크기에 따라 변화하는 값을 가진다. 이는 본질적으로는 식 (7.44)의 최대 변위가 하중에 대해 비례하여 증가하지 않으므로, 최대 굽힘 모멘트의 크기 역시 하중에 비례하여 증가하지 않는데 기인한다.

4) 그림 7.13에 편심비 β를 매개 변수로 하여 $\dfrac{\sigma_{\max}}{\sigma_0}$를 $\dfrac{P}{P_c}$의 함수로 보였다.

$\beta \geq 1$ 이면 $\dfrac{P}{P_c} \geq 0.6$에 대해 $\dfrac{\sigma_{\max}}{\sigma_0} \geq 3.9$가 되므로, 편심의 영향을 무시하는 경우 $\sigma_{\max} = \sigma_0$가 되며, $\sigma_{\max}$가 실제 값의 25% 이하로 고려됨을 알 수 있다. 편심에 대한 고려를 위해 기둥에 대해 오일러 공식을 사용하는 경우, 보통 하중을 오일러 하중에 가깝게 하지 않고, 또 $n = \dfrac{\sigma_{\max}}{\sigma_0} = 3$ 을 사용한다. 이는 그림에서 $\dfrac{P}{P_c} \leq 0.6$에 대해 편심이 그리 크지 않은 경우, 즉 $\beta \leq 1$ 일 때, $\dfrac{\sigma_{\max}}{\sigma_0} \leq 3.9$인 점으로부터 비교적 타당한 선택임을 확인할 수 있다. 여기서 n은 안전 계수(factor of safety)라고 불리며, 설계 시 구조 부재가 실제 처할 상황을 정확히 알지 못하기 때문에 구조물의 안전을 고려하여 여유를 주기 위해 도입된 계수로 보통 $2 \sim 3$의 값을 사용한다.

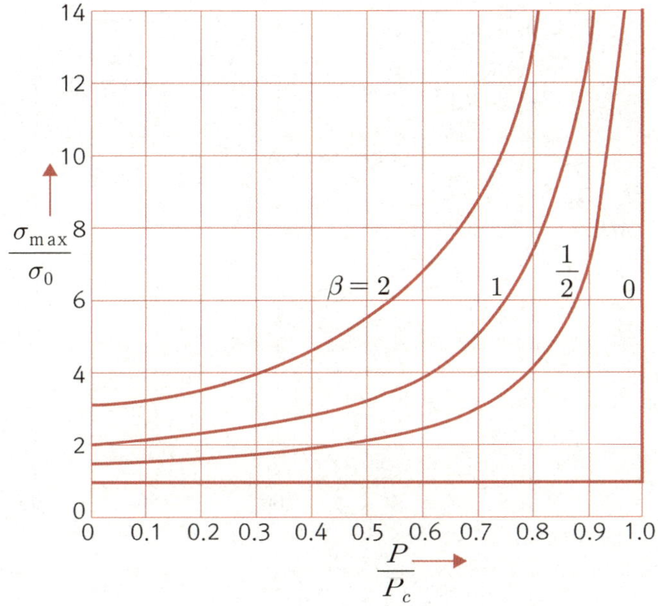

그림 7.13 $\frac{\sigma_{\max}}{\sigma_0}=1+\beta\sec\left(\frac{\pi}{2}\sqrt{\frac{P}{P_c}}\right)$; 편심비 $\beta=\frac{c\eta}{r^2}$를 매개 변수로 하여.

양단 핀 지지가 아닌 일반적인 지지 조건에 대해서는 식 (7.50)에 l 대신 유효길이 l_e를 사용하여 보통 세컨트 공식(secant formula)이라고 불리는 다음을 얻는다.

$$\sigma_{\max}=\sigma_0\left[1+\beta\sec\left(\frac{l_e}{2r}\sqrt{\frac{\sigma_0}{E}}\right)\right]=\sigma_0\left[1+\beta\sec\left(\frac{\lambda}{2}\sqrt{\frac{\sigma_0}{E}}\right)\right]. \qquad (7.51)$$

그림 7.14는 식 (7.51)에서 최대 압축 응력 $\sigma_{\max}$를 재료의 허용 응력으로 잡았을 때, 기둥이 견딜 수 있는 평균 압축 응력 σ_0를 세장비에 따라 편심비를 매개 변수로 하여 나타낸 것이다. 기둥의 재료를 일반 구조용 강(steel)으로 간주하여 탄성계수는 $E=200\ GPa$, 최대 허용 응력은 $\sigma_{\max}=\sigma_Y=250\ MPa$로 잡았다. 세장비 λ, 또는 편심비 β가 증가함에 따라 하중 지지 능력이 급격히 감소함을 확인할 수 있다.

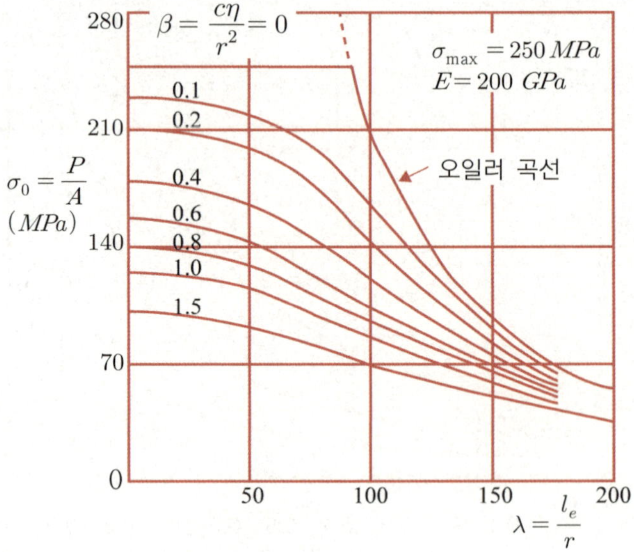

그림 7.14 세컨트 공식에 의한 허용 압축 응력

세컨트 공식은 식 (7.48)에 양단 핀 지지 기둥의 오일러 하중을 적용하여 유도한 것이기 때문에 다른 지지 방식 기둥에 적용할 때는 신중을 기해야 한다. 상단 자유, 하단 고정인 기둥에서는 유효길이 $l_e = 2l$을 적용하여 동일한 방법으로 해석할 수 있다. 그러나 상단 고정인 기둥에서는 고정단의 편심 효과가 무시될 수 있고, 최대 굽힘 모멘트의 작용 위치가 기둥의 중앙점이 아닐 수 있으며, 고정단에서 굽힘 모멘트가 중앙부보다 커질 수 있으므로 세컨트 공식을 그대로 적용하기는 곤란하다. 한편 대부분의 기둥에 있어서 편심은 항상 존재하지만, 정확한 값은 추정하기가 쉽지 않으므로 설계 시 적절한 편심비 β를 가정해야 한다.

[예제 7.5] 7.1.3절의 [예제 7.4], 그림 예7.2에 보인 H-형 단면 기둥이 양단 핀 지지되어 있을 때, 하부 플랜지의 중심에 압축 하중 $500\,kN$이 작용하고 있다. 앞에서와 달리 이 기둥의 y 방향 변형이 구속되어 있어 z 방향으로만 좌굴이 발생할 수 있다고 할 때, 이 기둥이 견딜 수 있는 최대 압축 응력, z 방향 최대 변위, 항복에 대한 안전 계수를 구하시오.

[답] 여기서는 y 방향 변형이 구속되어 z 방향으로 좌굴이 발생하므로, y축에 대한 2차 모멘트 I_2를 사용해야 하며, I_2는 [예제 7.4]의 식 (예7.13)에서 구한 바와 같이 $4.881\times 10^{-5}\,m^4$이다. 따라서 식 (7.35)의 회전 반경의 정의로부터 다음을 얻고,

$$r=\sqrt{\frac{I_2}{A}}=\sqrt{\frac{4.881}{5}}\times 10^{-1}=9.880\times 10^{-2}\,m, \qquad \text{(예7.19)}$$

세장비 λ를 다음과 같이 얻는다.

$$\lambda=\frac{l_e}{r}=\frac{3.5}{9.880}\times 10^2=35.4<89. \qquad \text{(예7.20)}$$

그러므로 좌굴에 의한 임계 하중보다는 항복 응력을 고려해야 하며, 기둥이 견딜 수 있는 최대 압축 응력으로 항복 응력 $\sigma_Y=250\,MPa$을 얻는다.
최대 변위를 구하기 위해 식 (7.42)의 둘째 식으로 주어지는 ξ를 먼저 구하면 다음을 얻는다.

$$\xi=\frac{l}{2}\sqrt{\frac{P}{EI_2}}=2.5\times\sqrt{\frac{5}{2\times 48.81}}=0.5658, \qquad \text{(예7.21)}$$

하중이 하부 플랜지의 중심에 작용하고 있으며, 하부 플랜지의 두께는 $10\,mm$이므로 편심 $\eta=0.155\,m$임을 얻는다. 따라서 식 (7.44)에 편심과 식 (예7.21)을 대입하여 최대 변위 δ를 다음과 같이 얻는다.

$$\delta=\eta(\sec\xi-1)=0.155\times 0.1846=2.861\times 10^{-2}\,m \qquad \text{(예7.22)}$$

한편 기둥에 작용하는 최대 압축 응력을 구하기 위해 먼저 편심비 β를 구하면 $c=16\,cm$이므로 다음을 얻고,

$$\beta=\frac{\eta c}{r^2}=\frac{15.5\times 16}{9.88^2}=2.54, \qquad \text{(예7.23)}$$

따라서 최대 압축 응력 $\sigma_{\max}$를 식 (7.51)로부터 다음과 같이 얻는다.

$$\sigma_{\max} = \sigma_0\left[1+\beta\sec\left(\frac{\lambda}{2}\sqrt{\frac{\sigma_0}{E}}\right)\right] = 10^8 \times \left[1+2.54\sec\left(\frac{35.4}{2}\frac{1}{10\sqrt{20}}\right)\right] = 375\ MPa. \quad (예7.24)$$

위에서 구한 $\sigma_{\max} > \sigma_Y$이므로 항복에 대한 안전 계수 n_Y는 1보다 작으며 다음과 같다.

$$n_Y = \frac{\sigma_Y}{\sigma_{\max}} = \frac{250}{375} = 0.667\,. \quad (예7.25)$$

그러므로 이 경우에는 기둥이 파괴될 위험이 있을 정도로 과다한 편심 하중이 작용하는 것을 알 수 있다.

연습문제

1. 상단 자유, 하단 고정인 직사각형 단면 기둥의 오일러 하중을 구하시오. 단 길이 $l = 3\ m$, 단면의 폭 $b = 0.04\ m$, 높이 $h = 0.2\ m$이며, $E = 200\ GPa$로 한다.

2. 그림 예7.2에 보인 것과 같은 단면의 기둥이 양단 고정되어 있을 때, 이 기둥이 받을 수 있는 최대 압축 하중을 구하시오. 단 기둥의 길이, 물성 및 안전 계수에 대한 사항은 [예제 7.4]에 주어진 것과 같다고 한다.

3. 그림 연6.1에 보인 것과 같은 단면의 기둥이 상단 핀 지지, 하단 고정되어 있을 때, 이 기둥이 받을 수 있는 최대 압축 하중을 구하시오. 단 기둥의 길이, 물성 및 안전 계수에 대한 사항은 [예제 7.4]에 주어진 것과 같다고 한다.

4. 그림 연6.2에 보인 것과 같은 단면의 기둥이 양단 핀 지지되어 있을 때, 이 기둥이 받을 수 있는 최대 압축 하중을 구하시오. 단 기둥의 길이, 물성 및 안전 계수에 대한 사항은 [예제 7.4]에 주어진 것과 같다고 한다.

5. 식 (7.43)으로 주어진 $v(x)$에 대해, $\dfrac{dv}{dx} = 0$로부터 최대 변형이 $x = \dfrac{l}{2}$에서 발생함을 보이시오.

6. 식 (7.43)으로 주어지는 $v(x)$는 다음과 같이 무차원량으로 다시 쓸 수 있다.

$$V=\frac{v}{\eta}=\cos(2\xi X)-1+\tan\xi\sin(2\xi X),\ \ X=\frac{x}{l}.$$

$\xi=\frac{\pi}{4}$로 택하여 $V(X)$를 $X\in[0,1]$에 대해 도시하시오.

7. [예제 7.5]에서 기둥의 z 방향 변형이 구속되어 있어 y 방향으로만 좌굴이 발생할 수 있다고 할 때, 이 기둥이 견딜 수 있는 최대 압축 응력, 최대 변위, 항복에 대한 안전 계수를 구하시오.

8. 위의 [문제 1]에서 고려한 기둥이 양단 핀 지지되어 있을 때, 편심 $\eta=0.05\,m$, 크기는 오일러 하중의 반인 압축 하중이 작용한다. 이 기둥이 견딜 수 있는 최대 압축 응력, 최대 변위, 항복에 대한 안전 계수를 구하시오.

9. 위의 [문제 3]에서 고려한 기둥이 양단 핀 지지되어 있을 때, 크기가 오일러 하중의 $\frac{3}{4}$인 압축 하중이 상부 플랜지의 중심에 작용한다. 이 기둥이 견딜 수 있는 최대 압축 응력, 최대 변위, 항복에 대한 안전 계수를 구하시오.

CHAPTER 8

실제 문제들

제임스 베르누이
1654-1705
Switzerland

7장까지는 재료역학의 역사를 따라서 가장 기본적인 문제들에 대한 해결이 어떤 방식으로 이루어졌나 하는 상황을 살펴보았으므로, 실제 재료역학의 응용 상 자주 다루어지는 문제들을 많이 다루지 못하였다. 따라서 이장에서는 그와 같은 문제들을 주로 다루기로 하는데, 먼저 재료의 특성과 설계 시 고려해야 하는 주요한 사항에 대해 간략하게 다루었다.

7장까지 다루어진 문제에서는 반력을 구하는데 정역학적인 힘의 평형 조건을 사용하면 충분한 문제들, 즉 정정 문제를 다루어 왔다. 하지만, 반력을 그와 같은 조건에 의해 쉽게 얻을 수 없는 문제들, 즉 부정정 문제들을 다루어야 하는 경우가 실제로는 더 많으며, 8.2절에서는 부정정 문제의 해석에 사용하는 전형적인 방법들에 대해 알아본다.

한편, 정역학적인 힘의 평형 조건은 힘 또는 모멘트 등의 벡터량을 기준 변수로 삼는데 반해, 보다 복잡한 많은 문제들에 있어서는 변형 에너지와 같은 스칼라량을 기준 변수로 삼아 문제를 다루게 된다. 8.3절에서는 인장, 비틀림, 굽힘 등에 대한 문제들에서 변형 에너지를 어떻게 구하는지에 대해 알아보고, 또 변형 에너지와 관련된 Castigliano 정리의 응용에 대해 고찰한다.

8.4절에서는 전단 흐름의 개념을 도입하여 박판 관의 비틀림 해석에 대해 생각하기로 하며, 8.5절에서는 전단 중심의 개념을 도입하여 박판 보의 해석에 대해 간략하게 알아본다.

8.1 재료의 특성과 설계

이절에서는 먼저 재료의 특성을 결정하는 시험 중 가장 기본적인 인장 시험에 대해 고찰하고, 시험의 결과로 얻어지는 응력-변형도 선도의 전형적인 특성에 대해 알아보며, 재료 특성을 나타내는 몇 개의 용어에 대해 설명한다. 다음으로는 구조물의 설계와 관련하여 가장 기본적인 개념인 허용 응력과 안전 계수를 정의하고 그들의 적용에 대해 생각한다.

8.1.1 재료 시험

2.1절에서 다룬 바 있는 응력과 변형도 사이의 관계는 재료의 고유한 특성으로 재료 시험으로부터 얻을 수 있다. 가장 보편적으로 행해지고 있는 재료 시험은 단축 인장 시험이다.

단축 인장 시험에서는 작은 인장 시험편(specimen)을 인장 시험기(tensile-test machine)에 거치하고 정적 축 하중을 부과하여 하중과 변형 등 필요한 물리량들을 계측한다.

시험편의 규격(형상과 치수) 및 하중의 작용 방법(증가 속도 등)은 시험의 목적에 따라 미국 시험 및 재료 학회(ASTM[1]), American Society for Testing and Materials)에서 제시하고 있는 다양한 표준 시험편 규격 및 시험법을 적용한다. 그림 8.1에 대표적인 인장 시험편의 형상을 보였다.

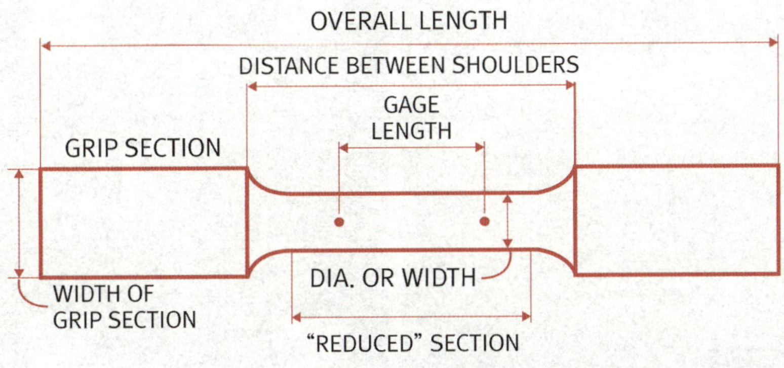

그림 8.1 인장 시험편

1) 2001년 ASTM International로 이름을 바꾸었지만 전통적인 이유로 ASTM으로 부르기도 하며, 1898년 당시 급격하게 성장하고 있던 철도 산업과 관련하여 빈번하게 발생하고 있던 레일 파괴 문제의 해결을 위해 조직되었고, 주된 과제는 재료의 제반 표준에 대한 사업 수행이다.

일반적으로 인장 시험기는 하중을 지지하기 위한 하중틀(loading frame) 내부에 시험편을 잡아서 고정하기 위한 그립(grip), 하중을 가하기 위한 유압 하중장치(actuator), 하중장치를 구동하기 위한 유압 펌프(hydraulic pump) 그리고 전체 시험 과정을 제어하는 컴퓨터 제어부(control unit)로 구성된다. 그림 8.2에 현재 가장 많이 사용되고 있는 미국 MTS 사의 인장 시험 체계를 보였다.

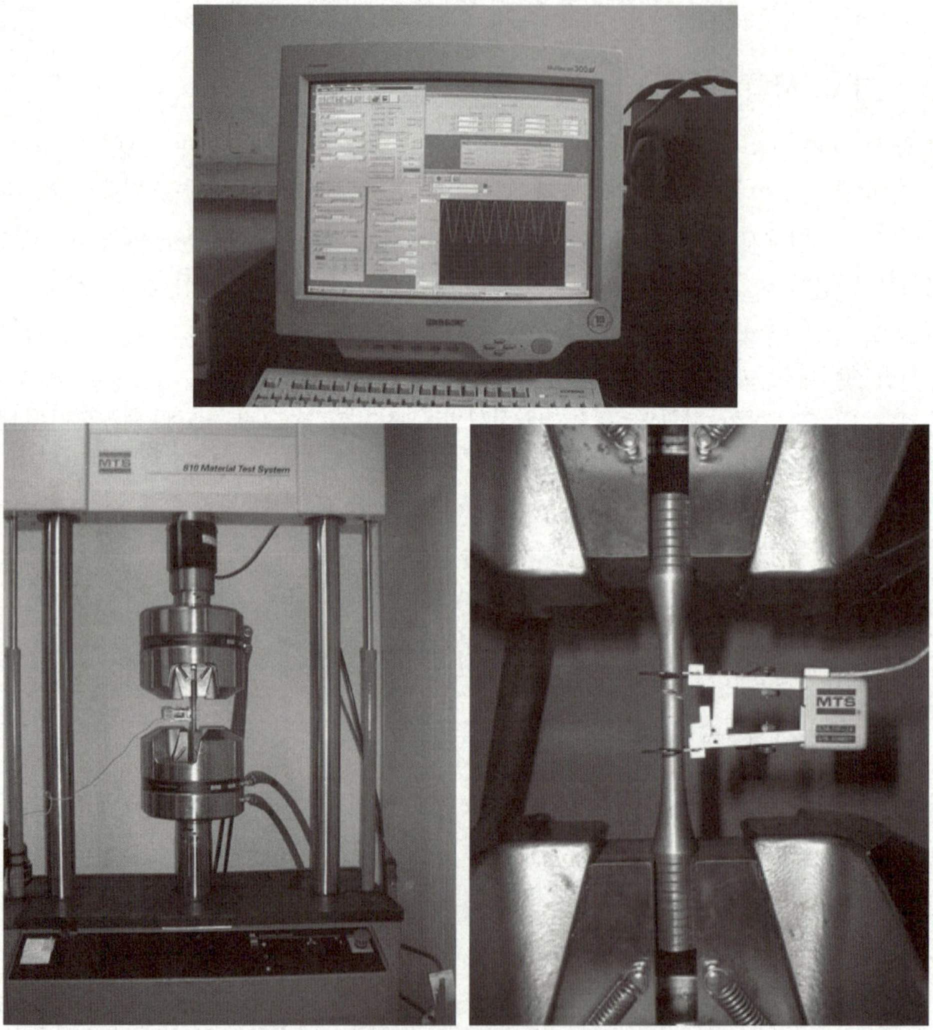

그림 8.2 인장 시험기(미국 MTS사)

그림에 보인 인장 시험기에서 작용 하중의 크기는 상부 그립 위에 연결된 로드셀(load cell)로써 측정하며, 변형량은 시험편에 가위처럼 거치된 신장 측정기(extensometer)를 이용하여 계측한다. 실제 시험편은 그림 8.1에서 보는 것처럼 그립에 물리는 부분의 단면적이 크게 설계되어 있기 때문에 정밀한 계측을 위하여 시험편 중앙부의 단면적이 균일한 부분의 일부분에 두 개의 표시점을 찍고 이 표시점에 신장 계측기의 양단을 맞추어 설치한 다음, 표시점 간의 거리 변화를 계측한다. 이 표시점 간의 거리를 게이지 길이(gage length)라고 한다.

하중과 변형량이 계측되면 각각 시험편의 단면적과 신장 측정기의 게이지 길이로 나누어 응력과 변형도로 변환한다. 변형량이 작을 경우, 스트레인 게이지를 시험편 표면에 부착하여 변형도를 직접 정밀하게 측정하는 방법도 있다. 그러나 스트레인 게이지를 이용하는 경우, 변형량이 커지면 접착된 스트레인 게이지가 시험편으로부터 박리되기 때문에 최대 변형도의 10% 정도가 한계로 알려져 있다.

8.1.2 응력-변형도 선도

강과 같은 연성 재료의 단축 인장 시험으로부터 계측된 응력과 변형도 관계를 도표로 작성해 보면 개략적으로 그림 8.3과 같은 형태를 보인다. 이와 같은 도표를 응력-변형도 선도(stress-strain diagram)라고 하며 1.3절에서 생각했던 그림 1.15의 하중-변형 곡선과 기본적으로 유사하다.

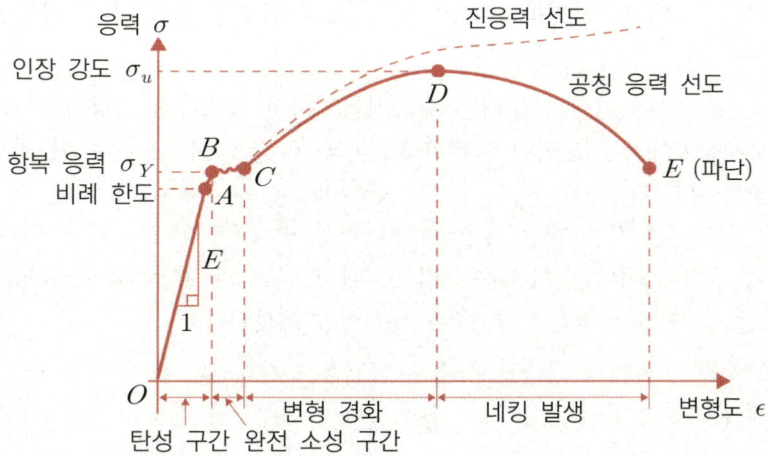

그림 8.3 응력-변형도 선도

응력과 변형도가 미소한 구간 OA에서는 응력이 증가함에 따라 변형도도 증가하지만 하중을 제거하면 변형 역시 없어져 원래의 형상으로 되돌아온다. 이러한 변형을 탄성 변형이라 하며 대체로 응력과 변형도가 선형적으로 비례하는 식 (2.3), $\sigma = E\epsilon$ 관계가 성립한다. 이 구간을 선형 탄성 구간(linear elastic region)이라 하며, 점 A를 비례 한도(proportional limit)라고 부른다. 여기서, 구간 OA의 기울기 E가 2.1절에서 설명한 탄성계수(modulus of elasticity 또는 Young's modulus)이다.

응력이 조금 더 증가하면 탄성 거동의 한계점 B가 나타난다. 점 B에 상응하는 응력을 항복 응력(Yield stress) σ_Y라고 하며 이 점을 넘어서면 재료는 더 이상 탄성 거동을 보이지 않는다. 이 상태에서 하중을 제거하면 완전히 원래 형상으로 되돌아가지 못하고 잔류 변형이 남는 소성 변형(plastic deformation)이 발생된다. 일반적인 구조용 저탄소강의 항복 응력은 $240-300\ MPa$ 정도이며, 고장력강(high tensile steel)에서는 항복 응력이 $500\ MPa$ 이상 되는 경우도 있다.

이어지는 구간 BC에서는 응력의 증가가 거의 없는 경우에도 변형도는 계속 증가한다. 순수하게 소성 변형만 발생하는 이러한 변형을 완전 소성(perfectly plastic) 변형이라고 하며 강과 같은 철 화합물 재료에서만 보이는 전형적인 특성이다. 알루미늄, 동, 플라스틱 재료 등에서는 완전 소성 변형이 관찰되지 않으며 이는 금속의 결정구조의 차이에서 비롯되는 것으로 알려져 있다.

완전 소성 변형이 끝난 점 C 이후의 구간 CD에서는 응력 증가에 저항할 수 있는 추가적인 강성이 나타난다. 이를 변형 경화(strain hardening)라고 하며 재료 내부의 결정구조 변화에 의해 응력에 대한 저항력이 커지는 것으로 알려져 있다. 이 구간의 변형도는 탄성 성분과 소성 성분으로 분해할 수 있다.

응력이 점차 증가하여 최대값이 되는 점 D를 지나면 급격하게 변형이 커지면서 응력은 감소하여 결국 점 E에서 시험편이 파괴된다. 점 D에 상응하는 응력은 이 재료가 받을 수 있는 최대 응력이며 이 응력 σ_u를 극한 응력(ultimate stress) 또는 인장 강도(tensile strength)라고 하고, 점 E를 파단(fracture)점이라고 한다. 구간 DE에서 하중이 감소하는데도 시험편이 계속 늘어나는 이유는 그림 8.4에 보인 바와 같은 네킹(necking)이라고 부르는 국부적으로 집중된 급격한 단면적의 감소 현상 때문이다.

일반적으로 재료 시험에서 계측된 하중과 변형량은 시험편의 초기 형상 즉, 초기 단면적 A_0와 초기 게이지 길이 l_0를 기준으로 하여 응력과 변형도를 다음과 같이 계산한다.

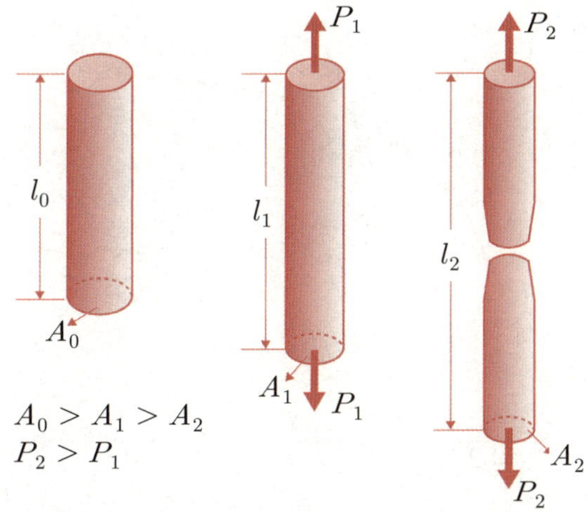

그림 8.4 네킹에 의한 파단

$$\sigma = \frac{P}{A_0}, \ \epsilon = \frac{\delta}{l_0} \tag{8.1}$$

이들을 각각 **공칭 응력**(nominal stress)과 **공칭 변형도**(nominal strain)라고 한다. 통상의 응력-변형도 선도는 이 공칭 응력과 공칭 변형도를 기준으로 작성되며 그림 8.3에 실선으로 표시되어 있다.

그러나 변형량이 커지면 시편의 단면적과 길이가 초기 형상에 비해 상당히 달라지므로 실제 재료 내부에서 발생되는 응력과 변형도를 물리적으로 정확하게 표현하기 어렵다. 따라서 변형 과정의 각 단계에서 현재의 단면적 A와 게이지 길이 l을 계속적으로 함께 측정하여 응력과 변형도를 다음과 같이 구할 수 있다.

$$\sigma = \frac{P}{A}, \ \epsilon = \frac{\delta}{l} \tag{8.2}$$

이와 같이 구해진 응력과 변형도를 **진응력**(true stress)과 **진변형도**(true strain 또는 natural strain)라고 하며 그림 8.3에 점선으로 표시되어 있다. 인장 하중을 받는 경우, 점 D 이후에 하중과 공칭 응력은 감소하더라도 시험편의 단면적도 동시에 감소하기 때문에 진응력은 계속 증가하는 현상을 볼 수 있다.

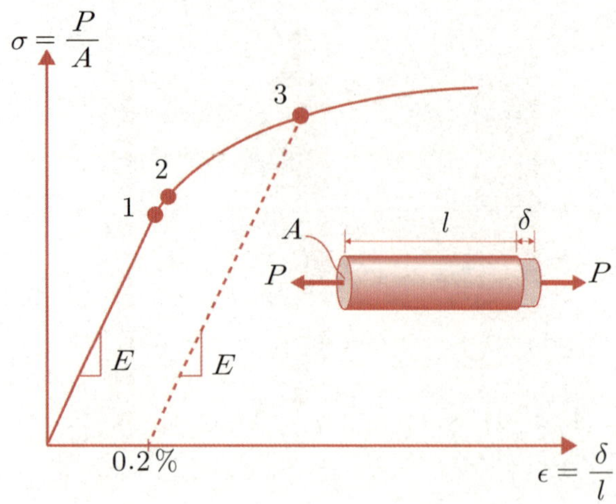

그림 8.5 0.2% 상쇄 항복 응력

변형이 미소한 통상적인 문제에서는 두 가지 기준의 차이가 크지 않기 때문에 공학적으로는 계산이 단순한 공칭 응력과 공칭 변형도를 사용하는 것이 일반적이다.

알루미늄이나 동과 같은 재료에서는 그림 8.5에 보인 것과 같이 항복점이 명확하게 드러나지 않는다. 이와 같은 차이는 분자의 결정구조에 따라 만들어지는데, 탄성 한계와 항복 응력의 위치가 명확하지 않으므로, 하중을 제거할 경우, 0.2%의 잔류 소성 변형도가 생기는 점 3을 항복점으로 간주하며, 이 점에 상응하는 응력을 0.2% 상쇄 항복 응력(offset yield stress) 또는 프루프 응력(proof stress)라고 부른다.

아래에 구조용 재료의 역학적 성질과 관련하여 자주 쓰이는 몇몇 용어들을 간략히 정리하였다.

1) 강도(strength)와 강성(stiffness)

강도는 그 재료가 견딜 수 있는 응력의 크기를 뜻하며 일반적으로 항복 응력 σ_Y 또는 인장 강도 σ_u로 대표된다. 강성은 재료가 응력을 받을 때 얼마나 큰 변형도가 발생하는가를 뜻하며, 흔히 탄성계수 E로 대표된다. 동일한 응력 상태에서 변형도가 작은 딱딱한 재료일수록 강성이 크다.

2) 연성(ductility)과 취성(brittleness)

탄성 한계 이상의 응력을 가할 때, 파단점에 상응하는 변형도가 비교적 큰 재료를 연성 재료(ductile material), 상대적으로 작은 재료를 취성 재료(brittle material)라고 한다.

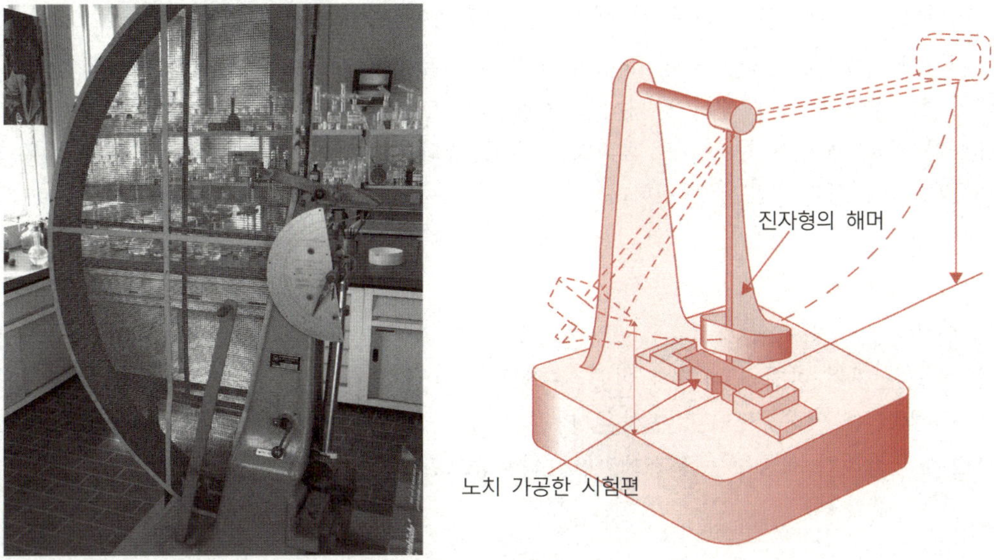

그림 8.6 Charpy 충격 시험기

연성 재료는 파단 전까지 소성 변형을 통해 많은 양의 에너지를 흡수할 수 있고, 눈에 보이는 큰 변형이 발생하기 때문에 파괴가 발생하기 전에 예방 조치가 가능하다는 장점이 있으므로 구조용 재료로 많이 사용되고 있다. 알루미늄, 구리, 납, 니켈, 금, 은 등이 연성이 아주 큰 전형적인 연성 재료이며 구조용 재료로 가장 많이 쓰이는 강(steel)도 성분, 열처리, 제조 과정에 따라 차이는 있지만 탄소 함유량 0.2% 이하의 연강(mild steel)은 연성 재료에 속한다.

취성 재료는 인장 시 비례 한도를 지나서 약간 더 늘어난 후 비교적 작은 변형도에서 파단되므로 항복점을 정의하기 힘든 경우도 있으며 연성 재료에서와 같은 네킹 거동은 나타나지 않는다. 콘크리트, 유리, 돌, 세라믹 등이 이에 속한다. 탄소 함유량이 높은 무쇠, 주철 등 철 화합물 역시 취성 재료의 특징을 가진다.

3) 인성(toughness)

재료에 균열(crack)과 같은 결함이 존재하면 외력에 의해 이 균열이 점차 진전하여 결국 파괴에 이르는 경우가 많다. 따라서 균열의 진전에 저항하는 성질은 재료의 안전성과 관련하여 중요한 인자로 간주되며 이와 같은 성질을 인성이라고 한다. 인성은 특히 충격 하중이 가해졌을 때 민감하게 드러나며 통상 그림 8.6에 보인 Charpy 충격 시험기를 이용하여 시험편의 파단 시 흡수되는 충격 에너지를 계측하여 재료의 인성을 평가한다.

진자형 해머(oscillator type hammer)의 초기 높이와 시험편을 파괴한 이후의 높이 차이에 의한 해머의 위치 에너지 차이를 시험편에 흡수된 충격 에너지로 간주한다. 일반적인 금속의 경우, 온도가 낮을수록 흡수되는 충격 에너지가 작아지기 때문에 재료의 사용 환경을 고려하여 실험 온도를 결정한다.

4) 크리프(creep)

재료가 고온 환경에서 하중을 받으면 즉시 큰 변형이 발생하지 않더라도 시간에 따라 점차 변형이 커져 마침내 파단에 이를 수 있으며, 이런 현상은 엿가락의 변형을 상상하면 쉽게 이해할 수 있다. 크리프 현상은 터빈 날개나 엔진 폐기관(exhaust pipe)과 같이 고온 환경에서 장시간 작동하는 부재에 대해서는 중요한 고려 사항이다.

8.1.3 구조물의 설계

건물, 기계, 자동차, 항공기 및 선박 등의 구조물을 설계할 때, 기능성이나 외관뿐만 아니라 구조적 안전성과 연관되는 강도도 중요하게 고려되어야 한다. 즉 구조물이나 구성 부재들은 하중을 지지하거나 전달하는 역할을 하기 때문에 설계 수명 동안 재료가 파손되지 않도록 설계되어야 한다.

구조물의 설계에서는 구조물이 견딜 수 있는 하중의 절대적인 크기 보다는 단위 면적당 작용하는 하중 즉 응력이 설계 기준이 된다. 이와 같이 구조 설계의 기준으로 많이 사용되고 있는 허용 응력(allowable stress, σ_a)은 구조물에 작용하는 하중을 지지하는 과정에서 구조 재료의 파손 가능성에 대한 불확실성을 감안하여 설계 시 허용될 수 있는 최대 응력을 의미한다.

구조물에 작용하는 여러 하중들의 크기는 설계자가 사전에 완벽하게 추정하기 어렵고, 재료의 물리적 특성, 구조물의 제작 상태 등도 불확실한 확률적 분포를 가지는 경우가 많다. 일반적으로 구조 설계에서는 파손의 방지는 물론이거니와 소성 변형이 발생되어 잔류 변형이 남지 않도록 응력이 탄성 범위(응력-변형도 선도의 직선 부분) 이내에 머무르도록 제한하고 있다.

따라서 대부분의 실제 구조 설계에서는 구조적 안전성에 여유를 두기 위해 구조물에 작용하는 응력이, 항복 응력(σ_Y)이나 인장 강도(σ_u)를 적절하게 선택된 안전 계수(safety factor) n으로 나눈 값, 즉 다음 식으로 정의되는 허용 응력 σ_a보다 작도록 설계한다.

$$\sigma_a = \frac{\sigma_Y}{n} \text{ 혹은 } \sigma_a = \frac{\sigma_u}{n} \tag{8.3}$$

구조물의 파단 방지를 위하여 안전 계수는 대부분의 경우 1.0보다 커야 하고, 구조물 설계의 감독 기관에서는 하중 추정의 불확실성, 구조물의 건조 공법, 절차 및 검사 간격, 구조 해석 방법의 정확성, 파손 결과의 심각성(경제적, 사회적)과 같은 여러 가지 사항들과 함께 파괴 확률을 고려하여 안전 계수를 결정하며 이 결과는 구조물의 설계 규정(code)에 반영된다.

하중이나 강도에 대한 불확실성이 클수록, 또는 그 구조물의 파손이 경제적 또는 사회적으로 더 심각한 영향을 미칠수록 안전 계수는 크게 설정되는 경향이 있다. 일반적으로 안전 계수가 너무 작으면 파단될 확률이 높아지므로 구조적 안전성에 문제가 발생될 소지가 있고, 반대로 안전 계수가 너무 크면 구조물이 너무 커져서 재료가 낭비되고 유지, 운용에 소요되는 비용이 많이 들기 때문에 경제적 측면에서는 불합리한 구조물이 되기 쉽다. 따라서 안전 계수는 경비를 너무 많이 들이지 않고도 합리적 수준의 안전성을 보장할 수 있는 범위로 결정하는 것이 바람직하다.

하중에 의해 발생되는 응력은 허용 응력보다 작더라도 과도한 변형에 의해 구조물이 원래의 기능을 충분히 발휘할 수 없다고 판단되는 경우에는 응력보다는 변형량 혹은 처짐이 구조 설계의 제한 조건이 될 수도 있다.

구조물의 설계에 있어서 구성 부재 중 일부는 소성 변형이 허용되는 경우도 있다. 높은 응력이 발생되는 부위가 매우 국부적이어서 설령 어떤 부재에 소성 변형이 발생되더라도 전체 구조물의 파손으로 연결되지 않아 그 안전성에 끼치는 영향이 미미한 경우이다. 또한 구조물이 붕괴에 이를 때까지 지지할 수 있는 극한 하중을 설계에 반영해야 하는 경우에는 지금까지 다루어온 미소 변형 기반의 선형 탄성 해석 기법의 한계를 벗어난 재료의 소성 거동을 고려한 소성 설계법이 적용되기도 하는데 이런 부분에 대해서는 대학원 과정으로 미루기로 한다.

[예제 8.1] 청동, 알루미늄, 강으로 이루어진 합성 봉에 그림 예8.1에 보인 바와 같이 하중이 가해지고 있다. 전체 봉의 변형이 $3\,mm$를 넘지 않고, 허용 응력이 각각의 부재에 대해 표에 주어진 값을 넘지 않는 허용 하중 P_a를 구하시오. 단 $l_B = 0.8\,m$, $l_A = 1.2\,m$, $l_S = 1.0\,m$라고 한다.

표 예8.1 구성 부재의 특성

	$A,\,mm^2$	$E,\,GPa$	$\sigma_a,\,MPa$
청동	500	83	120
알루미늄	1,000	70	100
강	200	200	150

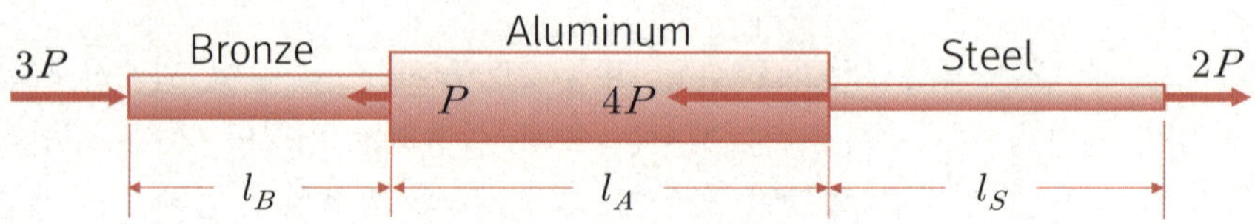

그림 예8.1 불균일 봉의 설계

[답] 청동, 알루미늄, 강으로 된 봉의 부재를 각각 하첨자 B, A, S를 써서 나타내기로 하고, 각 부재를 절단하여 힘의 평형 조건을 적용하면 각 부재에 작용하는 내력 N_B, N_A, N_S를 각각 다음과 같이 얻는다(제2.2.1절 참조).

$$N_B = -3P, \quad N_A = -2P, \; N_S = 2P. \qquad (예8.1)$$

여기서 음의 부호는 압축, 양의 부호는 인장을 뜻함에 유의한다.

식 (2.6)을 이용하고, 또 식 (예8.1)의 결과를 대입하여 봉의 각 부분에 발생하는 변형과 전체적인 변형 δ_T를 다음과 같이 얻는다.

$$\delta_T = \delta_B + \delta_A + \delta_S = \frac{N_B l_B}{E_B A_B} + \frac{N_A l_A}{E_A A_A} + \frac{N_S l_S}{E_S A_S}$$

$$=\left(-\frac{2.4}{4.15}-\frac{2.4}{7}+\frac{2}{4}\right)\times P\times 10^{-8}=-4.212\times P\times 10^{-7}\,m. \quad (예8.2)$$

따라서 $|\delta_T|<3\,mm$의 조건으로부터 다음을 얻으며,

$$P\leq 71.23\times 10^{3}=71.23\,kN. \quad (예8.3)$$

또한, 내력들로부터 봉의 각 부분에 작용하는 응력을 구할 수 있으며, 표 예8.1에 주어진 각 재료들의 허용 응력을 적용하면 다음과 같은 조건들을 얻는다.

$$\sigma_B=\frac{N_B}{A_B}=\frac{-3P}{500\times 10^{-6}}=-6P\times 10^{3},\ \ \therefore P\leq 20\,kN \quad (예8.4)$$

$$\sigma_A=\frac{N_A}{A_A}=\frac{-2P}{1{,}000\times 10^{-6}}=-2P\times 10^{3},\ \ \therefore P\leq 50\,kN \quad (예8.5)$$

$$\sigma_S=\frac{N_S}{A_S}=\frac{2P}{200\times 10^{-6}}=P\times 10^{4},\ \ \therefore P\leq 15\,kN \quad (예8.6)$$

결국 (예8.3)~(예8.6)의 설계 제한 조건들로부터, 최대 허용 하중 P_a는 강제 봉의 허용 응력으로부터 주어지는 것을 알 수 있으며, 다음을 얻는다.

$$P_a=15\,kN. \quad (예8.7)$$

8.2 부정정 문제

어떤 구조물에 외력이 작용할 때, 힘의 평형 조건을 사용하여 구조물의 지지부에 작용하는 반력[2)]을 모두 구할 수 있다면 이와 같은 구조물은 정정 구조물(statically determinate structure)이라고 한다. 정정 구조물에 관한 문제, 즉 정정 문제에서는 미지 반력의 수가 항상 독립적인 힘의 평형 방정식 수와 같으므로, 평형 방정식으로부터 모든 미지 반력을

2) 트러스 구조물에서는 내력이 될 수도 있으나 여기서는 트러스 구조물에 대한 논의는 제외하기로 한다.

구할 수 있다. 만약, 미지 반력의 수가 독립적인 평형 방정식의 수보다 많다면, 그와 같은 구조물은 부정정 구조물(statically indeterminate structure)이라고 부른다. 부정정 문제에 대해서는 평형 방정식만으로는 미지 반력을 모두 구할 수 없으므로, 부가적인 방정식이 필요하며, 이들은 구조물의 변형이 구속되어 있는 점을 이용하여 얻어지는 기하학적 적합성에 대한 제한 조건들, 즉 적합 조건식(equation of compatibility)들로부터 얻어진다.

정정 구조물에서는 지지 반력의 수가 구조물에 강체 운동이 발생하지 않고 평형 상태에 있을 수 있도록 하는 최소한의 수로 제한된다. 반면 부정정 구조물에서는 평형에 필수요건이 아닌 부가적인 반력이 존재하며, 이와 같은 반력을 잉여 반력[3](redundant reaction)이라고 한다. 잉여 반력의 수는 구조물의 부정정 차수(degree of indeterminacy)라고도 부르며, 필요한 적합 조건식의 수는 따라서 부정정 차수와 같다.

적합 조건식은 변형을 고려하여 얻어지므로 이들을 얻기 위해서는 변형을 외력 및 반력의 함수로 표현할 수 있어야 한다. 미지 반력은 이와 같이 얻어진 적합 조건식들을 평형 방정식과 연립하여 풀어서 구하며, 부정정 문제를 해석하는 기본적인 절차는 다음과 같다.

1) 구조물에 작용하는 외력과 미지 반력을 모두 포함하는 자유물체도를 작성한다.
2) 다음과 같은 힘의 평형 조건을 적용하여 평형 방정식을 유도한다.

$$\sum \underline{F} = \underline{0}, \ \sum \underline{M} = \underline{0}. \tag{8.4}$$

3) 미지 반력의 수가 평형 방정식의 수보다 많은 경우, 그 차이만큼 변형에 대한 제한 조건들을 고려하여 적합 조건식을 유도한다.
4) 적합 조건식에 포함된 변형들을 힘들에 대한 식으로 표현한다.
5) 평형 방정식과 적합 조건식을 연립하여 풀어서 미지 반력들을 구한다.

이하에서는 봉의 인장, 압축 및 보의 굽힘과 관련된 문제를 예로 들어 부정정 문제의 해석 방법을 설명하기로 한다.

3) 정적 여분(static redundant)이라고도 한다.

8.2.1 축 하중을 받는 부정정 봉

가장 간단한 예로 그림 8.7에 보인 바와 같이 길이 l, 균일 단면적 A인 봉의 상하 양단이 고정된 경우, 봉의 중심축 상의 임의의 점 C에 외력 P가 작용하는 경우를 생각하자.

먼저 하단의 중심에 좌표계의 원점 O를 잡고 연직 상방으로 y축을 잡으면 수평 방향 힘과 모멘트는 작용하지 않으므로, 반력을 포함하는 자유물체도로부터 평형 방정식을 다음과 같이 얻는다.

$$\sum F_y = -R_O - R_A + P = 0. \tag{8.5}$$

여기서 미지 반력은 두 개인데 반해 평형 방정식은 하나밖에 없으므로 한 개의 잉여 반력이 존재하고, 따라서 부정정 차수가 1인 부정정 봉 문제가 되므로 관계식이 하나 더 필요하다. 봉의 전체 길이는 하중이 작용하여 변형이 발생한 후에도 변하지 않는다는 조건을 적용하여 다음과 같은 변위에 대한 적합 조건식을 얻는다.

$$\delta_1 - \delta_2 = 0. \tag{8.6}$$

여기서 하첨자 1은 부분 OC, 2는 부분 CA를 나타내는 것으로 한다.

축 하중을 받는 봉에 대한 하중-변위 관계식인 식 (2.6)으로부터 다음 식이 성립하므로,

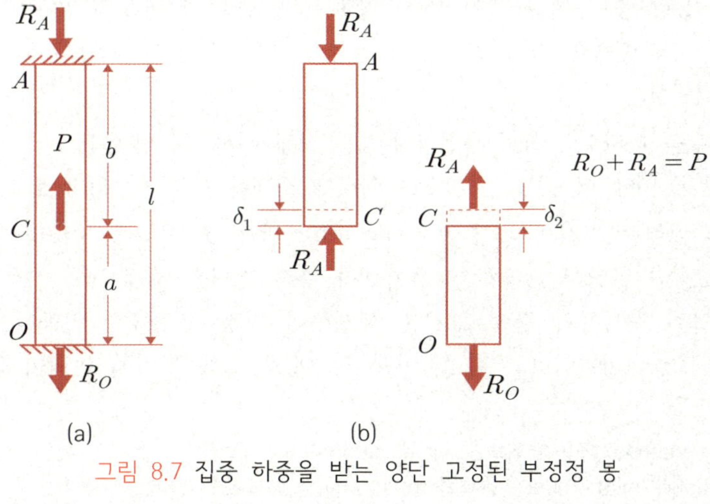

그림 8.7 집중 하중을 받는 양단 고정된 부정정 봉

$$\delta_1 = \frac{R_O}{EA}a,\ \delta_2 = \frac{R_A}{EA}b, \tag{8.7}$$

이 식을 식 (8.6)에 대입하여 R_O와 R_A의 관계식 $R_O a = R_A b$을 얻고, 이 식을 식 (8.5)와 연립하여 풀면 점 O와 A에서의 반력 R_O와 R_A를 다음과 같이 얻는다.

$$R_O = P\frac{b}{l},\ R_A = P\frac{a}{l}. \tag{8.8}$$

따라서 OC와 CA에 작용하는 축 방향 응력을 다음과 같이 얻는다.

$$\sigma_1 = \frac{R_O}{A} = \frac{P}{A}\frac{b}{l},\ \sigma_2 = -\frac{R_A}{A} = -\frac{P}{A}\frac{a}{l}, \tag{8.9}$$

여기서 OC 부분에는 인장 응력, CA 부분에는 압축 응력이 작용함에 유의한다. 점 C의 변위, δ_1은 식 (8.8)을 식 (8.7)에 대입하여 다음과 같이 얻는다.

$$\delta_1 = \frac{R_O}{EA}a = \frac{P}{EA}\frac{ab}{l}. \tag{8.10}$$

결국 위의 부정정 봉 문제를 풀기 위해 평형 방정식인 식 (8.5)와 변위에 대한 적합 조건식인 식 (8.6), 또 변위를 힘의 함수로 표현하기 위한 하중-변위 관계식인 식 (8.7)을 사용하였음에 유의한다.

이와 같이 변위를 미지수로 하여 부정정 문제를 직접 해석하는 방법을 변위법[4](displacement method)라고 한다. 이에 대비되는 방법으로 아래에 소개하는 하중법[5](force method)이 있다.

하중법에서는 평형 방정식의 수를 초과하는 미지 반력 중 하나를 선택하여 이 반력을 외력으로 간주하고, 이 반력이 작용하는 지지부의 구속 조건을 해제하여 정정 구조물로 변환한다. 이렇게 일부 지지점의 구속 조건을 해제하여 정정 구조물로 변환된 구조물을 이완 구조물(released structure)이라고 하며, 이때 외력으로 선택된 미지 반력이 앞서 언급한 잉

4) 강성법(stiffness method) 또는 변형도법(strain method)이라고도 한다.

5) 유연도법(compliance method) 또는 응력법(stress method)이라고도 한다.

여 반력이다.

그림 8.7에 보인 것과 동일한 문제에 대해 그림 8.8에 보인 바와 같이 R_A를 잉여 반력으로 간주한다면, 그림 8.8(a)에 보인 부정정 문제의 해는 그림 8.8(b)와 (c)에 보인 정정 구조물로 변환된 이완 구조물에 대한 문제들에 대한 해의 합으로 주어진다. 먼저 식 (2.6)의 하중-변위 관계식으로부터 인장력 P와 잉여 반력 R_A에 의한 봉의 변형 δ_1, δ_2를 각각 다음과 같이 얻는다.

$$\delta_1 = \frac{P}{EA}a,\ \ \delta_2 = \frac{R_A}{EA}l. \tag{8.11}$$

이때 (b)에 보인 문제에서 하중 P의 작용점 윗부분 AC에 대해서는 하중이 작용하지 않으므로, AC 부분은 강체처럼 움직이기는 하지만 변형되지 않는다는 점에 유의한다.

또한 미지 반력 R_A는 (b)에 보인 문제에서 얻은 봉의 인장 변위 δ_1이 (c)에 보인 문제의 축 변위 δ_2와 동일하다는 적합 조건을 사용하여 식 (8.11)로부터 아래와 같이 얻는다.

$$R_A = P\frac{a}{l}. \tag{8.12}$$

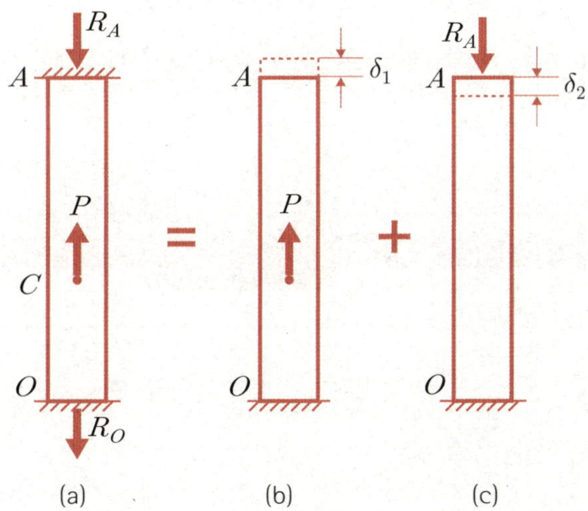

그림 8.8 하중법에 의한 부정정 봉의 해석

이 식을 식 (8.5), 평형 방정식에 대입하여 R_O를 다음과 같이 얻는다.

$$R_O = P - R_A = P\frac{b}{l}. \tag{8.13}$$

물론 하중법을 사용하여 얻은 결과, 식 (8.12), (8.13)는 변위법으로 얻은 결과, 식 (8.8)과 동일하다. 일단 미지 반력을 모두 얻으면 나머지 과정은 변위법에서 설명한 것과 같은 방법으로 진행된다.

하중법이라는 명칭은 위에서 보인 바와 같이 반력을 주요 미지 변수로 간주하여 문제를 풀어간다는 점을 강조하기 위해 붙여졌다. 물론 위와 같은 간단한 예에서는 하중법과 변위법 어느 것을 적용하더라도 풀이에 큰 어려움은 없으나, 문제가 복잡해지고 부정정 차수가 증가하는 경우에는 대체로 하중법이 더 편리한 경우가 많다[6].

[예제 8.2] 그림 예8.2에 보인 것과 같은 양단이 고정된 불균일 봉에 $P_1 = 100\,kN$, $P_2 = 120\,kN$의 하중이 작용하고 있다. 각 부분에 발생하는 축 방향 응력을 구하시오. 단 탄성계수 $E = 200\,GPa$이고, $l_1 = 0.5\,m$, $l_2 = 0.3\,m$, $l_3 = 0.4\,m$, 또 $A_1 = A_3 = 10^{-3}\,m^2$, $A_2 = 1.5 \times 10^{-3}\,m^2$라고 한다.

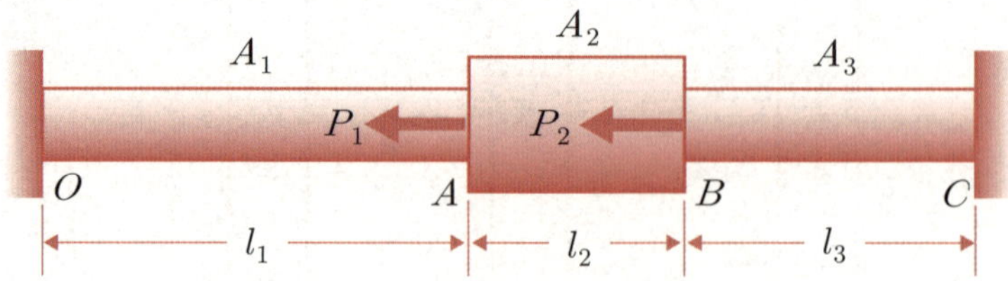

그림 예8.2 양단이 고정된 불균일 봉

6) 단 하중법을 사용하는 경우에는 부정정 차수에 따라 잉여 반력 설정과 이완 구조물로 변환하는 과정이 자동화되기 어렵다는 문제점이 있어, 대형 구조물을 다루기 위한 유한요소법과 같이 컴퓨터를 기반으로 한 수치해석 기법에서는 일반적으로 변위법을 채택한다.

[답] 양단의 반력을 포함하는 자유물체도를 그림 예8.3(a)에 보였으며, 힘의 평형 조건으로부터 평형 방정식을 다음과 같이 얻는다.

$$\sum F_x = R_O + R_C - P_1 - P_2 = 0. \qquad \text{(예8.8)}$$

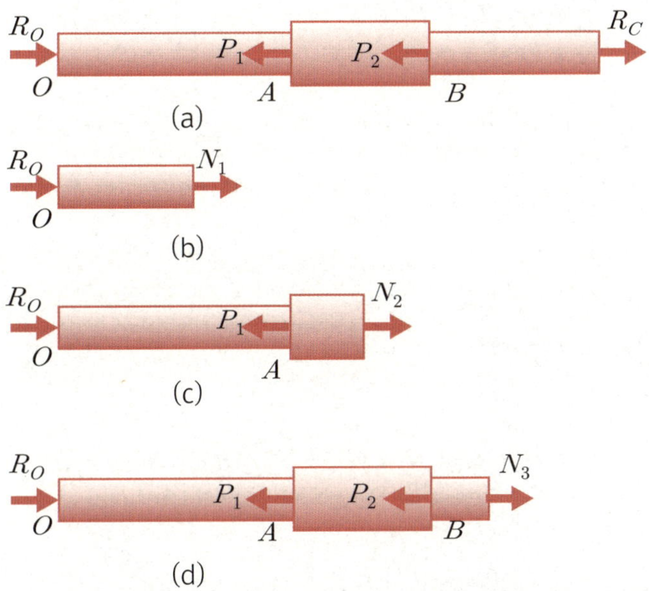

그림 예8.3 자유물체도

그림 예8.3(b)~(d)에 불균일 봉의 각 구간 OA, AB, BC 내의 임의의 점에서 절단하여 그 왼쪽 부재에 작용하는 힘을 내력을 포함하여 표시하였다. 구간 OA, AB, BC에 대해 하첨자 1, 2, 3을 각각 쓰기로 하고, 각 구간에 대한 평형 방정식으로부터 불균일 봉의 각 구간에 작용하는 힘을 구할 수 있으므로 각 부재의 변형을 다음과 같이 얻는다.

i) 구간 OA

$$\sum F_x = R_O + N_1 = 0, \ \therefore N_1 = - R_O, \qquad \text{(예8.9)}$$

$$\delta_1 = \frac{N_1 l_1}{EA_1} = -\frac{l_1}{EA_1} R_O = -\alpha_1 R_O,\ \alpha_1 = \frac{l_1}{EA_1} = 2.5 \times 10^{-9}\, m/N. \quad (\text{예}8.10)$$

ii) 구간 AB

$$\sum F_x = R_O - P_1 + N_2 = 0,\ \therefore N_2 = P_1 - R_O, \quad (\text{예}8.11)$$

$$\delta_2 = \frac{N_2 l_2}{EA_2} = \frac{l_2}{EA_2}(P_1 - R_O) = \alpha_2 (P_1 - R_O),\ \alpha_2 = \frac{l_2}{EA_2} = 10^{-9}\, m/N. \quad (\text{예}8.12)$$

iii) 구간 BC

$$\sum F_x = R_O - P_1 - P_2 + N_3 = 0,\ \therefore N_3 = P_1 + P_2 - R_O, \quad (\text{예}8.13)$$

$$\delta_3 = \frac{N_3 l_3}{EA_3} = \frac{l_3}{EA_3}(P_1 + P_2 - R_O) = \alpha_3 (P_1 + P_2 - R_O),\ \alpha_3 = \frac{l_3}{EA_3} = 2 \times 10^{-9}\, m/N. \quad (\text{예}8.14)$$

전체 봉의 변형은 영이라는 적합 조건식으로부터 다음과 같이 왼쪽 고정단의 반력 R_O를 얻고,

$$\delta_1 + \delta_2 + \delta_3 = -(\alpha_1 + \alpha_2 + \alpha_3) R_O + (\alpha_2 + \alpha_3) P_1 + \alpha_3 P_2 = 0,$$
$$\therefore R_O = \frac{(\alpha_2 + \alpha_3) P_1 + \alpha_3 P_2}{\alpha_1 + \alpha_2 + \alpha_3} = \frac{3}{5.5} P_1 + \frac{2}{5.5} P_2 = 98.2\, kN, \quad (\text{예}8.15)$$

이를 식 (예8.8)에 대입하여 오른쪽 고정단의 반력 R_C를 다음과 같이 얻는다.

$$R_C = P_1 + P_2 - R_O = 121.8\, kN. \quad (\text{예}8.16)$$

식 (예8.15)로 주어진 반력 R_O를 식 (예8.9), (예8.11), (예8.13)에 대입하면 봉의 각

부분에 작용하는 축 방향 응력을 다음과 같이 얻는다.

$$\sigma_1 = \frac{N_1}{A_1} = -\frac{R_O}{A_1} = -98.2\ MPa, \tag{예8.17}$$

$$\sigma_2 = \frac{N_2}{A_2} = \frac{P_1 - R_O}{A_2} = 1.2\ MPa, \tag{예8.18}$$

$$\sigma_3 = \frac{N_3}{A_3} = \frac{P_1 + P_2 - R_O}{A_3} = 121.8\ MPa. \tag{예8.19}$$

이 결과로부터 구간 OA의 부재는 압축 응력을 받고, 나머지 부재는 인장 응력을 받음을 알 수 있다.

8.2.2 봉의 열응력

대부분의 재료는 온도가 올라가면 팽창하고 내려가면 수축하는 특성이 있다. 구조물에 있어서 부분적으로 부재의 온도 변화가 발생했을 때 그 부재의 열팽창 또는 수축이 주위 부재나 지지부에 의해 구속되면 아무런 외부 하중이 작용하지 않더라도 열변형이나 열응력이 발생될 수 있다. 고온이 발생하는 엔진, 초저온의 LNG 화물창 등을 비롯한 많은 구조물에서 열변형이나 열응력은 구조 설계에 있어 중요한 관심 대상이다.

대체로 열변형을 구속하면 열응력이 증가하고, 반대로 열변형이 자유롭게 발생하는 조건에서는 열응력이 감소한다. 같은 이유로 정정 구조물에서는 일부 부재에 열변형이 발생하더라도 이 열변형이 구속되지 않으며, 인접한 부재에 추가적인 힘을 가하지 않기 때문에 전체적으로 열응력이 발생하지 않는다. 예를 들어 그림 8.9(a)에 보인 정정 트러스 구조의 부재 AC에만 ΔT의 온도 변화가 발생하더라도, 부재 BC와의 연결점 C의 위치가 자유롭게 이동함으로써 부재 AC뿐만 아니라 부재 BC에서도 열응력은 발생하지 않는다. 반면 부정정 구조물에서는 온도 변화가 부재에 따라 다르면 부재 간의 변형이 구속됨에 따라 열응력이 발생한다. 그림 8.9(b)에 보인 부정정 트러스 구조의 부재 AD에만 ΔT의 온도 변화가 발생하는 경우, 각 부재들의 연결점 D의 변형이 구속되어 있기 때문에 부재 AD

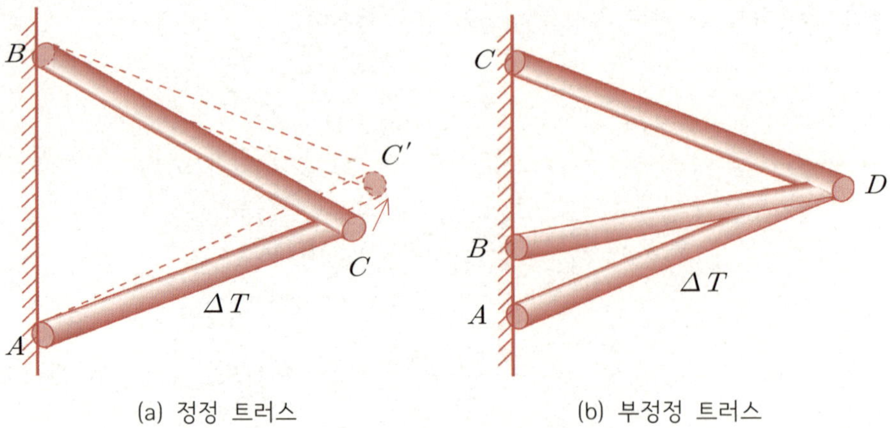

그림 8.9 트러스 구조의 열변형

의 열변형이 구속되며 나머지 각 부재들에도 열응력이 발생한다. 이때 인장되어야 할 부재 AD의 변형을 구속함으로써 이 부재는 압축 응력을 받는다는 점에 유의한다.

일반적으로 재료의 열변형에 대한 구속이 없다면 온도 변화에 따른 열변형도 ϵ_T는 온도의 증분 ΔT에 비례하므로 다음과 같이 나타낼 수 있다.

$$\epsilon_T = \alpha \Delta T. \tag{8.14}$$

여기서 비례 상수인 열팽창 계수(coefficient of thermal expansion) α는 단위 온도 증분에 의한 변형도의 증가량을 의미하며, 재료에 따라 다를 수 있지만 대체로 모든 방향으로 균일하다. 대부분의 재료에서 온도에 따라 α의 값이 달라지기 때문에 온도 변화가 큰 경우에는 주의를 요하지만, 여기서는 α가 일정한 것으로 가정하고 논의를 진행하기로 한다.

만일 변형이 완전히 구속된 경우라면 열변형도는 영이 되며 이에 대응되는 열응력 σ_T는 다음과 같다.

$$\sigma_T (= E\epsilon_T) = E\alpha \Delta T. \tag{8.15}$$

이 응력은 변형이 자유로운 경우의 열변형도 ϵ_T에 상응하는 응력으로, 구속 지점의 반력에 의해 발생하는 응력으로 생각할 수 있다.

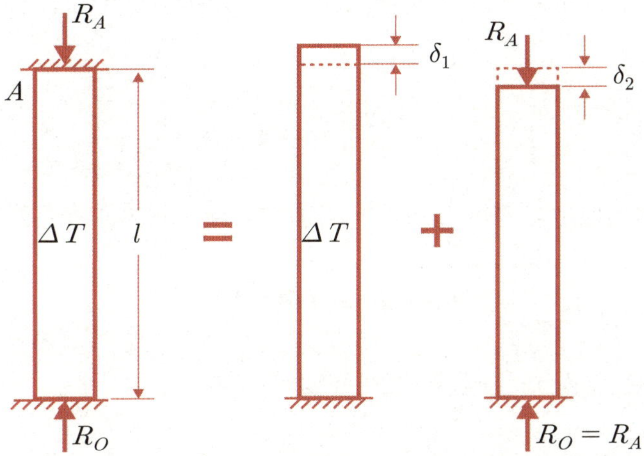

그림 8.10 부정정 봉의 열응력

예를 들어 그림 8.10에 보인 바와 같이 양단이 고정된 부정정 봉의 온도를 ΔT만큼 올렸을 때 봉에 작용하는 반력과 열응력 σ_T를 구하는 과정을 살펴보자.

먼저 그림 8.10의 자유물체도로부터 다음과 같이 평형 방정식을 세울 수 있다.

$$\sum F_y = R_O - R_A = 0, \quad \therefore R_O = R_A \tag{8.16}$$

앞서 설명한 하중법을 적용하여 고정단 A의 구속을 풀어 정정 구조물로 바꾸고 대신 그 지점에 작용하는 반력 R_A를 미지 외력 즉, 잉여 반력으로 간주한다. 따라서 온도 변화에 따른 정정 봉의 가상적인 열팽창 δ_1을 다음과 같이 쓸 수 있고,

$$\delta_1 = \epsilon_T l = \alpha \Delta T l, \tag{8.17}$$

잉여 반력에 의한 봉의 압축 변위 δ_2는 다음과 같다.

$$\delta_2 = \frac{R_A}{EA} l. \tag{8.18}$$

두 변위가 같아야 한다는 적합 조건식으로부터 다음 식을 얻으므로,

$$\alpha \Delta T = \frac{R_A}{EA}. \tag{8.19}$$

따라서 이 식을 식 (8.16)의 평형 방정식에 대입하면 다음 결과를 얻는다.

$$R_O = R_A = EA\alpha \Delta T. \tag{8.20}$$

또한 봉에 작용하는 열응력도 다음과 같이 구할 수 있다.

$$\sigma_T = \frac{R_O}{A} = \frac{R_A}{A} = E\alpha \Delta T. \tag{8.21}$$

식 (8.20)과 (8.21)의 결과를 살펴보면 열변형에 의한 반력의 크기는 봉의 길이에 무관하며, 열응력은 길이뿐만 아니라 단면적과도 무관함을 알 수 있다.

8.2.3 부정정 보의 해석

보 문제에서는 5.2절에서 살펴본 바와 같이 수평 방향의 축 하중을 고려하지 않는다면 수직 방향 힘과 모멘트에 대한 두 개의 평형 방정식을 세울 수 있다. 따라서 지지부의 구속에 의한 반력이 세 개 이상이면 부정정 보가 된다. 예를 들어 그림 8.11에 보인 바와 같이 좌단이 고정되어 있고 우단이 롤러 지지된 보라면 좌단에 두 개, 우단에 한 개의 반력이 작용하므로 한 개의 미지인 잉여 반력이 존재하며 부정정 차수는 1이 된다.

봉 문제에서 보았듯이 적합 조건식은 하중-변위 관계식을 기반으로 한다. 따라서 부정정 보의 해석법은 여러 가지 방법이 제안되고 있으나, 기본적으로 5.2.4절에서 다루었던 보의 처짐 해석 결과에 바탕을 둔다. 여기서도 보의 처짐에 대한 미분 방정식을 이용하는 가장 기본적인 방법을 살펴보기로 한다.

보의 처짐이 미소하다고 가정하면 보의 처짐에 대한 미분 방정식은 식 (5.55)와 같이 쓸 수 있다.

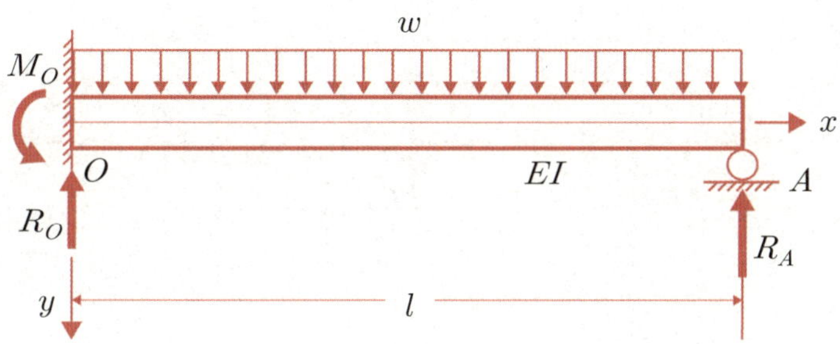

그림 8.11 분포 하중을 받는 부정정 보

$$EI\frac{d^2v}{dx^2} = EIv'' = M_b. \tag{8.22}$$

이 식을 두 번 적분하면 다음 식을 얻는다.

$$EIv = \int\int M_b dx dx + C_1 x + C_2 \tag{8.23}$$

5.2절에서 다룬 외팔보나 단순보와 같은 정정 보에서는 굽힘 모멘트 $M_b(x)$를 계산할 수 있으며, 항상 두 개의 변위 구속 조건이 있기 때문에 적분상수 C_1과 C_2는 이 경계 조건들로부터 쉽게 구할 수 있다.

그러나 부정정 보에서는 굽힘 모멘트 $M_b(x)$가 미지함수로 남아 있으므로 위의 결과를 그대로 적용하기는 어렵다. 여기에 위에서 설명한 하중법을 적용하기로 하면, 부정정 차수만큼 구속 조건을 해제하여 대상 부정정 보를 정정 구조물인 이완 구조물로 변환하고, 여기서 발생한 잉여 반력을 외부 하중으로 간주한다. 이때, 해제할 구속 조건과 이에 상응하여 발생하는 잉여 반력은 해석자의 편의에 따라 어떤 것을 선택해도 상관없으며, 여러 가지 방법이 있을 수 있다. 예를 들어 그림 8.11에 보인 바와 같은 부정정 보를 그림 8.12에 보인 바와 같은 정정 외팔보로 변환할 수도 있고, 또는 그림 8.13에 보인 것과 같은 정정 단순보로 변환할 수도 있다. 이렇게 변환된 이완 구조물에 대해서는 굽힘 모멘트를 미지인 잉여 반력이 포함된 식으로 유도할 수 있다.

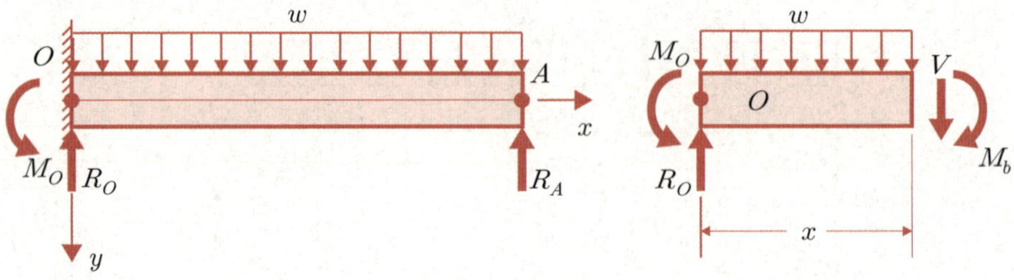

그림 8.12 변환된 정정 외팔보

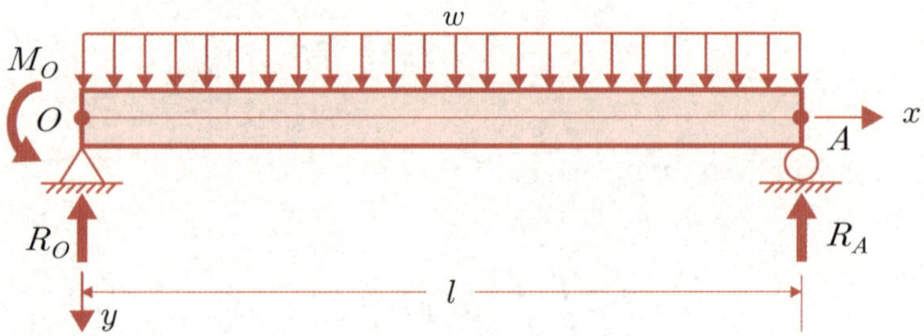

그림 8.13 변환된 정정 단순보

먼저 그림 8.11에 보인 보의 자유물체도로부터 평형 방정식을 다음과 같이 얻는다.

$$\sum F_y = - R_O - R_A + w\,l = 0, \tag{8.24}$$

$$\sum_O M = - M_O - R_A\,l + w\,l\frac{l}{2} = 0. \tag{8.25}$$

평형 방정식은 두 개뿐이지만 지지 반력은 R_O, M_O, R_A 의 3 개가 있으므로, 부가적인 적합 조건식이 하나 필요하며, 여기서는 먼저 우단의 롤러 지지를 해제하여 그림 8.12에 보인 것과 같이 외팔보로 이완 구조물을 얻은 경우를 생각해보기로 하자.

R_A를 잉여 반력으로 간주하였으므로 나머지 지지 반력 R_O와 M_O는 식 (8.24)와 (8.25)로부터 R_A 의 함수로 다음과 같이 얻는다.

$$R_O = wl - R_A, \tag{8.26}$$

$$M_O = \frac{wl^2}{2} - R_A l. \tag{8.27}$$

좌단에서 x 만큼 떨어진 곳을 잘라 왼쪽 부분에 대한 자유물체도를 그리면 그림 8.12(b)와 같고, 힘의 평형 조건으로부터 다음을 얻는다.

$$\sum F_y = -R_O + V + wx = 0, \ \therefore V = R_O - wx, \tag{8.28}$$

$$\sum_x M = -M_O + R_O x - wx\frac{x}{2} + M_b = 0, \ \therefore M_b = M_O - R_O x + w\frac{x^2}{2}. \tag{8.29}$$

이하에서는 잉여 반력 R_A를 구하는 두 가지 방법, 즉 이중 적분법과 5.2.6절에서 다룬 바 있는 중첩법에 대해 설명하기로 한다.

(1) 이중 적분법(double integration method)

이중 적분법에서는 먼저 식 (8.29)에서 얻은 M_b를 식 (8.22)에 대입하고 적분을 두 번 수행하여 다음 식들을 얻는다.

$$EIv' = M_O x - R_O\frac{x^2}{2} + w\frac{x^3}{6} + C_1, \tag{8.30}$$

$$EIv = M_O\frac{x^2}{2} - R_O\frac{x^3}{6} + w\frac{x^4}{24} + C_1 x + C_2. \tag{8.31}$$

여기서 고정단에서의 경계 조건, $v(0) = v'(0) = 0$으로부터 $C_1 = C_2 = 0$를 얻으며, 부정정 보에 대한 변위 구속 조건, $v(l) = 0$을 사용하여 다음을 얻는다.

$$M_O\frac{l^2}{2} - R_O\frac{l^3}{6} + w\frac{l^4}{24} = 0, \ \therefore 12M_O - 4R_O l + wl^2 = 0. \tag{8.32}$$

이 식과 식 (8.26), (8.27)을 연립으로 풀어 다음 결과를 얻는다.

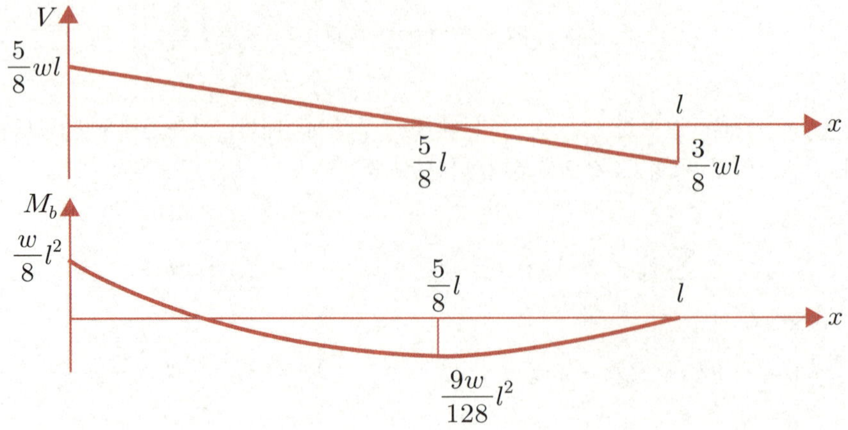

그림 8.14 부정정 보의 전단력 및 굽힘 모멘트 선도

$$R_A = \frac{3wl}{8},\ R_O = \frac{5wl}{8},\ M_O = \frac{wl^2}{8}, \tag{8.33}$$

전단력과 굽힘 모멘트 분포를 나타내는 식 (8.28)과 (8.29)에 (8.33)을 대입하면 다음을 얻으며, 이 결과를 그림 8.14에 보였다.

$$V = R_O - wx = w\left(\frac{5}{8}l - x\right), \tag{8.34}$$

$$M_b = M_O - R_O x + w\frac{x^2}{2} = \frac{w}{8}(l^2 - 5lx + 4x^2) = \frac{w}{8}(4x - l)(x - l). \tag{8.35}$$

굽힘 모멘트가 구간 $x \in \left[0,\ \frac{l}{4}\right)$에서는 영보다 크므로 처짐 곡선의 곡률은 양의 부호를 가지며 따라서 위로 볼록하고, 나머지 구간에서는 아래로 볼록한 것을 알 수 있으며, 이 경우에 대한 보의 처짐 곡선은 [연습문제 8.9]로 남긴다.

(2) 중첩법

그림 8.12(a)에 보인 변환된 정정 문제는 그림 8.15에 보인 것과 같이 균일 분포 하중과 자유단에 집중 하중 R_A를 받고 있으므로, 두 하중에 의한 자유단에서의 처짐은 중첩법에 의해 주어질 수 있음에 착안하기로 한다.

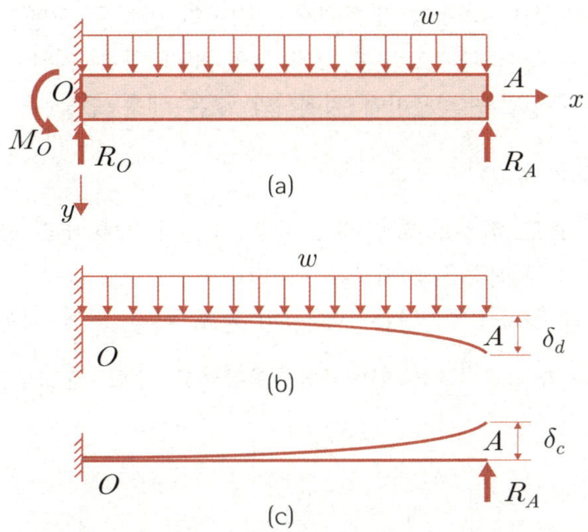

그림 8.15 중첩법에 의한 부정정 보의 거동 해석

잉여 반력인 집중 하중 R_A와 분포 하중 w에 의한 외팔보의 자유단의 처짐의 크기 δ_c, δ_d는 5.2.5절의 식 (5.100)에 의해 각각 다음과 같이 주어진다.

$$\delta_c = \frac{R_A l^3}{3EI},\ \delta_d = \frac{wl^4}{8EI}. \tag{5.100}$$

이제 두 하중에 의한 처짐의 합이 영이 되어야 한다는 적합 조건식으로부터 다음을 얻으며,

$$-\delta_c + \delta_d = 0,\ \ \therefore R_A = \frac{3wl}{8}, \tag{8.36}$$

이 결과는 식 (8.33)에서 얻은 것과 일치하는 것을 확인할 수 있다. 일단 R_A를 얻었으므로, 식 (8.26) (8.27)로부터 R_O, M_O를 구할 수 있으며, 나머지 과정은 이중 적분법에서 보인 바와 같다.

[예제 8.3] 그림 8.11에 보인 부정정 문제에서 고정단의 반작용 모멘트 M_O를 잉여 반력으로 간주하여 얻어지는 그림 8.13에 보인 것과 같은 이완 구조물, 즉 정정 단순보에 대해 중첩법을 적용하여 위에서와 같은 해를 구할 수 있음을 보이시오.

[답] 정정 단순보에는 분포 하중과 좌단에 모멘트 M_O가 작용하고 있으므로, 각각의 하중에 의한 좌단에서의 처짐각을 먼저 알아야 한다.
그림 예8.4에 보인 것과 같이 단순보에 균일 분포 하중 w가 작용하는 경우, 양단에서의 반력은 $R_O = R_A = \dfrac{wl}{2}$로 얻어지며, 전단력과 굽힘 모멘트는 각각 다음과 같이 얻는다.

$$V = w\left(\frac{l}{2} - x\right), \;\; M_b = -\frac{wx}{2}(l - x). \tag{예8.20}$$

위에서 얻은 굽힘 모멘트 M_b를 식 (5.55)에 대입하고 한 번 적분하여 보의 중앙점인 $x = \dfrac{l}{2}$에서 처짐각이 영이라는 기하학적인 조건을 적용하면 다음을 얻는다.

$$EIv' = -\frac{wx^2}{12}(3l - 2x) + \frac{wl^3}{24}. \tag{예8.21}$$

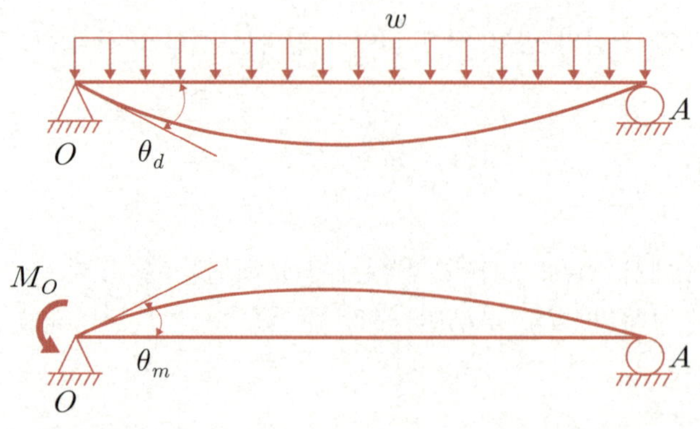

그림 예8.4 중첩법에 의한 변환된 정정 단순보의 해석

이 식으로부터 $x = 0$에서의 처짐각 θ_d를 다음과 같이 얻는다.

$$\theta_d = \frac{wl^3}{24EI}. \qquad \text{(예8.22)}$$

이 결과는 부록 C의 표 C.2의 둘째 결과의 θ_O에 $a = l$을 대입하여 얻을 수도 있다.
한편 그림 예8.4에 보인 것과 같이 단순보의 좌단에 모멘트 M_O가 작용하는 경우에는, 좌단에서의 반력 $R_O = \frac{M_O}{l}$, 우단에서의 반력 $R_A = -\frac{M_O}{l}$이고, 전단력과 굽힘 모멘트는 각각 다음과 같이 얻는다.

$$V = \frac{M_O}{l}, \ M_b = \frac{M_O}{l}(l-x). \qquad \text{(예8.23)}$$

따라서 식 (5.55)에 위에서 얻은 굽힘 모멘트 M_b를 대입하고 두 번 적분하여 양단에서의 처짐이 영이라는 조건을 적용하여 다음을 얻는다,

$$EIv = \frac{M_O x^2}{6l}(3l-x) - \frac{M_O lx}{3}. \qquad \text{(예8.24)}$$

이 식으로부터 $x = 0$에서의 처짐각의 크기 θ_m을 다음과 같이 얻는다.

$$\theta_m = \frac{M_O l}{3EI}. \qquad \text{(예8.25)}$$

이 결과는 부록 C의 표 C.2의 넷째 결과의 θ_A로부터 얻을 수도 있다.
식 (예8.22)와 (예8.25)로 주어지는 두 처짐각의 합이 영이 되어야 한다는 적합 조건식으로부터 다음을 얻으며,

$$\theta_d - \theta_m = 0, \ \therefore M_O = \frac{wl^2}{8}, \qquad \text{(예8.26)}$$

이 결과는 식 (8.33)에서 얻은 것과 일치하는 것을 확인할 수 있다. 일단 M_O를 얻었으므로, 식 (8.26) (8.27)로부터 R_A, R_O를 구할 수 있으며, 나머지 과정은 이중 적분법에서 보인 바와 같다.

[예제 8.4] 그림 예8.5에 보인 바와 같이 양단 고정인 보에 집중 하중 P가 작용하고 있다. 중첩법을 이용하여 양단에 작용하는 반력을 구하시오.

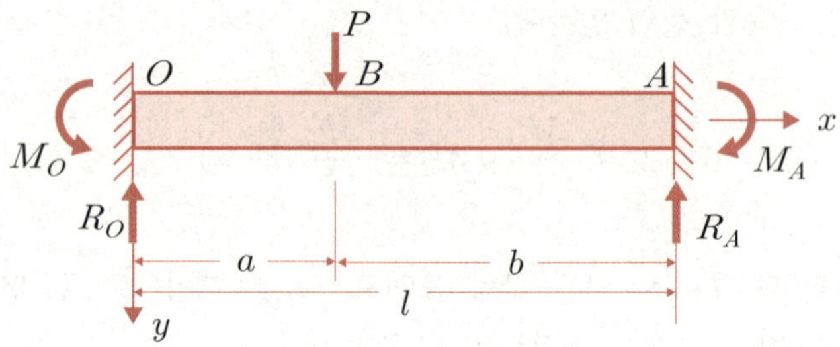

그림 예8.5 양단 고정 부정정 보의 지지 반력

[답] 주어진 문제의 미지 반력은 R_O, R_A, M_O 및 M_A 모두 4 개이다. 평형 방정식은 2 개뿐이므로 2 개의 추가적인 적합 조건식이 필요하다. 따라서 부정정 차수는 2이며 두 개의 미지 반력을 잉여 반력으로 선택해야 한다. 어떤 것을 선택하여도 해를 구하는데 차이는 없지만 여기서는 양단의 반작용 모멘트 M_O와 M_A를 잉여 반력으로 간주하고 문제를 풀기로 한다.

먼저 평형 방정식으로부터 지지 반력 R_O와 R_A를 M_O 및 M_A의 함수로 다음과 같이 얻는다.

$$\sum F_y = -R_O - R_A + P = 0, \quad \sum_O M = -M_O + Pa - R_A l + M_A = 0, \qquad (예8.27)$$

$$\therefore R_O = \frac{1}{l}(M_O - M_A + Pb), \quad R_A = \frac{1}{l}(-M_O + M_A + Pa). \qquad (예8.28)$$

M_O와 M_A를 외력으로 간주하면 그림 예8.5에 보인 양단 고정 부정정 보는 그림 예8.6에 보인 바와 같이 3 개의 하중이 작용하는 정정 단순보로 치환할 수 있고 각 하중에 의한 보의 거동을 중첩하여 양단 고정 부정정 보의 거동을 해석할 수 있다.

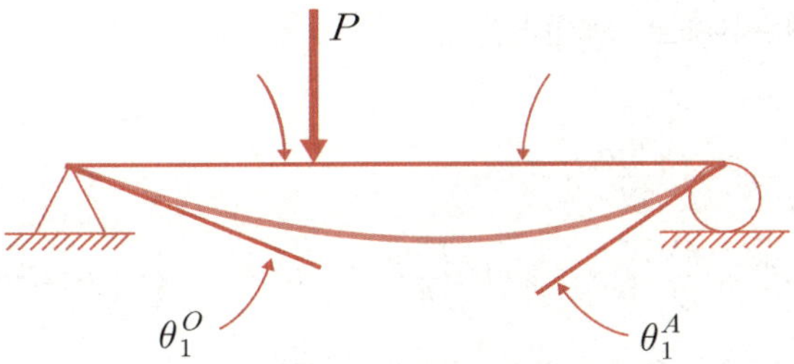

(a) 집중 하중에 의한 양단의 처짐각

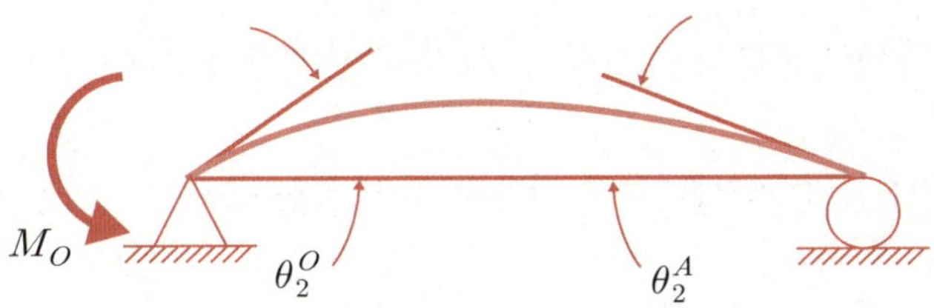

(b) M_O에 의한 양단의 처짐각

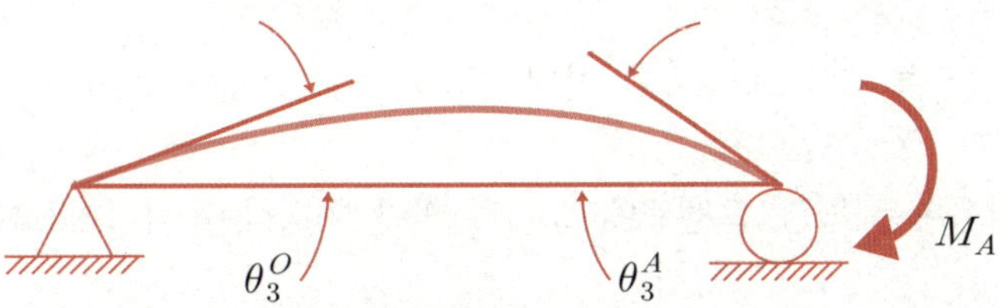

(c) M_A에 의한 양단의 처짐각

그림 예8.6 치환된 정정 단순보의 변형

먼저 집중 하중에 의한 양단의 처짐각을 구하기 위해 식 (5.51), (5.53)으로부터 굽힘 모멘트를 다음과 같이 얻으므로,

$$M_b(x)=\begin{cases}-\dfrac{Pbx}{l}, & x\in[0,a],\\ -\dfrac{Pa(l-x)}{l}, & x\in[a,l],\end{cases}. \tag{예8.29}$$

양단의 경계 조건과 $x=a$에서의 연속성을 고려하여 식 (5.55)로부터 다음을 얻는다(자세한 사항은 연습문제로 남긴다).

$$EIv=\begin{cases}-\dfrac{Pb}{6l}x^3+\dfrac{Pab}{6l}(l+b)x, & x\in[0,a],\\ \dfrac{Pa}{6l}x^3-\dfrac{Pa}{2}x(x-a)+\dfrac{Pab}{6l}(l+b)x-\dfrac{Pa^3}{6}, & x\in[a,l],\end{cases} \tag{예8.30}$$

$$EIv'=\begin{cases}-\dfrac{Pb}{2l}x^2+\dfrac{Pab}{6l}(l+b), & x\in[0,a],\\ \dfrac{Pa}{2l}x^2-\dfrac{Pa}{2}(2x-a)+\dfrac{Pab}{6l}(l+b), & x\in[a,l],\end{cases} \tag{예8.31}$$

그러므로 양단의 처짐각의 크기를 각각 다음과 같이 얻는다.

$$\theta_1^O=\frac{Pab(l+b)}{6EIl},\ \theta_1^A=\frac{Pab(l+a)}{6EIl}. \tag{예8.32}$$

이 결과는 부록 C의 표 C.2의 첫째 결과의 θ_O, θ_A에 $l=a+b$를 대입하여 얻을 수도 있다.

좌단에 작용하는 집중 모멘트에 M_O에 의한 처짐각은 식 (예8.24)로부터 다음과 같이 얻는다.

$$EIv'=\frac{M_Ox}{2l}(2l-x)-\frac{M_Ol}{3}. \tag{예8.33}$$

따라서 양단의 처짐각의 크기를 각각 다음과 같이 얻고,

$$\theta_2^O=\frac{M_Ol}{3EI},\ \theta_2^A=\frac{M_Ol}{6EI} \tag{예8.34}$$

우단에 작용하는 집중 모멘트 M_A에 의한 처짐각은 위 식으로부터 각각 다음과 같이 얻는다.

$$\theta_3^O = \frac{M_A l}{6EI},\ \theta_3^A = \frac{M_A l}{3EI} \tag{예8.35}$$

이 결과는 부록 C의 표 C.2의 넷째 결과의 θ_O, θ_A 로부터 얻을 수도 있다.
양단의 처짐각이 모두 영이라는 두 개의 적합 조건식은 처짐각의 부호를 고려하여 다음과 같이 쓸 수 있으므로,

$$\theta^O = \theta_1^O - \theta_2^O - \theta_3^O = 0,\ \theta^A = \theta_1^A - \theta_2^A - \theta_3^A = 0 \tag{예8.36}$$

여기에 위에서 얻은 결과, 식 (예8.32), (예8.34), (예8.35)를 대입하면 다음을 얻고,

$$\frac{Pab(l+b)}{6lEI} - \frac{M_O l}{3EI} - \frac{M_A l}{6EI} = 0,\ \frac{Pab(l+a)}{6lEI} - \frac{M_O l}{6EI} - \frac{M_A l}{3EI} = 0 \tag{예8.37}$$

이 두 식을 연립하여 풀어 미지의 잉여 반력 M_O와 M_A를 각각 다음과 같이 얻는다.

$$M_O = \frac{Pab^2}{l^2},\ M_A = \frac{Pa^2b}{l^2} \tag{예8.38}$$

위에서 얻은 잉여 반력을 식 (예8.28)에 대입하여 미지의 지지 반력 R_O와 R_A를 각각 다음과 같이 얻는다.

$$R_O = \frac{Pb^2}{l^3}(l+2a),\ R_A = \frac{Pa^2}{l^3}(l+2b). \tag{예8.39}$$

이제 반력을 모두 얻었으므로 5장의 정정 보에 대해 보였던 해석과 동일한 해석을 수행하여 전단력과 굽힘 모멘트의 길이 방향 분포를 얻을 수 있고, 나아가 보의 각 부분에 작용하는 응력을 계산할 수 있다.

8.3 변형 에너지

변형 에너지에 대해서는 4.3.2절의 3) Castigliano 정리와 관련하여 간단하게 기술한 바 있으나 여기서 좀 더 자세히 생각해보기로 한다.

구조물에 가해지는 하중은 구조물을 변형시키는 일(work)을 하게 되고 이 일은 구조물에 내부 에너지(internal energy)의 형태로 저장된다. 이 내부 에너지를 변형 에너지(strain energy)라고 한다. 변형 에너지는 구조역학 문제의 해석에 다양하게 활용되고 있는 개념이며, 전형적인 몇 가지 경우에 대해 변형 에너지가 어떤 형태로 주어지는지 살펴보기로 한다.

8.3.1 인장력을 받는 봉의 변형 에너지

봉을 예로 들어 변형 에너지의 정의에 대해 생각해 보기로 한다. 그림 8.16(a)에 보인 것과 같은 균일 단면 봉에 인장력이 가해지는 경우, 인장 하중을 영으로부터 최대치 P까지 점차적으로 증가시킨다고 할 때, 하중과 변위의 관계를 나타내는 하중-변위 선도(load-displacement diagram)[7]는 그림 8.16(b)에 보인 바와 같이 얻을 수 있다.

'일'(work)은 힘을 가했을 때, 그 힘 방향으로 움직인 거리와 힘의 곱으로 정의되므로 그림에서 봉에 작용하고 있는 인장력 p가 $p+dp$로 미소량 dp만큼 증가되는 과정에서 봉은 $d\eta$만큼 더 늘어난 것을 고려하면 인장력이 한 일은 빗금 친 부분의 면적 즉 $p\,d\eta$가 된다. 따라서 인장력이 최대치 P에 이를 때까지 행한 일의 합은 하중-변위(또는 $P-\delta$) 선도 아래 부분의 면적으로 다음과 같이 표현할 수 있다.

$$W=\int_0^{\delta} p\,d\eta. \tag{8.37}$$

변형 에너지 U는 하중에 의해 변형된 봉에 저장된 에너지이며, 에너지 보존 법칙에 의해 하중이 한 일과 같아야 하므로 다음을 얻는다.

7) 재료에 따라 다른 형태를 보이며, 8.1.1절의 재료 시험으로부터 얻을 수 있다.

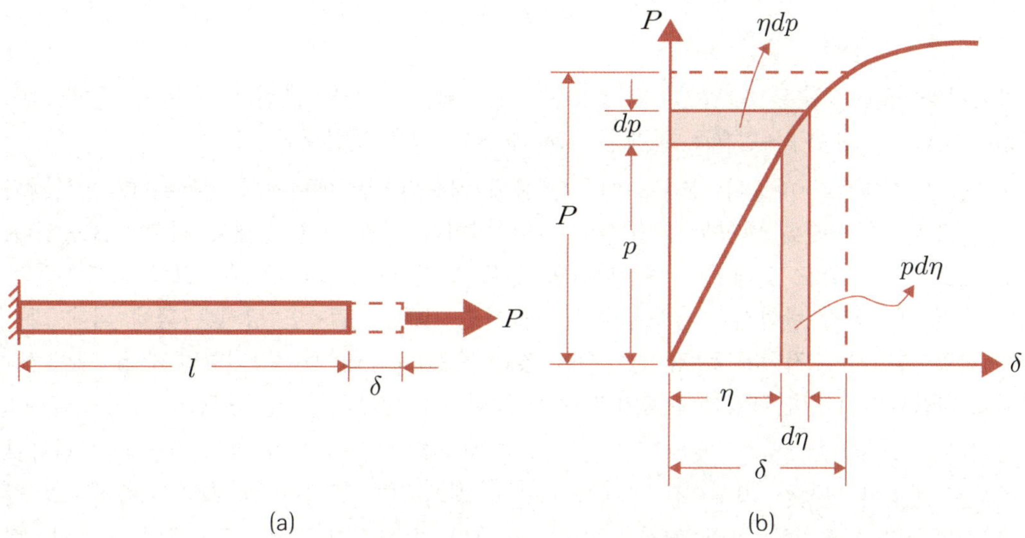

그림 8.16 인장력을 받는 봉의 변형과 변형 에너지

$$U = W = \int_0^{\delta} p\, d\eta. \tag{8.38}$$

여기서 변형 에너지 U는 하중 p를 변위 η의 함수로 표현하여 적분한, 즉 주 변수(primary variable)를 변위로 택하여 얻은 에너지이다.

이에 대응되는 개념으로 변위 η를 하중 p의 함수로 표현하여 적분한, 즉 주 변수를 하중으로 택하는 상보 에너지(complementary energy) U^*를 생각할 수 있으며 이는 다음과 같이 표현할 수 있다.

$$U^* = \int_0^{P} \eta dp. \tag{8.39}$$

그림 8.16(b)의 $P-\delta$ 선도에서 변형 에너지 U는 선도와 수평 축 사이의 면적을 나타내며, 상보 에너지 U^*는 선도와 연직 축 사이의 면적을 뜻한다. 따라서 변형 에너지와 상보 에너지의 합은 P와 δ를 두 변으로 하는 직사각형의 면적과 같으므로 다음 식은 항상 성립한다.

$$U + U^* = P\delta \tag{8.40}$$

에너지와 일은 같은 단위인 J(Joule)로 표시되며, 힘과 변위의 방향이 같을 때, $1\ J(=1\ Nm)$은 $1\ N$의 힘으로 물체를 $1\ m$ 움직인 일을 뜻한다.

구조물에 가해졌던 하중이 제거될 때 구조물에 저장되었던 에너지의 일부는 다시 복원되지만, 일부는 영구 잔류 변형을 발생시키는데 쓰이거나 열과 같은 형태로 외부로 소산된다. 구조 재료가 탄성한도 이내에서 거동한다면 전체 변형 에너지가 대부분 그대로 복원된다. 예를 들어 대표적인 탄성재료인 고무줄로 만들어진 새총을 당기면 당기는 힘에 의해 고무줄에 변형 에너지가 저장되고, 당기던 손을 놓는 순간 고무줄에 저장되었던 변형 에너지가 그대로 방출되면서 장전되었던 돌멩이의 운동 에너지로 변환되어 발사된다.

그러나 그림 8.17에 보인 바와 같은 $P-\delta$ 곡선처럼 하중이 점차 증가되어 탄성 한계를 넘어서는 변형이 발생한 경우, 점 A에서 하중이 제거되면, 원점인 점 O로 되돌아오지 않고 탄성계수의 기울기를 가진 직선을 따라 점 B로 돌아오며, 이는 구조물에 흡수되었던 에너지의 일부가 영구 변형을 발생시키는데 사용되어서 그 나머지 부분만 복구됨에 기인한다. 이와 같이 원래 상태로 복구된 것에 상응하는 에너지를 탄성 변형 에너지(elastic strain energy), 영구 변형에 사용되어 소산된 에너지를 비탄성 변형 에너지(inelastic strain energy)라고 각각 부른다.

위에서 살펴본 바와 같이 변형 에너지 U와 상보 에너지 U^*는 엄연히 개념적으로 다르지만, 만일 변형이 미소하여 선형 탄성 영역 내에 있다면, 소산되는 비탄성 변형 에너지가 없으므로 그림 8.18에 보인 것처럼 변형 에너지와 상보 에너지는 다음과 같이 간단하게 나타낼 수 있으며, U와 U^*는 같은 크기를 가진다.

$$U = U^* = \frac{P\delta}{2}. \tag{8.41}$$

이 책에서는 선형 탄성 한계 내에서 변형하는 부재에 대해 다루기로 하고 있으므로, 앞으로는 변형 에너지와 상보 에너지를 구분하지 않고 변형 에너지로 부르기로 한다. 봉의 하중-변형 관계식인 식 (2.5) $P = \frac{EA}{l}\delta$, 식 (2.6) $\delta = \frac{Pl}{EA}$을 위의 식 (8.41)에 대입하면, 변형 에너지를 변위 또는 하중의 함수로 다음과 같이 얻는다.

$$U = \frac{EA}{2l}\delta^2 = \frac{l}{2EA}P^2. \tag{8.42}$$

위의 식은 봉 전체에 대한 식이지만, 지금 고려 중인 봉은 모든 부분이 동일한 인장 상태에 있으므로, 봉의 체적 Al로 위의 변형 에너지를 나누어 주면 단위 체적 당 변형 에너지인 변형 에너지 밀도 u를 다음과 같이 얻는다.

$$u = \frac{U}{Al} = \frac{P\delta}{2Al} = \frac{E}{2l^2}\delta^2 = \frac{1}{2EA^2}P^2. \tag{8.43}$$

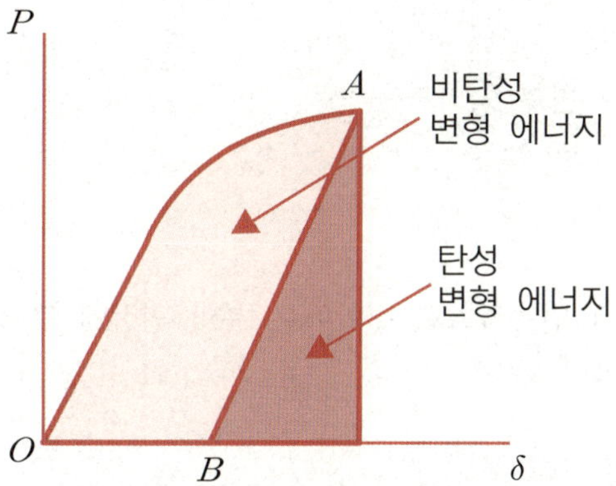

그림 8.17 탄성 및 비탄성 변형 에너지

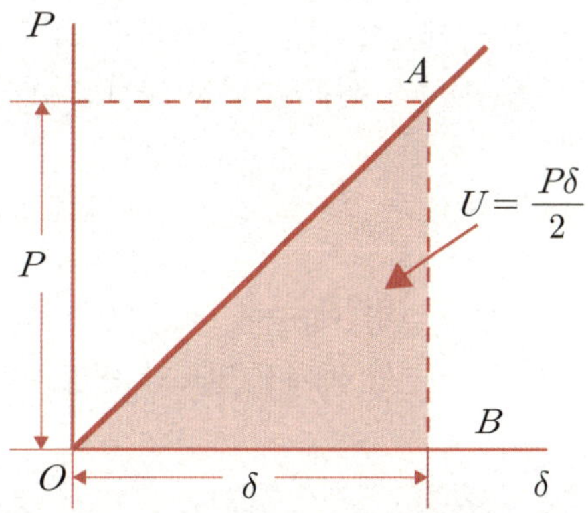

그림 8.18 선형 탄성 변형의 변형 에너지

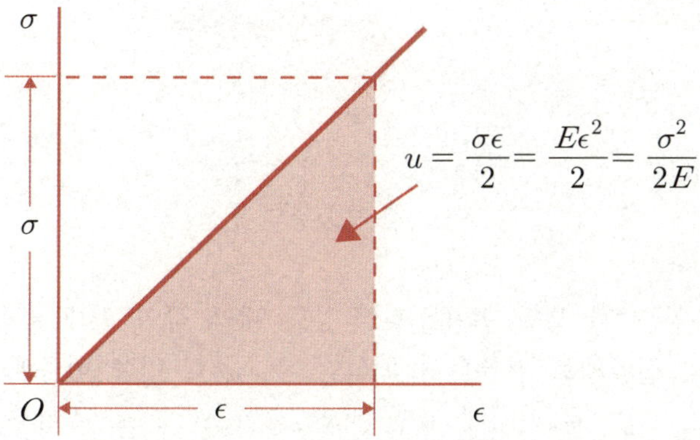

그림 8.19 축 하중을 받는 탄성 봉의 변형 에너지 밀도

여기서 식 (2.2) $\delta = l\epsilon$, 식 (2.1) $P = A\sigma$를 위 식에 대입하면 변형 에너지 밀도를 다음과 같이 응력과 변형도의 함수로 나타낼 수 있으며,

$$u = \frac{\sigma\epsilon}{2} = \frac{E}{2}\epsilon^2 = \frac{1}{2E}\sigma^2, \tag{8.44}$$

그림 8.19에 보인 것과 같이 응력-변형도 선도 상의 삼각형의 면적으로 주어짐을 알 수 있다.

식 (8.42)의 변형 에너지가 변위 또는 하중을 주 변수로 하여 두 가지 방식으로 다르게 표현되었던 것처럼, 식 (8.44)의 변형 에너지 밀도도 응력 또는 변형도를 주 변수로 하여 나타낼 수 있음에 유의한다.

아래 예제에서 보는 것처럼 구조물은 대체적으로 균일한 변형 에너지 밀도를 가지지 않으므로, 에너지 밀도를 먼저 구하고 이를 적분하여 변형 에너지를 얻는 것이 일반적이다.

[예제 8.5] 그림 예8.7에 보인 것과 같이 단면적이 연속적으로 변화하는 봉의 인장에 대해 변형 에너지 밀도와 변형 에너지를 구하시오.

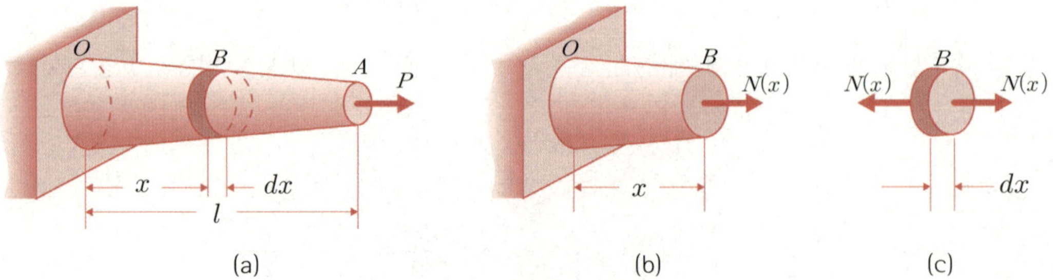

그림 예8.7 불균일 봉의 인장

[답] 2.2.2절에서 불균일 단면 봉의 변형을 다루었을 때와 같이 전체 봉을 미소 길이 dx의 균일 단면 봉들의 집합체로 간주하여 해석할 수 있다. 인장 하중에 의한 봉의 내력이 임의 위치 x에서 그림 예8.7(b)에 보인 바와 같이 $N(x)$로 주어지고 이에 의한 미소 요소 dx의 변형을 $d\delta$라고 하자. 이 미소 요소의 변형 에너지 밀도 u는 미소 요소 내

에서 균일하다고 가정할 수 있으므로 그림 예8.7(c)에 보인 바와 같은 미소 요소의 변형 에너지는 주 변수를 하중, 즉 내력으로 취하면 다음과 같이 얻으며,

$$dU = u\,A\,dx = \frac{\sigma^2}{2E}A\,dx = \frac{N^2}{2EA}dx, \tag{예8.40}$$

따라서 전체 봉의 변형 에너지는 다음과 같이 얻는다.

$$U = \int_{x=0}^{x=l} dU = \int_0^l \frac{N^2}{2EA}dx. \tag{예8.41}$$

만약 주 변수를 변위로 택하면 미소 요소에 대해서는 식 (8.43)에서 δ 대신에 $d\delta$, l 대신에 dx 를 사용하여 $u = \dfrac{E}{2l^2}\delta^2 = \dfrac{E}{2}\left(\dfrac{d\delta}{dx}\right)^2$를 얻으므로 이를 식 (예8.40)에 대입하여 다음 결과를 얻는다.

$$dU = u\,A\,dx = \frac{EA}{2}\left(\frac{d\delta}{dx}\right)^2 dx, \tag{예8.42}$$

따라서 전체 봉의 변형 에너지는 다음과 같이 얻는다.

$$U = \int_{x=0}^{x=l} dU = \int_0^l \frac{EA}{2}\left(\frac{d\delta}{dx}\right)^2 dx. \tag{예8.43}$$

여기서 $N(x) = P$임을 평형 조건에 의해 쉽게 얻으므로 이를 식 (예8.41)에 대입하여 다음 결과를 얻는다.

$$U = \frac{P^2}{2E}\int_0^l \frac{dx}{A(x)}. \tag{예8.44}$$

위의 결과는 단면적이 길이 방향으로 변화하는 봉에 대한 식이며, A가 균일한 경우에는 식 (8.42)의 둘째 식 $U = \dfrac{l}{2EA}P^2$으로 환원됨을 확인할 수 있다.

8.3.2 비틀림을 받는 원형 단면 축의 변형 에너지

앞 절에서 다룬 인장 하중을 받는 봉의 경우, 한 단면에서의 변형 에너지 밀도가 일정하지만, 3.1절에서 다룬 봉의 비틀림 문제에서는 식 (3.12) 비틀림 공식에서 본 바와 같이 전단 응력이 반경에 비례하여 증가하므로, 변형 에너지 밀도 또한 일정하지 않을 것이다.

봉이 비틀림 모멘트를 받는 경우, 그림 3.2에서 이미 살펴본 바와 같이 한 변의 길이가 h인 미소 정사각형 요소 $ACDB$가 변형 후에 평행 사변형 $ACD'B'$로 변형되는 순수 전단 상태에 놓이며, 정사각형 $ACDB$의 변형과 전단 응력 및 전단력의 작용 상태를 그림 8.20에 다시 보였다.

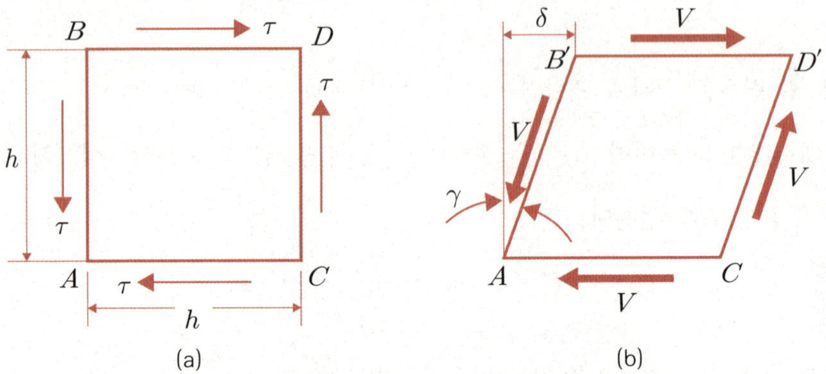

그림 8.20 사각형 평면 요소의 전단 응력, 전단력 및 변형

순수 전단에 기인하는 미소 요소의 변형 에너지를 구하기 위해 각 변에 작용하는 전단력이 한 일을 구해 보자. 하변에는 변형이 발생하지 않았으며, 좌변과 우변은 전단력과 전단 변형의 방향이 수직하므로 이들 면에서는 일이 발생하지 않음을 알 수 있다. 단지 상변에서는 전단력과 변형의 방향이 같고 변형이 영이 아니므로, 상변에 작용하는 전단력에 의해서만 일이 이루어졌음을 알 수 있다.

변형 전의 사각형의 상변에 작용하는 전단력 V는, 미소 요소의 두께를 t라고 할 때, 전단 응력 τ와 상변의 면적 th의 곱으로 다음과 같이 얻으며,

$$V = \tau t h, \tag{8.45}$$

미소 요소의 상변에 위치한 점들의 변위는 변형이 작다는 가정 하에 식 (3.20)을 사용하여 다음과 같이 얻으므로,

$$\delta = h\tan\gamma \approx h\gamma. \tag{8.46}$$

상변의 전단력 $V = \tau h t$가 변형 $\delta = h\gamma$를 발생시키면서 행한 일, 또는 이 미소 요소의 변형 에너지 U는 식 (8.41)로부터 다음과 같이 얻는다.

$$U = \frac{V\delta}{2} = \frac{\tau t h^2 \gamma}{2}. \tag{8.47}$$

미소 사각형 요소에 작용하는 전단 응력은 균일하다고 볼 수 있으므로 미소 요소에 대한 변형 에너지 밀도는 위에서 얻은 U를 체적 th^2으로 나누어 다음과 같이 얻는다.

$$u = \frac{U}{th^2} = \frac{\tau t h^2 \gamma}{2th^2} = \frac{\tau\gamma}{2}. \tag{8.48}$$

이 식에 전단 응력과 전단 변형도 사이의 관계식인 식 (3.3), $\tau = G\gamma$를 대입하여 주 변수를 전단 응력 또는 전단 변형도로 하는 다음 결과를 얻는다.

$$u = \frac{G}{2}\gamma^2 = \frac{1}{2G}\tau^2. \tag{8.49}$$

위의 결과는 대응되는 변수만 다를 뿐, 축 방향 인장력을 받는 경우에 대한 변형 에너지 밀도, 식 (8.44)와 같은 형태임을 확인할 수 있다.

이제 그림 8.21에 보인 것과 같이 비틀림 모멘트를 받는 원형 균일 단면 봉의 변형 에너지를 구해 보기로 한다.

그림 8.21(b)에 보인 바와 같은 길이 dx의 미소 요소를 생각하고, 좌측 단면의 비틀림 각은 $\phi(x)$, 우측 단면의 비틀림 각은 $\phi(x) + d\phi$라고 하면, 식 (8.48)로 얻은 변형 에너지 밀도를 단면에 대해 적분하여 길이 dx의 미소 요소에 대한 변형 에너지 dU를 다음과 같이 구할 수 있다.

$$dU = \left(\int_A \frac{\tau\gamma}{2} dA\right) dx. \tag{8.50}$$

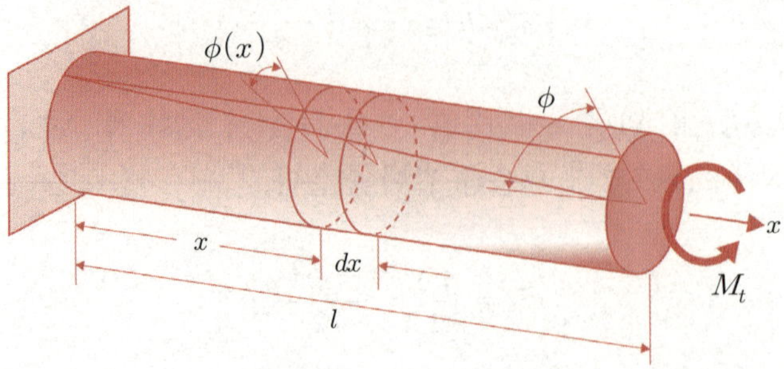

(a) 봉의 비틀림 변형

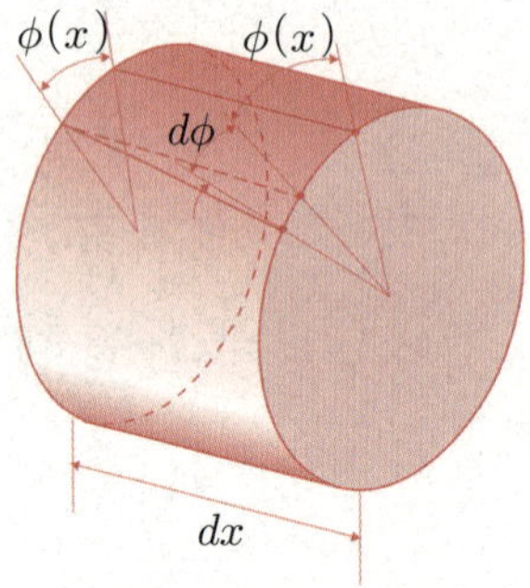

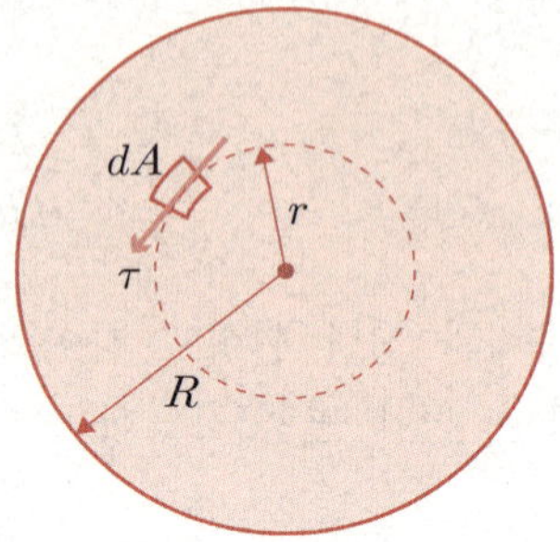

(b) 미소 요소의 변형 (c) 봉 단면 내부의 전단 응력

그림 8.21 비틀림 모멘트를 받는 봉의 변형 에너지

여기에 비틀림 공식, (3.12) $\tau = \dfrac{M_t}{I_p} r$와 전단 변형도에 대한 식, 식 (3.7) $\gamma = \dfrac{\phi}{l} r = \dfrac{d\phi}{dx} r$를 대입하고 정리하면 다음을 얻는다.

$$dU = \left(\frac{1}{2} \int_A \frac{M_t r}{I_p} \frac{d\phi}{dx} r dA \right) dx = \left(\frac{M_t}{2I_p} \frac{d\phi}{dx} \int_A r^2 dA \right) dx = \frac{M_t}{2} d\phi. \qquad (8.51)$$

여기서 마지막 등호는 극2차 모멘트 I_p의 정의, 식 (3.8)을 사용하여 얻어졌음에 유의한다.

원형 균일 단면 봉의 경우, M_t는 일정하고, $d\phi = \dfrac{\phi}{l} dx$이므로 이를 위 식에 대입하면 봉 전체에 대한 변형 에너지를 다음과 같이 얻는다.

$$U = \int_{x=0}^{x=l} dU = \frac{\phi}{l}\frac{M_t}{2}\int_0^l dx = \frac{M_t\,\phi}{2}. \tag{8.52}$$

이 식에 하중-변위 관계인 식 (3.8) $\phi = \dfrac{M_t\,l}{GI_p}$을 대입하면 다음을 얻으며,

$$U = \frac{GI_p}{2l}\phi^2 = \frac{l}{2GI_p}M_t^2. \tag{8.53}$$

이 식들은 대응되는 변수만 다를 뿐, 인장력을 받는 봉의 변형 에너지에 대한 식 (8.41), (8.42)와 동일한 형태를 가짐을 알 수 있다.

봉의 길이 방향으로 비틀림 모멘트가 일정하지 않은 경우의 변형 에너지를 구하는 데는 식 (8.52)를 사용할 수 없다. 하지만 식 (8.51)은 이 경우에도 유효하므로, 변형 에너지는 식 (8.51)의 적분 형태로 얻을 수 있다. 식 (3.8)에 $\dfrac{\phi}{l} = \dfrac{d\phi}{dx}$를 대입하여 얻는 관계식 $d\phi = \dfrac{M_t}{GI_p}dx$ 또는 $M_t = GI_p\dfrac{d\phi}{dx}$를 식 (8.51)에 대입하여 다음을 얻는다.

$$dU = \frac{1}{2}M_t\,d\phi = \frac{M_t^2}{2GI_p}dx = \frac{GI_p}{2}\left(\frac{d\phi}{dx}\right)^2 dx. \tag{8.54}$$

따라서 길이 방향의 각 단면에서 비틀림 모멘트 $M_t(x)$를 받는 길이 l의 봉에 저장되는 총 변형 에너지는 식 (8.54)를 전 길이에 걸쳐 적분하여 다음과 같이 얻는다.

$$U = \int_{x=0}^{x=l} dU = \int_0^l \frac{M_t^2}{2GI_p}dx = \int_0^l \frac{GI_p}{2}\left(\frac{d\phi}{dx}\right)^2 dx. \tag{8.55}$$

원형 균일 단면 봉의 경우에 대해 M_t는 일정하고, $\dfrac{d\phi}{dx} = \dfrac{\phi}{l}$임을 사용하면, 식 (8.55)로부터 식 (8.52), (8.53)을 얻음을 확인할 수 있다.

8.3.3 굽힘 모멘트를 받는 보의 변형 에너지

그림 8.22에 보인 것과 같이 보의 길이 방향으로 굽힘 모멘트 $M_b(x)$가 작용하는 보의 변형 에너지를 구해 보자. 길이 dx의 미소 요소에 저장되는 변형 에너지 dU는 다음과 같이 횡단면에 대한 적분으로 얻는다.

$$dU = \left(\int_A u\,dA\right)dx \tag{8.56}$$

횡단면의 미소 면적 요소 dA에는 인장, 압축 응력이 작용하고 있으므로, 변형 에너지 밀도는 봉의 미소 요소에 대해 얻었던 식 (8.44) $u = \dfrac{\sigma\epsilon}{2}$를 적용할 수 있다. 또한 보의 횡단면에 작용하는 응력과 변형도는 굽힘 공식인 식 (5.65) $\sigma = -\dfrac{M_b}{I}y$와 식 (5.63) $\epsilon = -\kappa y$에 의해 주어지므로, 이들을 식 (8.44)에 대입하여 얻은 결과를 위의 식 (8.56)에 대입하여 다음을 얻는다.

$$dU = \left(\int_A \frac{\sigma\epsilon}{2}dA\right)dx = \left(\frac{1}{2}\int_A \frac{M_b y}{I}\kappa y\,dA\right)dx = \left(\frac{M_b\kappa}{2I}\int_A y^2\,dA\right)dx = \frac{M_b}{2}\kappa\,dx \tag{8.57}$$

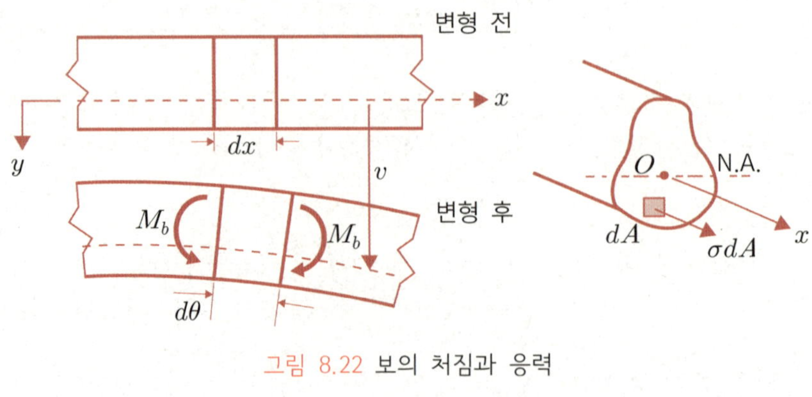

그림 8.22 보의 처짐과 응력

표 8.1 부재들의 변형 에너지

하중	변형 에너지 U	하중-변형 관계식
인장, 압축	$U=\int_0^l \frac{N^2}{2EA}dx$ 또는 $U=\int_0^l \frac{EA}{2}\left(\frac{d\delta}{dx}\right)^2 dx$	$N=EA\frac{d\delta}{dx}$
비틀림 모멘트	$U=\int_0^l \frac{M_t^2}{2GI_p}dx$ 또는 $U=\int_0^l \frac{GI_p}{2}\left(\frac{d\phi}{dx}\right)^2 dx$	$M_t=GI_p\frac{d\phi}{dx}$
굽힘 모멘트	$U=\int_0^l \frac{M_b^2}{2EI}dx$ 또는 $U=\int_0^l \frac{EI}{2}\left(\frac{d^2v}{dx^2}\right)^2 dx$	$M_b=EI\frac{d^2v}{dx^2}$

5.2.2절의 베르누이-오일러 공식인 식 (5.64) $M_b = EI\kappa$ 를 위 식에 대입하고 정리하여 다음 결과를 얻는다.

$$dU=\frac{M_b}{2}\frac{M_b}{EI}dx=\frac{M_b^2}{2EI}dx. \tag{8.58}$$

또한 처짐 곡선의 기울기가 매우 작을 때는 식 (5.55) $EIv''=M_b$를 사용할 수 있으므로, 이를 위 식에 대입하면 다음을 얻는다.

$$dU=\frac{EI}{2}\left(\frac{d^2v}{dx^2}\right)^2 dx. \tag{8.59}$$

결국 굽힘 모멘트를 받는 보 전체에 저장되는 변형 에너지는 식 (8.58) 또는 식 (8.59)를 사용하여 다음과 같은 적분으로 얻는다.

$$U=\int_0^l \frac{M_b^2}{2EI}dx=\int_0^l \frac{EI}{2}\left(\frac{d^2v}{dx^2}\right)^2 dx. \tag{8.60}$$

지금까지 살펴 본 여러 가지 하중을 받는 부재들의 변형 에너지, 식 (예8.41), (예8.43), (8.55), (8.60)을 표 8.1에 정리하였다. 여기서 하중-변형 관계식 중, 인장, 압축에 대한 식은 식 (2.4)에 P 대신 N, $\dfrac{\delta}{l}$ 대신 $\dfrac{d\delta}{dx}$ 를 대입하여 얻을 수 있으며, 비틀림에 대한 식은 식 (3.8)에 $\dfrac{\phi}{l}$ 대신 $\dfrac{d\phi}{dx}$ 를 대입하여 얻을 수 있고, 굽힘에 대한 식은 식 (5.55)이다.

8.3.4 Castigliano 정리에 의한 구조물의 변형 해석

앞 절에서는 축 하중, 비틀림 또는 굽힘 모멘트를 받는 봉이나 보와 같은 부재들의 변형 에너지와 변형 에너지 밀도에 대해 살펴보았다. 이와 같은 변형 에너지를 응용하여 구조 문제를 해석하는 방법은 가상일의 원리, 최소 포텐셜 에너지의 원리, Castigliano 정리 등 고급 구조역학에서 고려하는 기본 원리들의 바탕이 된다.

일반적으로 간단한 구조물이라도 작용 하중에 대한 변형의 계산은 쉽지 않은 경우가 대부분이다. 보의 경우, 정정 보라 하더라도 작용 하중에 의해 발생되는 내력인 전단력과 굽힘 모멘트 분포까지는 힘의 평형 조건에 의해 비교적 쉽게 구할 수 있으나, 처짐 및 처짐각의 계산은 5.2절에서 보듯이 굽힘 모멘트를 경계 조건을 고려하여 다시 적분하는 과정을 거쳐야 하므로 상당히 복잡하다. 그러나 변형 에너지를 이용하면, 즉 에너지법을 사용하면 구조물의 변형량을 좀 더 쉽게 계산할 수 있다.

이 절에서는 대표적인 에너지법의 하나로서 오래 전부터 구조물의 변형 해석에 적용되어 왔던 Castigliano 정리의 이론적 배경을 좀 더 상세히 소개하고, 이를 굽힘을 받는 보의 변형 해석에 어떻게 적용하는가에 대해 개략적으로 살펴보고자 한다.

4.3절에서 이미 변형 에너지와 Castigliano 정리에 대한 개념을 개략적으로 다룬 바 있다. Castigliano 정리는 에너지법에 근거하는 여러 가지 구조물의 변형 해석법 중 가장 간단하면서도 대표적인 방법으로서, 집중 하중이 작용하는 위치에서 그 집중 하중에 대응되는 변위 성분을 쉽게 구하는 방법이다. 4.3절에서 설명한 바와 같이 구조물에 저장된 변형 에너지를 변위(또는 변형도)를 주 변수로 표시하는 방법과 힘(또는 응력)을 주 변수로 표시하는 방법이 있는데 Castigliano 정리도 변위를 주 변수로 사용하면 제 1 정리, 힘을 주 변수로 사용하면 제 2 정리라고 구분하여 부른다.

일반적인 구조역학 문제는 하중이 주어질 때, 이에 대응되는 변위와 구조물 내부에 분포되는 내력을 구하는 문제가 대부분이며, 작용 하중에 의해 발생되는 내력의 분포는 비교적 쉽게

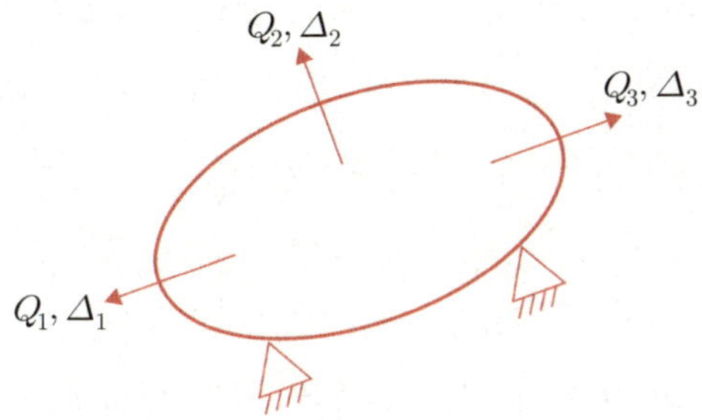

그림 8.23 집중 하중이 작용하는 구조물

구할 수 있기 때문에 제 1 정리보다는 제 2 정리가 널리 사용되고 있다. 따라서 Castigliano 정리라고 하면 일반적으로 Castigliano 제 2 정리를 뜻하며, 여기서도 Castigliano 제 2 정리의 적용에 대해 설명한다.

그림 8.23에 보인 바와 같이 n개의 점에 집중 하중이 작용하는 구조물 내의 힘과 변형을 살펴보자. 여기서 Q_i는 점 i에 작용하는 집중 하중 또는 집중 모멘트이며, Δ_i는 이에 대응되는 Q_i 방향의 변위 또는 회전각을 의미한다.

만일 선형 탄성 재료로 된 구조물이 탄성 한계 내에서 하중을 받고 있다면 변형 에너지는 각 하중에 의해서 이루어진 일의 합이므로 다음과 같다.

$$U = \frac{1}{2} Q_1 \Delta_1 + \frac{1}{2} Q_2 \Delta_2 + \cdots + \frac{1}{2} Q_n \Delta_n. \tag{8.61}$$

여기서 변위 Δ_i는 힘과 변위 관계식에 의해 하중을 주 변수로 하는 식으로 바꿀 수 있다. Castigliano 정리에서는 힘을 주 변수로 하여 변형 에너지를 나타냄에 다시 한 번 유의한다.

구조물이 평형 상태에 있을 때, 식 (8.61)의 변형 에너지가 하중을 주 변수로 하여 주어진 경우, 모든 하중을 그대로 두고 임의의 i번째 하중 Q_i만 미소량 dQ_i 만큼 증가시킨다면 변형 에너지의 증분 dU는 다음과 같다.

$$dU = \frac{\partial U}{\partial Q_i} dQ_i. \tag{8.62}$$

여기서 편도함수 $\dfrac{\partial U}{\partial Q_i}$는 집중 하중 Q_i에 대한 변형 에너지의 변화율이다. 그런데 하중

dQ_i가 한 일은, Q_i를 제외한 모든 하중이 그대로이므로 하중 Q_i에 대응되는 변위 Δ_i만에 의한 일, $\Delta_i dQ_i$로 주어진다. 이 추가적인 일은 구조물에 저장되는 변형 에너지의 증분과 같아야 되므로 결국 Castigliano의 정리라고 불리는 다음 식을 얻는다.

$$\Delta_i = \frac{\partial U}{\partial Q_i}, \quad i = 1, 2, \cdots, n \tag{8.63}$$

일반적으로 정정 구조물의 변형 문제는 하중에 의한 내력의 분포를 쉽게 구할 수 있기 때문에 이 내력의 분포를 이용하여 변형 에너지를 구하는 것은 어렵지 않으며, 식 (8.63)에서 보듯이 변형 에너지를 하중으로 편미분하여 대응되는 변위 성분을 직접적으로 구할 수 있어 실제 활용도가 높은 방법이다.

[예제 8.6] 그림 예8.8에 보인 것과 같이 외팔보의 우단에 집중 하중 P와 집중모멘트 M_0가 동시에 작용하고 있다. 보의 굽힘 강성이 EI라고 할 때, 하중이 작용하는 점에서의 처짐 δ와 처짐각 θ를 구하라.

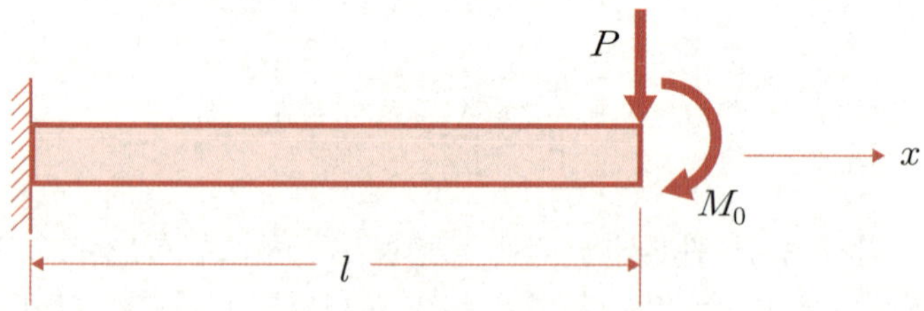

그림 예8.8 외팔보의 변형

[답] 집중 하중 P와 집중 모멘트 M_0에 의한 외팔보의 길이 방향 굽힘 모멘트 분포는 다음 식으로 주어지므로,

$$M_b(x) = P(l - x) + M_0, \tag{예8.45}$$

표 8.1에 주어진 굽힘 모멘트를 받는 구조물의 변형 에너지에 대한 식에 위 식을 대입하여 정리하면 다음을 얻는다.

$$U = \int_0^l \frac{M_b^2}{2EI}dx = \frac{1}{2EI}\int_0^l [P(l-x)+M_0]^2 dx = \frac{P^2 l^3}{6EI} + \frac{PM_0 l^2}{2EI} + \frac{M_0^2 l}{2EI}. \tag{예8.46}$$

δ, θ를 각각 자유단에서의 처짐과 처짐각이라고 하고, $P = Q_1$, $M_0 = Q_2$라고 하면, $\Delta_1 = \delta$, $\Delta_2 = \theta$로 볼 수 있으며, 따라서 식 (8.63)을 사용하여 다음을 얻는다.

$$\delta = \frac{\partial U}{\partial P} = \frac{Pl^3}{3EI} + \frac{M_0 l^2}{2EI}, \tag{예8.47}$$

$$\theta = \frac{\partial U}{\partial M_0} = \frac{Pl^2}{2EI} + \frac{M_0 l}{EI} \tag{예8.48}$$

만일 집중 모멘트 $Q_2 = M_0$만 작용한다면 이 점에서 처짐 $\Delta_1 = \delta$를 직접 계산하기는 어렵다. 이런 경우에는 위와 동일하게 처짐을 계산해야 할 지점에 가상적인 집중 하중 $Q_1 = P$가 작용하는 것으로 간주하여 식 (예8.47)을 유도한 다음, $P = 0$를 대입하여 다음과 같이 처짐을 얻는다.

$$\delta_{(P=0)} = \frac{M_0 l^2}{2EI}, \tag{예8.49}$$

이 결과는 6.1.1절에서 얻은 식 (6.4)와 같음을 확인할 수 있다.

굽힘 모멘트가 아닌 축 방향 인장 또는 압축 하중, 비틀림 모멘트 등 다른 종류의 집중 하중에 대해서도 역시, 위에서 설명한 Castigliano 정리, 식 (8.63)과 표 8.1에서 보인 변형 에너지를 활용하여 대응되는 변위를 구할 수 있다.

8.4 박판 관의 비틀림 해석

박판으로 이루어진 관의 비틀림 거동과 단면 내의 전단 응력 분포는 3장에서 다루었던 원형 단면 봉의 경우와는 상당히 다른 양상을 보인다. 이 절에서는 박판 관(thin- walled tube)의 특징적인 거동을 살펴보고 비틀림 상수(torsional constant)를 구하는 방법과 단면 내의 전단 응력 분포를 해석하는 방법에 대하여 살펴본다.

8.4.1 중공 축의 비틀림 해석

원형 단면 봉이 비틀림 모멘트를 받는 경우, 3.1.3절의 식 (3.5) $\tau = G\dfrac{d\phi}{dx}r$ 에서 알 수 있는 바와 같이, 전단 응력의 분포는 원의 중심에서 영이며 선형적으로 증가하여 표면에서 최대가 된다. 이는 단면의 표면에 가까운 지점에서는 비틀림 모멘트에 대한 저항이 크지만 중심에 가까이 위치할수록 강성에 대한 기여도가 작아 재료가 비효율적으로 사용되고 있다는 것을 뜻한다. 따라서 그림 8.24에 보인 것과 같이 중심부가 비어있는 중공 축이 비틀림을 받는 축 부재로 많이 사용된다.

비틀림 모멘트를 받는 중공 축의 경우, 전단 응력이 역시 원점에서의 거리에 비례하는 것으로 볼 수 있으므로, 3장에서 다룬 중실 축을 다룬 방법과 유사한 방법을 그대로 적용할 수 있다. 다만 중공 축의 비틀림 강성을 나타내는 극2차 모멘트가 중실 축과 다르기 때문에 이를 감안할 필요가 있다. 그림 8.24에 보인 중공 원형 단면 봉의 극2차 모멘트는 [예제 3.1]에서와 같이 다음 식으로 주어진다.

$$I_p = \frac{\pi}{2}(R_o^4 - R_i^4), \tag{8.64}$$

관의 반경 $R = \dfrac{R_o + R_i}{2}$ 로 정의하고, 만약 중공 축의 두께 $t << R$ 이라고 하면, $R_0 = R(1+\Delta)$, $R_i = R(1-\Delta)$, $\Delta = \dfrac{t}{2R} \ll 1$ 이므로, 이들을 식 (8.64)에 대입하고 Δ^2 항 이상은 무시하면 다음을 얻는다.

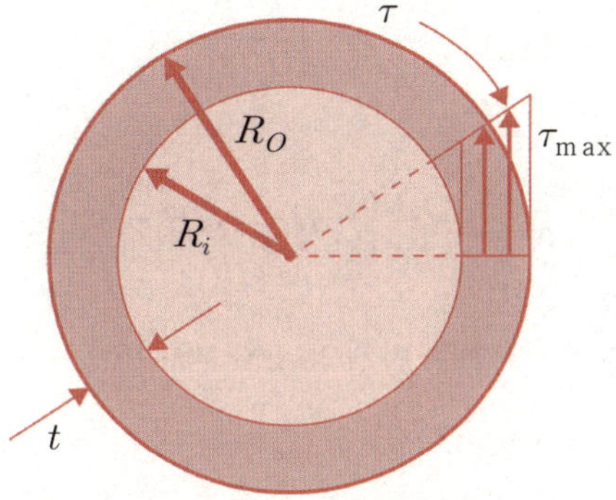

그림 8.24 중공 원형 단면 봉의 비틀림에 의한 전단 응력 분포

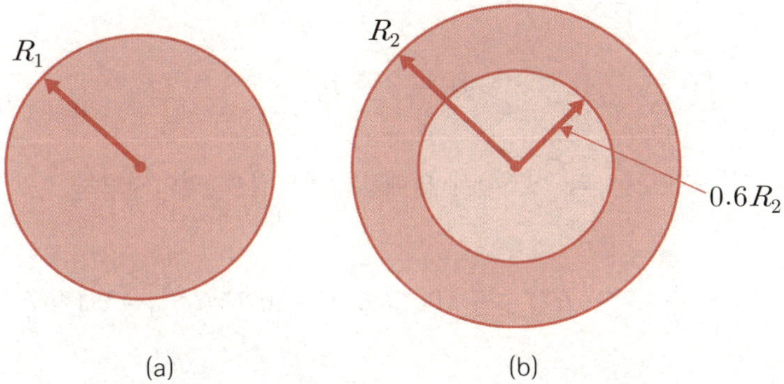

그림 8.25 중실 축 및 중공 축의 단면 형상

$$I_p = \frac{\pi R^4}{2}\left[(1+\Delta)^4 - (1-\Delta)^4\right] \simeq \frac{\pi R^4}{2}(8\Delta) = 2\pi t R^3. \qquad (8.65)$$

아래에서는 위의 결과를 이용하여 그림 8.25에 보인 것과 같이 동일한 단면적을 가지는 중실 축과 중공 축에 같은 크기의 비틀림 모멘트 M_t가 작용할 때, 두 축의 비틀림 거동 즉, 비틀림 각과 최대 전단 응력을 구하기로 한다. 여기서 두 축의 길이는 l, 재료는 동일한 것으로 간주한다.

먼저 반경 R_1인 중실 축의 극2차 모멘트는 식 (3.9), $I_{p1} = \frac{\pi}{2}R_1^4$으로 주어지며, 비틀림 각 ϕ_1과 최대 전단 응력 τ_{max1}은 각각 식 (3.11)과 (3.13)으로부터 다음과 같이 얻는다.

$$\phi_1 = \frac{M_t l}{GI_{p1}}, \tag{8.66}$$

$$\tau_{\max 1} = G\frac{d\phi}{dx}R_1 = GR_1\frac{\phi_1}{l}, \tag{8.67}$$

한편 중공 축의 안쪽 반경이 바깥쪽 반경의 0.6 배이고, 그 단면적은 중실 축과 같으므로 다음을 얻고,

$$\pi R_1^2 = \pi(R_2^2 - 0.36R_2^2) = 0.64\pi R_2^2, \tag{8.68}$$

따라서 중공 축의 바깥쪽 반경은 다음과 같이 얻어진다.

$$R_2 = 1.25R_1. \tag{8.69}$$

중공 축의 극2차 모멘트는 식 (8.64)에 의해 다음과 같이 얻어지므로,

$$I_{p2} = \frac{\pi}{2}(R_o^4 - R_i^4) = \frac{\pi}{2}\left\{(1.25R_1)^4 - (0.75R_1)^4\right\} = 2.125I_{p1} \tag{8.70}$$

중공 축의 비틀림 각 ϕ_2와 최대 전단 응력 $\tau_{\max 2}$는 각각 식 (3.11)과 (3.13)으로부터 다음과 같이 얻어진다.

$$\phi_2 = \frac{M_t l}{GI_{p2}} = \frac{M_t l}{2.125GI_{p1}} \approx 0.47\phi_1, \tag{8.71}$$

$$\tau_{\max 2} = GR_2\frac{\phi_2}{l} = 1.25GR_1\frac{0.47\phi_1}{l} \approx 0.59\tau_{\max 1}. \tag{8.72}$$

이 식에 따르면 동일한 단면적과 길이 즉, 무게가 같은 두 개의 중실 축과 중공 축이 동일한 비틀림 모멘트를 받을 때, 중공 축의 비틀림 각은 중실 축의 47%, 전단 응력은 59%에 지나지 않음을 확인할 수 있다.

8.4.2 박판 관의 전단 흐름

원형이 아닌 단면 형상을 가진 봉의 비틀림 거동을 해석하려면 위에서 다룬 원형 단면 봉에 비해 상당한 수준의 역학적 지식이 필요하다. 그러나 닫힌 단면(closed section)의 박판 봉, 즉 박판 관에 대해서는 근사적인 가정을 적용하여 비교적 쉽게 비틀림 거동을 해석할 수 있다.

박판 관의 벽의 두께는 단면 둘레에 따라 변화할 수도 있지만, 봉의 길이나 단면 둘레에 비해 상당히 작은 것으로 가정한다. 이 박판 관이 비틀림 모멘트를 받는 경우, 단면에서의 전단 응력은 그림 8.26에 보인 것과 같이 단면의 경계면을 따라 접선 방향으로 작용한다. 단면에 수직 방향으로 작용하는 전단 응력 성분이 없으므로 이것은 당연하다. 또한 두께가 얇다는 가정을 적용하면 전단 응력이 두께 방향으로 거의 차이가 없기 때문에 두께의 중심선에 작용하는 평균 전단 응력이 균일하게 작용하고 있는 것으로 간주할 수 있다.

이와 같은 경우에 대해, 그림 8.27에 보인 것과 같이 양단에 같은 크기의 비틀림 모멘트가 반대 방향으로 작용하여 모든 단면이 균일한 비틀림 상태에 있는 박판 관에 대해 생각해 보자.

먼저 그림 8.27(a)에 보인 것과 같이 길이 dx인 박판 관의 미소 요소의 한 부분인 사각형 요소 $abcd$의 상변 ab와 하변 dc에 작용하는 전단 응력을 각각 τ_b, τ_c라고 하면, 이 사각형 요소에 작용하는 수평 방향 전단력은 다음과 같다.

$$F_{ab} = \tau_b t_b dx, \;\; F_{dc} = \tau_c t_c dx. \tag{8.73}$$

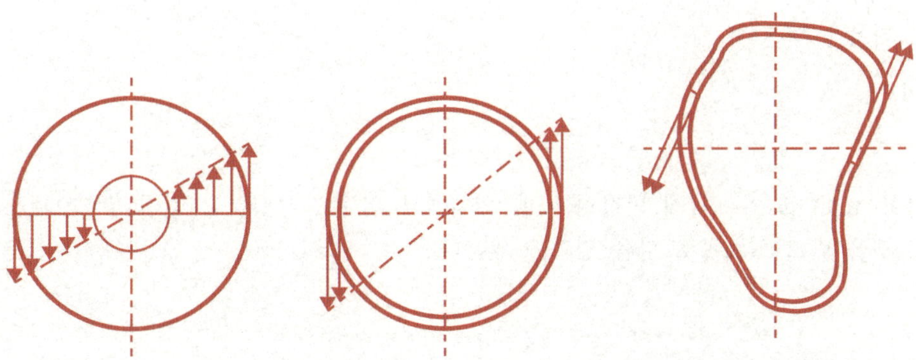

그림 8.26 비틀림에 의한 박판 관의 전단 응력 분포

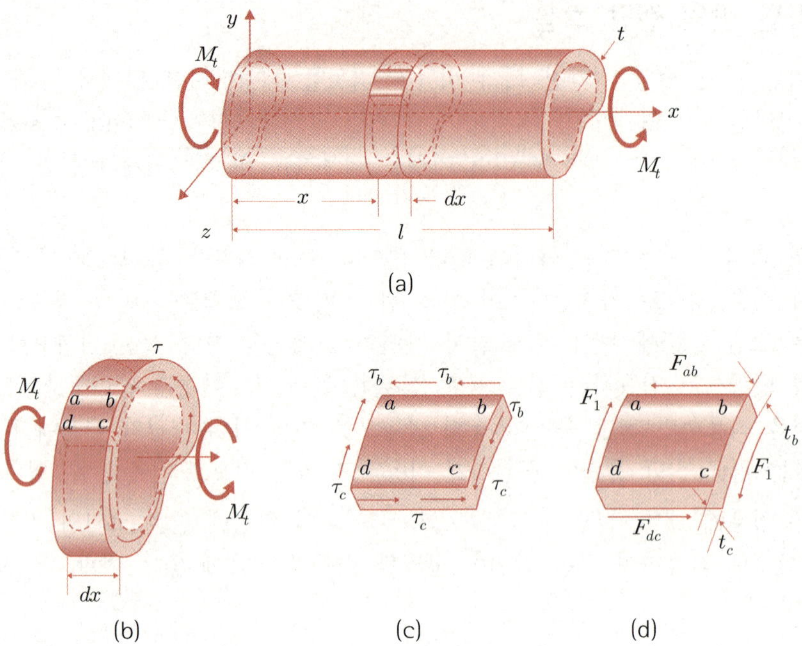

그림 8.27 박판 관의 비틀림 거동

여기서 t_b와 t_c는 상변과 하변에서의 두께이며 길이 방향으로는 단면 형상이 일정하므로 각각 점 b, 점 c의 두께와 같다. 전단 응력이 두께 방향으로 균일하다는 가정과 dx가 미소량이므로 상변과 하변에서 각각 균일하다고 간주한 점에 유의한다.

힘의 평형 조건에 의해 상변과 하변에 작용하는 수평 방향 전단력의 크기는 서로 같아야 하므로 다음을 얻는다.

$$\tau_b t_b = \tau_c t_c . \tag{8.74}$$

사각형 요소 $abcd$는 둘레 방향의 어떤 위치에서 취해도 무방하고 길이 방향으로는 균일한 비틀림을 받고 있으므로 다음 결과를 얻는다.

$$\tau t = q = \text{상수}. \tag{8.75}$$

식 (8.75)에서 단면의 둘레 방향 모든 위치에서 같은 값을 가지는 q를 **전단 흐름**(shear

flow)이라고 하며, 벽면에서 둘레를 따라 접선 방향으로 작용하는 단위 길이 당 전단력의 크기로 볼 수 있다.

8.4.3 박판 관의 비틀림 공식

그림 8.28에 보인 것과 같은 임의 형상의 단면을 가지는 박판 관에 비틀림 모멘트에 의한 전단 흐름이 작용하는 경우를 생각하자.

둘레 방향 좌표 s를 두께 방향 중심선을 따라 그림에 보인 바와 같이 취하면, 전단 흐름 q는 s에 상관없이 항상 일정하므로 미소 요소 ds에 작용하는 전단력의 크기는 qds이다. 이 전단력은 점선으로 표시된 두께 방향 중심선에 접선 방향으로 작용하는 것으로 생각할 수 있고, 단면 내의 임의의 점 O에 대한 이 전단력에 기인하는 모멘트는 다음과 같다.

$$dM_t = hq\,ds\,. \tag{8.76}$$

여기서 h는 점 O로부터 미소 선 요소 ds의 접선 방향 연장선에 내린 수선의 길이이다. 따라서 전체 단면에 작용하는 전단력에 의한 점 O에 대한 모멘트는 두께 방향 중심선으로 이루어지는 폐곡선(closed contour) C에 대한 선적분(line integral)으로 다음과 같이 주어진다.

$$M_t = \int dM_t = q\oint_C h\,ds = 2qA_c\,. \tag{8.77}$$

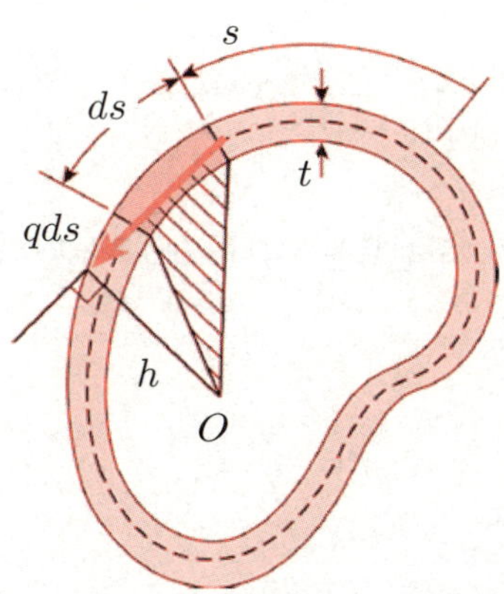

그림 8.28 전단 흐름에 의한 비틀림 모멘트

위 식의 마지막 등호는 $h\,ds$가 그림 8.28에서 빗금 친 삼각형 면적의 두 배이므로, 선적분은 폐곡선으로 둘러싸인 면적, 즉 폐단면의 면적 A_c의 두 배에 해당한다는 사실로부터 얻으며, 식 (8.77)은 점 O의 위치에 무관하게 성립함에 유의한다.

따라서 식 (8.77)로부터 비틀림 모멘트 M_t에 의한 박판 관의 전단 응력을 다음과 같이 얻는다.

$$\tau = \frac{q}{t} = \frac{M_t}{2A_c t}. \tag{8.78}$$

박판 관에 대한 비틀림 공식이라고 불리는 이 식에 따르면 박판 관의 단면에 작용하는 전단 응력의 크기는 폐단면의 면적에 반비례하고 둘레 방향을 따라 그 위치에서의 두께에 반비례한다.

[예제 8.7] 두께 방향 중심선의 반지름이 R이고 두께가 t인 얇은 원형 관에 비틀림 모멘트 M_t가 작용할 때 이에 기인하는 전단 응력을 구하시오.

[답] 폐단면의 면적 $A_c = \pi R^2$이므로, 식 (8.78)로부터 다음을 얻고,

$$\tau = \frac{M_t}{2A_c t} = \frac{M_t}{2\pi R^2 t} \tag{예8.50}$$

박판 원형 중공 축의 극2차 모멘트는 식 (8.65)로부터 $I_p = 2\pi R^3 t$이므로, 위 식은 다음과 같이 쓸 수 있으며,

$$\tau = \frac{M_t}{I_p} R, \tag{예8.51}$$

이 결과는 식 (3.12)의 원형 단면에 대한 비틀림 공식에 $r = R$을 대입한 것과 동일함에 유의한다.

[예제 8.8] 두께 방향 중심선 기준으로 한 변의 길이가 h인 정사각형 박판 관에 비틀림 모멘트 M_t가 작용할 때 이에 기인하는 인한 전단 응력을 구하시오.

[답] 폐단면의 면적 $A_c = h^2$이므로, 식 (8.78)로부터 다음을 얻는다.

$$\tau = \frac{M_t}{2A_c t} = \frac{M_t}{2h^2 t} \tag{예8.52}$$

여기서 $k = \dfrac{h}{2}$라고 하면, 이 박판 정사각형 단면의 극2차 모멘트 I_p는 식 (3.8)에 보인 정의로부터 다음과 같으므로,

$$I_p \simeq 8\int_0^k (k^2 + x^2)\, t\, dx = \frac{32t}{3}k^3 = \frac{4t}{3}h^3, \tag{예8.53}$$

식 (예8.52)는 다음과 같이 바꾸어 쓸 수 있으며,

$$\tau = \frac{M_t}{2h^2 t} = \frac{M_t}{I_p}\frac{2h}{3} \tag{예8.54}$$

따라서 이 경우에 대해서는 식 (3.12)의 원형 단면에 대한 비틀림 공식을 사용할 수 없음을 확인할 수 있다.

8.4.4 박판 관의 비틀림 상수

그림 8.27(c)에 보인 미소 사각형 요소에 대해 다시 생각하자. 이 미소 요소 $abcd$의 체적은 $t\,ds\,dx$이므로 여기에 저장된 변형 에너지 dU는 식 (8.49)의 변형 에너지 밀도 $u = \dfrac{\tau^2}{2G}$을 이용하여 다음과 같이 쓸 수 있다.

$$dU = \frac{\tau^2}{2G} t\, ds\, dx = \frac{\tau^2 t^2}{2G} \frac{ds}{t} dx = \frac{q^2}{2G} \frac{ds}{t} dx. \tag{8.79}$$

따라서 박판 관 전체에 저장된 변형 에너지는 위 식을 적분하여 다음과 같이 얻는다.

$$U = \int dU = \int_0^l \oint_C \frac{q^2}{2G} \frac{ds}{t} dx = \frac{q^2 l}{2G} \oint_C \frac{ds}{t}. \tag{8.80}$$

위 식에 식 (8.77)로부터 얻는 $q = \dfrac{M_t}{2A_c}$를 대입하여 다음을 얻는다.

$$U = \frac{M_t^2 l}{8GA_c^2} \oint_C \frac{ds}{t} = \frac{M_t^2 l}{2GJ}, \quad J = \frac{4A_c^2}{\oint_C \frac{ds}{t}}. \tag{8.81}$$

여기서 J는 비틀림 상수(torsional constant)라고 하며, 둘레 길이가 l_c이고 두께가 균일하다면 다음과 같이 좀 더 간단한 식으로 주어진다.

$$J = \frac{4tA_c^2}{l_c}. \tag{8.82}$$

이 식에 따르면 두께가 일정한 박판 관은 폐단면의 면적이 클수록, 두께가 클수록, 또 둘레 길이가 짧을수록 비틀림 상수가 커진다는 것을 확인할 수 있다. 또한 두께가 너무 얇으면 45° 경사된 방향으로 작용하는 압축 응력에 의해 음료수 캔처럼 벽면에 좌굴(buckling)이 발생되므로 주의를 요한다.

[예제 8.9] [예제 8.7]에서 다룬 원형 관의 비틀림 상수를 구하시오.

[답] 폐단면의 면적이 $A_c = \pi R^2$이며 둘레(원주) 길이가 $l_c = 2\pi R$이므로, 비틀림 상수 J는 식 (8.82)로부터 다음과 같이 얻는다.

$$J = \frac{4tA_c^2}{l_c} = \frac{4t(\pi R^2)^2}{2\pi R} = 2\pi R^3 t = I_p. \qquad (\text{예}8.55)$$

그러므로 원형 관에서는 비틀림 상수가 극2차 모멘트가 되며, 역으로 극2차 모멘트를 비틀림 상수로 사용할 수 있다. 다시 말하면 원형 또는 원통형 단면에 대한 비틀림 거동을 나타내는 데는 비틀림 상수 대신 극2차 모멘트를 사용할 수 있으나, 위에서 다룬 것과 같은 일반적인 형상의 박판 관에 대해서는 비틀림 상수를 사용해야 함을 확인할 수 있다.

[예제 8.10] [예제 8.8]에서 다룬 정사각형 관의 비틀림 상수를 구하시오.

[답] 폐단면의 면적이 $A_c = h^2$이며 둘레(원주) 길이가 $l_c = 4h$이므로, 비틀림 상수 J는 식 (8.82)로부터 다음과 같이 얻는다.

$$J = \frac{4tA_c^2}{l_c} = \frac{4t(h^2)^2}{4h} = th^3 \neq I_p. \qquad (\text{예}8.56)$$

원형 단면이 아닌 경우, 비틀림 상수가 극2차 모멘트가 아니며, 극2차 모멘트를 비틀림 상수로 사용할 수 없음을 다시 한 번 확인할 수 있다.

8.4.5 박판 관의 하중-변위 관계식

균일 단면의 박판 관이 비틀림 모멘트 M_t를 받을 때는 식 (8.52)로 주어진 변형 에너지에 대한 식을 그대로 쓸 수 있다.

$$U = \frac{M_t \phi}{2}. \tag{8.52}$$

이 경우에 대한 변형 에너지는 또한 식 (8.81)로부터 $U = \dfrac{M_t^2 l}{2GJ}$로 주어지므로, 이 두 식으로부터 다음과 같은 하중-변위 관계식을 얻는다.

$$\phi = \frac{l}{GJ} M_t. \tag{8.83}$$

여기서 단위 길이 당 비틀림 각 $\dfrac{\phi}{l}$와 비틀림 모멘트 M_t 사이의 비례 상수의 역수인 GJ를 비틀림 강성(torsional rigidity)이라고 부른다. 식 (8.83)은 원형 봉의 하중-변위 관계식인 식 (3.11)에서 I_p 대신 비틀림 상수 J를 사용하여 얻을 수 있음에 유의하며, [예제 8.10]에서 본 바와 같이 비틀림 상수가 더 일반적인 단면 형상에 포괄적으로 적용할 수 있는 비틀림과 관련된 단면 특성치임을 확인할 수 있다.

식 (8.82)의 박판 관에 대한 비틀림 상수는 두께가 얇고 두께 중심선이 폐곡선인 관에는 적용 가능하지만, I, H, L, ㄷ-형 단면과 같이 두께 중심선이 폐곡선이 아닌 봉에는 적용할 수 없다. 폐곡선이 아닌 단면 형상의 봉에서는 비틀림에 의한 전단 응력 분포가 그림 8.26에 보인 것과는 전혀 다른 모양을 보이며, 전단 응력의 크기가 두께 방향으로 거의 균일하다는 기본 가정도 성립되지 않기 때문이다. 관의 두께가 증가하면 위에서 얻은 결과의 정확성은 물론 떨어진다는 점을 다시 한 번 강조한다.

[예제 8.11] 그림 예8.9에 보인 바와 같이 사다리꼴 단면을 가진 알루미늄 박판 관의 두께 $t = 10\ mm$로 일정하며, 길이 $l = 2\ m$이다. 허용 전단 응력이 $100\ MPa$일 때, 이 박판 관이 전달할 수 있는 최대 비틀림 모멘트를 구하고, 또 이 비틀림 모멘트에 의해 생기는 비틀림 각을 구하시오. 단 알루미늄의 전단 탄성계수 $G = 30\ GPa$로 한다.

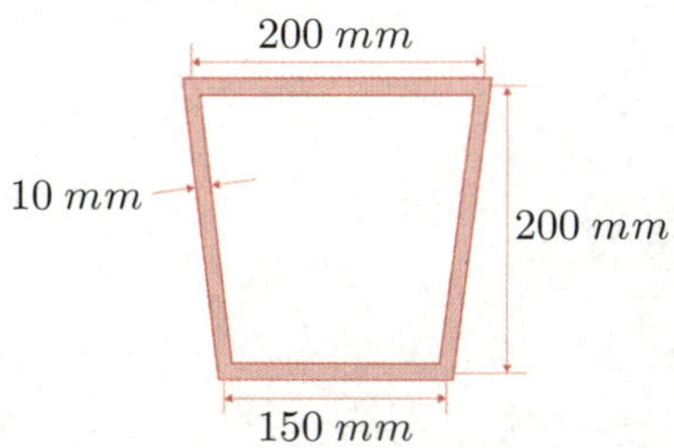

그림 예8.9 박판 관 외팔보의 변형

[답] 이 박판 관의 최대 허용 전단 흐름 $q_{\max} = \tau_{allow} \cdot t = 10^8 \times 10^{-2} = 10^6\ N/m$이고, 두께 중심선 내부의 면적 $A_c = \dfrac{15+20}{2} \times 20 \times 10^{-4} = 3.5 \times 10^{-2}\ m^2$이므로, 최대 비틀림 모멘트 M_t는 식 (8.77)로부터 다음과 같이 얻는다.

$$M_t = q_{\max} \cdot 2A_c = 10^6 \times 2 \times 3.5 \times 10^{-2} = 70\ kNm. \tag{예8.57}$$

한편 비틀림 상수 J는 식 (8.82)로부터 다음과 같이 얻으므로,

$$J = \frac{4tA_c^2}{l_c} = \frac{4 \times 10^{-2} \times 3.5^2 \times 10^{-4}}{\left(20 + 15 + 2\sqrt{2.5^2 + 20^2}\right) \times 10^{-2}} = 0.65 \times 10^{-4}\ m^4, \tag{예8.58}$$

식 (8.83)으로부터 최대 비틀림 모멘트 M_t에 상응하는 비틀림 각을 다음과 같이 얻는다.

$$\phi = \frac{l}{GJ} M_t = \frac{2}{30 \times 10^9 \times 0.65 \times 10^{-4}} \times 7 \times 10^4 = 0.717 \times 10^{-1}\ rad. \tag{예8.59}$$

8.5 박판 보의 전단 중심과 전단 응력

앞의 5장과 6장에서 보의 굽힘 문제를 고려할 때, 하중이 단면 내의 어떤 점에 작용하는지에 대해서는 크게 주의를 기울이지 않았다. 굽힘 모멘트에 의한 보의 처짐이 중요한 관심사인 경우에는 그와 같은 관점이 허용될 수 있으나, 실제로는 하중의 작용점의 위치에 따라 보는 굽힘 모멘트뿐만 아니라 비틀림 모멘트도 받게 되므로 아래서는 이와 관련된 문제에 대해 생각해 본다.

8.5.1 박판 보의 전단 중심

그림 8.29(a)에서 보인 것과 같이 자유단에 연직 방향의 집중 하중 P가 작용하는 단축 대칭 균일 단면을 가지는 외팔보를 예로 들어 생각해 보자. 고정단 단면의 도심(centroid)에 좌표축의 원점을 두면 xz 평면이 대칭면이자 중립축이 된다.

이 경우에는 5.1.2절의 그림 5.3에 보인 바와 같이 전단력 P가 길이 방향으로 모든 단면에서 같은 값을 가지므로 각 단면에서의 전단 응력 분포도 동일할 것이다. 전단력에 의해 작용하는 비틀림 모멘트가 영이 아닌 경우에는 단면의 비틀림이 발생하는데, 이는 전단력의 작용점과 비틀림 변형에 의한 단면의 회전 중심이 일치하지 않을 때 발생한다. 단면의 회전 중심을 점 S라고 할 때, 전단력의 작용점이 그림 8.29(b)에 보인 바와 같이 점 S로부터 거리 d만큼 떨어져 있는 점 A라고 하면, 이 전단력은 점 S에 작용하는 같은 크기의 전단력과 비틀림 모멘트 $M_s = Pd$의 합과 정역학적으로 등가이다.

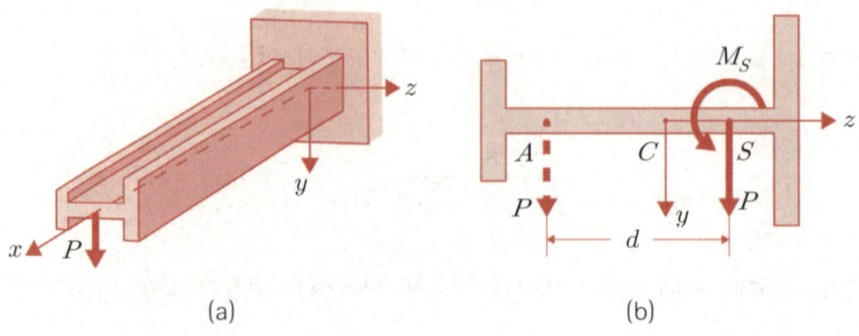

그림 8.29 박판 보 단면에 작용하는 전단력과 전단 중심의 개념

그러므로 전단력 P는 단면의 회전 중심 S를 통과해야만 비틀림 모멘트가 영이 되며, 단면에는 비틀림에 의한 회전이 발생하지 않고 순수하게 굽힘에 의한 처짐만 발생한다. 단면의 회전 중심 S를 전단 중심(shear center)이라고 하며, 따라서 그림 8.29(a)처럼 외팔보의 자유단에 연직 하중이 작용할 때, 작용점이 전단 중심이 아니면 이 보는 전단력과 추가적으로 비틀림 모멘트를 받는다.

일반적으로 단면의 전단 중심은 도심(centroid)과 동일하지 않다. 그러나 대칭 단면인 경우, 전단 중심은 항상 단면의 대칭선 상에 위치하므로 타원, 직사각형, H형-단면 등 2축 대칭인 단면에서는 도심과 일치한다.

박판 보(thin-walled beam) 단면의 전단 중심을 구하는 구체적인 방법은 단면 내 전단 응력의 분포를 알아야 하므로, 다음 절에서 박판 보의 전단 응력 계산을 생각한 후 ㄷ-형 박판 보를 예로 들어 다루기로 한다.

8.5.2 전단 응력의 분포

두께가 얇은 단면을 가진 박판 보에 전단력이 작용할 때 보 단면에 발생하는 전단 응력은 단면 경계면의 접선 방향으로 작용한다. 이것은 8.4.2절에서 다룬 박판 관의 비틀림 거동에서 설명했던 것과 유사하게 박판 보의 벽 두께가 얇은 경우에는 두께 방향 전단력이 상대적으로 미소하기 때문이다. 5장에서 주로 고려하였던 직사각형 단면 보의 경우, 연직 방향 전단 응력의 분포가 상, 하면에서 영이 되고 높이 방향으로 포물선 형태임을 감안한다면 두께가 얇은 판의 두께 방향 전단 응력은 최대값을 보이는 중심선 위치에서도 그 크기가 매우 작을 것임을 알 수 있다.

따라서 그림 8.30(a)에 보인 바와 같이 전단 중심에 연직 하방으로 전단력이 작용하는 박판 보의 경우, 한 단면 내에 작용하는 전단 응력은 단면의 두께 방향 중심선을 기준으로 두께 방향으로는 평균 전단 응력이 균일하게, 경계면에 접선 방향으로 작용한다고 가정할 수 있다.

그림에 보인 바와 같이 좌표계의 원점을 고정단의 도심 C에 잡고 x축은 C를 지나는 길이 방향 축으로 잡으며, 단면의 아래 끝을 원점으로 하는 단면의 둘레 방향의 좌표계 s를 도입한다. 단면 A와 B의 길이 방향 좌표를 각각 x, $x+dx$라고 하고, $s=0$부터 $s=s$까지의 요소 $abcd$에 대해 힘의 평형을 생각한다.

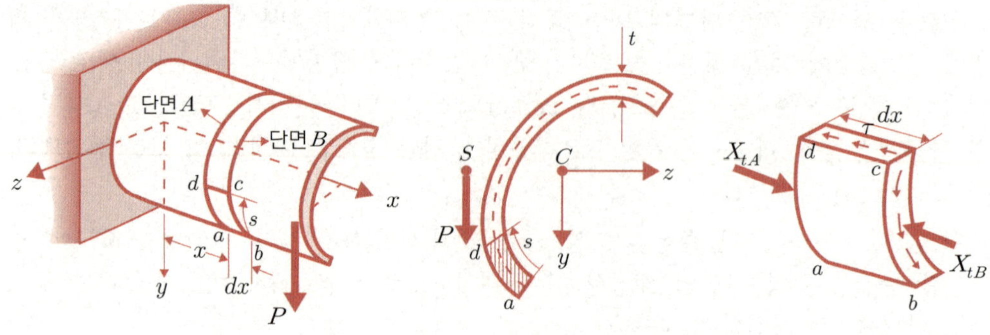

(a) (b) (c)

그림 8.30 박판 보에 작용하는 전단 응력

이 박판 보에 임의의 하중 P가 작용할 때, 단면 A, B에 작용하는 굽힘 모멘트는 M_b, M_b+dM_b라고 할 수 있으며, 따라서 미소 요소 $abcd$의 ad 및 bc에 작용하는 굽힘 응력 σ_A와 σ_B는 굽힘 공식, 식 (5.65)에 의해 다음과 같다.

$$\sigma_A(s) = -\frac{M_b}{I}y(s),\ \sigma_B(s) = -\frac{(M_b+dM_b)}{I}y(s). \tag{8.84}$$

그러므로 이들 응력에 기인하는 x 방향 힘 X_{tA}와 $-X_{tB}$의 합 X_t는 다음과 같은 형태의 적분으로 얻는다.

$$\begin{aligned} X_t = X_{tA} - X_{tB} &= \int_0^s(-\sigma_A+\sigma_B)\,dA(s) \\ &= \int_0^s \frac{y}{I}(M_b - M_b - dM_b)\,dA(s) = -\frac{dM_b}{I}\int_0^s y\,dA(s). \end{aligned} \tag{8.85}$$

여기서 σ_A와 σ_B의 부호는 인장 응력의 방향과 X_{tA}와 X_{tB}의 방향이 반대임을 고려하여 정해졌음에 유의한다.

한편 미소 요소 $abcd$의 하면에 작용하는 전단 응력은 영이고, 상면에 작용하는 전단 응력은 x 방향으로 균일하게 작용한다. 이 전단 응력은 단면 B의 점 c에 작용하는 전단 응력 $\tau(s)$와 같고, 상면에 작용하는 x 방향의 힘은 $\tau(s)\,t\,dx$ 이므로 힘의 평형 조건으로부터 다음을 얻는다.

$$X_t - \tau(s)\,t\,dx = 0\,,\quad \therefore \tau(s) = -\frac{1}{It}\frac{dM_b}{dx}\int_0^s y(s)\,dA(s)\,. \tag{8.86}$$

위 식에 5.1.4절의 식 (5.22), $\dfrac{dM_b}{dx} = -V$를 대입하여 전단 응력 $\tau(s)$를 다음과 같이 얻는다.

$$\tau(s) = \frac{V}{It}\int_0^s y(s)\,dA(s) = \frac{VQ(s)}{It},\quad Q(s) = \int_0^s y(s)\,dA(s). \tag{8.87}$$

여기서 $Q(s)$는 단면 A 또는 B에서의 빗금친 면의 중립축에 관한 1차 모멘트이다. 이 식으로 주어지는 전단 응력은 s가 감소하는 방향으로 작용함에 유의한다. 식 (8.87)은 6.1.2절에서 직사각형 단면 보에 대해서 얻은 전단 공식, 식 (6.11) $\tau(\eta) = \dfrac{VQ(\eta)}{Ib}$과 매우 유사한 형태를 가진다.

박판 보에 대해서도 8.4.2절에서 다룬 박판 관의 비틀림 문제에서와 유사하게 두께 방향으로 전단 응력이 균일하다고 가정하여 전단 흐름(shear flow) f를 도입하기로 하면 식 (8.87)로부터 다음을 얻으며,

$$f = \tau t = \frac{VQ}{I}, \tag{8.88}$$

한 단면 내에서 전단력 V와 단면의 2차 모멘트 I는 상수이므로, 전단 흐름 f는 $Q(s)$에 비례하며, 박판 관의 비틀림 문제에서처럼 단면의 위치에 따라 변화한다. 단면의 아래와 위 가장자리에서는 Q가 영이므로 전단 흐름도 영이며, Q가 최대가 되는 중립축에서 전단 흐름도 최대가 된다. 전단 흐름의 방향은 전단 응력의 방향과 같으므로, 그림 8.30에 보인 문제에서 전단 흐름은 위에서 아래로 향하는 것을 알 수 있다.

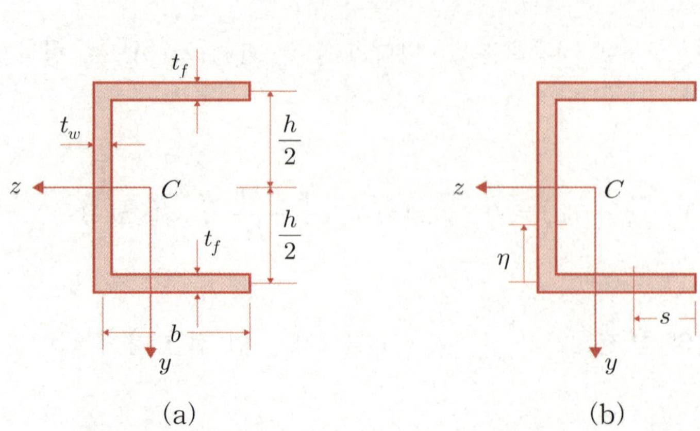

그림 8.31 박판 보의 단면 형상과 좌표계

그림 8.31에 보인 바와 같이 ㄷ-형 박판 보 단면에 전단력 V가 작용하고 있는 경우에 전단 응력의 분포와 전단 중심을 구해 보기로 한다.

먼저 하부 플랜지에 작용하는 전단 응력의 분포에 대해 생각하면, 식 (8.87)에서 정의한 $Q(s)$에 대한 식으로부터 다음을 얻으며,

$$Q(s) = \int_0^s y(s)\,dA(s) = t_f\, s \frac{h}{2}, \tag{8.89}$$

식 (8.87)로부터 전단 응력을 다음과 같이 얻는다.

$$\tau(s) = \frac{VQ(s)}{It_f} = \frac{Vh}{2I} s. \tag{8.90}$$

이 식에 따르면 플랜지를 따라 s가 감소하는 방향으로 작용하는 전단 응력은 그림 8.32(a)에 보인 바와 같이 하부 플랜지에서는 왼쪽에서 오른쪽으로 작용하며, s가 증가함에 따라 선형적으로 증가한다.

상부 플랜지에서의 전단 응력 방향도 s가 감소하는 방향이지만, s의 증가 방향이 하부 플랜지에서와 반대이므로, 전단 응력은 오른쪽에서 왼쪽으로 작용하며, 각각의 플랜지에 작용하는 힘 F_f는 식 (8.90)으로 주어진 전단 응력을 적분하여 다음과 같이 얻는다.

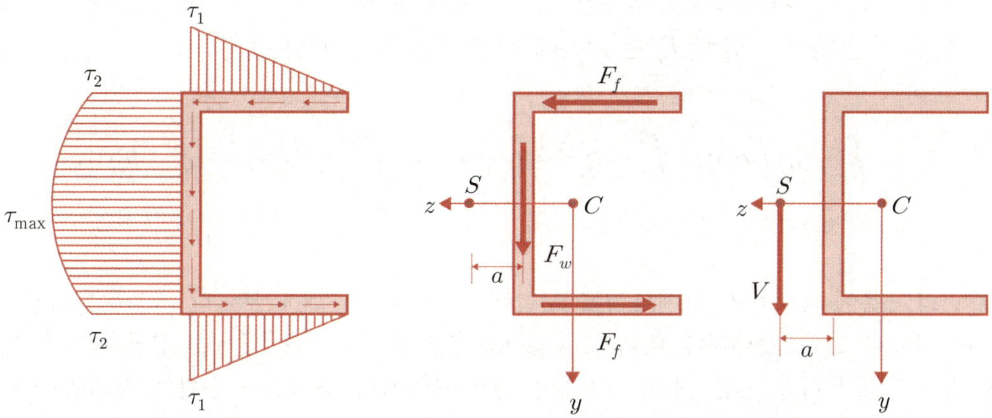

그림 8.32 박판 보 단면에 작용하는 전단 응력과 정역학적으로 등가인 내력 분포

$$F_f = \int \tau(s)\,dA(s) = \frac{Vht_f}{2I}\int_0^b s\,ds = \frac{Vhb^2t_f}{4I}. \tag{8.91}$$

다음으로 웨브의 전단 응력 분포에 대해 생각하는데, $\eta = s - b$를 도입하고 $Q(s)$를 구하면 다음과 같다.

$$Q(s) = \int_0^s y\,dA(s) = \int_0^b y t_f\,ds + \int_0^\eta y t_w\,d\eta = t_f b\frac{h}{2} - t_w\frac{\eta}{2}(\eta - h). \tag{8.92}$$

웨브에 대한 적분에서 $y = \dfrac{h}{2} - \eta$임을 사용하였다. 이 식에 따르면 웨브를 따라 s 방향으로 작용하는 전단 응력은 식 (8.87)에 의하면 Q에 비례하므로, 플랜지와 만나는 점인 $\eta = 0$에서 최소값, 중립축 위치인 $\eta = h/2$에서 최대값을 가지며 중립축을 중심으로 대칭인 포물선 분포를 가진다. 전단 응력의 최대값 τ_{max}는 식 (8.90)에 식 (8.92)를 대입하여 다음과 같이 얻는다.

$$\tau_{max} = \frac{VQ\left(\eta = \dfrac{h}{2}\right)}{It_w} = \frac{V}{It_w}\left(\frac{t_f bh}{2} + \frac{t_w h^2}{8}\right) = \frac{Vh}{2It_w}\left(t_f b + \frac{t_w h}{4}\right). \tag{8.93}$$

단면에 작용하는 전단 응력의 분포는 그림 8.32(a)에 보인 바와 같으며, 웨브에 작용하는 연직 방향 전단 응력의 합력 F_w 는 적분에 의해 다음과 같이 얻는다.

$$F_w = \int_0^h \tau(\eta) dA(\eta) = \int_0^h \frac{VQ(\eta)}{It_w} dA(\eta) = \frac{V}{I}\int_0^h \left[t_f b \frac{h}{2} - \frac{t_w}{2}(\eta^2 - h\eta) \right] d\eta. \tag{8.94}$$

단면의 z 축에 대한 2차 모멘트 I를 구함에 있어 웨브에 대해서는 식 (5.56)을 사용하여 쉽게 구할 수 있다. 플랜지에 대해서는 평행축 정리를 사용함에 있어 자신의 중심에 대한 2차 모멘트는 무시할 만큼 작고, 상부 및 하부 플랜지의 중심선과 중립축 사이의 거리는 $\frac{h}{2}$ 이므로, 2차 모멘트는 플랜지의 면적 $t_f b$ 와 $\left(\frac{h}{2}\right)^2$ 의 곱으로 주어지는 점을 감안하여 다음과 같이 얻는다.

$$I = \frac{t_w h^3}{12} + \frac{t_f b h^2}{2} = \frac{h^2}{12}(t_w h + 6 t_f b). \tag{8.95}$$

위에서 구한 I를 식 (8.94)에 대입하여 F_w 를 다음과 같이 얻는다.

$$F_w = \frac{V}{I}\int_0^h \left[t_f b \frac{h}{2} - \frac{t_w}{2}(\eta^2 - h\eta) \right] d\eta = \frac{V}{I}\left[\frac{t_f b h^2}{2} + \frac{t_w h^3}{12} \right] = V. \tag{8.96}$$

결국 단면에 작용하는 전단 응력은 모두 웨브가 감당하고 있음을 알 수 있다. 물론 실제로는 플랜지에도 두께 방향으로 약간의 상하 방향 전단 응력이 작용하고 있으나 상, 하면에서 영이 되어야 하는 경계 조건 때문에 그 크기는 미소하다. 정밀하게 계산한다면 플랜지에 작용하는 전단 응력에 의한 전단력은 단면의 형상과 치수에 따라 조금씩 달라질 수 있으나, 일반적으로 구조용으로 많이 사용되고 있는 H-형강에서는 대략 전체의 2~8% 정도로 알려져 있다.

즉 플랜지와 웨브로 구성된 박판 보 단면에 작용하는 굽힘 모멘트는 주로 중립축에서 거리가 먼 플랜지 부분이 감당하되, 연직 방향의 전단력의 대부분은 웨브가 감당하기 때문에 구조 설계 시 이 점에 유의해야 한다.

전단 중심의 위치를 구하기 위해 단면에 작용하는 전단 응력의 분포를 그림 8.32(a)에 보였다. 이들 전단 응력에 의해 위에서 식 (8.91), (8.96)으로 얻은 바와 같이 전단력 F_f, F_w 가 작용하며, 이 결과는 그림 8.32(b)에 보였다. 또한 이 전단력들은 그림 8.32(c)에 보인 바와 같이 단면의 전단 중심에 작용하는 전단력 V와 정역학적으로 등가임을 보일 수 있다.

단면의 플랜지와 웨브에 작용하는 전단력은 그림 8.32(b)에 보인 것과 같으므로 전단 중심은 z축 상에 있을 것으로 생각할 수 있으며, 전단 중심에서는 이들 전단력에 기인하는 모멘트가 영이 되어야 한다는 조건으로부터 다음을 얻는다.

$$F_w a - F_f h = 0. \tag{8.97}$$

웨브에 작용하는 전단력 F_w은 단면 전체에 작용하는 전단력 V와 같고, 식 (8.95)와 식 (8.91)로 주어진 I와 F_f를 식 (8.97)에 대입하여 다음을 얻는다.

$$a = \frac{F_f h}{V} = \frac{h^2 b^2 t_f}{4I} = \frac{3b^2 t_f}{t_w h + 6 t_f b} \tag{8.98}$$

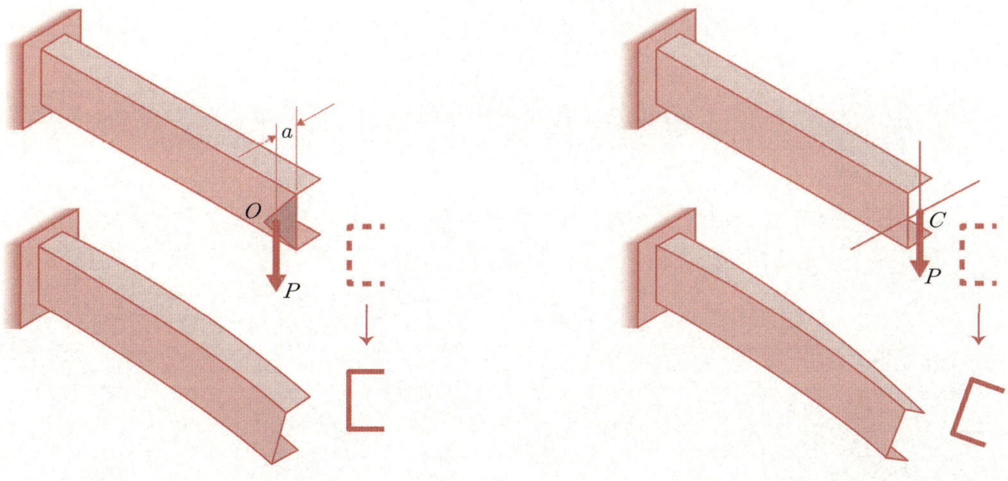

(a) 순수 굽힘(전단 중심 하중) (b) 굽힘-비틀림 연성(도심 하중)

그림 8.33 박판 단면 보의 굽힘 거동

이 식으로부터 열린 박판 단면 보인 경우, 전단 중심의 위치는 도심과는 반대로 웨브의 왼쪽에 위치하는 것을 알 수 있다. 만일 ㄷ-형 박판 단면의 외팔보에 집중 하중이 작용할 때 통상의 보처럼 하중의 작용점이 도심이라면, 이 외팔보는 그림 8.33(b)에 보인 바와 같이 굽힘 모멘트와 비틀림 모멘트를 동시에 받는다. 비틀림이 없이 순수하게 굽힘 거동만 발생하게 하려면 하중의 작용 방향이 그림 8.33(a)에 보인 바와 같이 전단 중심을 통과해야 한다.

연습문제

1. 세 가지 이상의 재료에 대해 응력-변형도 선도를 구하여 각각의 특성에 대해 설명하시오.

2. 길이 $1.5\,m$, 직경 $30\,mm$의 원형 균일 단면 알루미늄 봉에 인장력 P가 작용할 때, 봉의 신장량이 $3.6\,mm$이다. 단 탄성계수 $E = 75\ GPa$, 프와송 비 $\nu = \dfrac{1}{3}$이다. 하중 P와 직경의 변화량을 구하시오.

3. 길이 $1\,m$, 직경 $20\,mm$ 원형 단면 강제(steel) 봉에 신장량이 $10\,mm$ 될 때까지 인장력을 가하였다. 강의 항복 응력은 $250\ MPa$, 탄성계수는 $200\ GPa$, 프와송 비는 0.3 이고, 재료는 탄성-완전 소성(elastic-perfectly plastic) 거동을 한다고 가정한다.

1) 항복하는 순간 봉의 직경 방향 및 길이 방향 변형도를 구하시오.

2) 하중을 제거한 후 봉의 길이를 구하시오.

3) 이 재료의 전단 탄성계수를 구하시오.

4. 응력-변형도 선도가 그림 연8.1에 보인 바와 같고 프와송 비가 0.25 인 알루미늄으로 된 길이 $2\,m$, 한 변이 $10\,mm$인 정사각형 단면 봉에 인장력을 가하였다.

1) 인장력이 $6\,kN$일 때 봉의 길이 방향과 폭 방향의 변형도와 변형량을 구하시오.

2) 이 재료의 0.2% 상쇄 항복 응력을 구하시오.

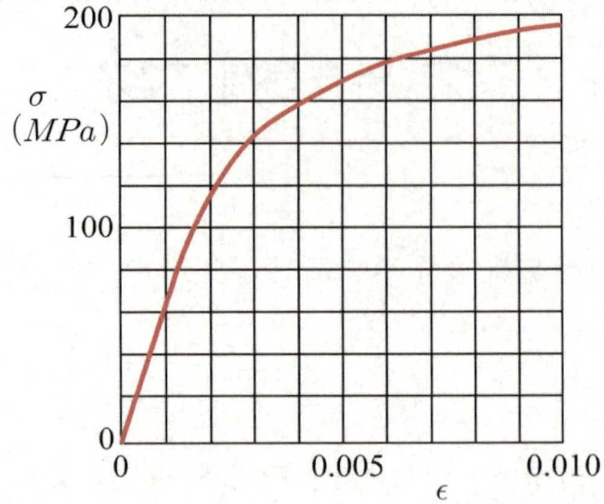

그림 연8.1

3) 신장량이 10 mm 될 때까지 인장력을 가하였다고 하고, 최종 하중을 구하시오.

4) 이 하중을 제거한 후의 봉의 길이를 구하시오.

5. 그림 연8.2에 보인 바와 같이 두께 $t = 5mm$ 의 알루미늄 판재를 직경 $d = 20\ mm$ 의 펀치로 구멍을 뚫는다. 알루미늄의 최종 전단 강도가 100 MPa 이라고 할 때 얼마 이상의 힘을 가해야 할지 구하시오.

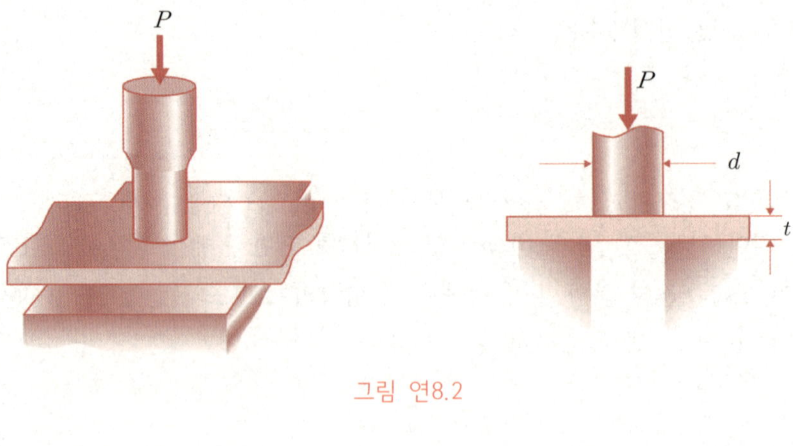

그림 연8.2

6. 그림 연8.3에 보인 바와 같이 두 장의 강판이 직경 $20\,mm$의 리벳 세 개에 의해 연결되어 있다. 인장 하중 $P = 60\,kN$이며, 각 리벳에 작용하는 응력은 균일한 것으로 가정한다.

1) 각 리벳에 작용하는 평균 전단 응력을 구하시오.

2) 판에 작용하는 평균 인장 응력을 구하시오.

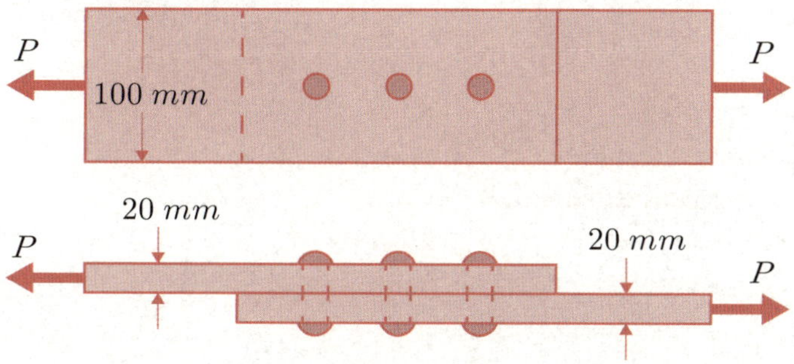

그림 연8.3

7. 양단 고정인 보에 집중 하중 P가 작용하고 있다. 중첩법을 이용하여 해석하시오.

8. 단순보에 분포 하중 w가 작용하고 있다. 보의 중앙에 핀 지지점이 하나 더 있을 때, 중첩법을 이용하여 해석하시오.

9. 그림 8.11에 보인 부정정 보의 처짐 곡선을 구하시오.

10. 그림 연8.4에 보인 바와 같이 원형 구리 관 C안에 강봉 S가 들어있으며, 이들이 압축력 P를 받고 있다. 강봉의 단면적을 A_S, 구리관의 단면적을A_C, 강의 탄성계수를 E_S, 구리의 탄성계수를 E_C라고 한다.

1) 강봉과 구리 관에 작용하는 압축력P_S와 P_C를 각각 구하시오.

2) 봉 길이의 변화량을 구하시오.

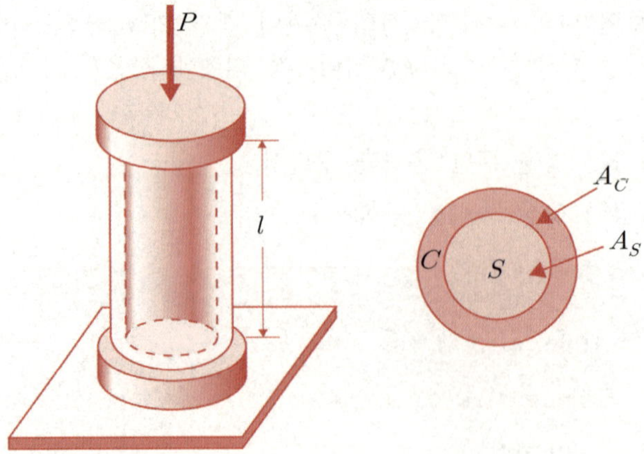

그림 연8.4

11. 그림 연8.5에 보인 바와 같이 양단 고정인 강봉의 각 부분에 작용하는 응력을 변위법과 하중법에 의해 각각 구하시오. 단 $P_B = 25\ kN$, $P_C = 50\ kN$, $A_1 = 800\ mm^2$, $l_1 = 200\ mm$, $A_2 = 1000\ mm^2$, $l_2 = 250\ mm$라고 한다.

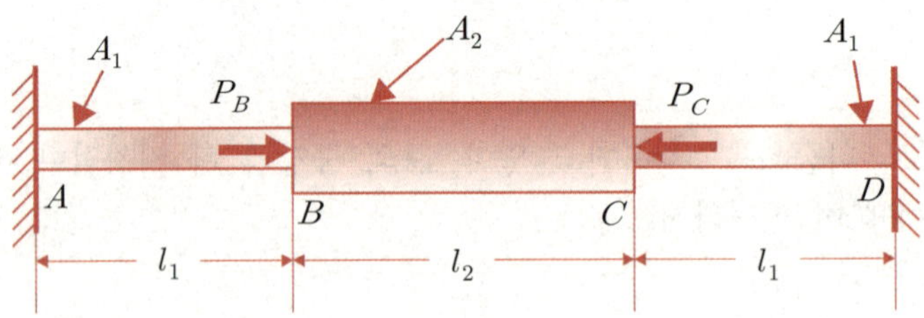

그림 연8.5

12. 그림 연8.6에 보인 바와 같이 알루미늄과 강으로 된 복합 봉이 양단 고정 상태에 있으며, 0℃에서 무응력 상태이다. 200 kN의 하중을 가하고, 온도가 100℃까지 상승하였다. 이때 각 소재 내부의 응력을 구하시오. 강과 알루미늄의 열팽창 계수는 각각 $\alpha_S = 10 \times 10^{-6}/℃$, $\alpha_A = 20 \times 10^{-6}/℃$이다.

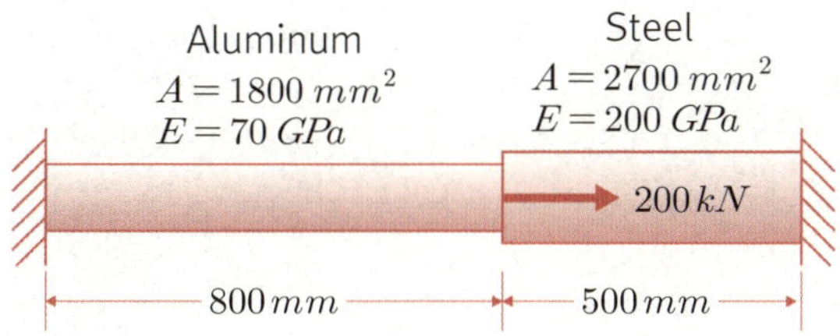

그림 연8.6

13. 그림 연8.7에 보인 바와 같이 길이 $2\,m$, 직경 $30\,mm$인 원형 단면 강재 축이 양단 고정 상태에 있다. 축에 작용하는 토크의 세기는 $T = T_O \dfrac{l-x}{l}$, $T_O = 100\ kN$이다. 축에 작용하는 최대 전단 응력과, 최대 비틀림 각이 발생하는 x 방향 위치와 그 크기를 구하시오.

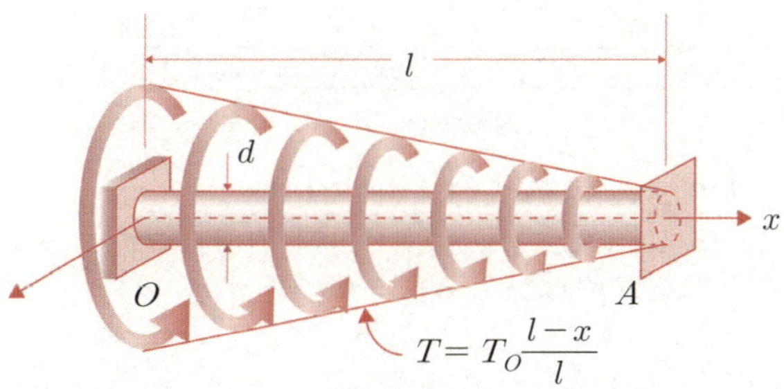

그림 연8.7

14. 부록 C의 표 C.1 외팔보에 대한 첫째 결과를 구한 뒤, 이 결과를 이용하고 중첩법을 사용하여 그림 연8.8에 보인 바와 같은 부정정 보의 반력, 전단력 및 모멘트 분포, 그리고 보의 처짐 곡선을 구하시오. 또 보를 구성하는 재료의 허용 응력이 $100\ MPa$, 단면이 정사각형일 때, 한 변의 길이를 구하시오.

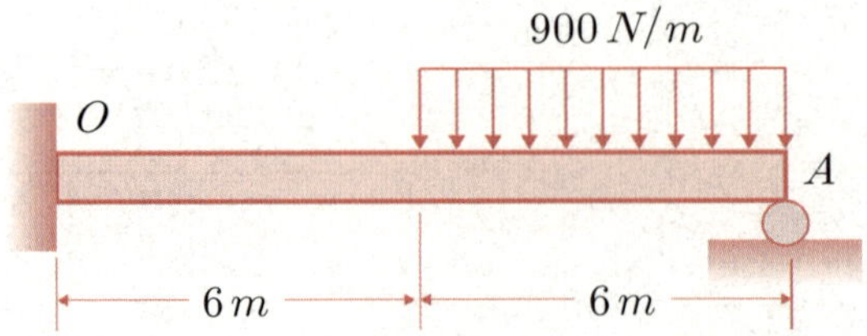

그림 연8.8

15. 부록 C의 표 C.2 단순보에 대한 첫째 결과를 구한 뒤, 이 결과를 이용하고 중첩법을 사용하여 그림 연8.9에 보인 바와 같은 부정정 보의 반력, 전단력 및 모멘트 분포, 그리고 보의 처짐 곡선을 구하시오.

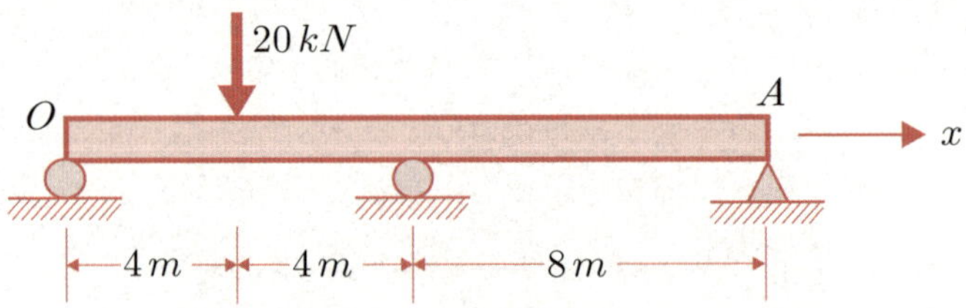

그림 연8.9

16. 부록 C의 표 C.2 단순보에 대한 둘째 결과 중, 최대 처짐이 일어나는 위치를 $a \geq b$, $a \leq b$ 두 경우에 대해 구하시오.

17. 먼저 단순보에 균일 분포 하중 w_0가 작용할 때의 처짐 곡선을 구하고, 또 중앙에 작용하는 집중 하중에 의한 처짐을 구한 뒤, 이 두 결과를 이용하여 그림 연8.10에 보인 보에 대해 각 지점의 반력을 구하시오.

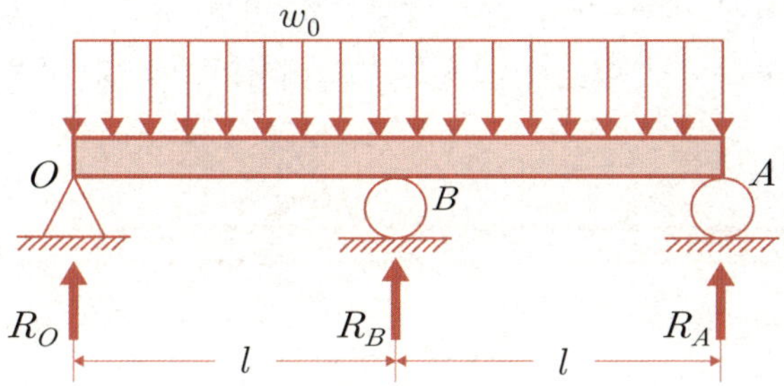

그림 연8.10

18. 그림 연8.11에 보인 바와 같이 양단 고정된 봉의 점 C에 $P = 50\,kN$의 하중이 작용하고 있다. 탄성계수 $E = 200\,GPa$, 프와송 비 $\nu = 0.3$, $A_1 = 10\,mm^2$, $A_2 = 20\,mm^2$, $b_1 = 400\,mm$, $b_2 = 600\,mm$이다. 점 C에서의 변위와 양단에서의 응력을 하중법과 변위법을 사용하여 각각 구하시오. 또 봉의 변형 에너지를 구하시오.

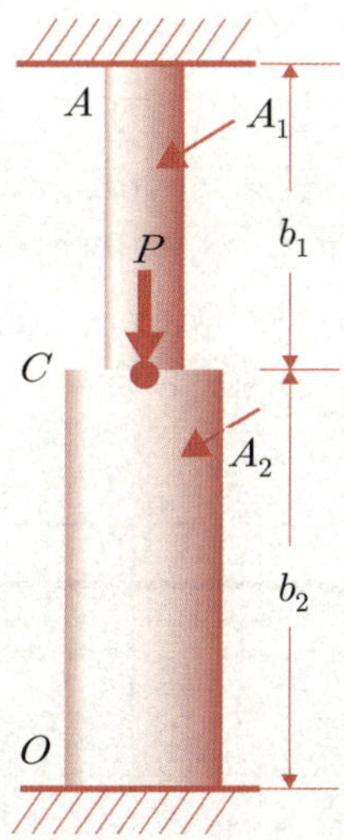

그림 연8.11

19. 그림 연8.12에 보인 바와 같이 집중 모멘트를 받고 있는 단순보에 대해 Castigliano 제 2 정리를 이용하여 모멘트가 작용하는 점에서의 처짐을 구하시오.

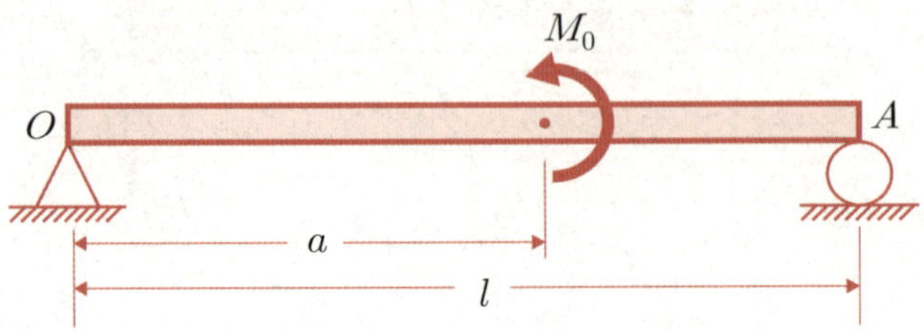

그림 연8.12

20. 길이 $2\,m$, 직경 $20\,mm$의 원형 단면 강봉에 $100\,kN$의 인장력을 가하였다. 강의 탄성계수가 $200\,GPa$, 신장량이 $2\,mm$일 때, 강봉에 작용하는 응력과 변형도를 구하고 또 프와송 비가 0.25일 때 봉의 직경 및 체적 변화를 구하시오. 이 봉의 변형 에너지와 변형 에너지 밀도를 구하시오.

21. 길이 $2\,m$, 한 변이 $10\,mm$인 정사각형 단면 강봉에 인장력을 가하여 신장량이 $10\,mm$가 되었다. 강의 응력-변형도 선도가 그림 연8.13에 보인 바와 같다고 할 때, 프와송 비가 0.3 이라고 하고, 항복점에서의 봉의 길이 방향과 폭 방향 변형도, 변형 에너지와 변형 에너지 밀도를 구하시오. 하중을 제거한 후의 봉의 길이를 구하고, 또 0.2% 상쇄 항복 응력을 구하시오.

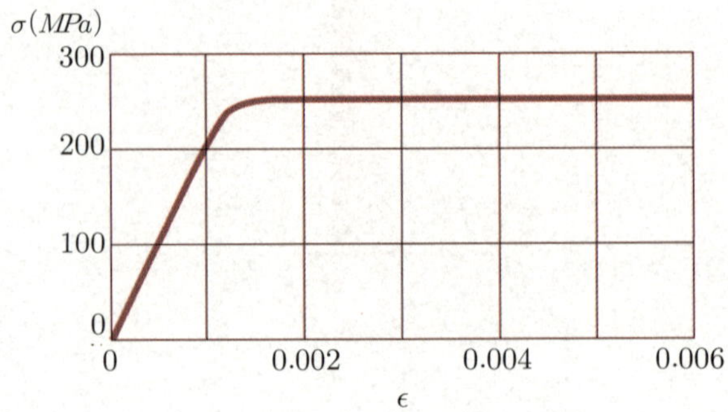

그림 연8.13

22. 그림 연8.14에 보인 바와 같은 원형 중실 봉과 원형 중공 봉에 각각 같은 크기의 비틀림 모멘트가 작용하고 있다. 두 봉의 비틀림 각이 같기 위한 중공 봉의 외경 d 와, 이때 두 봉에 작용하는 최대 전단 응력을 구하시오.

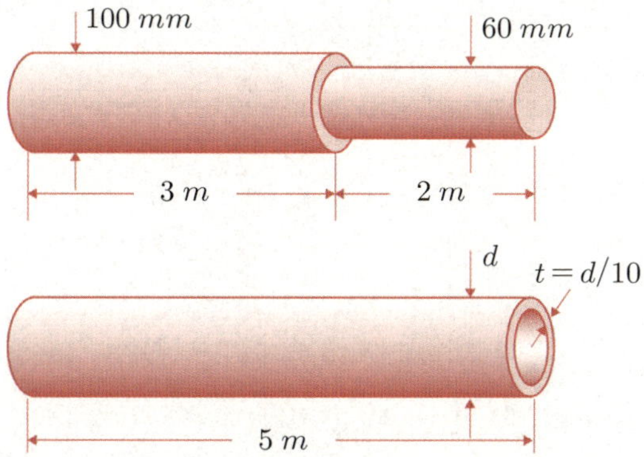

그림 연8.14

23. 그림 연8.15에 보인 바와 같은 길이 l, 두께 t인 관의 양단에 토크 T가 작용하고 있다. 재료의 전단 탄성계수는 G이다. 봉의 비틀림 각과, 최대 전단 응력을 구하시오.

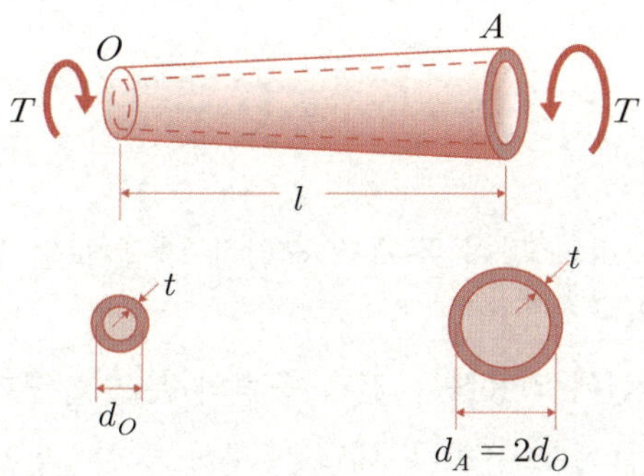

그림 연8.15

24. 그림 연8.16에 보인 바와 같은 단면의 알루미늄 박판 관에 비틀림 모멘트 T가 작용하고 있다. 관의 길이를 l, 전단 탄성계수를 G라고 할 때, 이 관의 비틀림 각, 전단 흐름, 최대 전단 응력을 구하시오.

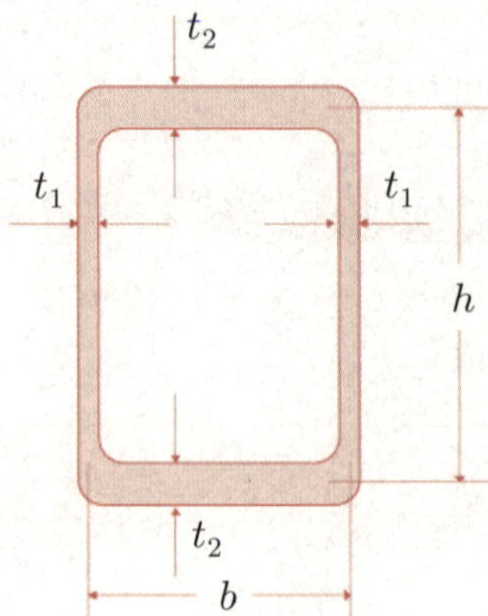

그림 연8.16

25. 같은 재료로 되어 있고, 단면적이 같은 두께 t의 원형 박판 관과 정사각형 박판 관에 같은 크기의 비틀림 모멘트가 작용한다. 두 박판 관의 비틀림 상수를 구하고, 또 각각에 대한 비틀림 각, 최대 전단 응력을 구하시오.

26. 그림 연8.17에 보인 바와 같이 두께가 균일한 박판 보의 한 단면에 연직 방향 전단력 V가 작용하고 있다.

1) 전단력 V에 의해 단면에 작용하는 전단 응력의 분포를 구하시오.

2) 단면의 미소 요소 dA에 작용하는 내력을 구하고 이 힘으로 인하여 발생되는 원점 O에 관한 모멘트 dM을 구하시오.

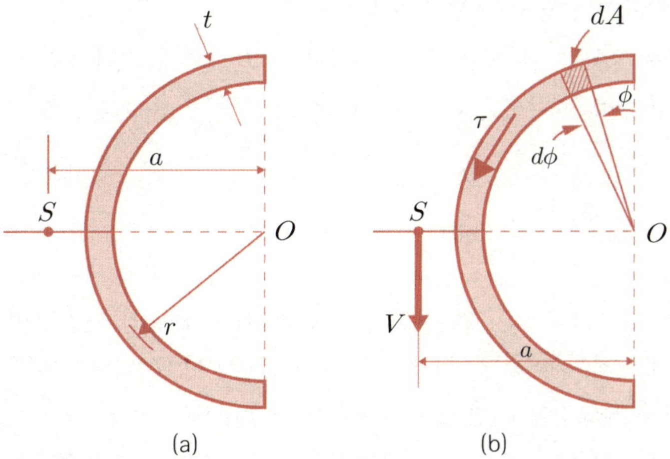

그림 연8.17

3) 이 미소 모멘트를 단면 전체에 대하여 적분한 모멘트와 전단 중심에 작용하는 전단력 V로 인한 모멘트의 평형 조건으로부터 전단 중심 S의 위치를 구하시오.

27. 그림 연8.18에 보인 바와 같은 단면의 길이 $1\,m$인 단순보의 중앙에 $1\,kN$의 집중 하중이 작용하고 있다.

1) 단면의 중립축 위치와 이에 대한 2차 모멘트를 구하시오.

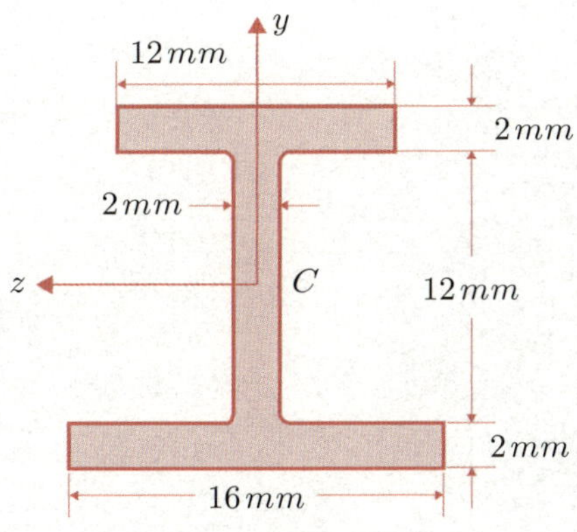

그림 연8.18

2) 단면 상, 하단에서의 단면 계수를 구하시오.

3) 보에 작용하는 최대 수직 응력의 발생 위치와 그 크기를 구하시오.

4) 길이 방향으로 최대 전단력이 작용하는 단면에서의 전단 응력 분포를 구하고 도시하시오.

28. 그림 연8.19에 보인 바와 같은 T-형 단면의 길이 $1\,m$인 단순보의 중앙에 $1\,kN$의 집중 하중이 작용하고 있다. 단 $t = 5\,mm$, $b = 100\,mm$, $h = 120\,mm$이다.

1) 단면의 도심과 중립축에 대한 2차 모멘트를 구하시오.

2) 이 박판 보에 작용하는 최대 법선 응력의 발생 위치와 그 크기를 구하시오.

3) 최대 전단력이 작용하는 단면에서의 전단 응력의 분포를 구하고 도시하시오.

4) 단면의 전단 중심의 위치를 구하시오.

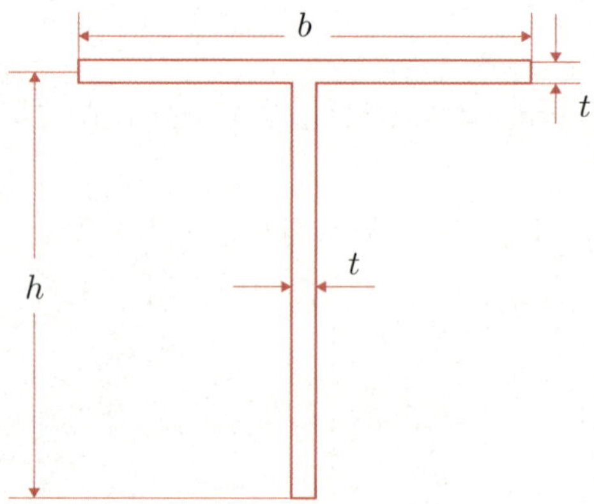

그림 연8.19

부록 A 단위(unit)

응력, 강도와 관련된 여러 가지 물리량을 일관되고 통일되게 표현하기 위해서는 단위가 필요하다. 국제단위계인 SI 단위계(International System of Units)에서는 길이(m), 질량(kg), 시간(s), 온도(℃)를 기본단위로 사용하여 나타낸다. 아직 미국 등 일부 지역에서는 ft 또는 in, lb, °F를 기본 단위로 하는 영미 단위계를 사용하고 있으나, 여기서는 SI 단위계에 대해서만 간단히 요약한다.

SI 단위계에서 힘(force)의 단위 newton[1](N)은 기본단위로 나타내면 다음과 같다.

$$1 \ N = (1 \ kg)(1 \ m/s^2) = 1 \ kgm/s^2. \tag{A.1}$$

압력(pressure)은 단위 면적 당 작용하는 힘이므로 압력의 단위 pascal(Pa)은 다음과 같이 표현할 수 있다.

$$1 \ Pa = (1 \ N)/(1 \ m^2) = 1 \ N/m^2. \tag{A.2}$$

응력 역시 단위 면적 당 힘이므로 압력과 동일하게 Pa을 사용한다. Pa은 통상적인 압력 또는 응력을 나타내는 데는 너무 작은 크기이기 때문에 일반적으로 Pa에 10^3 또는 10^6을 곱한 kPa 또는 MPa을 사용한다.

일과 에너지는 같은 단위 joule(J)을 사용하며 다음과 같이 기본단위로 나타낼 수 있다.

$$1 \ J = (1 \ N)(1 \ m) = 1 \ Nm. \tag{A.3}$$

1) Newton은 물론 과학자 Isaac Newton의 성으로 고유명사이지만 단위를 나타낼 때는 보통명사로 보아 첫 문자를 소문자로 쓴다. 이하 Pascal, Joule, Watt에 대해서도 모두 같다. 또한 물리량을 나타낼 때, 숫자와 단위를 나타내는 부분은 반드시 한 칸을 띄어 쓰게 되어 있다.

공학에서 사용되고 있는 기초적인 물리량들의 단위기호를 표 A.1에 정리하였다.

표 A.1 주요 물리량들의 SI 단위기호

물리량	단위기호	비고
길이(length)	m	
질량(mass)	kg	
시간(time)	s	
각(angle)	rad	무차원량
속도(velocity)	m/s	
가속도(acceleration)	m/s^2	
면적(area)	m^2	
체적, 부피(volume)	m^3	
밀도(density)	kg/m^3	
힘(force)	N	$kg\,m/s^2$
압력(pressure)	Pa	N/m^2
응력(stress)	Pa	N/m^2
일(work)	J	Nm
에너지(energy)	J	Nm

부록 B 면적의 특성치

이 책에서 다루고 있는 봉, 보, 기둥 축 등은 길이 방향으로 치수가 단면의 가로와 세로에 비해서 매우 큰 세장 부재이며 기본적으로 1 차원적인 선분으로 표현된다. 이것은 횡단면의 형상이 구조물의 물리적 거동에 미치는 영향을 면적, 2차 모멘트 등 여러 가지 다양한 계수를 이용하여 간단하게 나타내어야 함을 뜻한다. 예를 들어 인장 압축 문제에서는 부재 횡단면의 복잡한 기하학적 형상에 대한 자세한 정보를 모두 고려할 필요 없이 단면적만으로 부재에 작용하는 응력을 개략적으로 추정할 수 있고, 굽힘을 받는 보에서는 횡단면의 도심과 2차 모멘트를 사용하여 굽힘 모멘트에 저항하는 횡단면의 강성을 나타낼 수 있다.

B.1 평면 도형의 도심

그림 B.1에 보인 바와 같은 2 차원 평면 도형의 면적은 미소 면적 dA를 전 영역에 대하여 모두 더해 주면 되므로 다음과 같이 나타낼 수 있다.

$$A = \int_A dA. \tag{B.1}$$

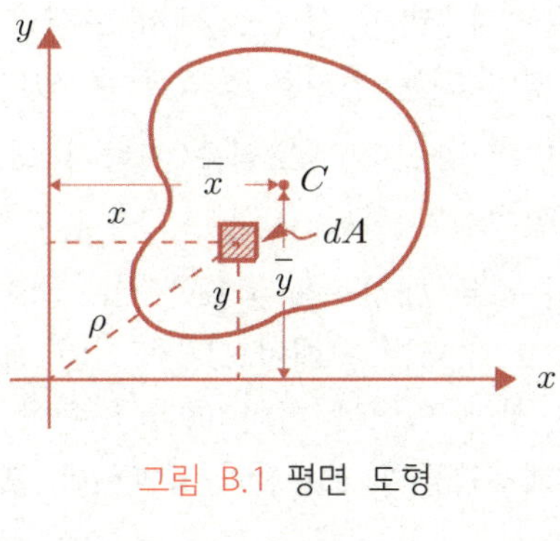

그림 B.1 평면 도형

또한 미소 면적 dA의 x, y축에 관한 1차 모멘트 dQ_x, dQ_y는 '면적×거리'로 표현되므로 각각 다음과 같이 쓸 수 있고,

$$dQ_x = y\,dA,\ dQ_y = x\,dA, \tag{B.2}$$

따라서 전체 면적의 x, y축에 관한 1차 모멘트는 각각 다음과 같이 쓸 수 있다.

$$Q_x = \int_A y\,dA,\ Q_y = \int_A x\,dA. \tag{B.3}$$

면적의 중심(center), 즉 면적의 도심(centroid)인 점 C의 좌표 ($\bar{x}$, $\bar{y}$)는 다음과 같이 정의된다.

$$\bar{x} = \frac{Q_y}{A} = \frac{\int_A x\,dA}{\int_A dA},\quad \bar{y} = \frac{Q_x}{A} = \frac{\int_A y\,dA}{\int_A dA}. \tag{B.4}$$

이 식을 살펴보면 도심의 위치를 이미 알고 있는 경우에는 단면적의 좌표축에 관한 1차 모멘트는 단면적과 도심과의 거리의 곱으로 다음과 같이 얻을 수 있음을 일 수 있다.

$$Q_x = A\,\bar{y},\ Q_y = A\,\bar{x}. \tag{B.5}$$

만일 좌표축이 도심을 통과하는 경우라면 식 (B.4)에서 도심의 좌표가 영이 되므로, 도심의 위치는 면적의 1차 모멘트가 영이 되는 위치로 정의될 수 있다.

5.2.1절에서 보았듯이 횡단면의 중립축은 도심을 지나게 되므로 도심 위치의 계산은 보의 굽힘 응력 해석에 있어서 필수적인 사항이다.

한편, 단면의 형상이 대칭인 경우 대칭축을 좌표축으로 잡으면 그 대칭축을 중심으로 양쪽의 1차 모멘트의 크기는 같고 부호는 반대이므로 도심의 좌표는 영이 된다. 즉 대칭 형상의 단면에서 도심은 대칭축 상에 있어야 하며 따라서 원이나 직사각형과 같이 대칭축이 두 개인 평면 도형의 도심은 대칭축들의 교차점과 일치해야 한다.

B.2 면적 2차 모멘트

면적 2차 모멘트(second moment of area)는 부재에 작용하는 비틀림이나 굽힘 모멘트에 대한 횡단면의 저항력을 나타내는데 사용되는 기하학적 특성치이다. 일반적인 형상의 평면 도형에서 면적 2차 모멘트는 축 또는 점을 기준으로 정의된다.

그림 B.1에 보인 평면 도형의 x, y축에 대한 면적 2차 모멘트는 다음과 같이 각각 정의된다.

$$I_x = \int_A y^2 dA,\ I_y = \int_A x^2 dA. \tag{B.6}$$

또한 이 도형의 원점 O에 대한 극2차 모멘트(polar second moment)는 다음과 같이 정의된다.

$$I_p = \int_A \rho^2 dA = \int_A (x^2 + y^2) dA = I_x + I_y. \tag{B.7}$$

여기서 ρ는 그림 B.1에서 원점 O와 미소 면적 dA 사이의 거리를 뜻한다.

단면의 면적이 좌표축에서 r_x 또는 r_y 만큼 떨어진 가상적인 위치에 집중되어 있는 것으로 이상화한다면 x, y축에 관한 면적의 2차 모멘트는 각각 다음과 같이 간단히 나타낼 수 있다.

$$I_x = \int_A y^2 dA = r_x^2 A,\ I_y = \int_A x^2 dA = r_y^2 A. \tag{B.8}$$

여기서 r_x, r_y를 각각 x축, y축에 대한 면적의 회전 반경(radius of gyration)이라고 하며 기둥의 좌굴과 관련하여 사용한 바 있다[2].

같은 방법으로, 도형의 면적이 원점에서 r만큼 떨어진 위치에 집중되어 있는 것으로 이상화한다면 극2차 모멘트는 다음과 같이 나타낼 수 있다.

$$I_p = \int_A \rho^2 dA = r^2 A, \tag{B.9}$$

2) 7.1.4절의 식 (7.35) 참조.

여기서 r은 원점에 대한 면적의 극회전 반경 또는 줄여서 회전 반경이라고 한다. 위의 식과 식 (B.8)로부터 다음을 얻는다.

$$r^2 = r_x^2 + r_y^2. \tag{B.10}$$

식 (B.8), (B.9)의 정의로부터 2차 모멘트는 항상 양의 값을 가지는 점에 유의한다.

한편, 평면 도형의 곱2차 모멘트(product second moment)은 다음과 같이 정의된다.

$$I_{xy} = \int_A xy\, dA. \tag{B.11}$$

두 축이 단면의 주축(principal axis)일 경우 곱2차 모멘트는 영이 되며, 이는 대칭 형상의 도형에 대해 대칭축이 주축임을 뜻한다.

[예제 B.1] 가로 b, 세로 h인 직사각형의 중립축과 도심에 대한 1차 모멘트와 도심 위치, 2차 모멘트를 구하시오.

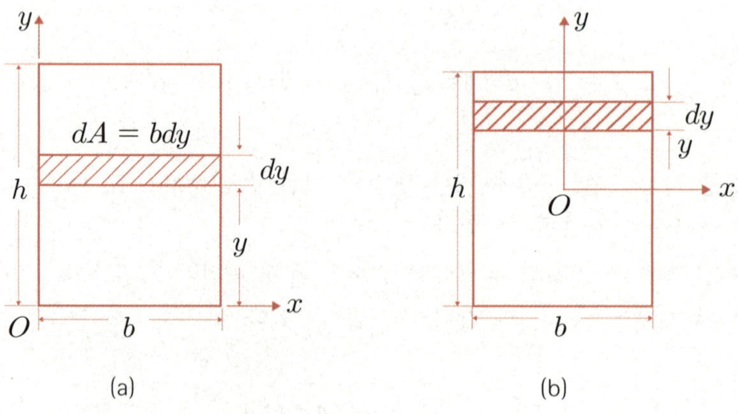

그림 예B.1 직사각형 단면

[답] 우선 좌표계의 원점을 그림 예B.1(a)와 같이 좌하 꼭지점에 잡으면, 이 도형의 면적 $A = bh$이며, x축에 관한 1차 모멘트는 다음과 같이 얻는다.

$$Q_x = \int_A y\,dA = \int_0^h y\,b\,dy = \frac{bh^2}{2}. \qquad (예B.1)$$

따라서 도심의 y좌표, $\overline{y}$ 는 다음과 같이 결정된다.

$$\overline{y} = \frac{Q_x}{A} = \frac{bh^2}{2bh} = \frac{h}{2}. \qquad (예B.2)$$

같은 방법으로 도심의 x좌표, $\overline{x}$ 를 얻으며,

$$\overline{x} = \frac{Q_y}{A} = \frac{b}{2}, \qquad (예B.3)$$

위 결과는 도심이 항상 대칭축들의 교차점과 일치한다는 점을 보여주고 있다.
중립축에 대한 2차 모멘트는 다음과 같이 구할 수 있다. 먼저 좌표계의 원점을 그림 예B.1(b)에 보인 바와 같이 도심에 잡으면, 이 직사각형의 x축에 관한 2차 모멘트는 다음과 같으며,

$$I_x = \int_A y^2\,dA = \int_{-h/2}^{h/2} y^2\,b\,dy = \frac{bh^3}{12}, \qquad (예B.4)$$

같은 방법으로 y축에 관한 2차 모멘트는 다음과 같이 얻는다.

$$I_y = \int_A x^2\,dA = \int_{-b/2}^{b/2} y^2 h\,dy = \frac{b^3h}{12}. \qquad (예B.5)$$

위의 두 결과를 이용하여 극2차 모멘트는 다음과 같이 얻는다.

$$I_p = I_x + I_y = \frac{A}{12}(b^2 + h^2). \qquad (예B.6)$$

또한 도심에 대한 곱2차 모멘트는 다음과 같이 얻을 수 있으므로,

$$I_{xy} = \int_A xy\, dA = \int_{-h/2}^{h/2} \int_{-h/2}^{h/2} xy\, dx\, dy = 0, \qquad \text{(예B.7)}$$

주축에 대한 곱2차 모멘트가 영임을 확인할 수 있다.

[예제 B.2] 반지름이 R인 원의 중립축에 대한 극2차 모멘트를 구하시오.

[답] 원은 중심이 도심이므로 중심을 그림 예B.2에 보인 바와 같이 좌표계의 원점으로 잡고,

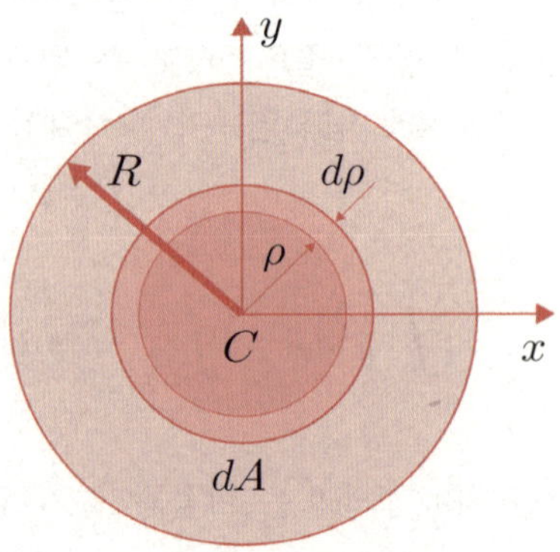

그림 예B.2 원

면적 요소로는 원점으로부터 ρ만큼 떨어진 곳에 있는 두께가 $d\rho$인 원환(ring)을 생각한다. 이 요소의 면적 $dA = 2\pi\rho\, d\rho$이므로 원의 극2차 모멘트는 다음과 같이 얻는다.

$$I_p = \int_A \rho^2 dA = \int_A \rho^2 (2\pi\rho\, d\rho) = 2\pi \int_0^R \rho^3\, d\rho = \frac{\pi}{2} R^4. \qquad \text{(예B.8)}$$

그리고 x, y축에 대한 2차 모멘트 I_x와 I_y는 서로 같으므로, 식 (예B.8)로부터 다음을 얻는다.

$$I_x = I_y = \frac{\pi}{4}R^4. \tag{예B.9}$$

B.3 평행축 정리

위에서 살펴 본 바와 같이 면적의 2차 모멘트는 원점과 좌표축의 위치에 따라 달라진다. 그림 B.2에 보인 바와 같이 x, y축의 원점이 도심에 있을 때, 이 좌표축을 각각 d_x, d_y만큼 평행 이동하여 얻는 새로운 좌표축 x', y'에 대한 2차 모멘트 $I_{x'}$, $I_{y'}$와 곱2차 모멘트 $I_{x'y'}$은 이미 알고 있는 중립축 및 원점에 관한 2차 모멘트 I_x, I_y와 곱2차 모멘트 I_{xy}를 이용하여 구할 수 있다.

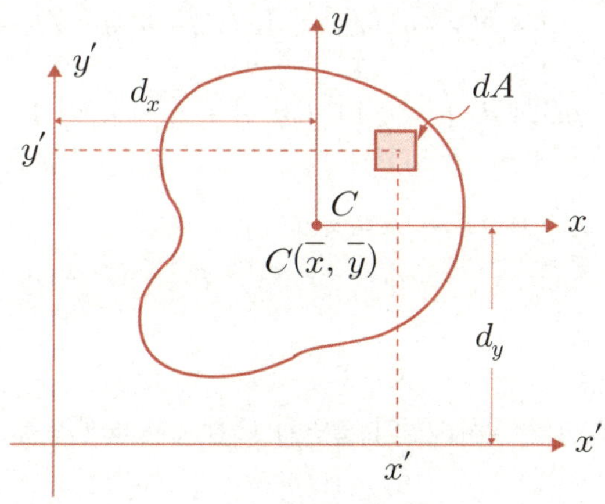

그림 B.2 좌표축의 평행 이동

x'축에 관한 2차 모멘트 $I_{x'}$은 다음과 같이 바꾸어 쓸 수 있으며,

$$\begin{aligned} I_{x'} &= \int_A y'^2 dA = \int_A (y+d_y)^2 dA = \int_A (y^2 + 2d_y y + d_y^2) dA \\ &= \int_A y^2 dA + 2d_y \int_A y dA + d_y^2 \int_A dA = I_x + Ad_y^2, \end{aligned} \tag{B.12}$$

여기서 좌표축이 도심을 지나기 때문에 $Q_x = 0$를 사용하였음에 유의한다.

식 (B.12)와 관련된 내용은 평행축 정리(parallel axis theorem)라고 부르며, 도심을 통과하는 좌표축 즉 중립축에 대한 2차 모멘트와 이에 평행한 좌표축에 대한 2차 모멘트 사이의 관계를 밝혀주고 있다.

y' 축에 관한 2차 모멘트도 같은 방법을 적용하여 다음을 얻는다.

$$I_{y'} = I_y + A d_x^2 \tag{B.13}$$

위의 식 (B.12), (B.13)에 따르면 마지막 항은 항상 영보다 크므로 중립축에 평행한 임의의 축에 관한 2차 모멘트는 항상 중립축에 관한 2차 모멘트보다 크다. 바꾸어 말하면, 주어진 도형에 대해 2차 모멘트가 최소가 되는 좌표축은 중립축이다.

곱2차 모멘트에 대해서도 같은 방법을 사용하여 다음을 얻으며,

$$\begin{aligned} I_{x'y'} &= \int_A x'y'\,dA = \int_A (x+d_x)(y+d_y)\,dA = \int_A (xy + d_x y + d_y x + d_x d_y)\,dA \\ &= \int_A xy\,dA + d_x \int_A y\,dA + d_y \int_A x\,dA + d_x d_y A = I_{xy} + d_x d_y A\,, \end{aligned} \tag{B.14}$$

여기서 $Q_x = Q_y = 0$를 사용하였음에 유의한다.

[예제 B.3] 가로 b, 세로 h인 직사각형의 밑변에 대한 2차 모멘트를 구하시오.

[답] 직사각형 단면의 중립축 즉 도심을 통과하는 x축에 관한 2차 모멘트 $I_x = \dfrac{bh^3}{12}$임을 이미 [예제 B.1]에서 보였다. x'축이 밑변을 지난다고 하면, 원점과의 거리 $d_y = h/2$이므로 평행축 정리로부터 다음을 얻는다.

$$I_{x'} = I_x + Ad_y^2 = \frac{bh^3}{12} + bh\left(\frac{h}{2}\right)^2 = \frac{bh^3}{3}. \qquad \text{(예B.10)}$$

B.4 복잡한 형상의 도형

직사각형이나 원과 같이 간단한 수학적 도형들의 면적, 도심, 2차 모멘트 등은 앞에서 설명했던 식들을 사용하여 구할 수 있다. 그러나 교량, 선박, 항공기와 같이 박판 및 보강재로 이루어진 복잡한 도형에 대해서는 수치적인 방법을 사용하여 구하는 것이 일반적이다.

단 주어진 도형이 직사각형이나 삼각형 등의 기본적인 도형의 조합으로 이루어진 경우에는 이미 알려져 있는 결과를 활용하여 전체 도형의 특성치를 계산할 수 있다. 여기서는 그림 B.3에 보인 것과 같은 T-형 단면을 예로 들어 그 계산 과정을 보이기로 한다.

T-형 단면은 y축에 대해 대칭이므로 보 이론에서 가장 중요하게 고려되는 단면적의 도심 즉 중립축의 위치와 x축에 대한 2차 모멘트를 구하는 과정을 보이기로 하며, y축에 대한 2차 모멘트는 같은 방법으로 얻을 수 있다. 377

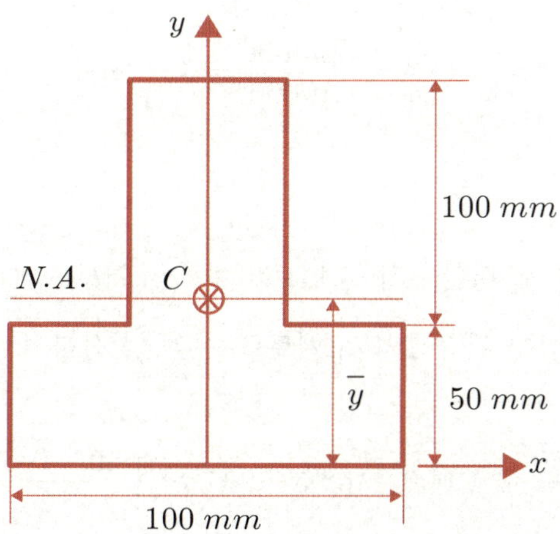

그림 B.3 T-형 단면

1) 좌표계

좌표계를 설정함에 있어 도심은 대칭축 상에 존재하므로, y축은 대칭축으로 잡고, x축은 도형의 밑변과 일치하도록 잡는다.

2) 도심

복합 단면의 도심 위치를 계산하기 위해서는 면적 A와 좌표축에 대한 1차 모멘트 Q를 계산해야 한다. 이 도형은 두 개의 직사각형이 조합된 형상이므로 두 요소 도형의 특성을 더하여 다음을 얻는다.

$$A = \sum_i A_i = A_1 + A_2 = 2 \times 100 \times 50 = 10{,}000\,mm^2, \tag{B.15}$$

$$Q = \sum_i Q_i = Q_1 + Q_2 = 5{,}000 \times 25 + 5{,}000 \times 100 = 625{,}000\,mm^3. \tag{B.16}$$

따라서 전체 도형의 도심을 다음과 같이 얻는다.

$$\bar{y} = \frac{Q}{A} = \frac{625{,}000}{10{,}000} = 62.5\,mm\,. \tag{B.17}$$

3) 2차 모멘트

각 직사각형들의 중립축에 대한 2차 모멘트 $I = \frac{bh^3}{12}$이므로 식 (B.12)의 평행축 정리를 이용하여 전체 단면의 도심에 관한 2차 모멘트로 변환, 합산하여 얻는다.

$$\begin{aligned} I_x = I_{x1} + I_{x2} &\equiv \left\{ \frac{100 \cdot 50^3}{12} + 5{,}000 \times (62.5 - 25)^2 \right\} + \left\{ \frac{50 \cdot 100^3}{12} + 5{,}000 \times (100 - 62.5)^2 \right\} \\ &= 8.07 \times 10^6 + 1.12 \times 10^7 = 1.927 \times 10^7\,mm^4. \end{aligned}$$

부록 C 보의 처짐 공식

표 C.1 외팔보

	δ	δ_A	θ_A
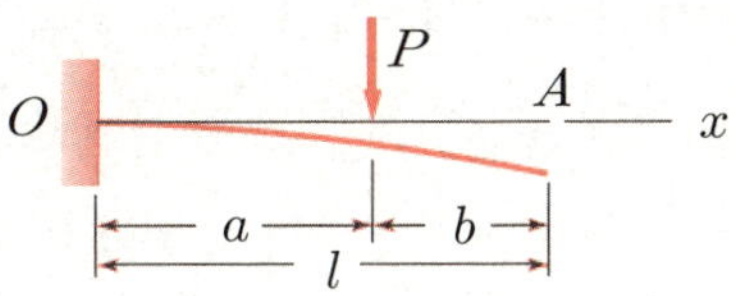	$\begin{cases} \dfrac{Px^2}{6EI}(3a-x), \ 0 \le x \le a, \\ \dfrac{Pa^2}{6EI}(3x-a), \ a \le x \le l \end{cases}$	$\dfrac{Pa^2}{6EI}(3l-a)$	$\dfrac{Pa^2}{2EI}$
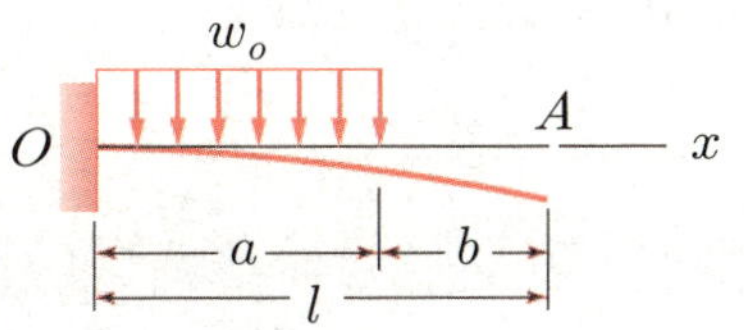	$\begin{cases} \dfrac{w_0 x^2}{24EI}(6a^2-4ax+x^2), \ 0 \le x \le a, \\ \dfrac{w_0 x^2}{24EI}(4x-a), \qquad a \le x \le l \end{cases}$	$\dfrac{w_0 a^3}{24EI}(4l-a)$	$\dfrac{w_0 a^3}{6EI}$
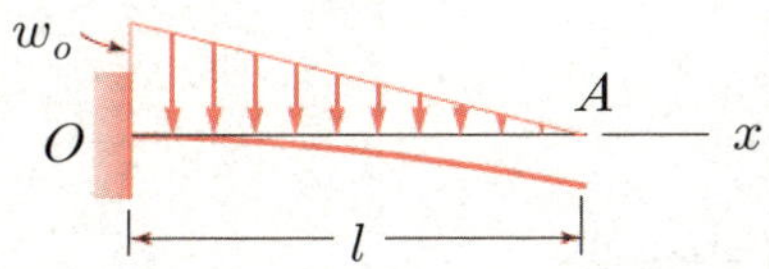	$\dfrac{w_0 x^2}{120lEI}(10l^3-10l^2x+5lx^2-x^3)$	$\dfrac{w_0 l^4}{30EI}$	$\dfrac{w_0 l^3}{24EI}$
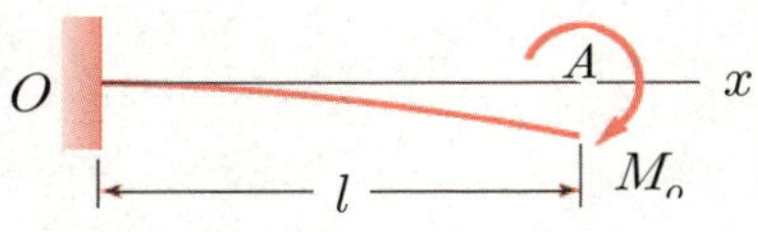	$\dfrac{M_0 x^2}{2EI}$	$\dfrac{M_0 l^2}{2EI}$	$\dfrac{M_0 l}{EI}$

표 C.2 단순보

	δ
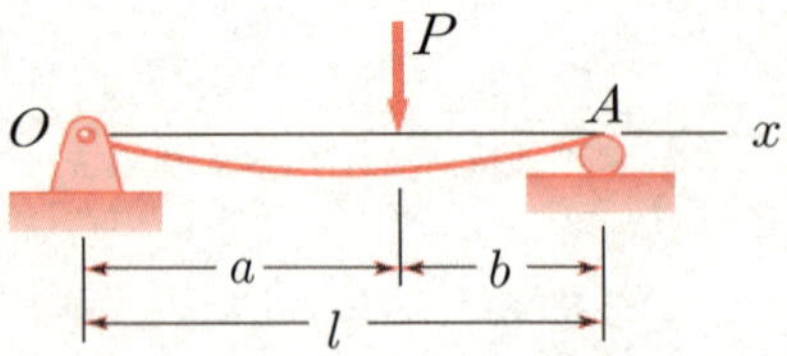	$\frac{Pbx}{6l\,EI}(l^2 - x^2 - b^2),\ 0 \leqq x \leqq a,$ $\frac{Pb}{6l\,EI}\left[\frac{l}{b}(x-a)^3 + (l^2 - b^2)x - x^3\right],\ a \leqq x \leqq l$
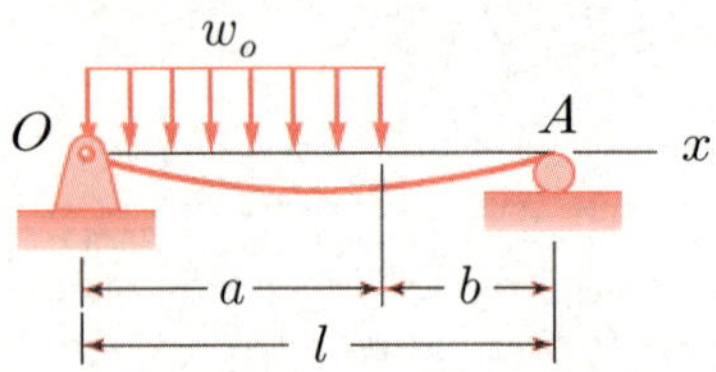	$\frac{w_0 x}{24l\,EI}[a^2(a-2l)^2 + 2a(a-2l)x^2 + lx^3],\ 0 \leqq x \leqq a$ $\frac{w_0 a^2}{24l\,EI}(-l+x)(a^2 - 4lx + 2x^2),\ a \leqq x \leqq l$
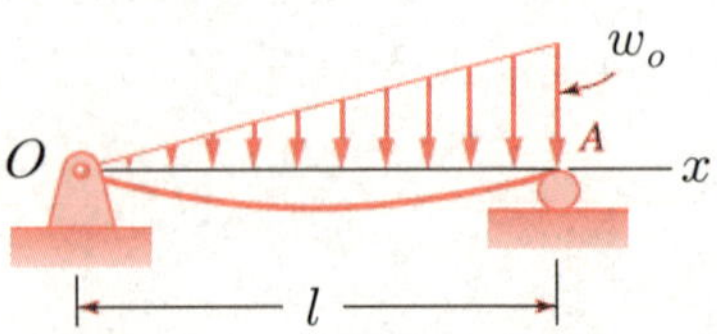	$\frac{w_0 x}{360l\,EI}(7l^4 - 10l^2x^2 + 3x^4)$
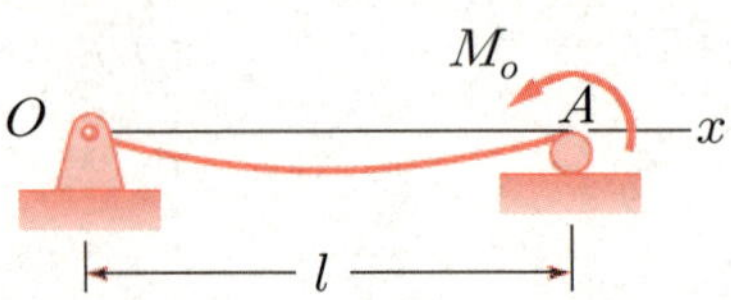	$\frac{M_0 x}{6lEI}(l^2 - x^2)$

δ_{max}	θ_O
δ_{center}	θ_A
$\dfrac{Pb(l^2-b^2)^{3/2}}{9\sqrt{3}\,l\,EI}$ at $x=\sqrt{\dfrac{l^2-b^2}{3}}$	$\dfrac{Pab}{6l\,EI}(2l-a)$
$\dfrac{Pb}{48EI}(3l^2-4b^2),\ a>b$	$\dfrac{Pab}{6l\,EI}(2l-b)$
$\dfrac{w_0}{384EI}(5l^4-12l^2b^2+8b^4),\ a \geqq b$	$\dfrac{w_0 a^2}{24l\,EI}(a-2l)^2$
$\dfrac{w_0 a^2}{96EI}(3l^2-2a^2),\ a \leqq b$	$\dfrac{w_0 a^2}{24l\,EI}(2l^2-a^2)$
$0.006\,522\dfrac{w_0 l^4}{EI}$ at $x=0.5193l$	$\dfrac{7w_0 l^3}{360EI}$
$0.006\,510\dfrac{w_0 l^4}{EI}$	$\dfrac{w_0 l^3}{45EI}$
$\dfrac{M_0 l^2}{9\sqrt{3}\,EI}$ at $x=\dfrac{l}{\sqrt{3}}$	$\dfrac{M_0 l}{6EI}$
$\dfrac{M_0 l^2}{16EI}$	$\dfrac{M_0 l}{3EI}$

부록 D 재료역학 연대표

이름	활동연대	연고지	관련 업적, 저술
피타고라스	BC570-495	Samos	직각 삼각형에 대한 정리
유클리드	BC325-270	Alexandria	'Elements'(기하원본), BC290경
아르키메데스	BC287-212	Syracuse	'On the Equilibrium of Planes', 지레의 원리
Recorde	1510-1558	UK	등호의 사용, 1557
Vieta	1540-1603	France	방정식에 숫자 대신 문자 사용, 1591
Stevinus	1548-1620	Netherlands	부분의 격리, 1586
갈릴레오	1564-1642	Italy	'Two new sciences', 1638
데카르트	1596-1650	France	'La Geometrie', 좌표계의 개념, 1637
Hooke	1635-1703	UK	'스프링에 관하여', 1678
Mariotte	1620-1684	France	보의 처짐에 관한 이론, 1686
뉴턴	1642-1727	UK	'Method of fluxions', 1671 미적분학의 공동 창안, 1687
라이프니츠	1646-1716	Germany	미적분학의 공동 창안, 1684
베르누이 (James)	1654-1705	Switzerland	미소 부분의 격리, 중립올, 1695 응력-변형도 관계, 탄성곡선, 1705
테일러	1685-1731	UK	테일러 급수 및 근사, 1715
Musschenbroek	1692-1761	Netherlands	좌굴의 실험적 규명, 1729
오일러	1707-1783	Switzerland	$f(x)$의 표기법 사용, 1735 탄성곡선 및 임계 하중, 1744 정확한 탄성계수의 정의, 1778
쿨롱	1736-1806	France	보에 대한 정역학적 평형 조건, 1773; 봉의 비틀림, 1784

Young	1773-1829	UK	탄성계수, 프와송 비, 전단 응력, 편심 하중, 1807
Plana	1781-1864	Italy	임계 하중에 대한 해석, 1809
프와송(Poisson)	1781-1840	France	프와송 비, 1829
Navier	1785-1836	France	탄성론의 지배 방정식 유도, 1821 보의 굽힘 이론 정정, 1826
코쉬	1789-1857	France	응력 텐서, 변형도 텐서를 도입한 응력-변형도 관계의 일반화, 1822
Saint-Venant	1797-1886	France	Saint-Venant 원리, 1855 순수 굽힘, 1856 Navier의 교재(1826)에 대한 주석서, 1864
Maxwell	1831-1879	UK	역 정리, 1864
Mohr	1835-1918	Germany	Mohr 원, 1882
Gibbs	1839-1903	USA	벡터 표기법 확립, 1884
Rayleigh	1842-1919	UK	Young의 재발견, 1892
Castigliano	1847-1884	Italy	Castigliano 정리, 1873
Timoshenko	1878-1972	USA	[참고문헌 7b], 1930
Den Hartog	1901-1989	USA	[참고문헌 6], 1949
Housner	1910-2008	USA	[참고문헌 8], 1965

참고문헌

1. Galileo Galilei, Two new sciences, Wall & Emerson, Inc., 2nd Ed., 1989, translated by S. Drake.

   갈릴레오의 원작에 대한 영어 번역 중 가장 정확하다고 볼 수 있는 역작이며, 다음과 같이 우리 글로 번역되었다.

   1a. 이승준, 이경룡, 두 새로운 과학, 2014, GS인터비전.

   1b. 이승준, 과학의 탄생과 조선공학; 갈릴레오의 '두 새로운 과학'을 통해, 대한조선학회지 52권 1호, 2015.3.

2. S. P. Timoshenko, History of strength of materials, Dover, 1983(원판, 1953)

   미국의 Michigan 대학과 Stanford 대학에서 수많은 제자를 길러낸 Timoshenko 교수(1878-1972, Russia, USA)의 재료역학사에 대한 방대한 지식을 엿볼 수 있는 저술로 재료역학의 교육자라면 반드시 한 번은 읽기를 권하고 싶다.

3. C. Truesdell, The rational mechanics of flexible or elastic bodies, 1638-1788; Introduction to Leonhardi Euleri Opera Omnia, II Vol. 10, 1960.

   Euler의 총서를 발간함에 있어, 고체역학의 기원에 대해 Truesdell 교수(1919-2000, USA)가 저술한 것으로, 이 분야 최고의 서적으로 생각된다.

4. C. Truesdell, Essays in the history of mechanics, Springer-Verlag, 1968.

   Truesdell 교수는 당대 최고 역학자 중의 한사람이며, 그의 역학사에 대한 저술은 이전의 많은 저술들을 무의미하게 만들었다. 고전 역학의 성립 및 일반적으로 연속체 역학의 역사에 대해 관심이 있는 역학 관련 교육자들에게는 필독의 책으로 권하고 싶다.

5. René Dugas, A history of mechanics, Dover, 1988(원판, 1955).

   역학사에 관한 한 최고의 서적으로 꼽혀 왔으나, Truesdell 교수의 저술 이후 많은 부분에 수정을 가해야만 하는 상황이 되었다.

6. J. P. Den Hartog, Strength of materials, Dover, 1961(원판, 1949).

MIT의 Den Hartog 교수(1901-1989, USA)가 실제 적용 가능한 재료역학의 내용을 간결하게 잘 정리한 책으로 매우 유용한 책이며 소장을 권하고 싶다.

7. J. M. Gere & Goodno, Mechanics of materials, 8th Ed., Cengage Learning, 2012.

이 책은 사실 다음 책의 연속작이다.

7a. S. P. Timoshenko & D. H. Young, Elements of strength of materials, 5th Ed., D. Van Nostrand Company, Inc., 1968.

또 이 책은 두 권으로 되어 있는 다음 책의 후속작이었다.

7b. S. P. Timoshenko, Strength of materials, Part I & II, D. Van Nostrand Company, Inc., 1930.

한편, 7a는 은사이신 서울대학교의 임상전 교수님에 의해 번역되어 다음과 같이 출판되었다.

7c. 임상전 역, 재료역학, 문운당, 2001.

우리 말 번역 용어와 관련하여 가장 큰 도움이 되었다.

8. G. W. Housner & T. H. Vreeland, Jr., The analysis of stress and deformation, Caltech, 1965.

Caltech의 Housner 교수(1910-2008, USA)가 대학원생 교재로 작성하였으며, 고체역학(탄성론)을 기술함에 있어 재료역학에서 얻어진 결과와의 비교를 자주 시도하고 있어, 매우 특징적이고 유익한 저술이다.

9. 이승준, 역사로 배우는 유체역학, 개정판, GS인터비전, 2009.

유체역학에 대한 저자(SJ)의 졸저이며, 본서에서와 유사한 방법으로 유체역학에 대해 기술하였다.

10. 이승준, 역사로 배우는 공학수학, GS인터비전, 2010.

벡터 미적분학과 선형대수학에 대한 저자(SJ)의 졸저이며, 본서에서와 유사한 방법으로 기술하였다.

11. 이승준, 역사로 배우는 동역학, 개정판, GS인터비전, 2012.

동역학에 대한 저자(SJ)의 졸저이며, 본서에서와 유사한 방법으로 동역학에 대해 기술하였다.

찾아보기

ㄱ

ㅁ

ㅂ

ㅊ

ㅋ

ㅌ

Index

C

D

N

O

R

S

T

U

V

W

Y

역사로 배우는 재료역학

2015년 8월 25일 초판 인쇄
2015년 9월 1일 인쇄 발행

저　　자 이승준, 노인식
발 행 인 송기수
발 행 처 도서출판 GS인터비전
편 집 처 도서출판 GS인터비전
인 쇄 처 토탈프로세스
등록번호 제 313-2011-120 호
I S B N 979-11-5576-075-8(93550)

주　　소 서울 은평구 증산로15길 69, 2층
전　　화 02-976-7898
팩　　스 02-6468-7898
홈페이지 gsintervision.co.kr
E-Mail gsinter7@gmail.com

정 가 28,000원